# 최신
# 정보통신기술

곽진규·이종두 공저

D.B.Info

# PREFACE

## ▷ 들어가면서

21C는 정보화 사회가 도래함에 따라 인간사회는 소위 지식정보를 주고받으며 사회 및 경제 활동을 영위하는 지적 사회로 전환될 것이다. 이러한 정보화 사회를 가능하게 하기 위해서는 무엇보다도 정보통신의 기반이 확립되어야 한다.

이에 본 서는 오늘날 급변하는 정보통신 분야의 여러 기술들을 정보통신 븐야에 처음으로 입문하는 사람들이 위해 쉽게 이해할 수 있도록 다각도로 소개하였다.

## ▷ 본 서의 개요

이 책은 정보통신 관련분야 입문자들과 대학에서 정보통신 관련분야를 전공하려는 학생들을 위한 초기 입문서로서, 상세한 설명과 다양한 그림 설명 등을 토대로 정보통신 분야에 쉽게 접근할 수 있도록 세심한 배려를 하였다.

이 책은 총 9장으로 구성하여 한 학기용 또는 두 학기용의 교재로 학습할 수 있도록 하였다. 제1장에서는 정보와 정보통신에 대한 개념을 정립하고 이해할 수 있도록 하였다. 그리고 정보통신 분야의 유선통신과 무선통신의 발전사를 알아보고, 이를 토대를 앞으로의 발전 방향을 제시하였다. 제2장에서는 신호의 개념, 정보의 부호화 등을 학습함으로서 정보통신공학의 기초를 다지는데 중점을 두었다. 제3장에서는 정보전송의 기본 개념을 익힐 수 있도록 여러 가지 전송 방법을 소개하고, 다중화 기법 및 변복조 방식을 설명하였다. 제4장에서는 유무선 전송 매체에 관해 소개하였다.

그리고 제5장에서는 전화 통신망의 원리와 구성 등을 소개하고 팩시밀리 통신망, 비디오텍스 통신망, CATV망 등 관련 통신망을 소개하였다. 제6장에서는 컴퓨터 통신망을 소개하고, 패킷 통신의 원리를 설명하였으며, 관련 통신망의 개념을 이해할 수 있도록 하였다. 제7장과 제8장에서는 근거리 통신망과 종합정보통신망에 대한 원리와 관련 기술들을 소개하였다. 제9장에서는 이동 통신망을 소개하고, 이동통신 시스템의 핵심 기술들을 알아보았으며, 향후 발전방향에 대해서도 알아보았다.

## ▷ 이 책의 특징

정보통신 분야는 매우 광범위한 분야이면서도 또 매우 빠르게 변화되고 발전하는 분야 중의 한 분야이다. 따라서 저자는 이러한 변화를 고려하여 가능한 최신의 기술을 소개하려고 노력하였고, 가능한 한 많은 그림을 삽입하여 이해할 수 있도록 배려하였으며, 친절한 설명을 아끼지 않았다. 그러면서도 지루한 내용이 되지 않기 위해 내용은 간결하게 기록하였다.

## ▷ 마치면서

본 서를 탈고함에 있어 내용상 오류가 없도록 하기 위해 몇 번을 확인하였지만, 아직도 많은 부분에 오류가 있을 것으로 사료된다. 이점에 대해서는 저자의 노력을 위해서라도 너그럽게 용서해 주기를 바라며, 이 책은 앞으로도 계속 수정 보완하여 더 나은 책으로 발전시켜 나갈 것을 지면으로나마 굳게 약속드린다.

끝으로 본 서의 출판을 위해 노력을 아끼지 않으신 송광헌 사장님과 출판사 여러분에게 진심으로 감사의 말씀을 드린다.

2018년 1월

저자 곽진규

# CONTENTS

## 1_ 정보와 정보통신의 개념



## 2_ 정보의 원천부호화



## 3_ 정보의 전송

## 4_ 전송 매체



## 5_ 유선 통신망



## 6_ 컴퓨터 통신망



## 7_ 근거리 통신망 (LAN)

## 8_ 종합정보 통신망(ISDN)



## 9_ 이동정보통신망

# 1

# 정보와
# 정보통신의 개념

## 1.1 정보의 개념

현대사회는 정보화 시대라고 할 만큼 많은 정보가 생성되고 신속하게 전달 이용되고 있는데, 이러한 정보를 서로 보내고 받는 것이 통신이라고 할 수 있다. 즉, 통신이란 협의의 의미로는 정보의 공유라고 할 수 있고, 광의의 개념으로는 유기체의 상호 작용과 그에 관련된 모든 과정의 현상이라고 정의할 수 있다.

### 1.1.1 자료와 정보

통신에 대한 정의에서 보듯이 통신은 정보의 송수신을 의미하는데 정보란 수신자가 바라는 어떠한 의미를 가진 표시형식을 갖춘 것이라 할 수 있다. 여기에서 "의미를 가진다." 는 것은 수신자가 이를 감지하고 이해할 수 있다는 말인데, 어떠한 신호 또는 기호를 수신자가 감지하지 못하면 그것은 정보가 되지 못한다.

#### (1) 자료 (Data)

자료(Data)란 사실, 개념, 또는 명령을 사람이나 기계가 통신, 해석, 처리하기에 적당한 형태로 규정된 것으로, 단순한 수치, 문자, 도표, 그림 등을 의미한다.

#### (2) 정보 (Information)

정보화 사회란 정보(Information)의 가치나 역할이 물질이나 에너지보다 더 높게 평가되는 사회를 말하는데, 과연 정보란 무엇일까? 그 의미를 알아보기 위해 그림 1.1에 데이터를 이용하여 정보를 처리하는 과정의 예를 나타내었다.

그림 1.1에서 정보의 처리과정을 보면 여기저기 분산되어 있는 자료가 정보 처리(Information Processing)를 통해 일목요연하게 순서대로 정리되어 있음을 볼 수 있다.

이와 같이 정보(Information)는 자료(Data)를 처리 가공한 결과로서, 어떤 상황에 대하여 어떤 의사를 결정하게 하는 지식(Knowledge)으로 정의할 수 있다. 즉, 자료(Data)는 가공되기 이전의 지식을, 그리고 정보(Information)는 가공된 이후의 지식을 의미한다.

하지만 때에 따라서는 자료와 정보를 서로 혼용해서 사용하는 경우도 있다.

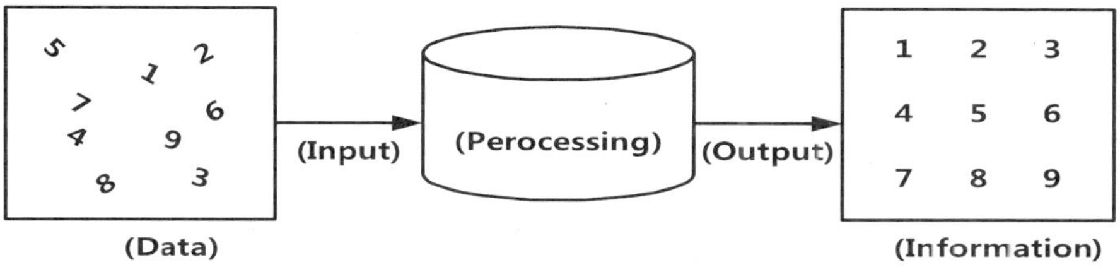


그림 1.1 정보의 처리과정

## 1.1.2 정보의 특징

정보는 필요한 때, 필요한 장소에서, 필요한 형태로, 정확한 내용으로 존재할 경우 가치를 갖는다고 할 수 있다. 따라서 다음과 같이 정보가 가지고 있는 여러 가지 특징을 잘 이해하여 효과적으로 활용하여야 한다.

### (1) 시한성

정보는 이용 시기에 따라 그 가치가 증가하거나 감소할 수 있으며, 때에 따라서는 전혀 쓸모없는 경우도 발생한다. 따라서 정보는 정보의 이용자가 원하는 시기에 제공되어야 정보의 가치를 갖는다.

### (2) 종합성

정보는 하나의 정보보다는 여러 개의 정보가, 개개인의 정보보다는 상호간에 결합된 정보가 더 높은 가치를 가진다. 또한 정보의 형태는 이용자가 원하는 형태에 가까울수록 더 높은 가치를 갖는다.

### (3) 독점성

정보는 때에 따라서 희소성을 가지고 있을 수 있으며, 이와 같은 경우 정보가 공개되면, 정보의 가치가 떨어질 수 있다. 따라서 정보의 소유자는 그 정보가 다른 사람에게 전달되는 것을 통제함으로써 정보의 가치를 높일 수 있다.

### (4) 이용성

정보는 쉽게 접근할 수 있고, 쉽게 전달될수록 더 높은 가치를 갖는다. 하지만 쉽게 접근할 수 있다고 하더라도 이용하지 않으면, 아무런 가치가 없다. 따라서 정보는 적극적으로 이용될 경우에만 그 가치를 발휘하게 된다.

### (5) 결과성

아무리 좋은 정보라고 하더라도 사용 후 결과가 나쁘면 정보로서의 의미가 없다. 따라서 정보는 이용 후에 이용자가 원하는 좋은 결과를 얻어야 그 가치를 발휘하게 된다.

## 1.2 정보화 사회

오늘날 인류사회는 과거 수렵사회, 농업사회, 공업사회의 변천과정을 거쳐 컴퓨터와 통신기술이 발전하여 이룩한 정보화 사회를 맞이하고 있다. 요즘 우리 주변에는 반도체 전쟁, 첨단 정보 기술, 인터넷, 데이터 통신, 차세대 컴퓨터, 멀티미디어, 이동통신 등 몇 년 전까지만 하더라도 생소한 용어들이 넘쳐나고 있다.

이는 현재 우리 사회가 공업사회를 지나 정보화 사회에 들어서 있음을 나타내는 징표로 생각할 수 있으며, 앞으로의 21세기는 정보화 사회라고 할 수 있다. 하지만 '정보화 사회' 라는 용어는 사용하는 사람들의 관점이나 사용되는 목적에 따라서 다양하게 정의되고 있다.

### 1.2.1 정보화 사회(Information Society)의 개념

정보화 사회(Information Society)라는 용어는 미국에서 1965년경부터 사용하기 시작하였다. 다니엘 벨은 탈공업화 사회(Post-Industrial Society) 즉, 공업사회가 성숙되면, 후기 산업사회가 도래한다고 하였으며, 앨빈 토플러는 제 1의 물결인 농업 혁명, 제 2의 물결인 산업혁명에 이어 고도의 과학 기술에 의한 제 3의 물결인 새로운 정보 사회의 출현을 예고한 바 있다.

제 3의 물결은 대량의 정보가 컴퓨터 네트워크(Computer Network)를 통하여 효과적으로 전달됨으로 인해 정보를 기초로 하는 고도로 전자화한 사회가 실현되고, 이로써 사무실 환경이나 노동 환경 그리고 사회 환경이 전자화 됨으로 인해 사회 전체적으로 정보가 차지하는 비율이 점점 증대되는 것을 의미한다.

이와 같은 사회를 정보화 사회(Information Society)라고 하는데, 정보화 사회에서는 산업사회에서의 특징인 규격화, 동시화, 중앙 집중화, 극대화, 분업화가 붕괴되고, 이에 따른 대체 현상으로서 탈 규격화, 개성화, 탈 동시화, 분권화, 다양화, 자율화, 소규모화, 분산화, 탈 관료제화가 대두된다고 할 수 있다.

**표 1.1 정보화 사회의 패러다임 변화**

| 구분 | 산업사회 | 정보화사회 |
|---|---|---|
| 중요 가치 | 정보의 양이 중요시되는 시대 | 정보의 질이 중요시되는 시대 |
| 활동 공간 | 실물공간<br>(건물, 공장, 토지 등) | 가상공간<br>(인터넷 등 정보통신망) |
| 활용 장비 | 자동차, 기계, 철강 등 | 정보통신기기 |
| 인프라망 | 교통망<br>(도로, 항만, 항공 등) | 정보통신망 |
| 가치 창출 | 하드웨어 중심<br>제조 중심 | 소프트웨어 중심<br>R&D/마케팅 중심 |
| 특징 | 규격화, 동시화<br>중앙집권화<br>극대화, 분업화 | 탈 규격화, 개성화<br>탈 관료제화, 분권화, 자율화<br>소규모화, 다양화 |

정보의 홍수 속에 묻혀 살고 있는 정보화 사회는 산업사회의 발전 성숙된 기반 위에서 정보혁명을 매개로 출현하는 산업사회의 다음 단계의 사회로서, 산업사회가 제품생산 중심의 사회라고 한다면, 정보화 사회는 정보의 역할이 중요한 사회, 정보의 양이 증가하는 것보다 정보의 질이 변화하는 사회, 서비스 중심의 사회라고 할 수 있다.

따라서 정보화 사회인 오늘날 우리의 생활은 지금까지 보지 못했던 새로운 문명이 형성되고 있고, 이와 더불어 새로운 생활양식, 가족 제도, 노동 형태, 의식 개혁 등이 나타나고 있다. 그리고 종래의 산업사회에서는 물질, 노동, 에너지 등의 부존자원과 공업생산력 등이 국가 경쟁력을 나타내는 기준이 되었으나, 정보화 사회에서는 정보의 기술력이 국가와 사회의 경쟁력을 결정하는 중요한 기준이 될 뿐만 아니라, 모든 사회 조직이 정보 시스템에 맞추어 편성되고 있다.

## 1.2.2 정보화 사회의 정의

정보화 사회란, 정보(Information)의 가치나 역할이 물질이나 에너지보다 더 높게 평가되는 사회로서, 정보의 가공, 처리, 유통 등의 활동이 활발하여 사회 및 경제의 중심이 되는 사회를 말한다.

궁극적으로 정보화 사회는 컴퓨터와 통신의 결합을 통하여 정보를 필요로 하는 사람이 필요할 때에 필요한 정보를 얻을 수 있는 사회를 말하며, 정보기술(IT)을 창조적이고 생산적인 방식으로 사용해 국가 간의 경쟁우위를 얻는 것을 목적으로 한다.

### 1.2.3 정보화 사회의 특징

#### (1) 컴퓨터 역할의 증대

정보 수집 및 정리에 필요한 핵심 기술로서 컴퓨터의 필요성이 증대됨으로 인해 컴퓨터 사회, 디지털 사회, 지식 사회라고 부르고 있으며, 산업용 로봇, 사무용 컴퓨터, OA 기기 등 컴퓨터 기술을 활용한 기기와 그 시스템이 널리 보급되고 있다.

#### (2) 통신기술의 혁신

4차 산업혁명시대에는 모든 사물과 사물이 연결되고(hyper-connected), 모든 서비스가 네트워크를 통해 유기적으로 연동되는 "연결성"이 핵심이 될 것이다. 따라서 정보의 신속한 전달 및 분배에 필요한 통신망의 혁명 즉, 뉴미디어의 혁명이 일어나고 있는 것이다.

뉴미디어란 종래의 미디어의 기능에 고도로 발달된 전자통신기능을 결합시켜서 새롭게 발달한 미디어를 말하며, 유선과 무선, 통신과 방송 등의 결합을 들 수 있다.

따라서 정보화 사회를 멀티미디어 사회, 정보 네트워크 사회, 글로벌·네트워크 사회라고도 한다.

#### (3) 정보산업의 비중 확대

산업 사회에서 발생된 일련의 사건들을 산업 혁명이라 하는 것과 같이, 정보화 사회로 진행되는 과정을 정보 혁명이라고 하며, 사회 전체적으로는 기술사회, 지식사회, 고학력사회를 형성하게 된다. 따라서 정보화 사회가 무르익게 되면 전체 근로자의 50% 이상이 정보산업 관련분야에 근무하게 될 것이다.

#### (4) 자동화 시대의 도래

정보화 사회에서는 공장자동화(FA : Factory Automation), 사무자동화(OA : Office Automation), 가정자동화(HA : Home Automation)가 실현된다.

공장자동화(FA : Factory Automation)는 제품의 설계에서 제조, 출하에 이르기까지 공장 내의 전 공정을 컴퓨터와 산업용 로봇을 이용하여 자동화하는 기술이다.

공장자동화는 공장 노동자의 단순 반복적인 작업을 자동화하여 공장 노동자의 노동력을 절감할 수 있기 때문에 노동자 수의 감소에 따른 인건비 절약이 가능하고, 또 조립 공정의 자동화 및 상품 유통의 자동화를 이룰 수 있어 단위 시간당 생산성을 향상시킬 수 있다.

공장자동화 시스템의 일반적인 구성요소는 컴퓨터 지원 설계(CAD : Computer Aided Design) 시스템, 컴퓨터 지원 제조(CAM : Computer Aided Manufacturing) 시스템, 해석 시스템, 생산 관리 시스템, 다품종 소량 생산 시스템(FMS : Flexible Manufacturing System) 등이 있다.

사무자동화(OA : Office Automation)는 사무실 기능의 전반적인 생산성을 향상시키기 위해 사무실 내에서 취급하는 문서 정보, 화상 정보, 음성 정보 등 각종 정보의 수집, 축적, 처리 및 전송 과정을 자동화함으로써 이들 정보를 효과적으로 활용할 수 있도록 정보 시스템을 구축하는 것이다.

즉, 사무실 전체의 생산성을 향상시키기 위해 컴퓨터 시스템으로 사무실 내의 모든 활동을 통합화하는 것으로서 이와 같은 시스템을 통합 사무 시스템(Integrated Office System)이라고 한다. 사무자동화 시스템의 일반적인 구성요소는 컴퓨터 시스템을 중심으로 단말기, 사무기기, 통신기기, 데이터베이스 등을 들 수 있다.

90년대에 들어서면서 정보의 고도화가 가정에까지 확대되기 시작하였고, 오늘날에는 1가정 1PC 뿐만 아니라 초고속 정보 통신망이 각 가정에 보급되고 있다. 따라서 기업에서 정보화로 인해 사무실이나 공장의 작업이 변한 것처럼 가정의 생활양식도 정보화의 진전에 따라 크게 변화되었고, 이로써 가정자동화의 개념이 대두되었다.

가정자동화(HA : Home Automation)는 좁은 의미로는 가정 내에서의 전기, 가스, 수도, 난방, 잠금장치 등의 제어와 관리를 컴퓨터와 전자 기술을 활용하여 자동화하는 것이라고 할 수 있고, 더 나아가서는 가정의 정보화를 실현하는 것을 의미하는데, 가정의 전화 회선, 개인용 컴퓨터(PC), 양방향 케이블 텔레비전 등 새로운 매체를 이용하여 가정과 의부를 연결하고 홈 쇼핑, 각종 예약, 홈뱅킹, 원격 진료, 오락과 교양 및 재택근무 등을 할 수 있도록 하는 것이다.

### 1.2.4 정보화 사회의 문제점

정보화 사회에서 뉴미디어나 컴퓨터를 이용해 엄청난 양의 정보를 수집하고 분배를 할 수 있음에도 불구하고, 정보가 공공복지나 국가이익을 도외시하고 소수에게 독점시킨다면, 오히려 다량의 왜곡된 정보만이 유통될 가능성이 있다. 또한 많은 정보를 보유한 정보 독점 계층이 정보를 통제한다면, 그렇지 못한 계층에 비해 사회적으로 우위에 설 수도 있고, 권력의 집중화를 초래할 수도 있는 위험성이 있다.

이와 같이 정보화 사회에서는 다음과 같은 문제점들이 발생될 수 있다.

첫째, 정보화 사회에서는 인간들이 소화하기 어려울 정도의 방대한 정보가 무질서하고 무체계적으로 유통되고 있으며, 이로 인해 정보과잉 현상이 야기된다. 따라서 정보화 사회에서는 정보에 의해 지배되는 수동적 인간이 창출될 수 있다.

둘째, 컴퓨터와 뉴미디어 등이 결합됨으로 인해 막대한 양의 정보를 저장하는 것이 가능하게 되었고, 이로 인해 개인적인 정보도 컴퓨터에 입력되어 자신도 모르는 사이에 타인에게 공개될 수 있는 프라이버시 침해 문제가 대두될 수 있다.

셋째, 조지 오웰(George. Orwell)의 소설 "1984" 에 등장하는 "Big Brother" 는 정보망을 독점해 국민을 감시하고 통제하는 절대군주로 나오는데, 이와 같이 정보화 사회는 정보를 독점한 소수 권력층이 정보로부터 소외당한 다수 국민을 지배하는 문제점이 발생될 수 있다.

넷째, 정보 전달 매체의 발전 및 일반 과학기술의 발전 속도에 비해 인간의 적응력이 미처 따르지 못함에서 발생되는 문화지체(Cultural Lag) 현상이 나타나고 있다. 예를 들어 선진사회에 대한 정보가 뉴미디어를 비롯한 여러 발전된 매체들을 통해 사회 구성원들의 의식을 일깨워 주는 역할도 하지만, 한편으로는 도달할 수 없는 지나친 기대 상승을 가져와 그들을 극도의 좌절 속으로 빠뜨릴 수도 있다는 점이다. 이러한 현상을 러너는 '기대상승에 따른 좌절상승(Rising Expectation & Rising Frustration)'이라고 하였다.

다섯째, 새로운 매체 기술과 뉴미디어의 소유 여부에 따라 정보유통의 불평등 현상이 파생될 수 있다. 카츠만은 "한 사회에 있어 정보유통이 많아짐에 따라 인간들은 이전에 비해 다양한 정보에 접할 수 있으나 대부분의 중요 정보는 재력이나 학식 등을 갖춘 사람들 수중에 들어간다." 고 보았다. 이로 인해 정보화 사회에서는 정보의 빈자(Information-Poor)와 정보의 부자(Information-Rich)간에 지식의 격차(Knowledge-Gap)가 더욱 확대될 수 있다.

여섯째, 글로벌화 및 국제화로 인해 우리가 모르는 사이에 각 국가의 특성 있는 가치관이나 고유문화가 사라지기도 하고 외래문화가 전통문화를 잠식할 수도 있다.

## 1.3 정보통신의 개념

### 1.3.1 정보통신의 원리

정보통신의 기본 요소는 그림 1.2에 나타낸 바와 같이 송신원, 수신원, 전송 매체의 세 가지로 구성되며, 정보를 한 지점에서 다른 지점으로 보내기 위해서는 우선 정보를 만들어 내는 송신원과 그 정보가 전달되는 수신원이 있어야 한다. 즉, 보내는 사람인 송신자와 받는 사람인 수신자가 있어야 한다.

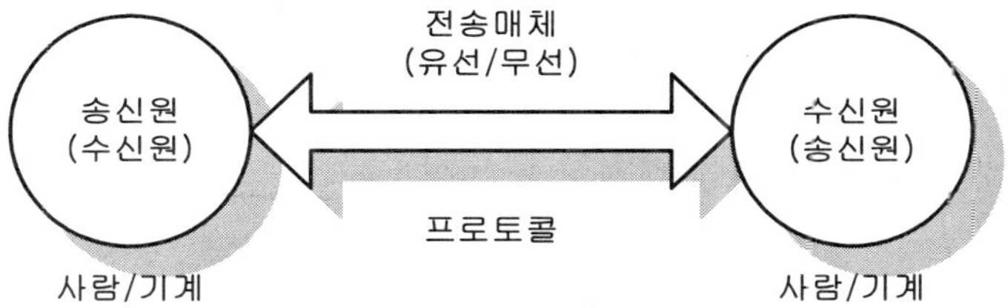


**그림 1.2 정보통신의 기본요소**

이러한 송신원과 수신원은 사람이 될 수도 있고 기계가 될 수도 있으며, 이들의 위치는 서로 바뀔 수 있다. 사실 정보원의 다양한 정보는 일반적으로 여러 가지 형태의 단말기를 통해 전달이 이루어진다.

그리고 이와 같은 정보를 전달하기 위해서는 정보전달의 통로 역할을 하는 전송 매체가 필요하다. 전송 매체로는 꼬임선(Twisted Pair), 동축 케이블(Coaxial Cable), 광섬유 케이블(Optical Fiber Cable) 등과 같은 유선매체가 사용될 수도 있고, 라디오 파(AM/FM Radio, VHF/UHF TV)나 지상 및 위성 마이크로파 등과 같은 무선매체가 사용될 수도 있다.

또한 송신자와 수신자가 전송 매체로 연결되어 있다고 하더라도 송수신기간의 프로토콜(Protocol)이 맞아야 한다. 프로토콜은 두 장치 간에 정해진 규약을 의미하는데, 예를 들어 한국인과 미국인이 대화를 나눌 때 두 사람은 한국말로 대화를 할 지 아니면 영어로 대화를 할 지, 또 아니면, 제 3국의 말로 대화를 할지를 서로 정해 놓고 대화해야 한다. 만약 한국인은 한국어로 말하고 미국인은 영어로 말한다면 두 사람은 서로 대화가 불가능할 것이다.

두 장치간의 통신을 수행하기 위해서는 상기와 같은 언어적인 측면 뿐 아니라 다른 여러 가지 측면을 상호간에 맞춰야 하는데, 쌍방 간의 통신을 위해 상호간의 서로 정해 놓은 통신 규약을 프로토콜(Protocol)이라고 하며, 이들을 표준화 하는 것은 매우 중요한 일이 된다.

따라서 정보통신을 공부하면서 이와 같은 프로토콜을 익히는 것은 매우 중요한 일이라 할 수 있을 것이다.

### 1.3.2 정보통신의 정의

정보통신이란 컴퓨터 기술과 전기 통신 기술을 혼합해 정보내용의 배열 또는 구조를 변경하지 않고, 발신지에서 수신지로 정보를 전달하는 것이다. 광의의 정보통신은 손짓이나 몸짓에 의한 의미 전달, 언어에 의한 정보의 전달, 그리고 문자, 음성, 영상 등의 정보를 전기통신기기에 의해 전달하는 것을 말하고, 협의의 정보통신은 컴퓨터와 전기통신 기기를 결합하여 근거리나 원거리에서 정보를 정확하고 효율적으로 전달하는 것을 의미한다.

### 1.3.3 정보통신 시스템의 구성

정보통신 시스템은 컴퓨터나 단말장치를 통신회선으로 상호 연결하여 정보를 주고받으며, 또 필요에 따라 정보 처리를 수행하는 시스템을 말한다. 이와 같은 정보통신 시스템은 크게 정보의 전송을 담당하는 데이터 전송계와 정보의 가공, 처리, 보관 등의 기능을 수행하는 데이터 처리계로 구분할 수 있다.

정보통신 시스템의 동작원리를 이해하기 위한 기능 블록도를 그림 1.3에 나타내었다.

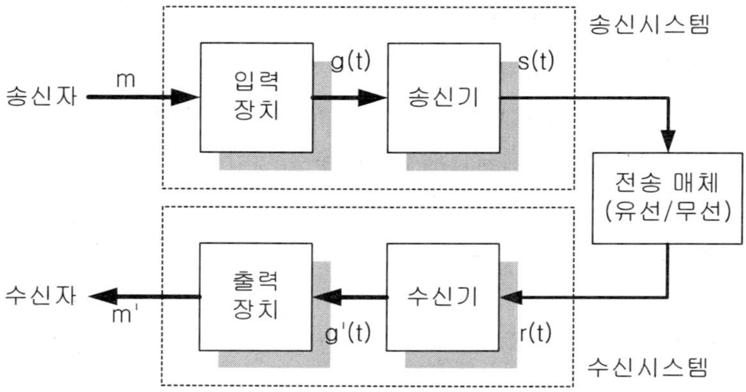


**그림 1.3 정보통신 시스템의 기능 블록도**

우선, 교환하고자 하는 정보 메시지를 $m$이라고 할 때, 이 정보 메시지는 입력장치를 통해 데이터 $g(t)$로 표현된다. 그러나 데이터 $g(t)$는 전송로를 통해 전송될 수 있는 적합한 형태가 아니므로, 송신기는 유무선 전송 매체의 특성에 부합되도록 데이터 $g(t)$를 송신신호 $s(t)$로 변환하여 전송 매체를 통해 전송한다.

전송 매체를 통해 전송되는 동안, 각종 왜곡현상 및 잡음의 첨가로 인해 수신 측에서는 송신 측의 신호 $s(t)$와 다른 수신신호 $r(t)$가 수신된다. 수신신호 $r(t)$는 송신기의 역동작을 하는 수신기에 의해 출력에 적합한 형태인 출력신호 $g'(t)$로 변환되고, 이 변환된 신호는 출력장치를 통해 수신자가 인식할 수 있는 형태인 예측 메시지 $m'$으로 만들어져 수신자에게 전송된다.

여러분의 이해를 돕기 위해 전자우편(e-mail)의 예를 들어보기로 하자.

그림 1.3에서 입력장치(예: 키보드)와 송신기(예: 데이터 통신용 LAN카드 또는 모뎀 등)는 개인용 컴퓨터(PC)내에 존재하는 것으로 가정한다.

송수신자는 어떤 메시지를 다른 컴퓨터 사용자에게 전송하려고 하는 컴퓨터 사용자로서,

"이번 달 정규 볼링 게임이 수요일에 있을 예정입니다." 라는 메시지($m$)를 전송한다고 하자.

사용자는 PC상에서 전자우편 시스템을 가동하고 키보드를 통해서 메시지를 입력할 것이며, 이 문자열은 주 기억장치에 일단 저장(버퍼링)될 것이다. 이것이 입력 문자열($g$)이라고 할 수 있다.

통신을 위한 PC는 기본적으로 LAN 송수신장치(소위 LAN카드) 또는 모뎀과 같은 송신기를 이용하여 근거리 통신망 또는 전화회선 등의 전송 매체에 연결되어 있다. 입력 데이터 $g(t)$는 컴퓨터에 사용하는 신호체계에 따라 비트(bit)의 열(Sequence)로 송신 시스템인 LAN 카드나 모뎀으로 전달한다. 이 때, 송신기는 이 $g(t)$ 신호를 전송 매체를 이용하여 전송하기에 적합한 신호 $s(t)$로 변환한다.

송신된 신호 $s(t)$는 전송 매체를 거쳐 전송동안의 잡음이나 왜곡 등으로 인해 신호의 손상이 있을 수 있으므로, 정확하게 송신신호와 같은 데이터가 수신되었다고 확신할 수는 없다. 따라서 수신된 신호 $r(t)$는 송신한 신호 $s(t)$와 어느 정도 차이가 날 수 있다. 수신기는 신호 $r(t)$와 전송 매체의 특성에 대한 지식을 토대로 $s(t)$의 본래 형태를 추정하여 비트열 $g'(t)$를 생성한다. 이 비트들은 목적지 시스템에 보내져 기억장치 내에서 비트열 단위로 문자를 생성한다.

대개의 경우, 수신 시스템은 오류(error)의 발생 유무를 조사하고 적절한 조치를 취하는 기능을 가지고 있으며, 이에 따른 오류가 적절하게 조치되었다면, 사용자에게 수신된 메시지 $m'$는 송신한 메시지 $m$과 동일하게 된다.

이상의 예를 통해 일반적인 컴퓨터 통신 시스템의 기본 원리를 이해했으리라고 생각한다.

### 1.3.4 정보통신 시스템의 구성 장치

그림 1.3은 정보통신 시스템의 기능 블록도이고, 이를 정보통신 시스템의 구성요소 즉, 장치 면에서 그림을 그리면 그림 1.4와 같이 나타낼 수 있다. 그림 1.3과 비교하면, 그림 1.3의 송수신기 블록이 그림 1.4의 모뎀(Modem)과 통신제어장치로 표현된 점을 제외하고는 그림 1.3의 각 블록과 그림 1.4의 각 장치가 1 : 1 대응한다.

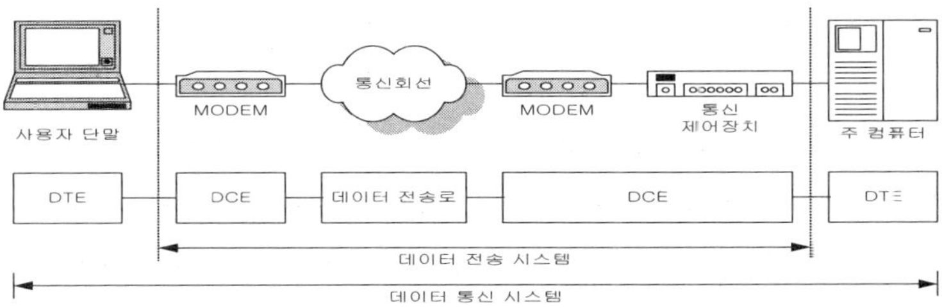


**그림 1.4 정보통신 시스템의 기본 구성 요소**

### (1) 데이터 단말장치 (DTE)

데이터 단말장치(DTE : Data Terminal Equipment)는 그림 1.4에서 보는 바와 같이 사용자 단말(Terminal)을 가리키는 용어로 전송로의 양끝에 위치하며, 외부로부터 정보를 전기신호로 바꾸어 통신장비로 보내고, 또 통신장비로부터 전기신호를 받아서 이용자에게 출력하는 장치이다. 즉, 단말은 인간과 기계의 접합부에 위치하는 맨-머신(Man-Machine) 인터페이스의 가장 대표적인 예라고 할 수 있다.

데이터 단말장치는 단순 단말기, 일반 단말기, 지능 단말기 등으로 구분할 수 있다.

단순 단말기는 말 그대로 단순히 입출력만 가능하고, 데이터 처리 능력과 데이터 저장 능력이 없으며, 일반적으로 낮은 속도에서 동작하는 단말기를 말한다. 가격이 저렴하며, 현재는 거의 사용하지 않는다.

일반 단말기는 단순 단말기에 데이터 저장 기능과 데이터 처리 기능을 추가한 단말기로, 주요 데이터 처리 기능으로는 에러 검출 기능, 동기·비동기 전송 기능, 집중 동작 및 데이터 버퍼링 기능 등이 있다.

지능 단말기는 일반 단말기의 기능 외에 계산 기능, 온라인 저장 기능, 데이터 편집 및 압축 기능 등이 가능한 단말기이다.

### (2) 데이터 전송 시스템

데이터 전송 시스템은 서로 떨어진 장소에 있는 단말과 컴퓨터 또는 컴퓨터끼리 접속하기 위해 전송로나 전송 장비를 사용하여 접속하는 시스템으로서 데이터 단말장치로부터 통신제어 장치까지의 데이터 전송로로서 통신회선과 전송장비로 구성된다.

통신회선은 크게 전용회선과 교환회선으로 구분할 수 있는데, 전용회선은 항상 접속되어 있기 때문에 사용자가 항상 사용할 수 있는 회선이고, 교환회선은 정보를 전달할 때에만 다이얼링을 하여 상대방을 접속한 후 정보를 교환하고 회선을 종료하는 회선이다. 그리고 전용회선은 요금이 고정되어 있는 정액제 방식인데 반해, 교환회선은 사용한 만큼 요금을 내는 종량제 방식이다.

전송장비는 데이터 전송 시스템의 종단에 위치하면서 DTE에 접속되기 때문에 데이터 회선 종단장치(DCE : Data Circuit Termination Equipment)라고 한다. DCE는 아날로그 회선을 사용할 경우 모뎀(MODEM : MOdulation and DEModulation)이 사용되며, 디지털 회선을 이용할 경우에는 디지털 서비스 장치(DSU : Digital Service Unit)가 사용된다.

모뎀은 데이터 단말장치 또는 주 컴퓨터에서 발생된 디지털 데이터를 아날로그 신호로 변환(Modulation)하여 통신회선에 실어주고, 반대로 통신회선으로 들어오는 아날로그 신호를 디지털 데이터로 복원(Demodulation)하여 데이터 단말장치나 주 컴퓨터로 보내는 역할을 한다.

### (3) 통신제어장치 (CCE)

통신회선을 통하여 단말장치와 주 컴퓨터간의 정보를 송수신하는 경우, 단말장치에서의 데이터 취급방법과 전자계산기 내부에서의 데이터 취급하는 방법이 다르고, 또 데이터 처리 속도 등도 다르기 때문에 양자 간의 원활한 통신을 위해서는 데이터의 송수신을 적절하게 제어하여야 하는데, 이와 같은 제어 기능을 수행하는 장치를 통신제어장치(CCE : Communication Control Equipment)라고 한다.

통신제어장치는 주 컴퓨터와 데이터 전송장치 사이에 위치하여 데이터 전송장치로부터 들어오는 데이터에 오류가 있는지를 조사하고, 주 컴퓨터의 처리 속도와 데이터 전송장치의 처리 속도에 맞추어 전송속도를 조절하며, 또한 전송된 직렬 데이터를 병렬 데이터로 바꾸어 주는 역할도 수행한다.

통신제어장치의 주요 기능을 다음에 요약하였다.

- 송신문자의 분해 및 수신문자의 조립
- 전송오류의 검출과 정정제어
- 전송속도의 변환
- 통신회선의 접속 및 절단 그리고 통신회선의 감시
- 통신회선의 다중화 : 시분할 다중화, 주파수 분할 다중화 등
- 데이터 전송 제어
- 메시지의 교환

## 1.4 정보통신망의 구분

사람들은 현대를 정보화 사회라고 하는데 이것은 유무선 통신 기술의 발전과 컴퓨터 기술의 조화에 의한 결과라고 볼 수 있다. 이제 현대의 컴퓨터 통신기술은 특정 전문가를 위한 것이 아니라 누구나 할 수 있는 것이 되었으며, 우리도 모르는 사이에 우리의 일상생활 깊숙이 파고들고 있다. 오늘날 정보 통신의 근간이 되는 기술들을 정리하면 다음과 같다.

① Gbps의 초고속 전송속도와 낮은 오류율을 자랑하는 광통신 기술
② 모든 응용통신 서비스를 하나의 컴퓨터 통신망으로 통합하는 종합정보통신망(B-ISDN : Broadband-ISDN) 기술
③ 이동통신 및 위성 통신 기술
④ 전 세계를 연결하는 인터넷 서비스 기술

이와 같은 각각의 통신 기술 및 통신망들은 일반적으로 망을 구성하는 형태와 사용 목적에 따라 공중망과 사설망, 교환망과 방송망, 그리고 근거리 통신망과 원거리 통신망으로 구분한다.

### (1) 공중망과 사설망

사설망(Private Network)은 기업이나 학교 등과 같이 특정 기관에서 그들만 사용하기 위해 구축한 통신망으로서, 특정 기업체 또는 기관에 의해서만 소유되고 관리되며 그 기관에서만 사용되는 망을 말한다.

공중망(Public Network)은 어떤 기관에서 소유하고 있다고 하더라도 일반 대중에게 공개하여 "빌려주는" 망을 말한다. 즉, 공중망은 불특정 다수의 일반인에게 서비스할 수 있도록 통신업체들이 구축한 통신망으로, 예를 들면, KT, SK 텔레콤, LG U+ 등의 인터넷 망, 유무선 전화망 등이 있다.

공중망의 정보 전송 및 교환 설비는 일반 가입자뿐만 아니라 여러 기관의 컴퓨터나 단말기에서도 공유할 수 있기 때문에 통신자원을 절약할 수 있고, 통신효율의 증대를 기대할 수 있다. 따라서 많은 국가에서는 이와 같은 목적에서 정보통신망을 구축하고 있는데, 이는 한 국가의 통신 기반시설(Infrastructure)로서 매우 중요한 역할을 한다.

### (2) 교환망과 방송망

방송망(Broadcast Network)이란 일대 다수(Point-to-Multipoint)의 전송 방식으로, 모든 장치가 하나의 공유된 전송매체를 통하여 다수 장비로 데이터를 전송하는 통신망으로서, 모든 수신기는 항상 동일한 메시지를 수신한다. 이러한 개념은 하나의 방송국에서 다수의 수신기로 송신하는 텔레비전 방송이나 라디오 방송을 예로 들 수 있다. 또한 위성 통신에서도 사용된다.

교환망(Switching Network)은 교환기(Switching System)의 중계와 전송기능을 이용하여 데이터를 목적지까지 전달하는 통신망으로서 일대일(Point-to-Point)의 전송방식이다. 교환망은 특정 가입자를 지정하기 위해 교환기라는 물리적인 장치를 이용하며, 망으로 보내진 데이터는 교환기가 연결하는 적절한 경로를 통해 최종 목적지까지 전달된다.

### (3) 근거리 통신망과 원거리 통신망

근거리 통신망(LAN : Local Area Network)은 집, 사무실, 학교, 공장 등과 같이 하나의 건물이나 같은 가까운 지역의 통신장비들을 상호 연결한 통신망으로서 구내 정보 통신망이라고도 한다.

원거리 통신망(WAN : Wide Area Network)은 지리적으로 넓은 지역에 분포된 다수 사용자의 컴퓨터를 상호 연결한 통신망으로서 컴퓨터간의 통신채널은 보통 제 3자, 예를 들어 전화회사, 공중 데이터망, 위성 사업체 등이 제공하는 망을 이용한다.

이전까지는 원거리 통신망과 근거리 통신망에 대한 정의와 구분이 쉬웠으나, 오늘날에는 통신망 장비의 급속한 발전으로 인해 이것을 구분하는 의미가 상당히 어려워지고 있다.

예를 들어, 1980년대의 근거리 통신망(LAN)은 수백 미터에서 수 킬로미터 범위 내의 통신장비들이 연결된 건물이나 컴퍼스에 한정되었으나, 현재의 근거리 통신망(LAN)은 수십 킬로미터까지 확장되고 있으며, 그 구성형태도 다양해지고 있는 추세이다.

하지만 원거리 통신망(WAN)과 근거리 통신망(LAN)은 거리상의 특성 이외에도 각각의 고유한 특성을 가지고 있다.

# 1.5 정보통신의 발전

## 1.5.1 전기통신 시스템의 발달

전기통신이란 전기의 흐름을 이용하여 정보를 상대방에게 전달하는 것을 말한다. 물론, 통신의 수단은 전기에너지를 이용한 전기 통신 기술 이전에도 봉화, 북, 종 등 다양한 방법으로 이미 존재했었다. 하지만 본 절에서는 현존하는 컴퓨터 통신 및 데이터 통신망에 기본이 되는 전기통신의 역사적 사건들만 다루고자 한다.

### (1) 전신 (Telegraph)

전기통신의 역사는 사무엘 모스(Samuel Morse)에 의해 발명된 모스 전신기로부터 시작되었으며, 최초의 통신은 1844년 5월 24일 워싱턴과 볼티모어 간의 전신을 이용한 통신이었다.

전신기의 동작원리는 패러데이(Faraday)의 전자유도 법칙을 응용한 것으로서, 스위치(모스키)를 그림 1.5와 같은 형식으로 ON/OFF 시켜 축전기에 연결된 전자석을 단속시킴으로서, 원거리의 수신기에서 모스 음을 수신하도록 하는 방법이다.

이러한 전신은 통신방법이 간단하고, 통신로 가설이 수월함으로 인해 영국의 철도 시스템에 적용되는 등 유럽과 미국에 급속도로 보급되었으나, 독자적인 부호체계인 모스 부호를 사용함으로 인해 일반인이 통신하기에는 어려움이 있었다.

### (2) 인쇄전신 (Teletype)

전신기에 이어 등장한 것으로, 전신기에 타이프라이터를 결합시킨 것을 인쇄전신이라고 하는데, 텔렉스(Telex), TTY, 또는 텔레타이프라이터(Teletypewriter)라고도 한다. 이 인쇄전신은 송신자가 자판의 키를 치면 자동적으로 전기신호로 바뀌어 송신되고, 수신 쪽에는 종이에 자동적으로 문자가 인쇄되는 방식으로서, 사람의 간섭이 불필요한 장치 개발의 시초였지만, 여전히 양끝에 두 명의 오퍼레이터는 필요하였다.

인쇄전신은 1930년대와 1940년대 단파무선을 이용하여 수행하는 장치가 개발되고, 1980년대 팩스(Facsimile)가 등장하기까지 상업적 용도로 주로 사용되었다. 텔레타이프라이터는 회선상의 한 지점으로부터 다른 모든 지점들에 수신되는 특징을 이용해 미국연합통신(AP, Associated Press), 국제합동통신(UPI, United Press International) 등과 같은 뉴스 서비스에 널리 이용되었다.

| 글자 | | 모스 기호 | 글자 | 모스 기호 | 글자 | 모스 기호 | 글자 | 모스 기호 | 글자 | 모스 기호 |
|---|---|---|---|---|---|---|---|---|---|---|
| 영어 | A | • - | B | - ••• | C | - • - • | D | - •• | E | • |
| | F | •• - • | G | - - • | H | •••• | I | •• | J | • - - - |
| | K | - • - | L | • - •• | M | - - | N | - • | O | - - - |
| | P | • - - • | Q | - - • - | R | • - • | S | ••• | T | - |
| | U | •• - | V | ••• - | W | • - - | X | - •• - | Y | - • - - |
| | Z | - - •• | | | | | | | | |
| 한글 | ㄱ | • - •• | ㄴ | •• - • | ㄷ | - ••• | ㄹ | ••• - | ㅁ | - - |
| | ㅂ | • - - | ㅅ | - - • | ㅇ | - •- | ㅈ | • - - • | ㅊ | - • - • |
| | ㅋ | - •• - | ㅌ | - - •• | ㅍ | - - - | ㅎ | • - - - | | |
| | ㅏ | • | ㅑ | •• | ㅓ | - | ㅕ | ••• | ㅗ | • - |
| | ㅛ | - • | ㅜ | •••• | ㅠ | • - • | ㅡ | - •• | ㅣ | •• - |
| | ㅔ | - • - - | ㅐ | - - • - | | | | | | |
| 숫자 | 1 | • - - - - | 2 | •• - - - | 3 | ••• - | 4 | •••• - | 5 | ••••• |
| | 6 | - •••• | 7 | - - ••• | 8 | - - - •• | 9 | - - - - • | 0 | - - - - - |

그림 1.5 모스 부호

## (3) 전화 (Telephone)

1876년 2월 14일 알렉산더 그래함 벨(A.G.Bell)[1)]은 음성을 직접 전기신호로 바꾸어 송신하고, 수신된 전기신호를 음성으로 재현하는 전화(Telephone)를 발명하였다.

---

1) 지금까지 "알렉산더 그래함 벨" 이 전화기를 처음 발명한 사람이라고 알려져 있으나, 전화기를 최초로 개발한 사람은 이탈리아 출신의 "안토니오 메우치(Antonio Meucci)" 이다. 영구특허를 내는데 필요한 250달러가 없었던 안토니오 메우치는 단지 1년짜리 특허만 받았으며, 이후 돈이 부족해 특허를 갱신하지 않은 사이 알렉산더 그래함 벨이 특허를 출원하였기 때문에, 2002년 미국 의회에서는 안토니오 메우치가 최초의 전화발명가라고 인정하였다.

초기의 전화는 자석식 전화였고, 전화 교환국은 교환대 역할을 수행하였으며, 송신자의 연결요구에 따라 교환원이 손으로 직접 해당 케이블을 스위치보드에 꽂아 원하는 곳과 수동으로 조작하여 연결하여 주었다. 이런 전화기를 자석식 전화기라고 한다.

최초의 다이얼링 전화(Dialing)는 1889년 미국의 알몬 브라운 스트로저(A.B.Strowger)가 발명하였으며, 중간에 교환원을 거치지 않고 자동으로 연결해 주는 자동교환 방식이었다. 그리고 1963년에는 벨 시스템에 의해 버튼식 전화기가 개발되었으며, 교환기는 전자식 교환기를 사용하였다. 이때부터 전화체계의 자동화를 실현하였다.

이와 같은 전화는 말하고 들을 수 있는 사람이면 누구나 쉽게 사용할 수 있다는 장점 때문에 급속도로 보급되고 발전하였으며, 현재 가장 앞선 통신 기기임과 동시에 전 세계에 가장 많이 보급된 통신 기기이다.

## 1.5.2 정보통신 시스템의 발달

전기통신의 발전과 더불어 컴퓨터 기술의 발전은 단말장치와 컴퓨터간의 통신은 물론 컴퓨터와 컴퓨터간의 통신이 필요하게 만들었으며, 통신에 대한 새로운 체계 즉, 컴퓨터의 데이터 처리 능력과 정보통신의 통신 능력을 결합시킨 컴퓨터 통신 시스템을 탄생시켰다.

아울러 전송장치와 전송 매체에 대한 기술적 진보로 말미암아 데이터 전송의 고속성과 상호간의 정확한 전송을 위한 표준적 통신망이 발달하였으며, 이것은 컴퓨터와 통신 기술에 대한 다양한 발전으로 인해 오늘날까지 계속되고 있다.

### (1) 컴퓨터 통신의 출현

전기 통신 기술의 발전과 더불어 정보처리 기술의 발전으로 컴퓨터를 이용한 데이터 전송에 대한 요구가 확산되었고, 전기 통신 기술을 이용하여 원거리의 단말 장치와 컴퓨터를 연결하고자 하는 기술의 필요성이 대두되었다. 즉, 초기의 컴퓨터 통신의 개념은 원거리의 단말 장치와 컴퓨터를 연결하고자 하는 요구에서 비롯되었다고 할 수 있다.

그 후, 컴퓨터 기술의 발전과 컴퓨터 간의 상호 분산처리, 컴퓨터 상호자원의 공유 등 다양한 주변 환경의 변화에 따라 컴퓨터 통신이라는 개념으로 발전되었다. 하지만, 컴퓨터 통신의 출현 배경에는 컴퓨터의 출현 배경과 마찬가지로, 군사적 목적이 있었다.

### (2) 컴퓨터 통신 시스템의 발달

최초의 컴퓨터 통신 시스템은 1958년 미 공군이 군사적 목적으로 개발한 반자동 지상방어시스템(SAGE : Semi Automatic Ground Environment)이라고 할 수 있다. SAGE 시스템은 온라인 시스템으로서 미국과 캐나다 전역의 레이더, 요격기, 감시정 등의 조기 경계망을 구축하여

적의 기습공격을 조기에 신속히 대처할 목적으로 개발되었으며, 이를 계기로 데이터 전송과 데이터 처리에 대한 결합이 급속히 진전되었다.

이와 같이 군수용으로 개발된 SAGE 시스템의 영향을 받아 개발된 민수용 컴퓨터 통신 시스템이 SABRE(Semi Automatic Business Research Environment)이다. 1964년에 개발된 이 시스템은 미국의 아메리칸 에어라인(AA, American Airline)에서 여객기의 좌석 예약과 회사 업무를 종합적으로 처리하기 위한 시스템으로 개발되었으며, 뉴욕에 있는 컴퓨터 센터와 미국 전역에 있는 영업 창구나 공항을 통신회선을 연결하여 즉각적으로 여객기의 좌석예약이 가능하도록 한 것으로서, 1,300여대의 단말 장치를 가진 대규모 컴퓨터 통신 시스템이었다.

그러나 군사목적으로 만들어진 SAGE나 민수용으로 만들어진 SABRE는 전용 컴퓨터 통신 시스템이므로 일반인들은 직접 이용할 수 없었다.

1963년 미국 MIT 대학에서 개발된 시분할 시스템(TSS : Time Sharing System)은 컴퓨터 시스템을 여러 사용자들이 동시에 공동으로 사용할 수 있도록 한 시스템으로서, 각 사용자에게 일정한 시간 간격을 할당해 주고, 그 시간이 지나면 현재 사용자에서 다음 사용자로 빠르게 전환하게 하는 방식이다. 따라서 각 사용자에게는 자신만이 컴퓨터를 사용하고 있다는 착각을 주지만, 실제로는 여러 사용자가 하나의 컴퓨터를 공유하여 사용하는 방식이었다.

1968년 미 국방성에서는 ARPA(Advanced Research Project Agency) 위원회[2)]를 중심으로 시험망인 알파넷(Arpanet)라는 컴퓨터 통신망(Network)을 구성하였다. 여기에서 알파넷은 오늘날 인터넷의 기원이 된 네트워크로서, 미 국방성을 중심으로 각 대학 및 각 연구기관들의 컴퓨터를 연결한 최초의 패킷교환(Packet Switching) 방식의 네트워크였다.

이후, 정보통신 시스템의 발전과 다양한(크기, 기능 등) 컴퓨터 시스템 발전은 서로 다른 컴퓨터 시스템간의 원활한 통신에 대한 요구가 발생하였을 뿐만 아니라, 또 자원의 공동 이용, 부하의 분산 그리고 이용자 상호간의 통신에 대한 요구도 확대됨에 따라, 통신 처리 과정에 대한 규약(Protocol) 및 컴퓨터 통신망 구조에 대한 표준화가 필요하게 되었다.

이를 위해 국제적 또는 지역적 표준화 기구가 출범하였고, 다음과 같은 대표적인 체계화된 컴퓨터 통신망 구조(Architecture)를 등장시켰다.

IBM은 서로 다른 기종간의 접속을 용이하게 하기 위한 체계적인 통신 표준 구조로 SNA(System Network Architecture)를 제안하였고, 국제 표준기구인 ISO(International Standard Organization)는 서로 다른 기종간의 "개방형(Open)" 상호 접속을 위한 7개의 계층적 구조인 OSI 7계층(Open System Interconnection 7 Layer)을 권고하였다.

이와 같은 컴퓨터 및 정보통신 기술의 발전은 오늘날 다음과 같은 중요한 변혁을 이끌어

---

2) ARPA(Advanced Research Project Agency) : 미 국방성 산하의 고등연구 프로젝트 위원회로서, 발족 당시 알파넷 노드로는 UCLA(University of California, Los Angeles), UCSB(University of California, Santa Barbara), 스탠퍼드 연구소(SRI), 유타 대학교(University of Utah)의 네 군데가 있었다.

내고 있다.

첫 번째, 컴퓨터 시스템과 전송 선로의 고속화 및 고품질화로 인해 정보가 즉시 처리되어 전송되므로, 컴퓨터 시스템에서 데이터를 처리하는 것이나 처리 후 전송하는 것이나 기본적인 차이가 없다는 점이다.

두 번째, 디지털 기술의 발전과 멀티미디어 통신의 발전으로 인해 통신측면에서 음성, 영상, 문자 등 서로 다른 데이터에 대한 전송의 차이가 없다는 점이다.

세 번째, 전송선로 고속화로 인한 장치간의 거리의 차이가 없으므로, 부하의 분산과 집중화의 차이가 없다는 점이다.

### 1.5.3 정보 통신망의 발달

통신 수요가 급증함에 따라 가입자망(Access Network)에서는 통신회선을 효율적으로 배분하기 위한 ISDN 기술 및 xDSL 기술 등이 적용되어 사용되었다. 하지만 현재는 100Mbps의 LAN, 기가비트 이더넷, 광랜 등이 적용되어 사용하고 있으며, 무선망에서는 1인 1이동전화 시대를 넘어 5세대 이동통신을 향해 가고 있다.

오늘날의 통신 수요는 개인화 및 다양화 그리고 무선 통신기기의 소형화 및 휴대화를 가능하게 하고 있으며, 앞으로의 통신 수요는 초고속화 및 광대역화, 모바일화 및 융복합화, 지능화 및 인간화 등으로 발전하여, 언제, 어디서나, 누구와도 통화가 가능한 유비쿼터스 시대로 발전해 나갈 것이다.

초고속화 및 광대역화는 현재 각 가정에 모두 100Mbps급의 전송선로가 설치되어 있고, 앞으로의 가입자망의 데이터 통신 속도는 점점 증가하여 광을 이용한 Gbps급의 전송선로가 설치될 예정이며, 국간통신은 Gbps급에서 Tbps급으로 발전해 나갈 예정이다.

모바일화는 과거 유선 중심의 통신시스템에서 현재 무선중심의 통신시스템으로 변모하고 있으며, 향후에는 유무선 통합시스템으로 변모해 나갈 것이다. 이를 위해 현재 융합화가 진행되고 있으며, 앞으로는 전화망, 인터넷망, 무선망, 방송망 등이 IPv6를 기반으로 하는 All-IP화가 되어 하나의 네트워크를 통해 서비스 될 것이다. 그림 1.6은 현재의 유무선 정보통신 시스템의 진화방향을 나타내고 있다. 그리고 지능화 및 인간화는 음성 인식, 문자 인식, 자동 번역, 암호화 등을 우리 실생활에서 손쉽게 이용할 수 있다는 것을 의미한다.

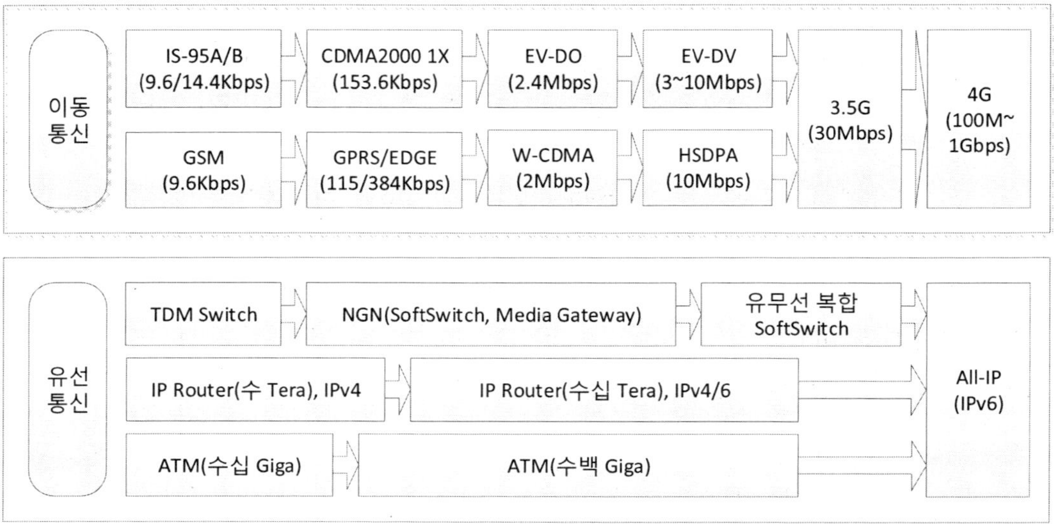


**그림 1.6 정보 통신망의 진화 방향**

## 1.5.4 정보 통신 서비스의 발달

아날로그 시대에서 디지털 시대, 그리고 유무선 멀티미디어 시대로의 전환은 정보통신 서비스에 필요한 데이터양을 더욱더 많이 요구하고 있으며, 오늘날 각 서비스에 대해 필요로 하는 데이터의 양은 그림 1.7과 같이 요구되고 있다.

하지만 향후에는 트래픽의 증가, 디바이스 수의 증가, 모바일 클라우드 컴퓨팅의 의존성 증가, 다양한 5세대 기반의 융합 서비스 등장 등으로 인해 정보통신 서비스에서 필요로 하는 데이터의 양은 더욱더 폭증할 것으로 예상된다.

### (1) 트래픽의 증가

오늘날 멀티미디어뿐만 아니라 SNS(Social Networking Service) 등의 수요가 증가함으로 인해 트래픽의 양이 엄청난 속도로 늘어나고 있다. 아울러 앞으로는 사물인터넷(IoT : Internet of Things)의 등장으로 사물(Thing)들의 숫자도 계속적으로 증가할 것이기 때문에 트래픽 양은 더욱더 증가할 것으로 예상된다.

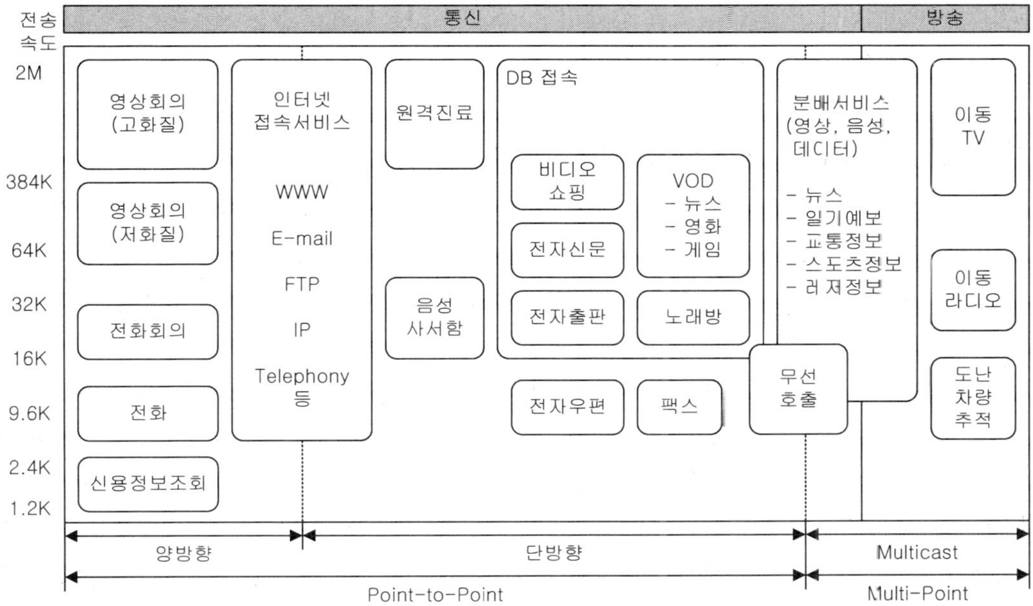


**그림 1.7 정보통신 서비스의 필요 데이터양**

## (2) 디바이스 수의 증가

향후 진행될 5세대 이동통신 시스템만의 새로운 모바일 서비스뿐만 아니라, 웨어러블 디바이스(Wearable Device)[3], 센서(Sensor), 엑추에이터(Actuator)[4] 등 사물인터넷(IoT) 서비스를 실현하기 위한 다양한 사물(Thing)들의 보급으로 인해 네트워크에 연결된 모바일 디바이스의 숫자는 앞으로 더욱더 증가할 것이기 때문에, 이에 관련된 서비스는 점점 더 활성화 될 것이다.

## (3) 모바일 클라우드 컴퓨팅의 의존성 증가

클라우드 컴퓨팅(Cloud Computing)은 인터넷을 이용하여 사용자의 요구에 의해(On Demand) 컴퓨팅 자원을 제공하는 것으로서, 클라우드 서비스 플랫폼에서 컴퓨팅 파워, 데이터베이스 저장장치, 애플리케이션 및 기타 IT 자원(Resource)을 필요에 따라 인터넷을 통해 제공하고 사용한 만큼만 비용을 지불하는 것이다.

현재 클라우드 컴퓨팅에 대한 수요가 PC용에서 모바일로 이동하고 있으며, 개인용 모바일 클라우드 컴퓨팅 시장을 겨냥한 다양한 솔루션들이 개발되고 있다. 따라서 5세대 이동통신

3) 웨어러블 디바이스(Wearable Device)는 웨어러블 컴퓨터(Wearable Computer)라고도 하며, 우리 몸에 착용하여 사용하는 컴퓨터를 말한다. 즉, 안경, 시계, 의복 등과 같이 착용할 수 있는 형태로 된 컴퓨터를 뜻한다.
4) 액추에이터(Actuator)는 시스템을 움직이거나 제어하는 데 쓰이는 기계 장치이다. 즉, 제어 기기에서 출력된 신호를 바탕으로 대상에 물리적인 움직임을 주는 기기이다.

서비스는 대부분 모바일 클라우드 컴퓨팅 시스템을 기반으로 사용자에게 필요한 서비스를 제공하는 형태를 가질 것이다.

### (4) 다양한 5세대 기반의 융합서비스 등장

증강현실(AR : Augmented Reality), 가상현실(VR : Virtual Reality), 초고정밀 위치기반 서비스, 홀로그램(Hologram)[5] 서비스, 스마트 헬스케어(Smart Healthcare)[6] 서비스 등 모바일 서비스를 기반으로 한 다양한 분야에서의 모바일 융합서비스들이 등장하고 있으며, 이에 대한 추가적인 수요 또한 급증하고 있다.

증강현실(AR : Augmented Reality)은 가상현실(VR)의 한 분야로, 실제 환경에 가상 사물이나 정보를 겹쳐 보여주어 원래 환경에 존재하는 사물처럼 보이게 하는 컴퓨터 그래픽 기법이다.

그리고 가상현실(VR : Virtual Reality)은 컴퓨터 등을 이용하여 인공적인 기술로 만들어낸 실제와 유사하지만 실제가 아닌 어떤 가상의 환경이나 상황, 또는 그 기술 자체를 말한다. 여기에서 만들어진 가상의 환경이나 상황에서 사용자는 실제와 유사한 시간적, 공간적 체험을 할 수 있으며, 실재의 디바이스를 이용해 조작이나 명령을 함으로써 현실과 상상의 경계를 자유롭게 드나들게 할 수 있다. 가상현실은 사용자의 경험을 창출한다는 점에서 시뮬레이션과는 구분되며, 가상현실 시스템의 예로는 VR기기를 착용하고 체험해 보는 게임, 비행훈련, 자동차 운전 연습 등을 들 수 있다.

증강현실(AR)과 가상현실(VR)의 가장 큰 차이점은 보고 있는 주체가 "허상" 이냐 "실제" 이냐에 있다.

# 1.6 정보통신의 표준화

## 1.6.1 표준의 정의

표준(Standard)이란 일반적으로 물건 · 개념 · 방법 · 절차 등에 관한 통일화 및 단순화를 규정한 일종의 약속이다. 예를 들어, 어떤 물건에 대한 개념, 물건을 만드는 방법, 물건을 사용하는 절차 등을 규정한 것이라고 할 수 있다.

그리고 표준화(Standardization)란 표준을 설정하고 표준을 활용하도록 하는 의식적 또는 조직적인 행위를 말한다. 만약 표준이 없다면 어떻게 될까? 예를 들어, 우리가 사용하고 있는

5) 홀로그램(hologram)은 홀로그래피(holography) 기술로 촬영된 것을 말하며, 홀로그래피는 두 개의 레이저광선이 서로 만나 일으키는 빛의 간섭 현상을 이용하여 입체 정보를 기록하고 재생하는 기술을 의미한다.

6) 스마트 헬스케어(Smart Healthcare)는 각종 정보 기술(IT) 및 보건 의료를 연결하여 언제 어디서나 예방, 진단, 치료, 사후 관리의 보건 의료 서비스 및 건강관리를 받을 수 있는 원격 의료 서비스를 말한다.

220V용 전기 콘센트는 우리나라의 KS 표준으로 규정되어 있다. 만약 이 표준이 없다면 전기 콘센트를 만드는 제조회사는 각각 자기만의 사양대로 만들게 되므로 콘센트마다 규격이 달라 사용하는데 불편을 초래할 수 있다.

한편, 정보통신에서 표준화의 개념은 정보의 생산, 가공, 유통, 축적활동 등 정보통신과 관련된 제품 및 서비스 등의 호환성과 연동성을 확보하고, 정보의 활용을 촉진하기 위해 정보통신 주체 간에 합의된 규약(Protocol)의 집합으로서, 정보통신 표준화란 정보통신 규약을 정립하는 각종의 활동을 말한다. 예를 들어, 컴퓨터나 단말기 등 정보통신기기와 시스템 상호간에 서로 이해가 될 수 있는 대화방법, 절차, 문법 등을 사전에 약속해 둘 필요가 있는데, 이때 사전에 약속된 내용이 표준이며 약속을 만들어 가는 과정이 표준화이다.

정보통신의 표준화는 일반적으로 적용되는 지역에 따라 분류하는 방법, 강제력과 발효시기에 따라 분류하는 방법, 규정 내용에 따라 분류하는 방법 등으로 분류할 수 있는데, 표 1.2에 적용 지역에 따라 표준을 분류하여 나타내었다.

**표 1.2 표준의 종류**

| 구분 | 내용 |
|---|---|
| 국제표준<br>(International Standards) | 전 세계 대부분의 국가가 참여하여 합의를 도출한 표준<br>예) ITU, ISO, IEC등에서 제정한 표준 |
| 지역표준<br>(Regional Standards) | 한정된 수의 국가나 어느 특정지역에 소속된 국가들이 합의를 도출한 표준<br>예) 유럽의 ETSI 표준 |
| 국가표준<br>(National Standards) | 국가 또는 국가내의 특정기관이 자국 영토 내에서 적용할 수 있도록 이해 당사자끼리 합의한 표준<br>예) 우리나라의 산업표준(KS), 한국 정보통신표준(KICS),<br>일본의 JIS 표준, 미국의 ANSI 표준 |
| 단체표준<br>(Association Standards) | 국가내의 표준화단체, 특정 정보기관, 학회 등에서 제정한 표준<br>예) 우리나라의 TTA 표준, 일본의 TTC 표준, 미국의 T1 표준 |
| 사내표준<br>(Company Standards) | 정보통신 서비스 제공자나 생산자가 자체의 정보통신서비스를 제공하거나 또는 기기의 제조를 효율적으로 추진하기 위해 기업 내에서 정한 표준<br>예) 한국통신, ETRI 등의 자체적인 표준 |

## 1.6.2 표준화 단체

### (1) 국제 전기통신 연합(ITU)

국제 전기통신연합(ITU : International Telecommunication Union)은 유선통신뿐만 아니라 전파, 방송 및 위성주파수 등에 관한 국제권고를 개발 · 보급하고 국제간의 조정역할을 목적으로 하고 있는 국제기구로써, 1865년에 설립된 국제 전신 연합과 1906년에 설립된 국제 무선전신 연합이 1932년 통합되어 국제 전기통신 연합(ITU)으로 발족하였다.

ITU는 1982년 나이로비 국제 전기통신 협약이 종료되면서 전기통신 기술의 진보와 정보화 및 세계화에 적절히 대응하기 위하여 전면적으로 조직을 개편하였는데, 개편된 ITU의 조직은 전권 위원 회의(최고 의사 결정 기관), 무선통신 표준화 부문(Radio Communication Sector : ITU-R이라고 함), 전기통신 표준화 부문(Telecommunication Standardization Sector : ITU-T라고 함), 전기통신 개발 부문(Telecommunication Development Sector)으로 구성되어 있고, 이외에도 이사회와 사무총국이 있다.

여기에서 신설된 무선통신 표준화 부문(ITU-R)은 종전의 국제 주파수 등록 위원회(IFRB : International Frequency Registration Board)와 국제 무선통신 자문 위원회(CCIR : International Radio Consultative Committee)의 기능을 대부분 계승하였고, 신설된 전기통신 표준화 부문(ITU-T)은 종전의 국제 전신전화 자문 위원회(CCITT : International Telegraph and Telephone Consultative Committee)와 CCIR의 일부 기능을 계승하였다. 그리고 전기통신 개발 부문은 범세계적 전기통신의 균형적 개발 및 개발도상국에 대한 기술 지원 및 협력 기능을 수행한다.

ITU는 현존하는 국제기구 중에서 가장 오랜 역사를 가진 기구이며 본부는 스위스 제네바에 있다. 1995년 1월 현재 가입국은 187개국이며 우리나라는 1952년에 가입하였다.

▶ ITU 홈페이지 : www.itu.int

### (2) 국제 표준화 기구(ISO)

국제 표준화 기구(ISO : International Organization for Standardization)는 전기 · 전자를 제외한 모든 분야의 국제 표준화를 추진하는 기구로써, 적게는 공업용 볼트, 너트의 규격에서부터 통신의 프로토콜에 이르기까지 다양한 표준을 추진하고 있는데, 이는 국제적으로 통일된 표준을 바탕으로 상품과 서비스의 교역을 촉진하고 과학 · 기술 · 경제 전반의 국제 협력 증진을 목적으로 하고 있기 때문이다.

ISO는 1926년에 각국의 주요 표준화 단체에 의해 결성된 ISA(International Federation of National Standardizations)의 업무를 계승하여 1947년에 설립된 비조약 기구로 정부의 연합체는 아니지만, 각국을 대표하는 1개의 표준화 기관만이 의결권을 갖는 회원이 될 수 있고, 기타 기관은 옵서버로 가맹할 수 있다. 현재 회원의 70% 이상이 정부 기관 또는 정부에 의해 법률로 설치된 표준화 기관이다.

ISO는 ITU와 긴밀한 연락 관계를 유지하면서 전기통신 표준화에도 참여하고 있는데, 1960년

TC 97(컴퓨터 및 정보 처리 기술 위원회)을 설치하여 데이터 통신과 정보처리 분야의 국제 표준화를 추진하였으며, 가장 대표적인 업적은 개방형 시스템 간 상호 접속(OSI) 모델의 표준이다. 하지만, 1987년 ISO의 TC 97과 국제 전기표준 회의(IEC)의 TC 83(정보 기기)의 활동 분야가 중복되는 점을 고려하여 이들 두 전문 위원회를 합병하였다. 따라서 합병된 이 위원회를 ISO/IEC JTC 1(ISO/IEC Joint Technical Committee One)이라고 하고, 여기에서 정보기술(Information Technology) 분야의 국제 표준화를 합동 관리하고 있다.

ISO에는 JTC 1 이외에도 TC 46(정보 및 문서화), TC 68(은행 업무), TC 130(그래픽 기술), TC 184(공장 자동화 시스템) 등 정보 처리 관련 전문 위원회가 있고, 이와 같은 전문 위원회(TC)에서 작성된 국제 표준 원안은 ISO 회원의 75% 이상의 찬성투표로서 국제 표준(IS : International Standards)으로 확정한다.

ISO는 창설 이래 현재까지 7,000건 이상의 광범위한 분야의 국제 표준을 제정, 공표하였고, 정보통신 분야의 대표적인 국제표준으로는 ISO 646(정보 교환용 코드), ISO 8802(LAN), ISO/IEC 7497(OSI 기본 참조 모델) 등이 있다.

▶ ISO 홈페이지 : www.iso.ch

▶ ISO/IEC JTC 1 홈페이지 : http://www.jtc1.org

### (3) 국제 전기기술 위원회(IEC)

1904년 미국 세인트루이스에서 개최된 국제 전기 회의에서 전기 기기의 용어와 규격에 관한 표준화의 필요성이 대두되어 1908년 영국 런던 회의에서 13개국이 참가하여 국제 전기기술 위원회(IEC : International Electrotechnical Commission)를 발족시켰다.

IEC는 현재 전기통신, 전자, 전력 등 전기 기술 관련 국제 표준화를 진행하고 있으며, 전문 분야별로 기술 위원회(TC), 분과 위원회(SC), 또는 작업 그룹(WG)을 설치하고, IEC 국제 표준(IEC Publication)을 작성, 발표하여 각국에서 국가 표준을 정할 때에 통일된 표준을 정하도록 권고하고 있다.

IEC도 국제 표준화 기구(ISO)와 마찬가지로 각국을 대표하는 표준화 기관으로 구성된 국제 단체로서 의결권을 갖는 회원은 1국가 1단체 또는 기관으로 국한되어 있으며, IEC 국제 표준은 현재 약 3,000건에 달하고 있다.

1961년 TC 83(정보 기기) 등을 설치하여 정보 기술 분야의 표준화를 추진해 왔으나, ISO의 TC 97(컴퓨터와 정보 처리)의 활동 분야와 중복되는 점을 감안하여 두 TC를 합병한 ISO/IEC JTC 1을 설치하였다.

▶ IEC 홈페이지 : www.iec.ch

### (4) 한국 정보통신 기술협회(TTA)

한국 정보통신 기술협회(TTA : Telecommunications Technology Association)는 전기 통신 방식, 통신 절차, 접속 등의 국내 표준 작성 및 보급과 국내외 표준화 조사 및 연구, ISO나 ITU의 국제 연구단의 구성 및 운영, 국제 표준화 관련 기관과의 협력 등 전기통신 관련 표준화 활동을 수행하기 위해 1988년 설립된 재단 법인으로서 1997년 이 명칭으로 변경하였다.

▶ TTA 홈페이지 : www.tta.or.kr

### (5) 미국 표준 협회(ANSI)

미국 표준 협회(ANSI : American National Standard Institute)는 직접 표준을 개발하지는 않으나, 미국에서의 권고 표준(Voluntary Standards : 준수할 의무는 없으나, 국가 또는 표준화 단체가 제정하여 이의 준수를 권고하는 표준) 활동을 관리 조정하고, 주요 규격 작성 기관이 제정한 규격 중 표준의 적합성 여부에 따라 미국 국가 표준으로서의 승인여부를 결정하는 비영리 민간단체이다.

ANSI는 국제 표준기구인 ISO/IEC의 공식적인 미국대표로 활동하며, 미국의 국가표준이 국제표준으로 제정되도록 노력하고 있다. 또한 ANSI는 주로 통신과 네트워킹 분야와 관련한 국제표준과 미국 국내표준을 개발하는데 주력하고 있다.

ANSI의 규격이나 원안은 ISO의 초안으로 채택되는 경우가 많으며, ISO로부터 초안 작성을 위촉받는 경우도 있다.

▶ ANSI 홈페이지 : www.ansi.org

### (6) 미국 전자 공업 협회(EIA)

1924년 RMA(Radio Manufacturers Association)라는 명칭으로 발족하여, 1957년에 미국 전자 공업 협회(EIA : Electronic Industry Association)로 개칭한 EIA는 미국의 전자 기기 제조업체를 대표하는 업계 단체로서 폭넓은 분야의 표준화와 표준의 보급 활동을 전개하고 있으며, 특히 정보 통신 분야에서는 주로 물리 매체의 인터페이스에 관한 표준안을 제정하여 EIA-RS(Recommendation Standard)라는 이름으로 공표하고 있다.

가장 잘 알려진 표준으로는 단말장치와 모뎀 간의 인터페이스를 규정한 RS-232-C 등이 있으며, RS-232-C는 현재 ANSI/EIA 232-D로 개정되었다.

▶ EIA 홈페이지 : www.eia.org

## (7) 미국 통신 산업 협회(TIA)

미국 통신 산업 협회(TIA : Telecommunications Industry Association)는 1988년 미국 전화 공급자 협회와 미국 전자 공업 협회(EIA)의 정보 통신 기술 그룹(ITG)이 합병하여 설립된 협회로서 EIA의 전기 통신부로서 활동하고 있다.

TIA의 특징으로는 북미 방식의 이동통신의 표준을 담당하고 있는데, 대표적인 표준으로는 우리나라의 2세대 이동통신 시스템에서 사용한 CDMA 방식의 표준인 IS-95를 들 수 있다.

▶ TIA 홈페이지 : www.tiaonline.org

## (8) 미국 전기 전자 학회(IEEE)

미국 전기 전자 학회(IEEE : Institute of Electrical and Electronics Engineers)는 1884년에 설립된 미국 전기 학회(AIEE : American Institute of Electrical Engineers)와 1912년에 설립된 무선 학회(IRE : Institute of Radio Engineers)가 1963년 합병되어 현재의 명칭과 조직으로 설립된 미국 최대의 학회로서 미국뿐만 아니라 전 세계 각국의 학자와 전문 기술자 등 수십만 명이 가입하고 있는 세계 최대의 전기, 전자, 전기통신, 컴퓨터 분야의 전문가 단체이다.

IEEE는 기술 논문의 발표와 토의를 위한 회의 개최, 기관지와 논문 발간, 회원의 전문적인 요구에 부응하기 위한 정보 서비스의 제공 등 다양한 활동을 전개하고 있으며, 또 IEEE 산하에는 통신학회(IEEE Communications Society), 컴퓨터학회(IEEE Computer Society) 등 수십 개의 분야별 학회가 있어 이들 산하 학회의 하부 기술 위원회를 통하여 주요 활동이 이루어지고 있다.

이 외에도 이 학회는 미국 표준 협회(ANSI)의 위임을 받아 미국 국가 표준을 제정하는 표준화 활동도 추진하고 있고 국제 표준의 제정에도 많은 공헌을 하고 있는데, 일반적으로 IEEE 표준은 ANSI/IEEE 표준이 되고, 그것이 그대로 IEC 표준이나 ISO 표준 등 국제 표준으로 채택되거나 바탕이 되는 경향이 있다.

예로, IEEE 컴퓨터 학회 내의 컴퓨터 통신망 표준화 위원회인 IEEE 802 위원회(IEEE 802 Committee)는 CDMA/CD 방식의 LAN, 토큰 버스 방식의 LAN, 토큰 링 방식의 LAN 등 근거리 통신망(LAN)의 표준화를 추진하였고, 이 위원회가 개발한 전송 속도 1Mbps에서 20Mbps의 4개 LAN 표준은 1985년 ANSI에서 미국 표준으로 채택한 후에 국제 표준화 기구(ISO)에 제출되어 1987년 ISO 8802 표준으로 채택되었다. IEEE는 아이 트리플 이(I-triple-E)라고 읽는다.

▶ IEEE 홈페이지 : www.ieee.org

▶ IEEE 802 위원회 홈페이지 : http://grouper.ieee.org/groups/802/index.html

## (9) 인터넷 공학 테스크 포스(IETF)

인터넷의 표준규격을 개발하고 있는 인터넷 구조 위원회(IAB : Internet Architecture Board)의 산하 조직인 IETF(Internet Engineering Task Force)는 인터넷 자체, 인터넷의 운영 및 관리 그리고 인터넷 관련기술의 공학적인 측면과 기술적인 측면의 쟁점 등을 해결하는 것을 목적으로 망 설계자, 관리자, 연구자, 망 사업자 등으로 구성되어 자생적으로 만들어진 그룹이다.

IETF는 TCP/IP와 같은 인터넷 운영 프로토콜의 표준을 정의하는 주체로써 기술 분야별로 40개가 넘는 그룹으로 구성되어 있으며, 최근 인터넷의 중요도가 높아짐에 따라 관심이 증가되고 있는 인터넷 관련 사실상 표준(De Facto Standard)을 제정하는 최고 권위의 국제 표준화 단체로 인정받고 있다.

▶ IETF 홈페이지 : www.ietf.org

## (10) 유럽 전기통신 표준협회(ETSI)

유럽 지역 정보통신 관련 분야 표준화 기구인 유럽 전기통신 표준 협회(ETSI : European Telecommunications Standards Institute)는 1988년 유럽 공동체(EC) 집행 위원회의 결정에 의해 유럽시장 단일화에 따른 정보통신 관련 분야의 표준 제정을 촉진하고, 회원사의 요구에 부응하는 기술표준을 개발하며, 세계 정보통신 표준의 제안 및 촉진에 기여함과 동시에 세계표준의 사전 구축을 목표로 설립되었다.

ETSI는 종전에 유럽 우편 전기통신 주관청 회의(CEPT : Conference of European Postal and Telecommunications Administrations)에서 수행하던 표준화 기능과 조직을 모체로 하여 설립된 기구로서 표준화 활동영역은 정보기술, 통신, 방송 등 정보통신 전 분야를 포괄하고 있으며, 정보기술 및 방송 분야의 표준화는 유럽 내 타 표준화기구인 유럽 표준 위원회(CEN)과 유럽 전기 표준 회의(CENELEC), 그리고 유럽 방송 연합(EBU : European Broadcasting Union)과의 협력을 통하여 추진하고 있다.

ETSI에서 제정된 대표적인 표준으로는 유럽의 이동통신 시스템인 GSM(Global System for Mobile communication)을 들 수 있고, 유선통신망 분야의 표준으로는 ISDN(Integrated Service Digital Network)을 들 수 있다.

▶ ETSI 홈페이지 : www.etsi.org

### (11) 일본 공업 규격(JIS)

일본 공업 규격(JIS : Japanese Industrial Standards)은 공업 표준화법에 근거하여 일본 공업 표준 조사회(JISC)라는 법정 표준화 기관의 심의 의결을 거쳐 정부의 대신(장관)이 제정하는 국가 표준이다. 일본의 정보 통신 관련 JIS 표준은 대부분 ISO, IEC, ISO/IEC JTC 1, ITU 등의 국제 표준을 기초로 하여 제정되기 때문에 국제 표준과의 호환성이 높다.

기술 진보에 따른 국제 표준화의 진행이 빠르고 표준의 내용이 방대하기 때문에 표준화 주무 관청(공업 기술원)과 법정 표준화 기관인 JISC는 정보 통신 관련 표준화 작업을 민간 전문 단체에 위탁하는 경우가 많은데, 정보 통신 분야의 JIS 원안 및 업계 표준 조성에 참여하는 주요 기관 및 단체로는 일본 규격 협회(JSA) 산하의 정보 기술 표준화 연구 센터(INSTAC), 정보 처리 학회 산하의 정보 규격 조사회(ITSCJ), 일본 전자 공업 진흥 협회(JEIDA), 일본 정보 처리 협회(JIPDEC), 일본 사무 기계 공업회(JBMA), 전신 전화 기술 위원회(TTC) 등이 있다.

▶ JIS 홈페이지 : www.jsa.or.jp

### (12) 일본 전신전화 기술 위원회(TTC)

일본 전신전화 기술 위원회(TTC : Telecommunication Technology Committee)는 1985년 4월 일본의 전기통신사업법 시행에 의해 일본 전기통신시장에 경쟁원리가 도입되면서 전기통신시장이 민간에 개방됨에 따라 전기통신의 공정한 경쟁시장을 확보하고 통신사업자, 제조업체, 이용자 간에 신뢰를 유지하여 나가는데 표준정책이 필요하다는 것이 관계자들 사이에 인식되었으며, 이로써 미국 T1 위원회와 같은 민간단체 표준화 기관으로 설립된 일본 우정성 산하의 비영리 단체이다.

TTC의 주요 임무는 전기통신 분야에 대한 표준화로서 전기 통신망의 접속에 관한 망간 인터페이스, 망 · 단말 간 인터페이스의 상위 계층 프로토콜 등을 ITU-T의 권고를 바탕으로 표준을 제정하고, 제정된 표준을 확산시키는 것이다.

▶ TTC 홈페이지 : www.ttc.or.jp

# 연 습 문 제

1.1 통신의 정의를 설명하고, 자신이 생각하는 대표적인 통신방법에 대해 설명해 보시오.

1.2 자료와 정보의 차이에 대해 설명해 보시오.

1.3 정보의 특징에 대해 설명해 보시오.

1.4 정보화 사회란 무엇이라고 생각하는가?

1.5 정보화 사회의 특징에 대해 설명해 보시오.

1.6 정보화 사회의 문제점에 대해 설명해 보시오.

1.7 통신의 역사를 인터넷 홈페이지에서 검색하여 인상적인 역사적 의미를 찾아보시오.

1.8 정보통신의 정의에 대해 설명해 보시오.

1.9 정보통신 시스템의 구성 요소를 기술하고, 각 요소의 역할과 기능에 대해 설명해 보시오.

1.10 정보 통신망을 구성하는 형태와 사용 목적에 따라 구분하고, 각각에 대해 설명해 보시오.

1.11 정보 통신망에 대한 자료를 인터넷에서 조사하고, 앞으로의 진화 방향을 생각해 보시오.

1.12 미래의 정보통신 환경에 대해 설명해 보시오.

1.13 앞으로 정보통신 서비스는 어떠한 방향으로 진화될 것으로 생각하는가?

1.14 이동통신 시스템의 진화 방향은 어떻게 변화될 것으로 생각하는가?

1.15 유선 통신환경과 무선 통신환경은 앞으로 어떠한 방향으로 서로 진화해 나갈 것이라고 생각하는가?

1.16 정보통신 분야에서 왜 표준화가 필요하다고 생각하는가?

1.17 각 표준화 단체의 홈페이지를 방문해 보고, 각 단체의 역할에 대해 조사해 보시오.

# 2

# 정보의 원천부호화

## 2.1 신호의 구분

1장에서 데이터와 정보에 대한 개념을 정의하면서 정보는 의미 있는 데이터의 집합이라고 하였다.

정보통신 시스템에서 이와 같은 정보를 표현하거나 전송하기 위해서는 정보를 신호로 변환하여야 한다. 따라서 신호(Signal)는 정보의 전기적 또는 전자기적 표현이라고 정의할 수 있다.

신호(Signal)는 크게 나누어 아날로그 신호와 디지털 신호로 구분할 수 있는데, 전압, 전류, 온도, 압력, 각도 등과 같이 연속적인(Continuous) 물리량으로 표현되는 신호를 아날로그 신호(Analog Signal)라고 하고, 숫자, 문자, 부호 등과 같이 이산적인(Discrete) 물리량으로 표현되는 신호를 디지털 신호(Digital Signal)라고 한다. 아날로그의 개념과 디지털의 개념을 이해하기 위해 그림 2.1과 같이 시계의 예를 들어보기로 하자.

(a) 아날로그 시계 (b) 디지털 시계

**그림 2.1 아날로그와 디지털의 예**

우리는 일반적으로 그림 2.1(a)와 같이 바늘이 돌아가는 시계를 아날로그시계라고 하고, 그림 2.1(b)와 같이 전자시계를 디지털시계라고 한다. 하지만 바늘이 돌아가고, 전자시계라서 아날로그시계, 디지털시계라고 하는 것은 아니다.

바늘이 돌아가는 시계를 아날로그시계라고 하는 것은, 시간이라는 정보를 표현함에 있어 바늘을 이용하여 연속적인 물리량인 각도로 표시하기 때문에 아날로그시계라고 하는 것이다. 그리고 디지털시계도 전자시계라서 디지털시계가 아니고, 시간이라는 정보를 숫자로 표현하기 때문에 디지털시계라고 하는 것이다.

이제 아날로그와 디지털에 대한 개념을 충분히 이해했으리라고 본다.

따라서 정보통신 시스템에서 음성 신호, 전화 선로에서 전송되는 신호, 이동통신에서 무선으로 전송되는 신호는 모두 연속적인 물리량으로 표현되기 때문에 아날로그 신호이며, 컴퓨터에서 표현되는 문자, 숫자, 저장매체에 저장되는 정보 등은 모두 이산적인 물리량인 1 또는 0으로 표현되기 때문에 디지털 신호이다.

## 2.2 아날로그 신호의 디지털화

대부분의 통신 시스템에서 입력원으로 사용되는 음성과 영상 등과 같은 정보원(Information Source)은 아날로그 형태의 정보이다.

이와 같은 아날로그 정보원에 대한 디지털 통신 시스템의 첫 번째 처리 과정은 아날로그 신호를 디지털 신호로 변환하는 과정이며, 이에 대해 수신 측에서는 디지털 신호를 다시 아날로그 신호로 복원하는 과정이 필요하다.

여기에서 전자와 같은 과정을 A/D 변환(Analog to Digital Conversion)이라고 하고, 후자와 같은 과정을 D/A(Digital to Analog Conversion) 변환이라고 한다.

현대의 통신 서비스는 고품격의 데이터 전송을 위해서 음성 신호나 영상 신호 같은 아날로그 신호를 디지털 데이터로 변환하여 전송하고 있는데, 아날로그 신호를 디지털화함으로써 얻게 되는 장점은 다음과 같다.

- 잡음에 강하다.
- 다중화가 용이하다.
- 데이터의 압축 및 암호화가 가능하다.
- 디지털 회로로 구현할 수 있어 집적화(IC)가 가능하다.
- 하드웨어 비용이 저렴해진다.
- 리피터(Repeater)를 이용해 신호를 복원할 수 있으므로, 고품질의 전송이 가능하다.

음성과 같은 아날로그 데이터를 디지털 신호로 부호화하는 방법으로 펄스 부호 변조(PCM, Pulse Code Modulation), 델타 변조(DM, Delta Modulation), 적응 PCM(Adaptive PCM), 차동 PCM(Differential PCM) 등이 있으며, 이중에서 가장 많이 사용되는 방식은 PCM 변조 방식이다.

### 2.2.1 펄스 부호 변조(PCM)

PCM(Pulse Coded Modulation) 변조 방식은 아날로그 신호를 디지털 신호로 전송하기 위한 디지털 변조의 한 방식으로서 연속적으로 변화하는 아날로그 신호를 디지털 펄스로 바꾸어 전송하고 수신 측에서는 다시 원래의 아날로그 신호로 환원시키는 방식, 즉 아날로그 신호를 디지털 데이터로 변환하는 과정이라고 할 수 있다.

이러한 과정을 일반적으로 아날로그 신호의 디지털화(Digitization)라고 한다.

그리고 아날로그 신호를 디지털 데이터로 변환시키는 장치를 부호기(Encoder)라고 하고, 이 디지털 데이터를 다시 원래의 아날로그 신호로 복원하는 장치를 복호기(Decoder)라고 하며,

두 장치를 합해 코덱(CODEC : COder-DECder)라고 한다.

PCM 변조 방식은 그림 2.2와 같이 입력신호로 아날로그 신호를 입력받아 표본화, 양자화, 부호화의 3단계의 과정을 거쳐 디지털 데이터를 생성한다.

- 표본화 (Sampling) : 아날로그 신호의 PAM(Pulse Amplitude Modulation) 표본화
- 양자화 (Quantization) : 표본화된 진폭의 양자화
- 부호화 (Encoding) : 양자화 된 PCM 펄스의 부호화

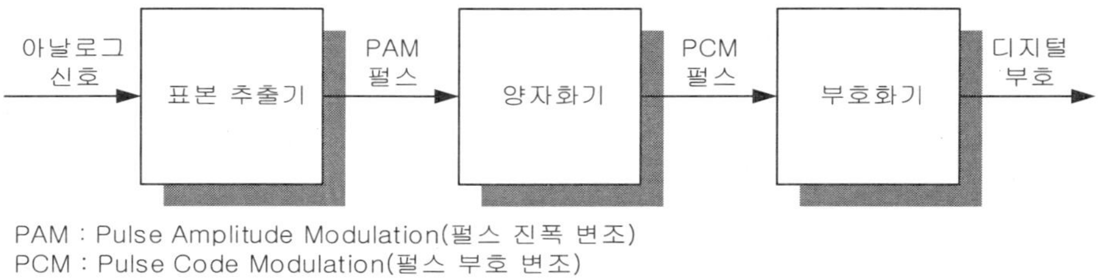


**그림 2.2 PCM 변조 블록도**

## (1) 표본화 (Sampling)

표본화(Sampling)는 입력된 아날로그 신호를 받아 PAM(Pulse Amplitude Modulation) 표본을 생성하는 단계, 즉 연속적인 신호를 신호의 진폭의 크기로 표현하는 단계를 말한다.

아날로그 신호는 연속적으로 변하는 신호이기 때문에 시간에 따라 그 값이 계속 변화한다. 이와 같은 아날로그 신호를 디지털 형태로 바꾸는데 있어 얼마나 자주 표본 값을 구하여야 하느냐는 것은 중요한 문제가 된다.

너무 자주 표본 값을 구하면(표본화 시간의 폭이 너무 작으면) 정보의 양이 너무 커져 정보 전송의 어려움이 있는 반면, 수신 측에서 원래의 신호를 그대로 복원할 수 있다는 장점은 있다. 반대로 너무 느리게 표본 값을 구하면(표본화 시간의 폭이 너무 크면) 정보의 양은 줄어드는 반면, 수신 측에서 원래의 신호를 복원할 수가 없다는 단점이 발생한다.

따라서 아날로그 신호를 적절한 표본화 율로 표본화 하는 것이 중요한데, 이를 나이퀴스트의 표본화 정리(Sampling Theory)라고 한다.

$$f_s \geq 2f_{m,\max} = 2B \tag{2.1}$$

여기에서 $f_s$는 표본화 주파수이고, $f_{m,\max}$는 메시지 신호의 최대 주파수를 의미하며, $B$는 메시지 신호의 대역폭을 의미한다.

나이퀴스트의 표본화 정리에 의하면, 임의의 신호에 대해 최고 주파수의 2배 이상의 속도로 균일하게 표본화하면 표본화된 데이터는 원래의 신호가 가진 대부분의 정보를 포함하고 있다는 것이다. 따라서 임의의 신호가 가지고 있는 최고 주파수보다 2배 이상의 주파수로 표본화하면 표본화된 데이터로부터 원래의 신호를 복원할 수 있다.

예를 들어, 사람의 음성 주파수 대역은 300Hz에서 3400Hz로 약 3KHz의 대역폭을 가진다. 이 대역폭에 채널간의 간섭을 피하기 위한 보호대역(Guard Band)이 필요하므로, 이 보호대역을 포함하면 약 4KHz의 대역폭이 되고, 이 음성 신호를 재현하기 위해서는 표본화(Sampling)의 횟수를 대역폭의 2배인 8KHz 이상, 즉 초당 8,000번 이상 표본화를 하면 원래의 신호를 복원할 수 있다. 이것은 1/8,000초(=125$\mu s$)마다 한 번 표본화를 수행하는 것과 같다.

참고로 전화통신망 및 N-ISDN(협대역 종합정보 통신망)은 이것을 기본으로 하고 있으며, 각 표본 당 8Bit를 할당하여 8,000×8Bit=64Kbps를 기본속도로 하고 있다. 따라서 125$\mu s$마다 8비트로 등급화하면 1초당 64k비트를 전송할 수 있다는 것이다.

그림 2.3에 이러한 PAM 표본화를 포함한 PCM의 펄스 생성 예를 나타내었는데, 여기에서는 그림의 복잡도를 줄이기 위해 각 표본 당 4비트를 할당한 예를 나타내었다.

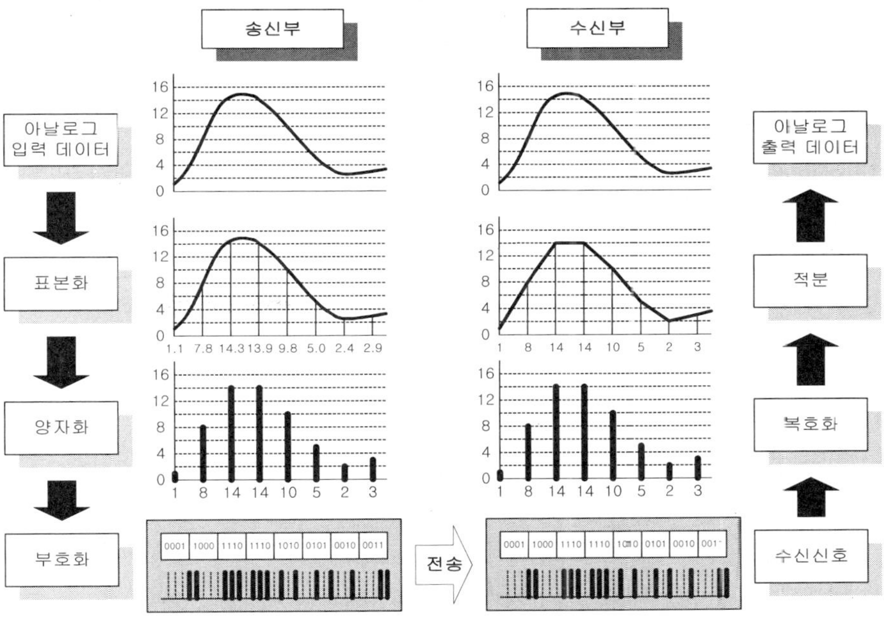


그림 2.3 PCM 변복조 과정

## (2) 양자화 (Quantization)

그림 2.2에서 보는 바와 같이 표본화에서 생성된 펄스(PAM 펄스)를 이용하여 그 값을 정량화하는 단계, 즉 각 PAM 펄스의 진폭을 근사치인 정수 값으로 표현( "등급화" )하는 단계를 양자화(Quantization)라고 한다.

양자화기의 종류로는 선형 양자화기와 비선형 양자화기가 있다.

### ① 선형 양자화기 (Uniform Quantization 또는 Linear Quantization)

선형 양자화기(Uniform Quantization 또는 Linear Quantization)는 각 단계의 레벨이 모두 동일한 양자화기, 즉 입력 신호에 비례하여 출력하는 양자화기를 말한다.

선형 양자화기에서 양자화를 할 때 근사치는 사사오입(반올림)되므로 양자화 된 근사치는 약간의 오류가 포함될 수 있는데 이를 양자화 오차(Quantization Error)라고 하고, 이 양자화 오차에 의해 발생되는 오류를 양자화 잡음(Quantization Noise)이라고 한다.

이 양자화 잡음은 근원적으로 없앨 수는 없다. 하지만, 양자화 잡음은 작을수록 원래의 신호에 근접하므로, 이러한 양자화 잡음을 줄이기 위해 양자화 레벨의 수를 증가시킨다. 그림 2.3에서는 예를 들기 위해 양자화 레벨을 16단계(0~15레벨)로 사용하였지만, 일반적으로 양자화 레벨은 256단계, 또는 4,096단계 등을 사용한다. 여기에서 16단계, 256단계, 4,096단계로 양자화 레벨을 증가시킬수록 양자화 잡음은 줄어들지만, 이는 다음 단계인 부호화기(Encoder)와 연관이 되어 있다. 즉, 16단계의 양자화 레벨을 사용한다는 것은 부호화를 4비트로 한다는 것을 의미하고, 256단계는 8비트 부호화, 4,096단계는 12비트 부호화를 한다는 것을 의미한다. 따라서 양자화 레벨을 증가시킬수록 전송(저장)해야 할 디지털 비트의 수가 증가하게 된다.

그림 2.3의 PCM 과정에서 사용된 선형 양자화기를 그림 2.4에 나타내었다.

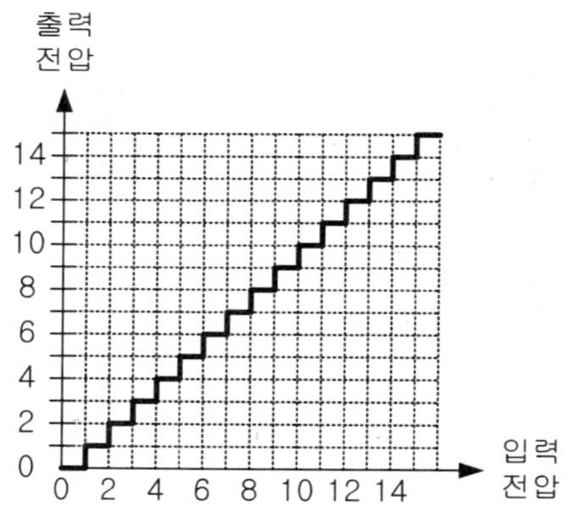


**그림 2.4 선형 양자화기의 입출력 특성**

### ② 비선형 양자화기 (Non-linear Quantization)

비선형 양자화기(Non-linear Quantization)는 각 양자화의 레벨이 서로 다른 간격을 갖도록 하는 방법으로서, 작은 진폭의 신호에 대해서는 양자화 레벨의 간격을 좁게 하고, 큰 진폭의 신호에 대해서는 양자화 레벨을 넓게 하여 신호 레벨에 따른 왜곡(Distortion)의 정도를 줄이는 방법이다.

한편, 선형 양자화기는 음성과 같은 형태의 신호에는 적합하지 않은데, 그 이유는 음성 신호는 말하는 사람에 따라서 억양의 강도가 다르고 높은 소리와 낮은 소리의 차가 40[dB] 정도의 넓은 동적 범위(Dynamic Range)를 가지며, 또 음성 신호의 통계적 성질이 불균일하기 때문이다. 예를 들어, 높은 소리로 말하다가 낮은 소리로 말하는 경우, 또는 높은 소리로 말하는 경우보다 낮은 소리로 말하는 경우가 더 많기 때문에 음성 신호의 레벨은 불규칙적으로 변하게 된다.

따라서 선형 양자화기를 이용해 균일한 간격으로 음성 신호를 양자화하는 경우, 양자화 간격을 크게 하면 작은 목소리로 속삭이는 사람의 음성을 구별할 수 없게 되고, 양자화 간격을 작게 하면 작은 목소리는 청취가 가능하겠지만 양자화 레벨 수가 많아져 정보량이 많아지는 문제점이 있다.

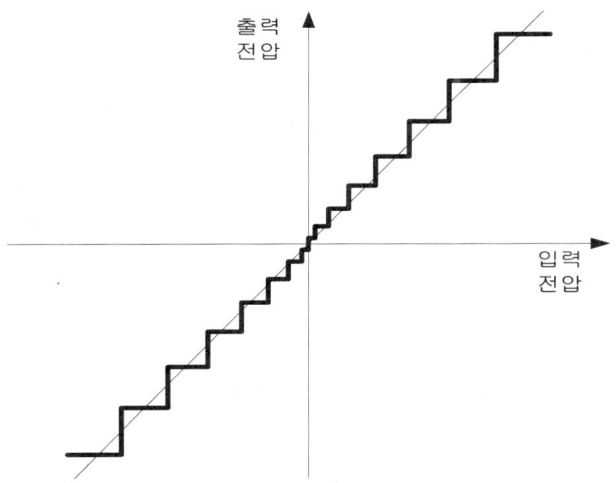


**그림 2.5 비선형 양자화기의 입출력 특성**

이를 해결하기 위해 음성의 동적범위를 효과적으로 적용할 수 있도록 0 근처 입력 전압 영역에서는 양자화 레벨의 수를 증가시키고, 높은 입력전압 영역에서는 양자화 레벨의 수를 감소시켜 양자화 레벨간의 간격을 불균일하게 만들 필요가 있다.

즉, 그림 2.5과 같이 작은 소리에 대해서는 양자화 레벨간의 간격을 세밀하게 하고 높은 소리에 대해서는 양자화 레벨간의 간격을 크게 하여도 음성을 구별하는데 어려움이 없으므로, 양자화 간격을 크게 하는 것이다.

한편, 이와 같은 불균일한 양자화 레벨을 가지는 양자화기를 설계하는 것보다 입력되는 신호 자체를 이와 같은 불균일한 특성이 되도록 하면 선형 양자화기를 이용하여 양자화 할 수 있는데, 이를 압신법(Companding)이라고 한다.

압신법(Companding : Compressing Expanding)은 입력 측의 큰 신호에 대해서는 작은 이득을 주고, 작은 신호에 대해서는 큰 이득을 줌으로써 신호의 밀도범위를 압축 및 팽창시키는 방법이다.

그림 2.6에 압신기술을 이용한 양자화 과정을 도식화 하였다. 먼저 송신기는 입력 측의 큰 신호에 대해 작은 이득을 주는 압축기(Compressor)를 이용하여 신호 파형의 피크 부근에서 압축되도록 한 다음, 선형 양자화기를 통과시켜 전송한다. 그러면 선형 양자화기를 이용한 비선형 양자화 특성을 얻을 수 있다.

그리고 수신기는 선형 양자화기에 대한 복호를 수행 한 후, 압축기의 역의 과정인 신장기(Expander)를 이용하여 압축된 값을 신장하여 다시 원래의 표본 값을 갖도록 한다.

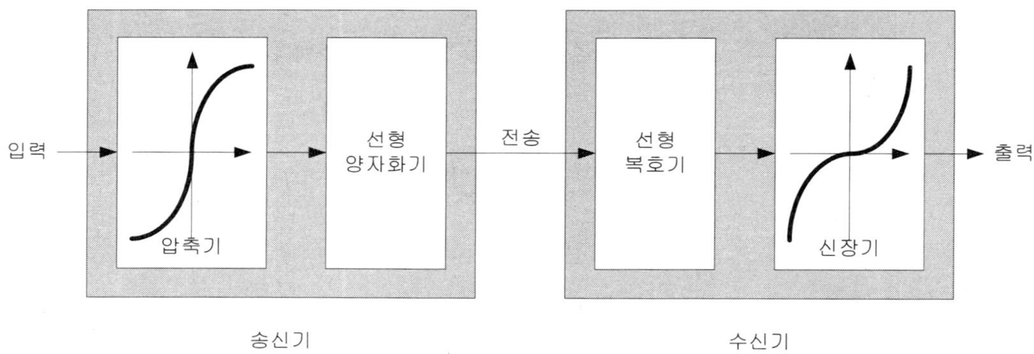


**그림 2.6 압신 기술**

입력되는 아날로그 신호에 대해 압신 함수를 사용하는 방법이 북미식과 유럽식이 다른데, 북미식을 $\mu$-law(ITU-T G.711)라고 하고 유럽식을 a-law(ITU-T G.712)라고 한다.
북미식 $\mu$-law의 대수적 압축특성은 다음과 같이 정의된다.

$$F(x) = sgn(x)\, V_{max} \frac{\ln\left(1 + \frac{\mu |x|}{V_{max}}\right)}{\ln(1+\mu)}, \quad 0 \le |x| \le V_{max} \tag{2.2}$$

여기에서 $sgn(x)$는 입력신호 $x$의 극성을 구하는 함수이고, $x$의 값이 양수일 때는 "1", 음수일 때는 "-1"의 값을 가진다. 그리고 $\mu$는 압축량을 나타내는 파라미터로서, 미국의 Bell 시스템은 디지털 반송 시스템에 $\mu = 255$ 압신 법칙을 사용하고 있다.

식 2.2를 $V_{\max}$로 정규화하면, $y(x) = \frac{F(x)}{V_{\max}}$이 되고, $x = \frac{|x|}{V_{\max}}$이 되므로, 양의 $x$값만 고려하면 식 2.2는 다음과 같이 간단히 쓸 수 있다.

$$y(x) = \frac{\ln(1 + \mu x)}{\ln(1 + \mu)} \tag{2.3}$$

다음, 유럽식 a-law의 대수적 압축특성은 다음과 같이 정의된다.

$$F(x) = \begin{cases} sgn(x)\dfrac{A|x|}{1 + \ln A}, 0 \leqq |x| \leqq \dfrac{1}{A} \\ sgn(x)\dfrac{1 + \ln(A|x|)}{1 + \ln A}, \dfrac{1}{A} \leqq |x| \leqq 1 \end{cases} \tag{2.4}$$

여기에서 A는 동적 범위를 결정하는 파라미터로서, ITU-T G.712에서는 8비트 양자화에 대해 A=87.6을 권고하고 있다.

### (3) 부호화기 (Encoder)

부호화기(Encoder)는 양자화 된 펄스에 대해 펄스의 진폭 크기에 대응하는 n 비트의 2진 펄스(0과 1)로 변환하는 단계이다.

그림 2.3의 예에서 각 펄스는 4비트(n=4)로 부호화하였기 때문에, 양자화 된 펄스는 총 16단계의 근사치로 나타낼 수 있다.

일반적으로 부호화는 8Bit 또는 12Bit 등으로 부호화하며, 이 경우 256단계, 4,096단계의 양자화 펄스를 부호화 할 수 있다.

## 2.2.2 델타 변조 (DM)

델타 변조(DM : Delta Modulation)는 예측 양자화 시스템 중 가장 간단한 형태로서, 양자화기가 오직 두 개의 값을 가질 때 이를 델타 변조라고 한다. 따라서 델타 변조는 입력되는 차동 신호에 대하여 표본 당 1비트만을 출력하며, 이 단일 비트는 변조기 출력에서 임펄스 함수의 극성(Polarity)으로 나타난다.

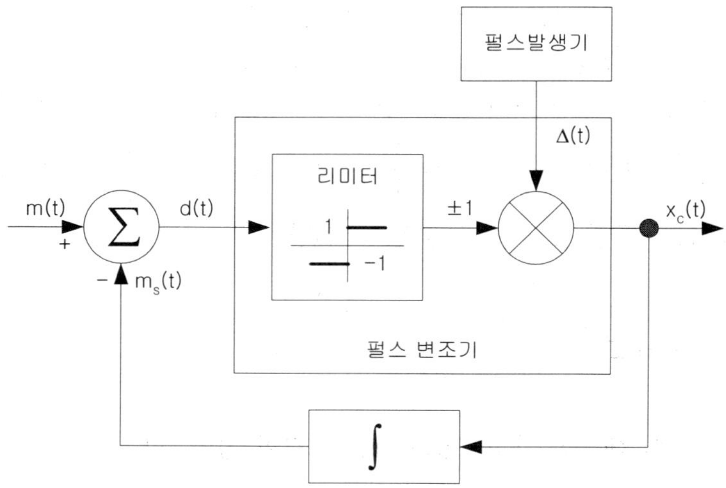


**그림 2.7 델타 변조기의 블록도**

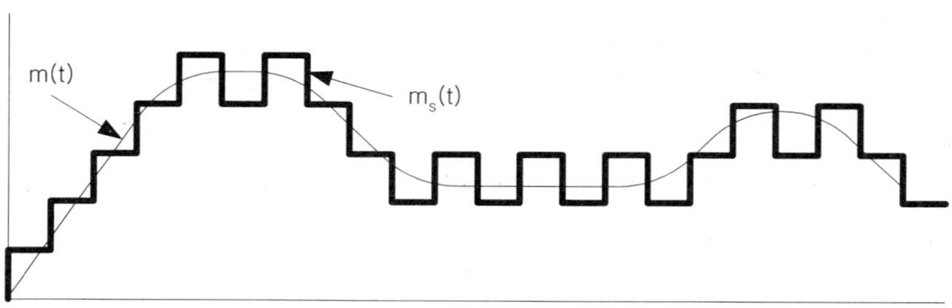


(a) 델타 변조기 파형

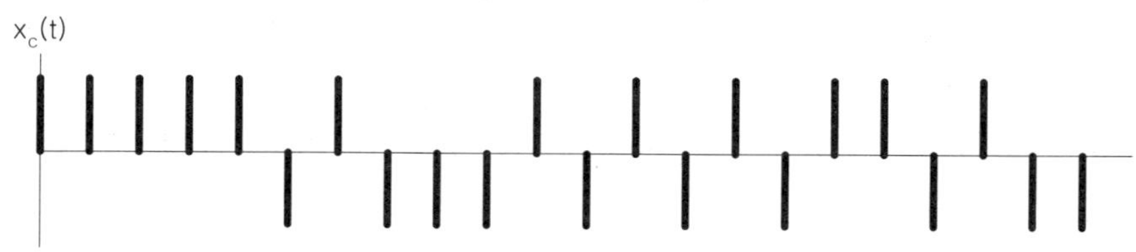


(b) 델타 변조기 출력 파형

**그림 2.8 델타 변조 파형**

DM 변조기의 블록도를 그림 2.7에 나타내었다.

먼저, DM 변조기는 메시지 신호 $m(t)$가 입력될 때, 예측 신호 $m_s(t)$와의 차의 신호인 차동 신호 $d(t)$를 구한다. 여기에서 차동 신호 $d(t)$가 (+)이면 DM 변조기는 리미터에 의해 "1" 을 출력하고, 차동 신호 $d(t)$가 (-)이면 DM 변조기는 리미터에 의해 "-1" 을 출력한다.

다음, 펄스 발생기(Pulse Generator)를 이용하여 이와 같은 출력 "1"과 "-1"에 따라서 $+\Delta$ 또는 $-\Delta$의 진폭을 갖는 펄스 $x_c(t)$를 생성하고, 이 펄스는 출력으로 출력된다. 실제적으로 델타 변조기의 출력 $x_c(t)$는 샘플링 순간 차동 신호 $d(t)$의 부호에 따르는 음이나 양의 극성을 가진 폭이 좁은 펄스의 열이다.

그리고 예측 신호 $m_s(t)$는 델타 변조기의 출력 $x_c(t)$를 적분함으로써 얻을 수 있는데, 이를 메시지 신호 $m(t)$의 계단 근사 신호라고 한다.

이와 같은 과정에 따라 델타 변조기가 메시지 신호를 추적하는 과정을 그림 2.8(a)에 나타내었고, 그림 2.8(b)에는 그에 따른 델타 변조기의 출력 파형 $x_c(t)$를 나타내었다.

DM의 주된 단점은 그림 2.9에 나타낸 바와 같이 경사 과부하 잡음(Slope Overload Noise)과 양자화 잡음(Quantization Noise 또는 Granular Noise)이 발생한다는 것이다.

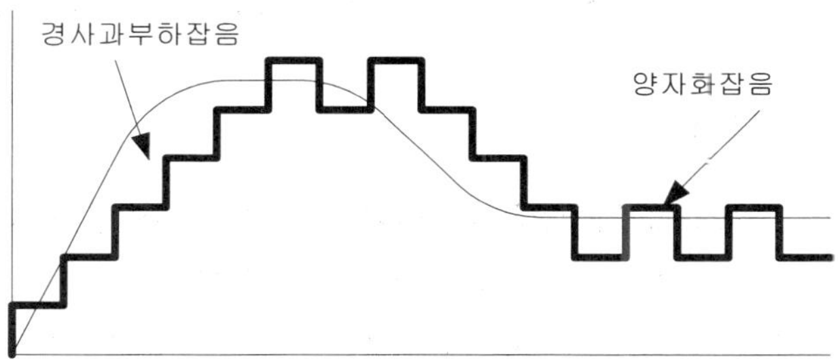


**그림 2.9 경사 과부하 잡음과 양자화 잡음**

경사 과부하 잡음(Slope Overload Noise)은 신호가 급격히 변하는 경우 메시지 신호 $m(t)$가 계단 근사 신호 $m_s(t)$가 추적할 수 있는 기울기보다 더 커 계단 근사 신호가 메시지 신호를 추적하지 못해 발생하는 오류이고, 양자화 잡음(Quantization Noise)은 신호가 평탄한 경우 계단 근사 신호가 메시지 신호의 위아래로 오르내리면서 발생하는 오류이다.

경사 과부하 잡음을 줄이기 위해서는 계단파의 스텝의 크기($\Delta$)를 크게 하면 되는데, 이 경우에는 양자화 잡음이 많이 발생한다. 그 반대로 양자화 잡음을 줄이기 위해서는 계단파의 스텝의 크기($\Delta$)를 작게 하면 되는데, 이 경우에는 경사 과부하 잡음이 많이 발생한다.

따라서 DM에서는 계단파 스텝의 크기($\Delta$)가 제일 중요하며, 경사 과부하 잡음과 양자화 잡음의 합이 최소가 되도록 계단파 스텝의 크기($\Delta$)를 정하는 것이 중요하다.

과부하 경사 잡음에 대한 문제를 극복하기 위한 하나의 기법으로 메시지 신호의 기울기가 크면 계단파의 스텝의 크기를 크게 하고, 메시지 신호의 기울기가 작으면 계단파의 스텝의 크기를 작게 하는 방법을 사용한다. 이처럼 메시지 신호에 대해 적응적으로 계단파의 스텝의 크기를 조절할 수 있도록 변조기를 수정한 것을 적응 델타 변조(ADM : Adaptive Delta

Modulation)이라 한다.

적응 델타 변조(ADM) 방식은 현재 음성 신호의 부호화 및 복호화 용도로 활용하기 위해 대규모 집적 회로(LSI)로 개발되어 있으며, 이 부호기의 전송 속도는 5~16Kbps이다.

## 2.3 문자의 부호화

컴퓨터 시스템에서 문자, 숫자, 특수문자를 표현하기 위해 2진수만으로 된 독특한 부호를 사용하는데, 이것을 문자 부호 시스템이라고 한다. 1개의 문자나 숫자는 6~16개의 비트를 1단어로 하여 그 조합으로 표현하며, 특히 전송의 정확성을 유지하기 위해 1비트를 더 추가하여 이용하는데 이를 패리티 비트(Parity Bit)라고 한다.

문자 부호 시스템에는 BCD 부호, EBCDIC 부호, ASCII 부호, Unicode 부호 등이 있다.

### 2.3.1 BCD 부호(6Bit)

BCD(Binary Coded Decimal Interchange Code) 부호는 1950년대 후반 IBM 컴퓨터 및 주변 기기에서 사용했던 부호로 우리말로 2진화 10진 부호라고 한다.

BCD 부호는 총 6개의 비트로 구성되는데, 6개의 비트 중 상위의 2비트는 존 비트(Zone Bit)라고 하고, 하위의 4비트는 디지트 비트(Digit Bit)라고 한다. 존 비트(Zone Bit)는 전화번호의 국번과 같이 문자의 그룹을 나타내고, 디지트 비트(Digit Bit)는 그 그룹 내에서 일련번호와 같은 역할을 한다.

모든 문자는 존 비트와 디지트 비트의 조합으로 표현되며. 이외에 기계적인 오류를 검사하는 용도로 사용하는 패리티 비트를 왼쪽 끝에 더 붙일 수 있다. BCD 부호는 6비트를 사용하기 때문에 표현 가능한 문자의 수는 64 글자($2^6 = 64$)가 가능하다.

그림 2.10에 BCD 부호를 나타내었다. 그림 2.10에서 존 비트는 2비트이므로 4가지의 경우가 가능한데, 존 비트가 "00" 인 경우에는 숫자를, "01" 인 경우에는 영문자 S-Z의 문자를, "10" 인 경우에는 영문자 J-R의 문자를, "11" 인 경우에는 영문자 A-I의 문자를 나타낸다. 그리고 디지트 비트는 각각의 경우에 대해 순서(순서의 시작은 괄호 안에 나타내었다.)를 나타낸다.

예를 들어 숫자 5를 BCD 부호로 나타내기 위해서는 존 비트는 "00" 을 나타내어야 하고, 5는 숫자 중에서 5번째 숫자이므로 디지트는 "0101" 되어, 숫자 5는 BCD 부호로 "000101" 이 된다. 그리고 문자 M은 J-R 사이에 존재하므로 존은 "10" 이 되고, 디지트는 J-R 사이에서 4번째 문자이므로 "0100" 이 된다. 따라서 문자 M은 BCD 부호로 "100100" 이 된다.

참고로 숫자 0은 숫자 계열에서 0번째로 표기하면 "000000" 이 되지만, 모든 비트가 "0"

이 되는 경우를 배제하기 위하여 숫자 계열에서 10번째로 표시한다. 따라서 숫자 0은 BCD 부호로 "001010" 이다.

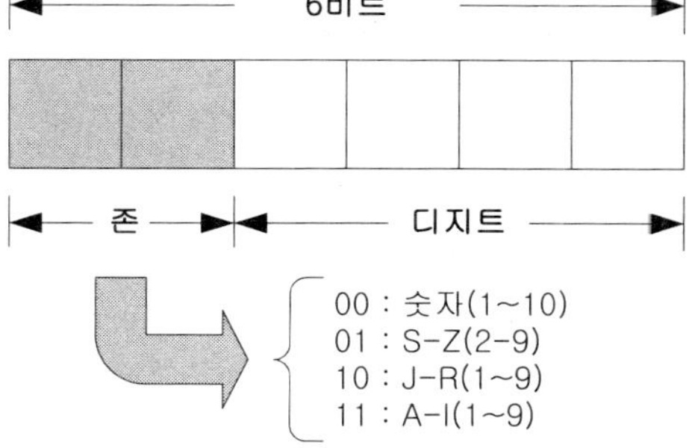


**그림 2.10 BCD 부호의 형식**

### 2.3.2 EBCDIC 부호 (8Bit)

EBCDIC(Extended BCD) 부호는 BCD 부호를 8bit로 확장한 부호로, 1964년에 IBM에서 자체 개발하여 IBM 계열의 컴퓨터에서 많이 사용한 부호이다. 초창기에는 IBM 계열의 대형 컴퓨터에서 내부 부호로 주로 사용되었으나, ASCII 부호의 출현으로 인해 현재는 잘 사용되지 않고 있다.

이 부호의 특징은 8개의 비트의 사용으로 256($2^8 = 256$)개의 문자 표현이 가능하고, 8개의 비트를 4비트씩 나누어 2개의 10진수를 기억시킬 수 있으므로 데이터 표현에 효율적이었다.

EBCDIC 부호의 형식을 그림 2.11에 나타내었다. 존 B가 추가되어 소문자까지 표기할 수 있다는 것을 제외하면, BCD 부호와 형태가 유사하므로 충분히 이해할 수 있으리라고 본다. EBCDIC 부호에서 대문자 M은 "11010100" 이고, 소문자 m은 "10010100" 이다. 그리고 숫자 0은 BCD 부호와는 달리 "11110000" 이다.

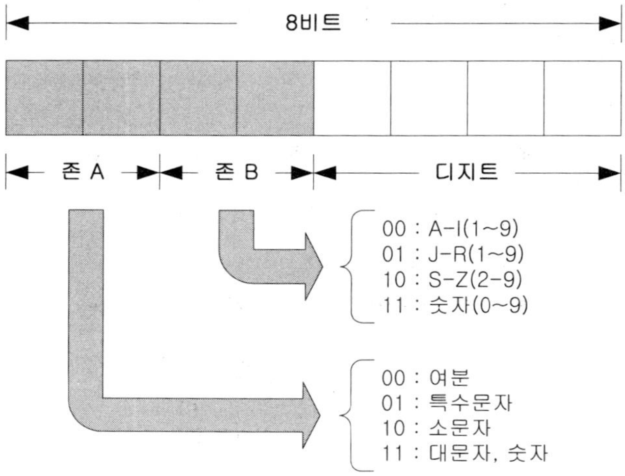


그림 2.11 EBCDIC 부호의 형식

### 2.3.3 ASCII 부호 (7Bit)

ASCII(The American Standard Code for Information Interchange) 부호는 컴퓨터 통신용으로 개발된 미국 표준 부호로서, 1967년 ANSI에서 표준으로 제정되고 1986년에 마지막으로 개정되었다.

ASCII 부호는 7개의 비트로 구성되어 있기 때문에, 총 128($2^7 = 128$)개의 문자를 표현할 수 있는데, 이를 표준 ASCII 부호(Standard ASCII Code)라고 한다. 한편 ASCII 부호는 가장 보편적인 문자 부호 체계이기 때문에 국제적으로 중요하며, 현재 비 IBM 계열 컴퓨터에서 많이 사용하고 있다.

표 2.1에 나타낸 표준 ASCII 부호는 영문자, 0~9의 숫자, 구두점, 제어 명령 문자 등으로 구성되어 있는데, 그림 2.12에서 보는 바와 같이 표준 ASCII 부호의 상위 3 비트(존 영역)는 영문자, 숫자, 특수문자 등을 구분하는 용도로 사용한다.

표 2.1 표준 ASCII 부호

| 16진수 | 10진수 | ASCII | 16진수 | 10진수 | ASCII | 16진수 | 10진수 | ASCII | 16진수 | 10진수 | ASCII |
|---|---|---|---|---|---|---|---|---|---|---|---|
| 00 | 0 | NULL | 20 | 32 | (SP) | 40 | 64 | @ | 60 | 96 | ` |
| 01 | 1 | SOH | 21 | 33 | ! | 41 | 65 | A | 61 | 97 | a |
| 02 | 2 | STX | 22 | 34 | " | 42 | 66 | B | 62 | 98 | b |
| 03 | 3 | ETX | 23 | 35 | # | 43 | 67 | C | 63 | 99 | c |
| 04 | 4 | EOT | 24 | 36 | $ | 44 | 68 | D | 64 | 100 | d |
| 05 | 5 | ENQ | 25 | 37 | % | 45 | 69 | E | 65 | 101 | e |
| 06 | 6 | ACK | 26 | 38 | & | 46 | 70 | F | 66 | 102 | f |
| 07 | 7 | BEL | 27 | 39 | ' | 47 | 71 | G | 67 | 103 | g |
| 08 | 8 | BS | 28 | 40 | ( | 48 | 72 | H | 68 | 104 | h |
| 09 | 9 | HT | 29 | 41 | ) | 49 | 73 | I | 69 | 105 | i |
| 0A | 10 | LF | 2A | 42 | * | 4A | 74 | J | 6A | 106 | j |
| 0B | 11 | VT | 2B | 43 | + | 4B | 75 | K | 6B | 107 | k |
| 0C | 12 | FF | 2C | 44 | , | 4C | 76 | L | 6C | 108 | l |
| 0D | 13 | CR | 2D | 45 | - | 4D | 77 | M | 6D | 109 | m |
| 0E | 14 | SO | 2E | 46 | . | 4E | 78 | N | 6E | 110 | n |
| 0F | 15 | SI | 2F | 47 | / | 4F | 79 | O | 6F | 111 | o |
| 10 | 16 | DLE | 30 | 48 | 0 | 50 | 80 | P | 70 | 112 | p |
| 11 | 17 | DC1 | 31 | 49 | 1 | 51 | 81 | Q | 71 | 113 | q |
| 12 | 18 | DC2 | 32 | 50 | 2 | 52 | 82 | R | 72 | 114 | r |
| 13 | 19 | DC3 | 33 | 51 | 3 | 53 | 83 | S | 73 | 115 | s |
| 14 | 20 | DC4 | 34 | 52 | 4 | 54 | 84 | T | 74 | 116 | t |
| 15 | 21 | NAK | 35 | 53 | 5 | 55 | 85 | U | 75 | 117 | u |
| 16 | 22 | SYN | 36 | 54 | 6 | 56 | 86 | V | 76 | 118 | v |
| 17 | 23 | ETB | 37 | 55 | 7 | 57 | 87 | W | 77 | 119 | w |
| 18 | 24 | CAN | 38 | 56 | 8 | 58 | 88 | X | 78 | 120 | x |
| 19 | 25 | EM | 39 | 57 | 9 | 59 | 89 | Y | 79 | 121 | y |
| 1A | 26 | SUB | 3A | 58 | : | 5A | 90 | Z | 7A | 122 | z |
| 1B | 27 | ESC | 3B | 59 | ; | 5B | 91 | [ | 7B | 123 | { |
| 1C | 28 | FS | 3C | 60 | 〈 | 5C | 92 | \ | 7C | 124 | \| |
| 1D | 29 | GS | 3D | 61 | = | 5D | 93 | ] | 7D | 125 | } |
| 1E | 30 | RS | 3E | 62 | 〉 | 5E | 94 | · | 7E | 126 | ~ |
| 1F | 31 | US | 3F | 63 | ? | 5F | 95 | _ | 7F | 127 | (sp) |

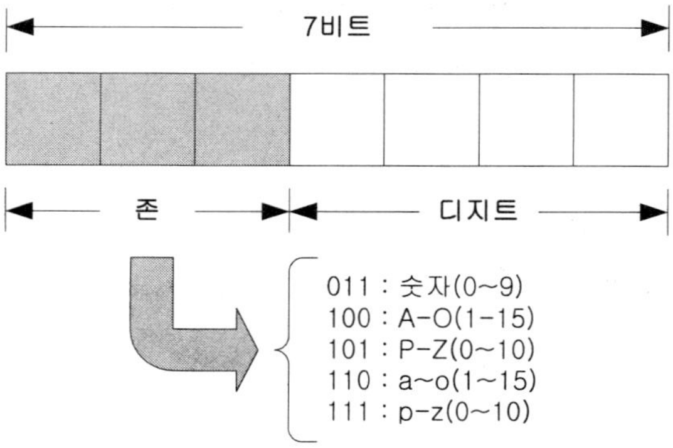


**그림 2.12 ASCII 부호의 형식**

아스키 문자 집합에는 프랑스어, 독일어, 스페인어 등 일부 유럽 언어에서 사용되는 악센트 기호와 특수 문자가 포함되어 있지 않기 때문에, 정보의 호환성과 컴퓨터 통신의 효율성을 이루기 위해 비영어권에서는 표준 아스키 부호 체계를 확장한 것 또는 변형한 것을 사용하였다. 이와 같이 표준 아스키 부호에 1개의 비트를 추가하여 8비트의 부호로 확장한 부호를 확장 ASCII 부호(Extended-ASCII Code)라고 한다.

많은 대부분의 개인용 컴퓨터는 8비트로 특수 문자, 유럽 문자와 비 로마자 문자, 구두점, 도형 기호 등을 표현하는 확장 또는 변형 ASCII 부호를 사용하였고, 한국어 및 일본어, 한자와 같은 비(非) 로마자 문자는 8비트로 표현하는 것이 불가능하기 때문에 16비트로 확장한 부호를 사용하였다.

ASCII 부호 중 컴퓨터 통신에 활용되는 것은 제어코드인데, 표 2.1의 ASCII 부호표에서 0~31까지 32개의 제어코드는 그 역할에 따라 통신 제어(Communication Control) 코드, 형식 제어(Format Effector) 코드, 특수 제어(Special Control) 코드, 정보 구분(Information Separator) 코드 등으로 구분한다.

통신 제어(CC) 코드는 통신 네트워크상의 자료 전송을 제어하는 역할을 수행하고, 형식 제어(FE) 코드는 화면이나 프린터에서 표시할 문자의 위치를 제어하는데 사용하며, 특수 제어(SC) 코드는 프린터 제어, 데이터 전송 속도 조정, 데이터 전송 오류 처리 등의 기능을 수행한다. 그리고 정보 구분(IS) 코드는 통신 채널 상에 전송되는 정보의 논리적인 구별(파일 분리, 레코드 분리 등)을 위해 사용하며, 통신 제어 역할은 하지 않는다.

표 2.2에 ASCII 부호에서 사용되는 제어코드의 기능을 나타내었다.

**표 2.2 ASCII 부호에서 제어코드**

| 구분 | 제어 코드 | 이름 | 기 능 |
|---|---|---|---|
| 통신 제어 코드 (CC) | SOH | Start of Heading | 헤더 시작 |
| | STX | Start of Text | 헤더 끝, 본문 시작 |
| | ETX | End of Text | 본문 종료 |
| | EOT | End of Transmission | 전송 종료, 데이터 링크 초기화 |
| | ENQ | Enquiry | 원격 단말기의 데이터 링크 설정 및 응답 요구 |
| | ACK | Acknowledge | 수신기가 송신기에게 전달하는 긍정적인 응답 |
| | NAK | Negative ACK | 수신기가 송신기에게 전달하는 부정적인 응답 |
| | DLE | Data Link Escape | 보조적 전송제어기능, 전송 부호 변경 |
| | SYN | Synchronous/Idle | 동기식 전송 시스템에서 동기화를 위해 사용 |
| | ETB | End of Transmission Block | 데이터 블록의 마지막 표시 |
| 형식 제어 코드 (FE) | BS | Backspace | 커서나 헤드를 한 칸 뒤로 이동 |
| | HT | Horizontal Tab | 커서나 헤드를 다음 "탭" 으로 이동 |
| | LF | Line Feed | 커서나 헤드를 다음 행으로 이동 |
| | VT | Vertical Tab | 커서나 헤드를 정해진 수만큼 수직으로 이동 |
| | FF | Form Feed | 헤드를 다음 페이지의 첫줄로 이동 |
| | CR | Carriage Return | 커서나 헤드를 같은 행의 처음으로 이동 |
| 특수 제어 문자 (SC) | NUL | Null | 전송되는 문자와 문자 사이의 시간공백 |
| | BEL | Bell | 경고 |
| | SI | Shift In | 도형문자 사용 시작 |
| | SO | Shift Out | 도형문자 사용 종료 |
| | CAN | Cancel | 틀린 선행 데이터 취소 |
| | EM | End of Medium | 기록 완료 |
| | SUB | Substitute Character | 무효 또는 잘못된 문자를 치환 |
| | ESC | Escape | 기능 취소 |
| | SP | Space | 1문자 공백 |
| | DEL | Delete | 1문자 삭제 |
| 정보 구분 코드 (IS) | FS | File Separator | 파일의 경계를 할당 |
| | GS | Group Separator | 레코드 그룹의 경계를 할당 |
| | RS | Record Separator | 레코드의 경계를 할당 |
| | US | Unit Separator | 장치의 경계를 할당 |

### 2.3.4 UNICODE (16bit)

국제적으로 보면 컴퓨터 하드웨어의 급속한 발전으로 인해, 컴퓨터에서 처리하는 문자부호의 기본 단위가 8비트에서 멀티바이트(Multi Byte)로 발전하고 있으며, 또 컴퓨터에서 한글 및 한자를 포함하는 동양권 문자들을 처리하기 위해서도 멀티바이트 문자 부호의 필요성이 대두되었다.

종래에는 한 나라의 언어를 지원하기 위해 영문을 기본으로 자국어를 시스템에 적용시키는 소위 이중 언어 지원 시스템을 개발하는 것이었다. 그러나 소프트웨어의 크기가 점점 커짐에 따라 이중 언어 지원 시스템 비용이 상대적으로 커지게 되었고, 심지어는 이중 언어 지원 시스템이 불가능한 경우도 발생하였다. 따라서 멀티바이트로 전 세계 문자를 표현하는 부호체계 개발의 필요성이 크게 대두되었다.

과거 한 가지 통일된 방법의 문자 집합을 만들려는 시도가 두 개의 기관에서 독립적인 프로젝트로 진행하였다. 그 중 하나가 ISO의 ISO 10646 프로젝트인데, ISO의 10646 프로젝트는 전 세계에서 사용되는 주요 문자들을 일정한 길이로 처리, 표현, 교환하는데 사용될 수 있도록 새로운 멀티바이트 부호 체계인 UCS(Universal Multiple-coded Character Set)[7]를 개발하는 프로젝트로서 ISO/IEC JTC1/SC2/WG2에서 1984년도부터 개발하기 시작하였다.

그리고 나머지 하나는 다중언어 소프트웨어 개발회사들[8]의 협회에 의해 구성된 유니코드(Unicode) 프로젝트인데, 유니코드 프로젝트는 정보처리 시스템에서 다중언어를 지원하면서도 간단한 표준 문자의 필요성이 대두됨에 따라, 이를 만족시키기 위하여 미국의 기업을 중심으로 형성된 유니코드(Unicode) 협회에서 제정한 부호체계이다.

한편, 두 프로젝트의 구성원들은 1991년 두 개의 서로 다른 부호체계는 필요 없다는 것을 인식하게 되었고, 이를 위해 유니코드와 ISO 10646의 표준이 서로 호환되도록 노력함과 동시에 코드 테이블의 확장에 대한 논의도 함께 해 나가기로 합의[9]하였다.

그 결과 유니코드 협회가 1990년에 발표한 유니코드 버전을 ISO/IEC JTC 1에서 1995년 9월에 국제 표준으로 제정하였다. 표준에서 Unicode 1.1은 ISO/IEC 10646-1:1993에 대응하고, Unicode 3.0은 ISO/IEC 10646-1:2000, Unicode 4.0은 ISO/IEC 10646-1:2003에 대응한다.

유니코드는 외국어, 수학, 과학, 그리고 기술 문서에 포함되는 주요 문자, 부호, 기호들을 모두 포함하는 부호로서 문자 하나하나에 부여되는 데이터 값을 모두 16비트로 통일[10]한 부호이다.

---

7) UCS(Universal Multiple-coded Character Set) : 만국 공통 국제 문자 부호체계
8) 초기 멤버는 대부분 미국의 회사들이었다.
9) 코드 통합과는 별도로 유니코드 협회와 ISO/IEC JTC1/SC2는 각자의 프로젝트를 여전히 존재시키고 있다.
10) 당시 각국에서 사용 중인 코드의 1문자 당 길이는 영어가 7비트, 비 영어는 8비트, 한글이나 일본어는 16비트 등으로 각기 다른 것을 사용하고 있었다.

모든 문자를 16비트로 통일함으로 인해 유니코드는 문자 간의 호환성을 제고할 수 있고, 컴퓨터에 의한 데이터의 교환을 원활하게 할 수 있으며, 정보처리 시스템에서의 문장처리의 효율성 및 단순성 그리고 정보처리 능력의 극대화를 도모할 수 있었다.

ISO/IEC 10646-1의 문자판(Plane)에는 전 세계에서 사용하고 있는 26개 언어의 문자와 특수기호에 대해 일일이 코드 값을 부여하고 있는데(최대 수용 가능 문자 수는 65,536자), 여기에 포함된 대표적인 한글 코드 블록에는 다음과 같은 3종[11]의 코드 블록이 있다.

㉠ Hangul Jamo : 현대 한글과 옛 한글의 모든 자모 240자를 초성, 중성, 종성으로 구분하여 배열해 놓았다.
㉡ Hangul Compatibility : 과거 한국 문자 표준인 KSC 5601[12]에서 사용하던 조합형 한글 자모 94자를 배열해 놓았다. "Hangul Jamo" 블록과 달리 자음에 초성, 종성 구분이 없다.
㉢ Hangul Syllables : 초성 19자[13], 중성 21자[14], 받침이 없는 경우를 포함한 종성 28자[15]를 이용하여 만들 수 있는 모든 한글 글자는 19 × 21 × 28 = 11,172자 이다. 따라서 "Hangul Syllables" 영역에는 현재 한글에서 구현할 수 있는 최대 글자 수 11,172자를 가나다순으로 배열해 놓았다. 이를 완성형 한글이라고 한다.

이 외에도 각국의 문자를 2바이트로 수용하기 위해 한 · 중 · 일 · 대만의 한자를 통합하여 수용하고 있는데, 이 의미는 한국, 일본, 중국, 대만에서 쓰고 있는 닮은 한자에 대해 동일한 2바이트의 코드를 할당하였다는 의미이다.

유니코드는 앞서 배운 아스키 코드표와 마찬가지로 코드표이다. 즉, 아스키코드에서 대문자 A는 0×41이고, 유니코드 표에서는 U+0041(U+라는 접두어는 유니코드라는 의미)로 표현한다. 여기에서 영어권 문자들은 1바이트로 저장이 가능함에도 불구하고 유니코드를 사용하면 2바이트로 저장해야 하는 문제점이 있다.

따라서 유니코드에서는 유니코드를 이용하여 표현(예: 저장, 전송)하는 방법을 달리할 수 있는데, 이를 문자 인코딩 방식이라고 한다.

유니코드의 대표적인 문자 인코딩 방식으로 UTF-8(8-bit Unicode Transformation Format)과 UTF-16(16-bit Unicode Transformation Format)이 있다.

UTF-8은 가변 길이 문자 인코딩 방식으로 유니코드 한 문자를 나타내기 위해 1바이트에서 4바이트까지를 사용하며, 특히 ASCII 영역은 그대로 1바이트를 사용하기 때문에 UTF-8과

---

11) Unicode 9.0의 규격에는 한글에 관련된 코드 블록이 대략 10개 정도가 있다.
12) 현재는 이름이 KS X 1001로 변경되었고, 최신 버전은 2004년 개정된 KS × 1001:2004이다.
13) 초성 19자 : ㄱ, ㄲ, ㄴ, ㄷ, ㄸ, ㄹ, ㅁ, ㅂ, ㅃ, ㅅ, ㅆ, ㅇ, ㅈ, ㅉ, ㅊ, ㅋ, ㅌ, ㅍ, ㅎ
14) 중성 21자 : ㅏ, ㅐ, ㅑ, ㅒ, ㅓ, ㅔ, ㅕ, ㅖ, ㅗ, ㅘ, ㅙ, ㅚ, ㅛ, ㅜ, ㅝ, ㅞ, ㅟ, ㅠ, ㅡ, ㅢ,
15) 종성 28자 : 없음, ㄱ, ㄲ, ㄳ, ㄴ, ㄵ, ㄶ, ㄷ, ㄹ, ㄺ, ㄻ, ㄼ, ㄽ, ㄾ, ㄿ, ㅀ, ㅁ, ㅂ, ㅄ, ㅅ, ㅆ, ㅇ, ㅈ, ㅊ, ㅋ, ㅌ, ㅍ, ㅎ

ASCII는 서로 호환된다. 그리고 UTF-16은 주로 사용되는 기본 다국어 평면(BMP, Basic Multilingual Plane)에 속하는 문자는 2바이트로 인코딩 하고, 그 이상의 문자는 4바이트로 인코딩한다.

예를 들어 UTF-8은 가변바이트를 사용하기 때문에 1바이트로 표현 가능한 A같은 경우는 0×41로 표현한다. 하지만 UTF-16은 16비트, 즉 2바이트로 표현하기 때문에 0×0041로 표현한다.

# 2.4 음성 신호의 부호화 기술

## 2.4.1 음성 신호 부호화 기술의 발달

음성 신호의 부호화 기술은 1960년대 초 전화음성을 디지털 정보로 전송하고자 한 것이 그 효시라고 할 수 있다. 그전까지는 아날로그 방식을 사용하여 전화 음성을 전송하였는데, 1960년대 초 AT&T의 벨연구소에서 디지털 전화음성 24채널을 1.544Mbps의 디지털 회선(T1 회선)을 이용하여 전송할 수 있는 전송기술을 세계 최초로 개발함으로써 디지털 방식으로 전송할 수 있는 길이 열리게 되었다.

이 때 사용한 음성 부호화 기술은 PCM(Pulse Code Modulation) 방식이었는데, 300Hz~3.4KHz의 음성 신호 대역을 8KHz로 표본화하고, 각 표본을 8Bit로 부호화하여 전송하는 방식을 사용하였다. 이와 같은 PCM 부호 방식은 이후 1971년 CCITT[16]에서 권고 G.711로 표준화되어 현재에 이르고 있으며, 아날로그 신호를 디지털 신호로 변환하는 방법으로서 가장 일반적으로 사용하고 있는 부호화 방식이다.

그 후 전화음성 분야에서는 32Kbps의 ADPCM(Adaptive Differential PCM : 적응 차동 PCM) 부호화 방식이 ITU-T G.721로 표준화 되었고, 또 16Kbps의 LD-CELP(Low Delay-Code Excited Linear Prediction : 저 지연 부호 여진형 선형 예측 부호) 부호화 방식이 1992년 ITU-T G.728로 표준화되었다.

한편, MPEG(Moving Picture Experts Group)을 담당하는 전문가 회의에서는 서브밴드(Subband) 분할, 청각심리 모델에 의한 잡음정형, MDCT(Modified Discrete Cosine Transform) 등의 기술을 활용하여 CD 품질의 스테레오 음성 채널을 384Kbps 이하로 부호화하는 MPEG-1의 표준을 1992년에 완성하였다.

16) CCITT(International Telegraph and Telephone Consultative Committee) : 현재는 ITU-T로 변경되었다.

## 2.4.2 음성 부호화 기술의 종류

음성 신호를 부호화 하는 방법은 크게 세 가지로 분류할 수 있는데, 첫 번째는 음성 신호의 고유한 특성과는 관계없이 음성 파형을 표본화하고 양자화하는 파형 부호화(Speech Waveform Coding) 방법이 있고, 두 번째는 음성 신호를 충분히 표현할 수 있는 파라미터를 이용하여 음성 신호를 부호화하는 음원 부호화(Speech Source Coding)방법이 있다. 그리고 파형 부호화 방식과 음원 부호화 방식의 장점만을 취한 혼합 부호화(Hybrid Coding) 방법이 있다.

음성 부호화 기술은 비트율(Bit Rate), 음성의 질(Speech Quality), 지연(Delay), 채널 오류 민감도(Channel-Error Sensitivity), 신호의 대역폭(Signal Bandwidth)등에 따라 달라질 수 있다.

### (1) 파형 부호화(Speech Waveform Coding)

파형 부호화(Speech Waveform Coding)는 원래 신호와 동일한 파형을 재생하도록 하기 위해 파형의 일그러짐을 될 수 있는 한 적게 하려고 하는 기준에 따라 음성을 부호화하는 방식이며, 음성 신호의 고유한 특성은 이용하지 않는다.

가장 대표적인 방식으로는 펄스 부호 변조(PCM : Pulse Code Modulation) 방식과 델타 변조(DM : Delta Modulation) 방식을 들 수 있는데, 송신단에서는 음성 파형을 펄스 부호 변조(PCM) 등의 디지털 부호화 방법으로 부호화한 다음 축적 또는 전송하고, 수신단에서는 전송된 것으로부터 원래의 음성 파형을 복원한다. 이 때 디지털 정보처리 기술 등을 활용하여 전송하는 정보량을 압축하여 전송할 수도 있다.

PCM 방식은 $\mu$-law PCM(북미)과 a-law PCM(유럽) 방식의 2가지 방식으로 나눌 수 있으며, 전송 속도는 64Kbps이고, 고음질의 재생을 할 수 있다.

PCM 방식 및 DM 방식의 응용 방식으로는 차동 펄스 부호 변조(DPCM : Differential PCM) 방식, 적응 델타 변조(ADM : Adaptive DM) 방식, 적응 차동 펄스 부호 변조(ADPCM : Adaptive DPCM) 방식 등을 들 수 있는데, 이들 방식은 과거 표본 값으로부터 현재의 표본 값을 예측하여 그 차이를 부호화하는 방식이다. DPCM, ADM, ADPCM 등은 24~48Kbps의 전송속도에서 고음질의 재생이 가능하다.

파형 부호화 방식은 다른 합성법에 비해 전송해야 할 정보량(보통 16Kbps에서 64Kbps)은 다소 많지만 자연에 가까운 음성을 실현할 수 있다는 특징이 있어 일반 음성통신에 많이 이용되고 있다. 파형 부호화 방식은 음성의 인접 표본 값 간의 상관관계가 높을 때 사용하는 것이 유리하다.

### (2) 음원 부호화(Speech Source Coding)

음원 부호화(Speech Source Coding)는 인간의 음성 신호를 충분히 표현할 수 있는 파라미터와 인간의 청각 특성 등을 이용하여 음성 신호를 부호화하는 방식이다. 즉, 송신기는 사람의 음성 발생 과정을 미리 모델링하여 음성 신호에 대한 개략적인 예측치를 구하고, 그 특징을 나타내는 파라미터를 추출[17]하여 부호화한 다음 전송한다. 그리고 수신기는 수신된 파라미터를 토대로 음성 신호를 합성(Synthesis)하여 복원한다.

음원 부호화 방식의 예로 선형 예측 부호화(LPC : Linear Prediction Coding) 방식이 있다. LPC는 현재 음성 표본 값이 이전 음성 표본 값들의 근사적인 선형 결합으로 표현할 수 있다는 가정 하에, 현재 음성 표본 값을 과거 표본 값으로부터 예측(Predication)하고, 그 차분 성분만을 부호화하는 방법이다. 그리고 또 LPC는 음성신호를 유성음과 무성음으로 구분하고, 음성 발생 모델(Vocal Tract Model)을 이용하여 음성신호에 대한 특징들만 파라미터 화하여 전송한다.

음원 부호화 방식은 압축률을 매우 높일 수 있기 때문에 저 비트율로 전송 가능하지만, 부자연스러움과 화자의 특성을 알 수 없다는 단점이 있다. 예를 들어, 미군용의 표준 부호로 사용되고 있는 LPC-10의 경우 2.4kbps의 전송속도로 사용할 수 있어 압축율이 매우 높지만, 기계음이 나기 때문에 화자를 잘 알 수 없는 어려움이 있다.

## 2.4.3 음성 부호화기(VOCODER : Voice Coder)

음성 부호화기(Vocoder)는 음성의 주기와 성도의 계수 등 음성의 특징(LPC 파라미터)만 추출하여 전송하는 음원 부호화 방식과 잔여 오차만을 전송하는 파형 부호화 방식을 혼합한 신호를 전송하고, 수신측에서 이와 같은 신호를 이용하여 음성을 복원하는 방법으로서 일반적으로 혼합 부호화 방식을 사용하고 있다.

### (1) 음성 신호의 생성원리

음성 부호화기(VOCODER : Voice Coder)는 인간의 음성을 부호화하기 위해 음성 파형을 직접 양자화하지 않고, 음성 신호(Speech Signal)가 음원에 따라서 여진되고 공명계로 출력되는 것에 착안하여 인간이 음성을 생성하는 과정 그대로 모델링(성대 소리의 특성, 유성음과 무성음의 구분, 구강, 비강, 혀, 치아, 입술 등과 같은 조음 기관의 공명 등)하여 음성 신호를 부호화하는 방법을 사용한다.

따라서 음성 부호화기는 음성의 시간 특성과 주파수 특성을 분석하여 유성음[18]과 무성음[19]

---

17) 음원으로부터 특정 모델의 파라미터를 구하는 일을 분석(Analysis)이라고 하고, 분석된 파라미터를 토대로 원래의 음원을 다시 재구성하는 것을 합성(Synthesis)이라고 한다. 이 두 가지 과정을 합쳐 분석-합성(Analysis-by-Synthesis)이라고 한다.
18) 유성음(Voiced Sound)은 폐에서 흘러나오는 공기가 성문(Glottis)을 통과할 때 성대(Vocal Cord)를 진동시켜서 만들어지는

을 구분하고, 기본 주기, 성도의 계수 등 음성의 특징만을 추출하여 부호화한다.

즉, 음성 부호화기는 음원 및 공명계의 특성을 나타내는 몇 가의 파라미터로 음성 신호를 분해하여 전송하고, 수신 측에서는 이들 파라미터에 따라 음성 신호를 합성하여 원래의 음성을 복원한다.

이와 같은 음성 부호화기를 이해하기 위해서는 먼저 인간의 발성 원리를 이해하는 것이 필요하다.

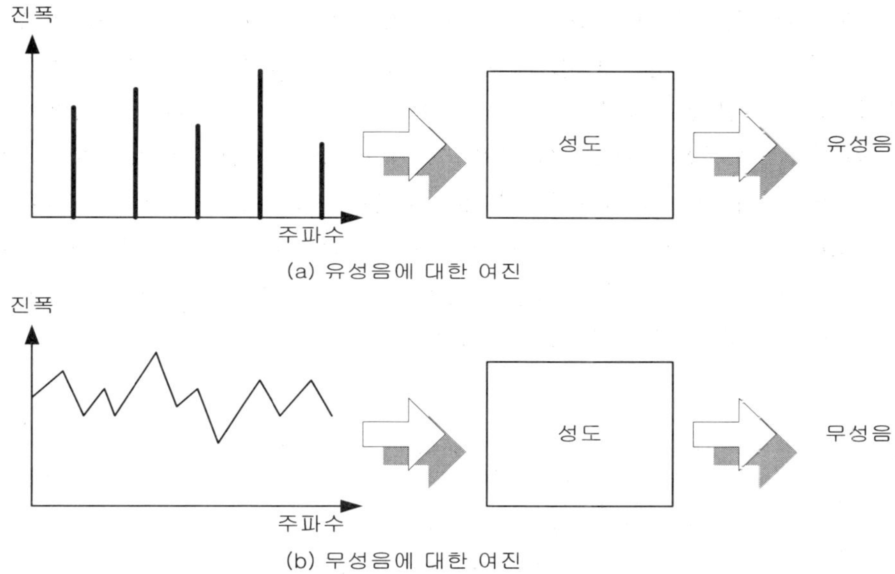


**그림 2.13 음성 신호의 생성과 여기**

그림 2.13에 음성 신호의 생성원리를 나타내었다. 여기에서 성도(Vocal Track)는 성대(Vocal Cord)에서부터 입술 끝까지를 말하며, 목, 혀, 입 및 비강(Nasal Cavity)을 포함하는 발성기관이다. 따라서 인간의 발성은 조음기(Articulator)라고 하는 성도의 변화에 따라 음성을 변조시켜 만든다.

---

소리이다. 모든 모음은 유성음이고, 한글 자음 중에서는 ㄴ,ㄹ,ㅁ,ㅇ 등이, 영어 자음 중에서는 b, d, v, z, g, m, n, r, l 등이 유성음이다.

19) 무성음(Voiceless Sound)은 폐에서 흘러나온 공기가 성대를 진동시키지 않고 혀, 입술, 치아, 입천장 등의 조음기관에 의해 그 흐름이 막혔다가 터지거나, 부딪치거나 또는 마찰을 일으키거나 하는 등의 다양한 조음 법에 의해 만들어지는 소리다.

## (2) 피치 (Pitch)와 포먼트 (Formant)

인간의 음성은 유성음과 무성음의 조합으로 이루어져 있는데, 모음과 같은 유성음은 공기가 주기적으로 성도(Vocal Track)를 통과함으로써 성대(Vocal Cord)의 진동에 의해 발생되는 소리이다. 따라서 이와 같은 소리는 어떤 기본적인 주파수(성대가 열리고 닫히는 속도)가 주기적으로 발생되는 것으로 생각할 수 있는데, 이와 같은 기본적인 주파수를 피치(Pitch)라고 한다.

피치(Pitch)는 사람이 느끼는 음의 고유 주파수로, 음성의 높낮이와 관련이 있다. 참고로 음의 주파수가 클수록 음높이는 높아지며, 주파수가 2배가 되면 음높이만 높아지고, 같은 음(예: 가온 도와 높은 도)이 들리게 되는데, 음악에서는 이를 옥타브라고 한다. 따라서 유성음은 피치 주파수와 동일한 반복적인 주기를 갖는 펄스 발생기로 모델화할 수 있다.

유성음이 발생하는 동안 그림 2.14와 같이 조음기의 기계적 변위에 따라 공진주파수의 첨두값이 변하는데, 이와 같이 공진된 주파수의 첨두값을 포먼트(Formant)라고 한다.

인간이 소리를 식별할 때, 모든 스펙트럼 성분을 분석하는 것이 아니라 중요 포먼트만을 가지고 소리를 식별하며, 포먼트는 음성 신호의 인식, 합성, 압축 등에 사용되는 가장 기본적인 특성으로서 특히 모음을 구분하는데 결정적인 역할을 한다.

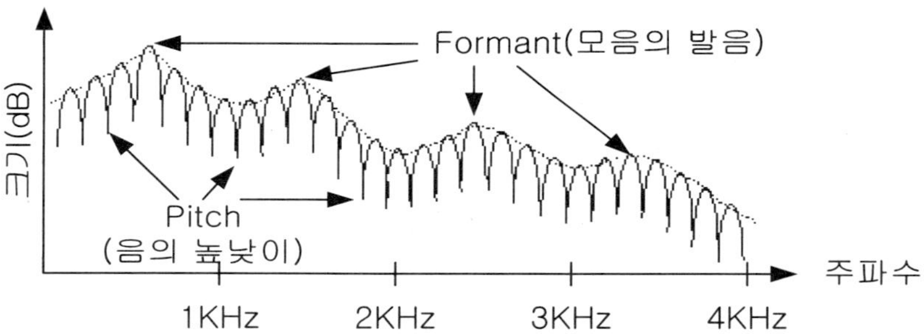


**그림 2.14 음성 신호의 주파수영역 표현**

유성음에는 일반적으로 3개에서 4개의 포먼트가 있는데, 그림 2.14의 예에서는 4개의 포먼트가 있는 경우를 나타내었으며 앞에서부터 1차 포먼트, 2차 포먼트, 3차 포먼트, 4차 포먼트라고 한다.

자음과 같은 무성음은 몹시 거친 공기가 좁혀진 성도를 통과함으로써 발생되는 마찰음이다. 이와 같은 소리들은 성도가 닫히거나 갑자기 열릴 때 생성되는 불규칙적인 음향 잡음과 매우 유사하므로 무성음은 랜덤 잡음 발생기로 모델화한다. 그리고 소리가 무성음이 되면 주기적 구조가 사라지기 때문에 음성 신호의 스펙트럼은 포락선만 남게 된다.

### (3) 음성 부호화기의 프레임 주기

음성 신호는 그림 2.15에서 보는 바와 같이 시간에 따라 연속적으로 변하는 신호이므로, 이를 부호화하려면 보코더가 연속적인 부호화를 하여야 한다. 하지만, 음성 신호의 스펙트럼은 일반적으로 20ms에서 40ms 정도의 짧은 시간에는 성도가 순식간에 변할 수가 없어 안정적으로 유지되기 때문에, 대부분의 음성 부호화기들은 유한한 시간 구간인 20ms에서 40ms 정도로 나누어 음성 신호를 부호화한다.

이것은 대부분의 음성 부호화기들이 프레임의 주기를 20ms에서 40ms 주기로 정하는 이유이다. 예를 들어 IS-95 시스템의 음성 부호화기의 프레임 주기는 20ms이다.

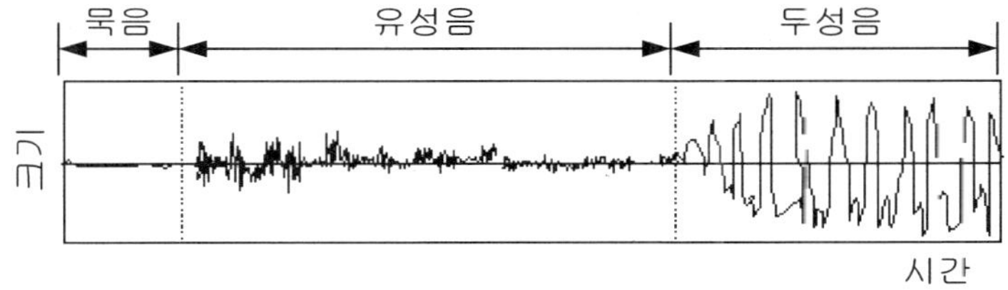


그림 2.15 음성 신호의 시간영역 표현

### (4) MOS (Mean Opinion Score)

보코더의 음질 수준을 측정하는 단위로 MOS(Mean Opinion Score)를 사용한다.

MOS는 음성 품질 시험에 참여하는 여러 시험자들의 주관적인 의견을 평균 점수화하여 음성 품질의 우수성을 1단계부터 5단계까지 5단계로 등급을 나누어 음질 수준을 측정하는데, 표 2.3에서 보는 바와 같이 5가 가장 좋은 음질이고, 1이 가장 낮은 음질이다.

예를 들어 9.6Kbps QCELP의 MOS는 3.45이고 14.4Kbps QCELP의 MOS는 4.01 정도인데, 4.01은 거의 유선 전화기의 음질 수준이다.

표 2.3 MOS 등급과 그에 따른 음질의 척도

| 점수(Score) | 음질 척도 |
|---|---|
| 5 | Excellent |
| 4 | Good |
| 3 | Fair |
| 2 | Poor |
| 1 | Bad |

## 2.4.4 이동통신에서의 음성 부호화 방식

우리나라에서 세계 최초로 상용화한 CDMA 이동통신 시스템인 DCS시스템(800MHz 주파수 대 사용)과 PCS시스템(1.9GHz 주파수 대 사용)은 퀄컴(Qualcomm)사에서 제안한 QCELP (Qualcomm Code Excited Linear Predictive) 코덱과 EVRC(Enhanced Variable Rate Speech CODEC) 코덱을 음성 부호화 방식의 표준으로 채택하여 사용하였다.

그림 2.16의 QCELP 디코더 구조에서 보는 바와 같이, CELP 알고리즘은 LPC(Linear Prediction Coding) 알고리즘 응용한 것으로서, 코드북(Codebook)[20], 포먼트(Formant), 피치(Pitch)를 이용한 "분석-합성(Analysis by Synthesis)" 방식의 음성 압축 알고리즘이다. 그리고 CELP는 음성 품질을 높이기 위해 LPC보다 훨씬 복잡한 기술들을 포함하고 있으며, 입력 음성 신호와 합성 음성 신호를 비교하여 그 오차를 줄이는 방향으로 음성 신호를 부호화한다.

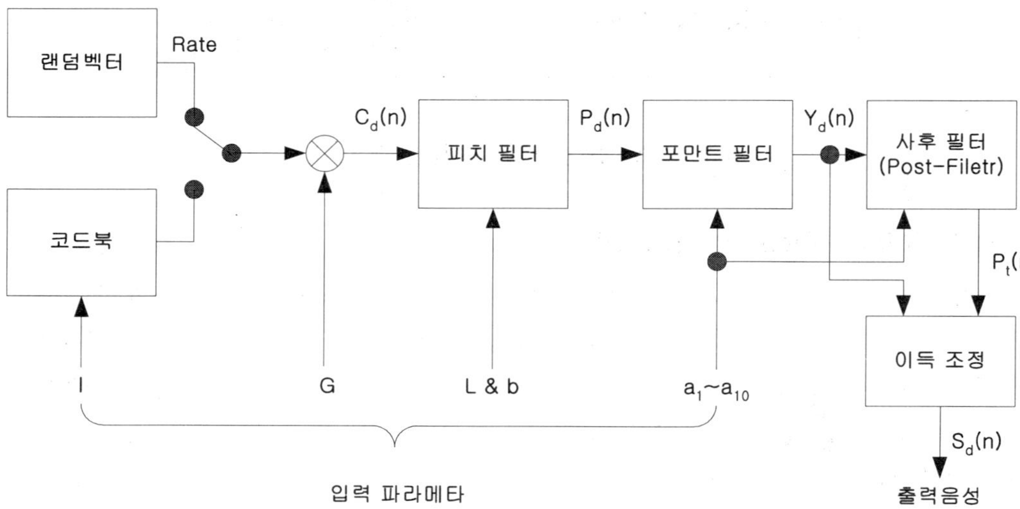


**그림 2.16 QCELP 디코더 구조**

QCELP 보코더는 입력되는 음성 신호 에너지의 크기에 따라 전송속도를 9.6Kbps, 4.8Kbps, 2.4Kbps, 1.2Kbps의 4가지의 전송속도로 변경하여 전송하는 가변율 보코더(Variable Rate Vocoder)이다. 음성이 있을 때(음성구간)에는 9.6Kbps로, 음성이 없을 때(묵음구간)에는 1.2Kbps로, 그리고 음성구간에서 묵음구간으로 변경되는 구간에서는 4.8Kbps, 2.4Kbps로 전송한다.

---

20) 코드북은 백색잡음의 통계적 특성을 갖는 코드 벡터(복원 벡터)를 모아 색인한 데이터의 집합체로서, 합성 필터의 여기 입력으로 사용된다. 전송할 때에는 압축을 위해, 코드북에서 그 인덱스를 찾아 그 코드만을 전송하여 부호화한다.

DCS 시스템에서는 9.6Kbps QCELP 코덱과 9.6Kbps EVRC 코덱을 사용하였고, PCS 시스템에서는 14.4Kbps QCELP 코덱을 사용하였다. DCS 시스템에서 사용된 9.6Kbps EVRC 코덱은 14.4Kbps QCELP 코덱과 음질 수준이 유사하도록 음질을 향상시킨 코덱으로서, 9.6Kbps, 4.8Kbps, 1.2Kbps의 3가지의 전송속도를 사용하였다. 그리고 PCS 시스템에서는 기존의 DCS 시스템에서 사용된 9.6Kbps QCELP 코덱을 보완하여 설계한 14.4Kbps QCELP 코덱을 사용하였다.

미국이나 일본의 TDMA(Time Division Multiple Access) 방식의 디지털 셀룰러 이동통신 시스템에서는 모토롤라(Motorola)사에서 제안한 8Kbps 고정 전송속도의 VSELP (Vector Sum Excited Linear Prediction) 코덱을 음성 부호화 방식의 표준으로 채택하여 사용하였다. VSELP는 CELP에서 음원코드의 검색부분을 특수하게 구성하여 검색에 필요한 연산량과 소요 메모리를 크게 줄인 방식이다.

유럽의 셀룰러 이동통신 시스템인 GSM(Global System for Mobile)은 데이터의 전송속도가 Full-Rate(13Kbps)와 Half-Rate(6.5Kbps)로 동작할 수 있는 RPE-LTP(Regular Pulse Excited LPC Long Term Prediction) 코덱을 사용하였는데, MOS는 9.6Kbps QCELP와 유사한 음질 수준인 3.54를 가진다.

3세대 이동 통신 시스템인 W-CDMA(Wideband-Code Division Multiple Access) 시스템은 음성 부호화기로 AMR(Adaptive Multi Rate) 코덱을 사용하고 있다. 이 부호화기는 8종류(4.75, 5.15, 5.9, 6.7, 7.4, 7.95, 10.2, 12.2Kbps)의 음성 부호화 율을 갖도록 설계되어 있으며, 무선 접속망의 제어에 따라 8가지 중에서 한 가지 부호화 율로 음성 신호를 부호화하여 전송한다. AMR 코덱은 사용하는 부호화 율에 따라 3.5~4.01의 MOS를 가진다.

4세대 이동통신 시스템인 LTE(Long Term Evo~lution) 시스템은 AMR 코덱에서 음성통화 품질을 개선한 AMR-WB(AMR Wide Band) 코덱을 사용하고 있다. 그리고 기존의 3세대 이동 통신 시스템까지의 코덱은 음성 대역폭이 200~3,400Hz인 협대역 음성을 사용하였지만, 4세대 이동통신 시스템의 AMR-WB 코덱은 50~7,000Hz로 음성 대역폭을 약 2.2배 넓힌 광대역 음성을 사용한다. 따라서 AMR-WB 코덱은 협대역 음성 코덱에 비해 음성통화 품질의 선명도가 증가하고, 자연스러운 소리까지 구현하고 있다.

각각의 시스템에 대한 MOS는 표 2.4에 요약하였다.

표 2.4 음성 부호화 방식의 전송율과 MOS

| 음성 부호화 방식 | 전송속도 | MOS | 표준 | 적용 시스템 |
|---|---|---|---|---|
| QCELP | 1.2/2.4/4.8/9.6Kbps<br>1.8/3.6/7.2/14.4Kbps | 3.45<br>4.01 | IS-96 | DCS<br>PCS |
| EVRC | 1.2/4.8/9.6Kbps | 3.8 | IS-127 | DCS |
| RPE-LTP | 13Kbps | 3.54 | GSM | GSM<br>GSM(PCS-1900) |
| AMR | 4.75Kbps<br>7.95Kbps<br>12.2Kbps | 3.5<br>3.9<br>4.01 | IMT-2000<br>비동기방식 | IMT-2000 |
| AMR-WB | 6.3~23.85Kbps | 4.1 | ITU-T G.722.2 | LTE |
| VSELP | 7.95Kbps | 3.5 | IS-54 | TDMA 셀룰러 |
| PCM | 64Kbps | 4.4 | ITU-T G.711 | 유선 |
| ADPCM | 32Kbps | 4.1 | ITU-T G.721 | 유선 |
| LD-CELP | 16Kbps | 4.0 | ITU-T G.728 | |
| CS-ACELP | 8Kbps<br>8~32Kbps | 4.1<br>4.1 | ITU-T G.729<br>ITU-T G.729.1 | |

# 2.5 영상 신호의 부호화 기술

## 2.5.1 영상 신호 부호화의 원리

영상 정보를 표현함에 있어, 하나의 영상 정보를 나타낼 수 있는 최소한의 단위를 화소(Picture Element) 또는 픽셀(Pixel)이라고 한다. 따라서 영상 정보의 부호화는 하나의 영상을 가로와 세로 각각 M×N개의 픽셀로 표현하고, 이 픽셀의 농도를 양자화하여 부호로 표현하는 것이다.

여기에서 영상 정보를 부호화하는 장치를 인코더(Encoder)라고 하고, 복원하는 장치를 디코더(Decoder)라고 하며, 두 장치를 합해 코덱(CODEC)라고 한다.

그림 2.17에서 보는 바와 같이 일반적으로 인코더에서는 압축(Compression) 동작이 수반되고, 디코더에서는 복원(Decompression) 동작이 수반된다.

그림 2.17 일반적인 압축 시스템 구조

### (1) 해상도 (Resolution)

영상정보에서 하나의 화면을 구성하는 M×N개의 픽셀을 해상도(Resolution)라고 하며, 해상도의 단위는 1인치 당 픽셀의 수인 PPI(Pixels Per Inch)[21]로 표시하거나 M×N의 픽셀 정보로 표시한다.

PPI(Pixels Per Inch)는 1인치 당 표현되는 픽셀의 수를 의미하며, 주로 모니터와 같은 영상 정보를 표시할 때 사용한다. 하지만 컴퓨터 모니터에서 해상도는 일반적으로 PPI보다 M×N의 픽셀정보로 많이 표시한다.

21) 프린터와 같은 인쇄 정보를 표시할 때에는 DPI(Dots Per Inch)라고 하고, DPI는 1인치당 표현할 수 있는 점의 개수를 나타낸다. 그리고 일반적인 프린터에서 DPI는 300DPI와 600DPI가 많이 사용되고 있다.

**표 2.5 표준 디스플레이 종류**

| 표준명 | 전체 이름 | 해상도 | 픽셀 수 (px) | 가로세로 비 | 컬러수[22] (bpp) |
|---|---|---|---|---|---|
| CGA | Color Graphics Adapter | 640×200 | 128K | 16 : 5 | 1 |
| EGA | Enhanced Graphics Adapter | 640×350 | 224K | 64 : 35 | 4 |
| VGA | Video Graphics Array | 640×480 | 307K | 4 : 3 | 4 |
| SVGA | Super VGA | 800×600 | 480K | 4 : 3 | 4 |
| XGA | Extended Graphics Array | 1,024×768 | 786K | 4 : 3 | 16 |
| WXGA | Widescreen XGA | 1,280×800 | 1,024K | 16 : 10 | 24 |
| HD | High Definition | 1,360×768 | 1,044K | 16 : 9 | 24 |
| SXGA | Super XGA | 1,280×1,024 | 1,310K | 5 : 4 | 24 |
| UXGA | Ultra XGA | 1,600×1,200 | 1,920K | 4 : 3 | 24 |
| FHD | Full HD | 1,920×1,080 | 2,073K | 16 : 9 | 24 |
| WUXGA | Widescreen Ultra XGA | 1,920×1,200 | 2,304K | 16 : 10 | 24 |
| QWXGA | Quad Wide XGA | 2,048×1,152 | 2,359K | 16 : 9 | 24 |
| QXGA | Quad XGA | 2,048×1,536 | 3,146K | 4 : 3 | 24 |
| QHD | Quad HD | 2,560×1,440 | 3,686K | 16 : 9 | 24 |
| WQXGA | Widescreen Quad XGA | 2,560×1,600 | 4,096K | 16 : 10 | 24 |
| QSXGA | Quad Super XGA | 2,560×2,048 | 5,243K | 5 : 4 | 24 |
| WQSXGA | Wide Quad Super XGA | 3,200×2,048 | 6,554K | ≈16:10 | 24 |
| QUXGA | Quad Ultra XGA | 3,200×2,400 | 7,680K | 4 : 3 | 24 |
| UHD | Ultra HD | 3,840×2,160 | 8,294K | 16 : 9 | 24 |
| WQUXGA | Wide Quad Ultra XGA | 3,840×2,400 | 9,216K | 16 : 10 | 24 |
| HUXGA | Hex[adecatuple] Ultra XGA | 6,400×4,800 | 30,720K | 4 : 3 | 24 |
| 8K UHD | 8K Ultra HD(Super Hi-Vision) | 7,680×4,320 | 33,177K | 16 : 9 | 30~36 |

해상도를 이야기 할 때 PPI(또는 DPI)와 전체 픽셀 수(또는 M×N의 픽셀정보)를 혼동하지 않아야 한다. 예를 들어 1,024 × 768 픽셀을 가진 하나의 화면 정보를 4.5인치의 핸드폰 화면에 표시할 수도 있고, 25인치 데스크톱용 모니터로도 표시할 수 있다. 같은 영상을 출력함에도 불구하고 화면이 작은 4.5인치 핸드폰 화면에 출력한 것이 25인치 데스크톱용 모니터에 출력한

22) bpp(Bits per Pixel)는 컬러를 표현하는 비트의 수를 의미하고, bpp를 이용하여 표현할 수 있는 컬러의 수는 $2^{bpp}$ 이다.

것보다 화질이 더 좋은 것을 볼 수 있다. 이것은 4.5인치 핸드폰 화면이 같은 인치 당 픽셀의 더 수가 많기 때문이며, 이 때문에 핸드폰 쪽의 화면이 "PPI가 높다", 또는 "화질이 선명하다"라고 할 수 있다.

표 2.5에 표준 디스플레이의 종류를 포함하여 각 디스플레이의 해상도를 나타내었다.

### (2) 영상 정보의 부호화 방법

컴퓨터의 스크린에 나타나는 그래픽 영상의 경우, 영상을 좌에서 우로, 그리고 위에서 아래로 스캐닝 하면서 컴퓨터 스크린에 나타낸다. 만약 이 스크린이 흑백 스크린이라면, 각각의 픽셀에 대해 밝은 부분은 "1"로 부호화하고, 어두운 부분은 "0"으로 부호화할 수 있다.

아날로그 팩시밀리의 경우도 마찬가지인데, 종이에 인쇄된 부분을 읽거나 기록할 때 컴퓨터 스크린과 같은 방법으로 읽거나 기록한다. 이와 같은 정보는 그림 2.18에 나타낸 것과 같이 2진수로 표현된다.

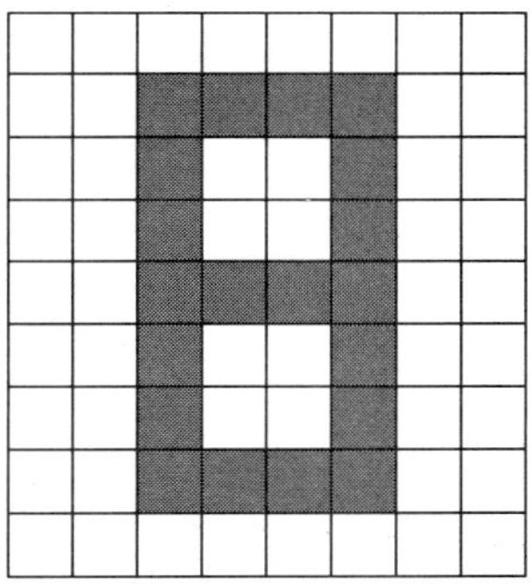

(a) 영상 이미지

```
0 0 0 0 0 0 0 0
0 0 1 1 1 1 0 0
0 0 1 0 0 1 0 0
0 0 1 0 0 1 0 0
0 0 1 1 1 1 0 0
0 0 1 0 0 1 0 0
0 0 1 0 0 1 0 0
0 0 1 1 1 1 0 0
0 0 0 0 0 0 0 0
```

(b) 부호화된 2진 부호

**그림 2.18 영상 신호의 부호화**

만약 흑백이 아닌 컬러나 그레이 스케일의 영상 정보를 표현하고자 한다면, 그림 2.18에서 각각의 값을 0 또는 1과 같은 2치 값이 아니라 다치 값(M×N×B 비트)으로 부호화하면 된다.

예를 들어 영상 정보를 256단계의 그레이(Gray) 톤으로 표시하고자 한다면 각각의 픽셀 값을 0~255까지의 값으로 양자화한 후 8비트로 부호화하면 되고, 컬러 영상의 경우는 R(Red), G(Green), B(Blue)의 세 가지[23] 색조에 대해 각각 8비트씩 도합 24비트를 할당하면 된다.

---

23) R(Red), G(Green), B(Blue)등 빛의 삼원색을 이용하여 색을 표현하는 방식을 RGB 방식이라고 한다. 빛의 색은 혼합하여 섞으면 더 밝아지기 때문에 "가산혼합"이라고 한다. 예를 들어 빨강색과 녹색을 섞으면 노란색이 되고, 녹색과 파랑색을 섞으면 하늘색이 되며, 빨간색과 파란색을 섞으면 분홍색이 된다. 그리고 이 세 가지 색을 모두 섞으면 흰색이 된다. 반대로 잉크젯 프린터처럼 잉크는 "감산혼합"을 하며, 모든 색을 섞으면 검은색이 된다.

참고로 24비트 시스템으로 표현할 수 있는 색상은 256(R)×256(G)×256(B)=$256^3$ 또는 $2^{24}$이므로 16,777,216가지의 색상을 표현할 수 있다.

그러면 이와 같은 영상정보를 전송하기 위해서는 얼마나 많은 정보량과 소요시간이 필요한지 알아보자. 예를 들어 화소수가 1,024×768인 흑백 영상 데이터인 경우 1,024×768=786,432 Bit (98,304 Byte)가 필요하고, 그레이 영상처럼 화소 당 8비트로 양자화한다면 1,024×768×8 =6,291,456 Bit (786,432 Byte)가 필요하며, 컬러 영상인 경우는 R, G, B 각각 8비트로 양자화하여야 하므로 1,024×768×8×3=18,874,368Bit (2,359,296Byte≈2.36MByte)가 필요하다.

만약, 이와 같은 영상 데이터를 64 Kbps의 PCM 전송속도로 전송한다고 가정할 때, 전송하는데 소용되는 시간은 흑백의 경우 786,432/64,000=12.3초, 그레이(Gray) 영상의 경우 6,291, 456/64,000=98.3초(1분 28초), 컬러 영상의 경우 18,874,368/64,000=294.9초(4분 55초)가 소요된다.

그리고 앞에서 컬러 영상의 경우 2.36MByte가 필요하다는 것은 일반적으로 컬러 사진 1장, 즉 정지영상을 저장하는데 2.36MByte의 용량이 필요하다는 것을 의미한다. 하지만 동영상의 경우에는 사람이 보기[24)]에 불편하지 않도록 하기 위해 1초에 24장~30장(일반 TV 또는 비디오)[25)]의 영상을 전송하여야 하고, 좀 더 부드러운 영상을 표시하기 위해서는 1초에 60장(HDTV)~120장(UHDTV)의 영상을 전송하여야 한다.

따라서 디스플레이 장치가 30fps로 동작한다고 가정할 때 1초 동안 저장되는 데이터의 양은 30fps×2.36MByte=70.8MByte가 되고, 이 영상이 1시간짜리 영상이라면 70.8M×60초×60분 =254,880MByte≈255GByte가 된다.

이상의 예와 같이 영상 정보를 압축하지 않은 상태로 저장 또는 전송하려면 하드 디스크의 용량 및 네트워크의 용량 그리고 처리 속도가 매우 커야함을 알 수 있다. 따라서 영상정보 데이터의 원활한 전송 및 저장을 위하여 영상 정보 압축에 대한 연구가 필요하게 되었고, 이에 대한 표준화가 이루어지게 되었다.

### (3) 영상 데이터의 압축

영상 정보처럼 데이터의 양이 많으면 저장장치에 효율적으로 저장하기가 어려울뿐더러 통신 네트워크를 통해 영상 정보를 전달하는 데에도 어려움이 있다. 아울러 오늘날에는 디지털 영상의 품질 증가와 동영상 활용의 확대, 3차원 입체 동영상의 등장 등으로 영상 정보의 양은 더욱 증가하고 있어 현 상황에 맞는 더 많은 압축 알고리즘이 요구되고 있다.

---

24) 사람의 눈으로 한번 들어온 영상은 일정시간 유지되는데 이를 눈의 잔상이라고 한다. 동영상은 이런 잔상을 이용하여 사람이 느끼지 못하는 범위에서 정지영상을 빠른 속도로 재생하는 방법이다.

25) 1초에 전송되는 영상의 수 즉, 프레임의 수를 fps(Frames per Second)라고 한다. 여기에서 프레임은 디스플레이 장치가 표시할 수 있는 한 화면의 데이터이다.

영상 데이터의 특징은 시간적 중복성(Temporal Redundancy), 공간적 중복성(Spatial Redundancy), 통계적 중복성(Statistical Redundancy)으로 정의할 수 있으며, 영상 데이터를 압축한다는 것은 중복된 데이터를 제거하는 것이라고 할 수 있다.

시간적 중복성(Temporal Redundancy)은 시간의 흐름에 따라 동일한 데이터가 반복하여 나타나는 것을 말하는데, 동영상 데이터는 그림 2.19(a)와 같이 현재 화면(Frame이라고 한다)에 대해 앞 화면과 뒤 화면이 비슷하여 동일한 데이터(예: 집, 태양, 배경)가 반복적으로 나타난다. 따라서 그림 2.19(b)와 같이 첫 번째 프레임은 모두 전송하지만, 두 번째 프레임부터는 첫 번째 프레임과의 차 영상(시간적 중복성 제거)만을 전송함으로써 압축 효율을 높일 수 있다.

그림 2.19에서 보는 바와 같이 한 화면 내에서도 인접한 화소나 블록들은 비슷한 성격을 가지며, 아울러 공간적으로도 같은 데이터가 중복(예: 배경)해서 나타난다. 따라서 공간적 중복성(Spatial Redundancy)은 정지 영상 또는 하나의 프레임에서 인접한 화소나 블록에 대해 상관관계를 구하여 중복성을 제거하는 방법이다.

통계적 중복성(Statistical Redundancy)은 시간적 중복성과 공간적 중복성 모두에 활용 가능한 압축 기술로서, 데이터의 통계적 특성(예: 출현빈도 등)을 활용하여 반복하여 나타나는 데이터의 중복성을 제거하는 방법이다.

일반적으로 영상데이터는 시간적 중복성(동영상 특징)과 공간적 중복성(정지영상 특징)을 활용하여 중복된 데이터를 제거한 다음 통계적 중복성을 활용하여 다시 한 번 중복된 데이터를 제거하는데, 이를 영상정보의 압축이라고 한다.

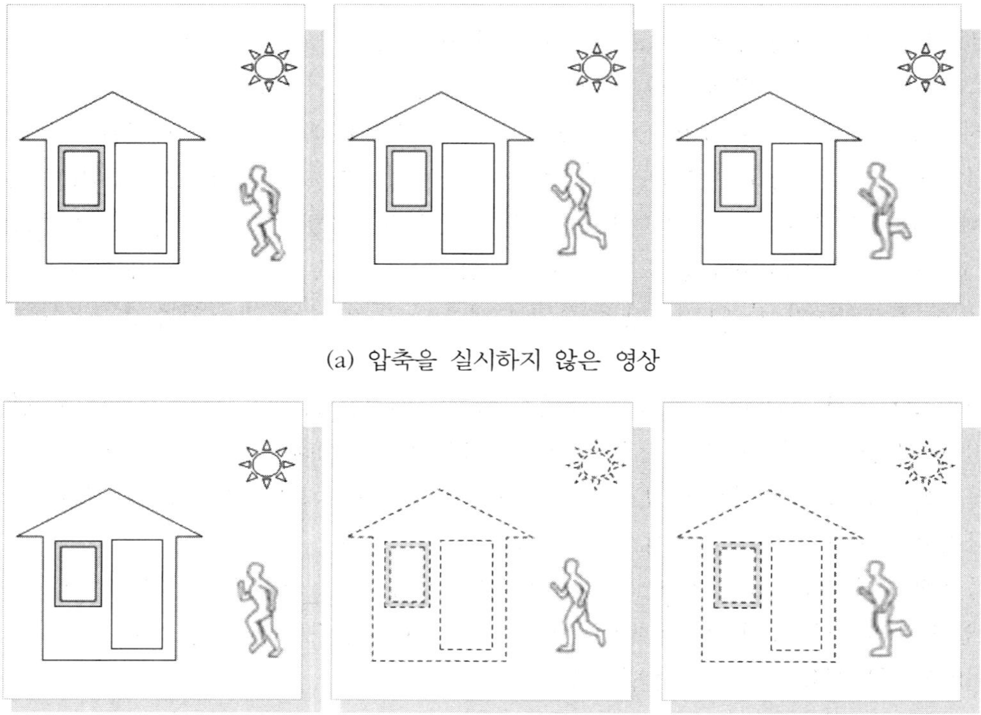

(a) 압축을 실시하지 않은 영상

(b) 압축을 실시한 영상

**그림 2.19 압축된 영상과 압축되지 않은 영상의 비교**

## (4) 영상 데이터의 프레임 종류

앞에서 설명한 바와 같이 압축된 영상 데이터는 서로 상이한 프레임을 가지며, 프레임은 프레임 종류에 따라 I-프레임, P-프레임, B-프레임으로 구분한다.

### ① GOP (Group Of Pictures)

인코딩과 디코딩에 관여하는 일정한 개수의 I-프레임, P-프레임, B-프레임의 집합을 GOP(Group Of Pictures)라고 한다. GOP에서 첫 번째 프레임은 반드시 I-프레임이어야 하므로, 좀 더 정확하게는 I-프레임부터 시작하여 다음 I-프레임 이전까지의 프레임 집합을 GOP라고 정의할 수 있다.

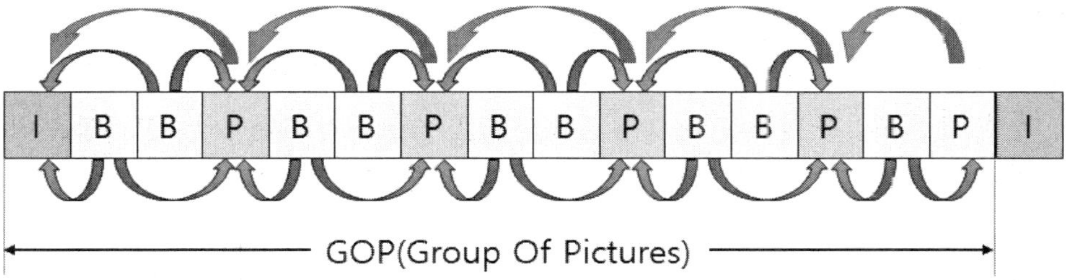


그림 2.20 영상 데이터의 GOP 구조

### ② I-프레임 (Intra Frame)

I-프레임(Intra Frame)은 키 프레임(Key Frame)이라고도 하며, 다른 프레임(B, P 또는 다른 I 프레임)을 참조(Reference)하지 않고 I-프레임 자체만으로 독립적으로 인코딩한 프레임이기 때문에 I-프레임 자체만으로 독립적으로 디코딩이 가능한 프레임이다.

I-프레임의 압축방법은 JPEG과 같이 정지영상의 압축방법을 이용하여 압축[26]하며, I-프레임의 장점은 원본에 가장 근접한 프레임이기 때문에 화질이 가장 좋지만, 상당히 많은 비트를 소모해 용량이 크다는 단점이 있다.

영상 데이터에서 첫 번째 프레임은 항상 I-프레임이며, 인코더는 설정에 따라 영상 데이터 스트림 중 일정한 간격으로 I-프레임을 삽입한다. 그리고 영상 데이터 스트림 중 어느 위치에나 I-프레임을 삽입할 수 있는데, I-프레임의 위치에서부터 영상 데이터의 재성이 가능하므로 I-프레임은 데이터의 임의 접근 기능(빨리 감기 또는 되감기), 기타 무작위 재생 기능, 전송된 비트 스트림이 손상된 경우 재동기화의 시작점 등의 기능을 구현하는데 사용할 수 있다.

### ③ P-프레임 (Predictive Frame)

P-프레임(Predictive Frame)은 순방향 예측(Prediction) 프레임으로써, 이전의 I-프레임 또는 P-프레임을 참조하여 움직임을 추정(Motion Estimation)한 후, 변화가 발생한 부분의 데이터만을 부호화한다. 그리고 디코더에서는 움직임 추정에 대한 움직임 보상(Motion Compensation) 동작이 수반된다.

P-프레임은 I-프레임보다 용량이 작고 압축률은 높지만 화질은 I-프레임보다 떨어지며, 이전의 P-프레임과 I-프레임에 대한 복잡한 의존성으로 인하여 전송오류에 아주 민감하다.

P-프레임을 재생하기 위해서는 완전한 GOP가 디코드 되어야 하며, 참조하는 I-프레임 또는 P-프레임의 데이터가 소실되면 현재의 P-프레임 역시 손실을 입는다.

---

26) 참고로 MPEG에서 I-프레임의 압축 방식은 JPEG와 유사하지만 동일하지는 않다.

#### ④ B-프레임 (Bi-Directionally Predictive Frame)

B-프레임(Bi-Directionally Predictive Frame)은 순방향 및 역방향의 양방향 예측 프레임으로써, 이전의 I-프레임과 다음의 P-프레임 또는 이전의 P-프레임과 다음의 P-프레임을 참조하여 변화가 발생한 부분의 데이터만을 부호화한다. 따라서 B-프레임의 압축률은 가장 높지만, 용량은 가장 작고 화질 또한 가장 떨어진다.

B-프레임을 많이 포함할수록 용량은 더 많이 줄일 수 있지만 화질이 떨어지고 디코딩할 때 프로세서에게 더 많은 부담을 주게 된다. B-프레임 역시 P-프레임과 마찬가지로 참조한 프레임의 데이터가 소실되면 현재의 B-프레임 역시 손실을 입는다.

그리고 인코딩할 때에는 I—프레임과 P-프레임을 먼저 처리한 후 그 사이에 있는 B-프레임을 부호화하므로, 입력 화면의 순서와 인코딩의 처리순서가 달라진다.

### (5) 영상 정보 압축 방법의 종류

영상 정보의 압축 방법은 크게 무손실 압축(Lossless Compression) 방법과 손실 압축(Lossy Compression) 방법으로 나눌 수 있다.

무손실 압축(Lossless Compression)은 압축 이전의 데이터에 포함된 모든 정보를 손실 없이 인코딩하는 방법으로서, 동일한 정보가 반복적으로 출현할 때 중복성만을 제거하는 방법이다.

무손실 압축 방법은 압축 과정에서 데이터의 손실이 전혀 없기 때문에 입력 영상과 복원 영상은 완전히 동일하지만, 버린 데이터가 없어 압축 효율은 크게 떨어진다.

따라서 무손실 압축 방법은 자료가 손실되면 안 되는 분야, 즉 의료 영상이나 설계도면 등과 같은 곳에 응용되고 있으며, 허프만 부호화, 산술 부호화, 가변 길이 부호화 등이 이에 해당한다.

손실 압축(Lossy Compression) 방법은 데이터에 포함된 정보 중 내용을 인식하는데 크게 영향을 주지 않는 정보들을 삭제함으로써 무손실 압축 방법에 비해 압축 성능을 높인 방식이다. 손실 압축 방법은 중복되고 불필요한 정보의 손실을 허용하여 대량의 데이터를 줄이는 방법이기 때문에, 삭제된 데이터가 시각에 미치는 영향은 미미하다고 할지라도 영상의 품질은 저하되며, 사라진 데이터 때문에 정확하게 원래의 영상을 복원하는 것은 어렵다.

일반적으로 압축한다고 하는 것은 이 손실 부호화를 의미하며, 양자화, 벡터 양자화, 예측 부호화 등이 이에 해당한다.

디지털 영상 정보 압축 방법의 종류로는 크게 엔트로피 부호화(Entropy Coding), 변환 부호화(Transform Coding), 예측 부호화(Predictive Coding), 그리고 혼합 부호화(Hybrid Coding) 등으로 나눌 수 있는데, 표 2.6에 이들을 요약 정리하였다.

**표 2.6 영상 정보 압축 기법**

| 종류 | 영상 압축 부호화 방법 | 압축 방법 |
|---|---|---|
| 엔트로피 부호화 | - 가변길이 부호화(Run-Length Coding)<br>- 허프만 부호화(Huffman Coding)<br>- 산술 부호화(Arithmetic Coding) | 무손실 압축 |
| 변환 부호화 | - 고속 푸리에 변환(FFT : Fast Fourier Transform)<br>- 이산 코사인 변환(DCT : Discrete Cosine Transform)<br>- 웨이블릿 변환(Wavelet Transform) | |
| 예측 부호화 | - DPCM(Differential PCM)<br>- ADPCM(Adaptive Differential PCM)<br>- DM(Delta Modulation)<br>- ADM(Adaptive DM) | 손실 압축 |
| 혼합 부호화 | - JPEG(Joint Photographic Coding Experts Group)<br>- MPEG(Moving Picture Expert Group)<br>- ITU-T H.26x | 혼성 압축 |

엔트로피 부호화(Entropy Coding)는 심벌이 나올 확률에 따라 심벌을 나타내는 코드의 길이를 달리하는 부호화 방법으로서 가변길이 부호화(Run-Length Coding), 허프만 부호화(Huffman Coding), 산술 부호화(Arithmetic Coding) 등이 있다.

변환 부호화(Transform Coding)는 주로 시간 및 공간 영역 신호를 다른 영역인 주파수[27) 영역(Frequency Domain)으로 변환한 후 압축하는 방식이다. 변환 부호화 방법에는 고속 푸리에 변환(FFT), 이산 코사인 변환(DCT), 웨이블릿 변환(Wavelet Transform) 등이 있다.

예측 부호화(Predictive Coding)는 과거 표본 값으로부터 다음 표본 값을 예측하여 예측값과 현재 표본 값의 차이인 예측 오차만을 양자화하여 부호화하는 압축방법이다. 예측 부호화는 표본 값 상호 간의 상관이 큰 신호를 부호화할 때 효율적으로 사용된다.

혼합 부호화(Hybrid Coding)는 손실 압축 기법과 무손실 압축 기법을 혼용하여 사용하는 방법이며, 20:1~200:1 정도의 압축률을 얻을 수 있다. 그리고 혼합 부호화 방법인 JPEG는 정지영상의 표준 압축 기법으로, MPEG 및 H.26x는 오늘날 대부분 동영상의 표준 압축 기법으로 활용되고 있다.

---

27) 주파수(Frequency)는 어떤 신호가 1초당 한 지점을 통과하는 진동수(파동의 수)를 말한다. 예를 들어 음향에서 주파수가 높다는 것은 진동(떨림)이 많아 높은 소리가 난다는 것을 의미한다. 마찬가지로 영상에서 주파수는 어떤 영역에서 화소별 밝기의 변화(떨림)를 나타낸다. 즉, 영상에서 주파수가 높다는 것은 어떤 영역에서 밝기의 변화가 많이 일어났다는 것을 의미하고, 주파수가 낮다는 것은 밝기의 변화가 거의 없다는 것을 의미한다. 따라서 파란 하늘이 있는 숲의 사진을 찍었다고 할 때, 이 사진에서 파란 하늘 부분은 저주파 영역이 되고, 숲의 부분은 고주파 영역이 된다.

### ① 가변길이 부호화(Run-Length Coding)

가변길이 부호화(Run-Length Coding)는 연속적으로 반복되어 나타나는 정보(문자, 픽셀)들을 그 정보와 반복된 횟수(Run-Length)로 표현하는 알고리즘이다. 그림 2.21에서 보는 바와 같이 16개의 연속적인 "B" 를 "B@16" 으로 표시함으로써 전체 20Byte의 정보를 8Byte의 정보로 압축할 수 있다.

가변길이 부호화 압축 방법은 아이콘과 같이 간단한 이미지나 만화, 애니메이션 등과 같이 배경의 변화가 없는 연속된 값이 많이 있는 영상에 적합하며, 대표적인 파일 형식으로 PCX[28], BMP[29] 등이 있다.

**그림 2.21 가변길이 부호화 압축 방법**

### ② 허프만 부호화(Huffman Coding)

허프만 부호화(Huffman Coding)는 데이터를 구성하는 단위 정보들의 빈도수를 기반으로 서로 다른 길이의 부호를 할당하는 알고리즘이다. 즉, 빈도수가 많은 단위 정보에는 짧은 길이의 부호를 할당하고, 빈도수가 적은 단위 정보에는 긴 길이의 부호를 할당한다.

허프만 부호화의 알고리즘은 다음과 같다.

과정 1. 단위정보별(예: 각 문자열별)로 빈도수를 검사한다.
과정 2. 빈도수가 큰 순서대로 정렬한다.
과정 3. 빈도수가 가장 낮은 두 그룹을 묶어 하나의 그룹으로 만든다.
과정 4. 과정 2와 과정 3을 마지막까지 반복 수행하여 트리(Tree)를 완성한다.
과정 5. 가장 위쪽 트리에서부터 빈도수가 큰 트리에 0을, 작은 트리에 1을 부여한다.
과정 6. 부모노드에서 출발하여 문자열에 다다를 때까지 비트를 읽어 단위정보별로 비트를 할당한다.

---

28) PCX(PiCture eXchange)는 Z소프트에서 개발한 그래픽 파일 포맷이다. 도스 환경의 PC 시스템에서 인기가 많은 포맷이었고, 최근에는 잘 사용되지 않는다. 확장자는 .pcx이다.

29) BMP(BitMaP)는 비트맵으로 디지털 영상을 저장하는 데 사용하는 그래픽 파일 포맷이다. BMP는 일반적으로 영상 데이터를 압축하지 않고 저장하는데 사용되지만, 가변길이 부호화의 압축 방식도 지원하고 있다. BMP는 마이크로소프트 윈도우와 OS/2 운영 체제에서 널리 쓰이고 있으며, 확장자는 .bmp이다.

그림 2.22에 허프만 부호의 부호화 방법에 대해 단계별로 나타내었다. 먼저 원본 데이터(a)로부터 각 문자의 빈도수(A가 3개, B가 5개, C가 8개, D가 4개)를 구하여 (b)처럼 표시하고, (c)와 같이 빈도수가 큰 순서대로 정렬한다. 그런 다음 빈도수가 가장 낮은 두 그룹을 묶어 (d)처럼 하나의 그룹으로 만들고, (e)~(h)와 같이 이 과정을 반복하면, (h)와 같은 결과를 얻을 수 있다. 그리고 (i)처럼 가장 위쪽 트리에서부터 빈도수가 큰 트리에 '0'을, 작은 트리에 "1"을 부여하고, 부모노드에서 출발하여 문자열에 다다를 때까지 비트를 읽어 문자별로 할당하면 (j)와 같은 비트 할당표를 얻는다.

그림 2.22에서 보는 바와 같이 20문자의 원본데이터 "ABCDCBCDBCABCDCBCACD"를 압축하지 않고 저장하면 20×8bit=160bit가 필요하지만, 허프만 부호로 압축하면 압축된 데이터는 그림 2.22(k)와 같이 "0010 1100 0101 1000 0110 0101 1000 1011 0011 000"가 되어 39bit로 압축할 수 있다.

(a) 압축할 원본 데이터: ABCDCBCDBCABCDCBCACD

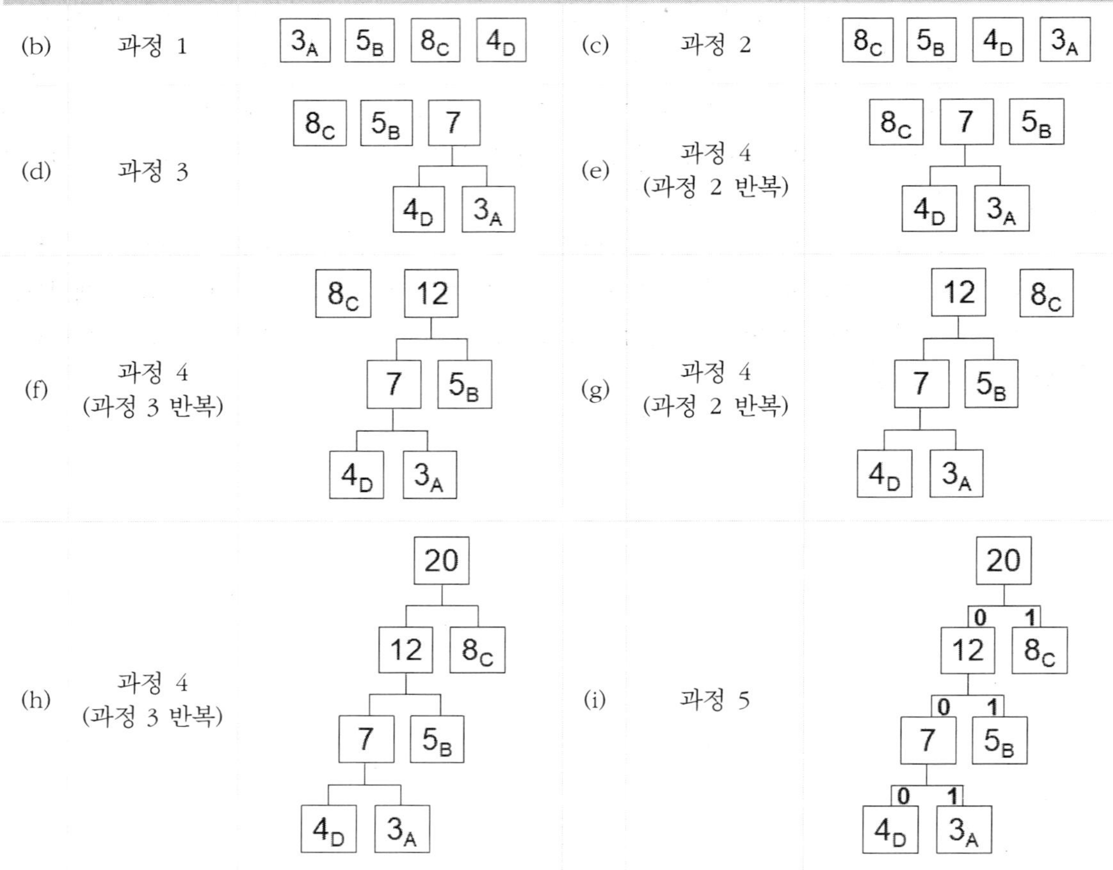


(j) 과정 6

| 단위정보 | 비트 할당 |
|---|---|
| A | 001 |
| B | 01 |
| C | 1 |
| D | 000 |

(k) 압축된 데이터: 0010 1100 0101 1000 0110 0101 1000 1011 0011 000

그림 2.22 허프만 부호화 압축 방법

## 2.5.2 팩시밀리 부호화

팩시밀리(FAX : Facsimile)는 문자, 도표, 사진 등의 정지 화면을 화소로 분해하여 이것을 전기 신호로 바꾸어 전송하고, 수신 지점에서 원래의 화상과 같은 모양으로 기록 화상을 얻는 통신 방식이다. 즉, 팩시밀리에서 원래의 화상은 일정한 순서에 따라 여러 주사선으로 분할하고, 이 주사선 순서대로 원래의 화상이 가지는 명암을 전기적 에너지로 변환하며, 송신시에는 필요에 따라 변조하여 원거리에 전송하고, 수신단에서는 반대로 조작하여 원래의 화상을 복원한다. 넓은 의미의 팩시밀리는 흑백만을 화소로 전송하는 모사 전송과 색조를 포함하여 전송하는 사진 전송을 총칭하는 의미이지만, 좁은 의미로는 모사 전송만을 가리킨다.

오늘날 텔레매틱스(Telematics, 비전화계의 통신 서비스)분야에서 특히 주목할 만한 것은 팩시밀리 신호의 부호화 표준이다. 팩시밀리에 대한 표준은 ITU-T에서 제정하고 있는데, ITU-T에서는 팩시밀리에 대한 표준을 그룹 1(G1)에서 그룹 4(G4)까지 4종류로 분류하여 정하였고, 각각의 기술은 ITU-T 권고 T 계열로 규정되어 있다.

여기에서 G1~G3까지는 아날로그 전화 회선을 이용하여 전송하는 방식이고, G4는 종합정보 통신망(ISDN)과 같은 디지털 회선을 이용하여 전송하는 방식이다. 현재 G1과 G2는 거의 사용되지 않고 있으며 우리가 일반적으로 많이 보는 팩시밀리는 G3 규격이 적용된 기종이다.

ITU-T의 각각의 규격에는 부호화 방식, 해상도, 데이터 전송 프레임의 구성 및 제어 방식이 결정되어 있다. 예로, 현재 널리 보급되어 있는 G3 팩시밀리의 압축방식은 1980년에 ITU-T T.4로 완성되었는데, 여기에는 MR(Modified READ) 방식에 의한 압축 부호화 방식이 규정되어 있다.

오늘날 팩시밀리는 사무실에 없어서는 안 될 필수기기가 되었는데, 팩시밀리를 이용하여 세계 어느 곳이나 전화망을 통해 데이터를 주고받을 수 있는 것은 이와 같은 세계 단일 압축 부호화 방식의 표준화가 이루어졌기 때문이다.

## 2.5.3 TV 방송 신호의 부호화

영상 신호를 부호화하는 가장 기본적인 표준은 1982년 아날로그 TV 방송 신호를 디지털 방식으로 표현하도록 규정한 ITU-T BT.601이다. 이 표준은 서로 다른 두 가지 방식의 TV 표준인 NTSC 방식(주사선수 : 525)과 PAL/SECAM 방식(주사선수 : 625)에 대해 공통의 표본화 주파수와 공통의 주사선당 유효 화소수를 각각 통일된 13.5MHz와 720으로 부호화하도록 정의한 규격으로서 디지털TV의 근간이 되는 표준이다.

하지만 이 표준은 비트율이 215Mbps로 압축 부호화 방식이 포함되어 있지 않기 때문에 데이터양이 너무 많아 그대로 전송하기에는 적합하지가 않고, 다만 D1 VTR[30]에 의한 디지털 녹화 및 편집 등에 사용되고 있다.

### 2.5.4 정지 영상 부호화 표준

화상 데이터는 문자와 같이 부호화된 데이터에 비해 정보량이 방대하기 때문에 정보를 압축하여 기록, 전송, 재생하는 방법으로 여러 가지 방식이 개발되고 있는데, 그중에서 가장 대표적인 것이 ISO/IEC[31]와 ITU-T가 공동으로 표준화한 JPEG(Joint Photographic Coding Experts Group)이다.

JPEG는 원래 표준화 작업을 담당하는 작업 그룹(WG : Working Group)의 명칭인데, 이 그룹에서 정한 표준 이름도 JPEG라고 부른다.

정지 영상 부호화의 표준은 1992년에 공통 규격으로서 ITU-T T.81과 ISO/IEC 10918을 완성하였는데, JPEG는 이 표준을 만들기 위해 다음과 같은 요구사항을 실현할 수 있는 부호화 방식을 토대로 규격을 완성하였다.

- 본래의 영상을 손실 없이 보낼 수 있을 것
- 순차 재생과 점진 재생이 가능할 것
- 컬러 정지 영상을 DCT(Discrete Cosine Transform)에 의해 1비트/화소 이하로 부호화할 것

JPEG는 사용자가 일련의 압축 알고리즘 중의 하나를 선택하여 압축 품질의 범위를 선택할 수 있도록 만들어진 그래픽 이미지이다. 따라서 고화질일수록 파일의 크기는 커지므로, 이미지의 품질과 파일의 크기 사이에서 적절한 선택이 필요하다.

JPEG는 GIF[32]와 함께 인터넷에서 지원되는 그래픽 이미지 파일 형식 중 하나이며, jpg 또는 jpeg의 확장자를 갖는다.

한편, 문자나 도형과 같은 흑백 영상에는 이산 코사인 변환(DCT)을 사용하는 JPEG이 반드시 최적이 되는 것은 아니기 때문에 JPEG과는 별도로 JBIG(Joint Bi-level Image Coding Experts Group)이 설립되었다. JBIG는 1988년 JPEG로부터 독립한 표준화 단체이며, 고 압축률과 점진 재생 등을 실현할 수 있는 부호화 방식을 ITU-T와 ISO/IEC의 공통 사양인 ITU-T T.82와 ISO/IEC 11544로서 1993년에 완성하였다.

---

30) 4분의 3인치 폭의 테이프를 사용한 NTSC 품질의 방송용 디지털 VTR로서, 일본의 소니사가 ITU-T BT.601 규격에 맞추어 제작하였다.

31) ISO/IEC JTC1/SC29/WG1에서 표준안을 제정

32) GIF(Graphics Interchange Format)는 비트맵 그래픽 파일 포맷으로서, 1987년 컴퓨서브가 발표하였으며, 인터넷에서 널리 쓰이는 파일 포맷 중 하나이다.

JPEG가 표준화한 컬러 정지 영상의 부호화 및 압축 방식은 압축률이 높아서, 표준 방식으로도 원 영상에 비해 5분의 1에서 최대 30분의 1 정도의 압축이 가능하다. 그리고 수분의 1 정도로 압축한 후에 복원하면 원본과 똑같지는 않지만, 보통 화질의 변화는 눈으로 분간할 수 없을 정도가 된다.

현재 JPEG는 정지화상을 기록 보관하거나 PC 통신 및 인터넷 등을 이용하여 전송할 때, 그리고 비디오텍스(Videotex)[33] 등에 널리 이용되고 있다.

## (1) JPEG의 부호화 방법

JPEG의 부호화는 크게 무손실 부호화(Lossless Compression) 방법과 손실 부호화(Lossy Compression) 방법을 사용한다.

무손실 부호화(Lossless Compression) 방법은 화상정보를 부호화할 때 원래의 정보를 잃어버리지 않도록 부호화하는 방법으로서, 의료 정보와 같이 원래의 정보가 손실되면 심각한 문제를 일으킬 수 있는 곳에 사용한다. 무손실 부호화 방식은 일반적으로 2:1 정도의 압축률을 얻을 수 있다.

손실 부호화(Lossy Compression) 방법은 사람이 느끼는데 지장을 주지 않는 범위 내에서 일부의 정보의 손실을 허용하는 것으로서, 평균 20:1 정도의 높은 압축률을 얻을 수 있다. 손실 부호화 방식은 원래 사진을 압축할 목적으로 개발되었으며, 작은 용량 덕분에 인터넷에서 화상정보 이미지의 저장 및 전송 용도로 많이 사용되고 있고, 또 비디오텍스(Videotex) 등에도 사용되고 있다.

## (2) JPEG의 재생 방법

JPEG의 영상을 재생 방법에는 순차(Sequential) 재생 방법과 점진(Progressive) 재생 방법이 있다.

순차(Sequential) 재생은 그림 2.23(a)와 같이 고해상도 정지 영상을 좌상으로부터 우하로 순서대로 주사하듯이 표시하는 방식으로서, 일반적인 재생 방법이다.

점진(Progressive) 재생은 그림 2.23(b)와 같이 고해상도 정지 영상을 몇 회로 나누어 표시하되 처음에는 전체 모습을 파악할 수 있도록 저해상도의 전체 화상을 먼저 표시하고 서서히 해상도를 높여 표시하는 방식으로서, 영상 데이터베이스 검색에 효과적인 방법이다.

---

33) 비디오텍스(Videotex)는 영상 정보를 텍스트처럼 보내는 기술로서, 정보 센터의 데이터베이스에 접속하여 사용자가 원하는 정보를 상호 대화형식으로 단말기에 표시하고, 찾아볼 수 있게 해주는 서비스이다.

(a) 순차 재생

(b) 점진 재생

그림 2.23 순차 재생과 점진 재생

## (3) JPEG의 영상 압축 과정

JPEG의 영상 압축 과정은 그림 2.24와 같이 수행된다.

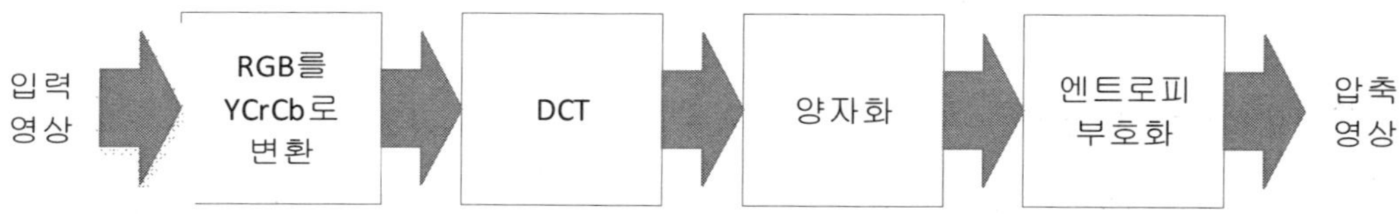


그림 2.24 JPEG 인코더의 압축 과정

### ① RGB 모델을 YCbCr 모델로 변환

RGB는 컬러 영상을 R(Red), G(Green), B(Blue)의 세 가지 색상의 조합으로 표현하는 컬러 모델로서, 이를 절대 색 공간(Color Space)이라고 한다.

그리고 사람의 눈은 밝기(Luminance 또는 Brightness) 신호에는 민감하지만, 색상(Color) 신호에는 둔감하다는 사실에 착안하여 만들어진 컬러 모델이 YCbCr[34]이라는 방식으로서,

34) YCbCr의 대표적인 사용 예는 TV이다. TV에서 색상 정보에 대한 아날로그 인코딩은 YUV라고 하고 디지털 인코딩은 YCbCr라고 하지만 혼용해서 사용하고 있다. 예전 흑백 TV의 경우 Y(휘도) 성분만을 가지고 방송을 하다가 컬러 TV가 나오면서 UV 성분을 더하여 방송하였다. 따라서 컬러 TV에서 흑백 방송을 볼 수 있는 이유는 컬러 TV에서 Y 성분만 뽑아 사용하였기 때문이다.

밝기 성분인 Y(Luminance, 휘도)와 농도 성분인 Cb(Blue-difference Chroma, 청색 채도), Cr(Red-difference Chroma, 적색 채도)로 표현하는 방법이다.

YCbCr은 절대 색공간은 아니며, RGB 정보를 인코딩하는 하나의 방식이다. 컴퓨터의 그래픽을 표현할 때에는 보통 RGB를 사용하지만, 영상처리(Image Processing)에서는 영상 압축을 위해 YCbCr로 변환하여 사용한다.

YCbCr의 인코딩 형식에는 YCbCr 4:4:4 형식, YCbCr 4:2:2 형식, YCbCr 4:1:1 형식 등이 있다. 여기에서 각 숫자는 4픽셀 중에서 각 성분을 추출하는 비율을 나타낸다.

YCbCr 4:4:4 형식은 4픽셀 중에서 Y, Cb, Cr 성분을 각각 4번씩 추출하는 방식이다. 즉, Y, Cb, Cr 성분을 각 픽셀마다 추출한다. 이 방식은 24비트 RGB 신호(R, G, B 각각 8비트)를 24 비트 YCbCr(Y, Cb, Cr 각각 8비트) 신호로 인코딩하는 것이기 때문에 압축의 효과는 없다.

YCbCr 4:2:2 형식은 4픽셀 중에서 Y 성분은 4번, Cb, Cr 성분은 각각 2번 추출하는 방법이다. 즉, Y 성분은 4픽셀 모두 추출하지만, Cb, Cr 성분은 4 픽셀 중 2픽셀마다(1픽셀씩 건너뛰며) 1번 추출한다. 따라서 24비트의 RGB 신호는 16 비트의 YCbCr(8비트의 Y, 4비트의 Cb, 4비트의 Cr) 신호로 인코딩할 수 있다.

YCbCr 4:1:1 형식은 4픽셀 중에서 Y 성분은 4번, Cb, Cr 성분은 각각 1번 추출하는 방법이다. 즉, Y 성분은 4픽셀 모두 추출하지만, Cb, Cr 성분은 4픽셀 중에서 1번만(4 픽셀씩 건너뛰며) 추출한다. 따라서 24비트의 RGB 신호는 12 비트의 YCbCr(8비트의 Y, 2비트의 Cb, 2비트의 Cr) 신호로 인코딩할 수 있다.

색 공간 변환 시, YCbCr 4:2:2 형식과 YCbCr 4:1:1 형식의 경우는 Cb와 Cr 성분의 수를 줄이기 때문에 정보가 완전히 보전되지 않는다. 이를 다운샘플링(Down sampling) 또는 크로마 서브샘플링(Chroma Subsampling)이라고 한다. 따라서 양자화를 전혀 하지 않더라도 원본과는 완전히 일치하지 않으므로, 100%의 화질로 디코딩해도 원본과 차이가 있게 된다.

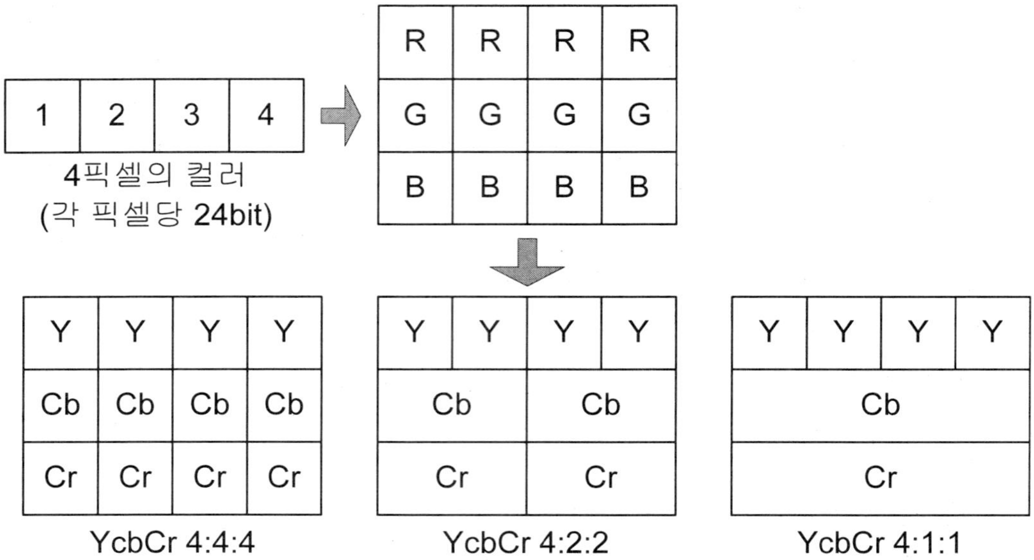


**그림 2.25 RGB로부터 YCbCr로의 변환**

### ② 이산 코사인 변환(DCT : Discrete Cosine Transform)

다운샘플링 된 YCbCr 데이터는 영상 압축의 기본 단위인 8×8 또는 16×16의 행렬로 분할하는데, 이 행렬을 블록(Block)이라고 한다. 예를 들어, 1,024×768 화면 행렬을 8×8 정사각형 행렬로 분할하면 12,288개(128×96)의 8×8 블록으로 나눌 수 있다.

JPEG의 압축은 이 블록 단위로 행해지며, 영상을 작은 블록으로 분할하는 이유는 DCT를 할 때 블록 단위로 하여 계산량[35]을 줄이기 위함이다.

작은 블록 내에서 영상 데이터는 밝기나 컬러가 갑자기 변하는 경우(고주파 AC 성분)보다 서서히 변하는 경우(저주파 AC 성분)가 많으며, 배경처럼 변하지 않는 경우(DC 성분)도 있다. 한편, 사람의 눈은 낮은 주파수 성분(DC 또는 저주파 AC 성분)에는 민감하게 반응하지만 높은 주파수 성분(고주파 AC 성분)에는 민감하지 않기 때문에, 높은 주파수 성분을 좀 생략한다고 해도 화질의 차이를 잘 느끼지 못한다.

따라서 이산 코사인 변환(DCT, Discrete Cosine Transform)을 하는 이유는 공간영역(Spatial Domain)의 영상 신호를 주파수 영역(Frequency Domain)의 영상 신호로 변환하여 주파수별로 필요한 처리를 하기 위함이다.

JPEG에서는 DCT를 하기 전에 DCT의 동적 범위를 줄여주기 위하여, 그림 2.26과 같이 8비트 영상 값의 범위인 [0, 255]를 128만큼 이동해 [-128, 127]을 가진 값으로 변환한다.

35) N×N 영상을 DCT 하려면 O($N^2$)의 방대한 계산량이 필요하다. 따라서 계산량을 줄이기 위해서는 N값을 작게 하는 것이 필요하다.

| 52 | 55 | 61 | 66 | 70 | 61 | 64 | 73 |
|---|---|---|---|---|---|---|---|
| 63 | 59 | 55 | 90 | 109 | 85 | 69 | 72 |
| 62 | 59 | 68 | 113 | 144 | 104 | 66 | 73 |
| 63 | 58 | 71 | 122 | 154 | 106 | 70 | 69 |
| 67 | 61 | 68 | 104 | 126 | 88 | 68 | 70 |
| 79 | 65 | 60 | 70 | 77 | 68 | 58 | 75 |
| 85 | 71 | 64 | 59 | 55 | 61 | 65 | 83 |
| 87 | 79 | 69 | 68 | 65 | 76 | 78 | 94 |

(a) 8×8 블록의 원본 영상 값

| -76 | -73 | -67 | -62 | -58 | -67 | -64 | -55 |
|---|---|---|---|---|---|---|---|
| -65 | -69 | -73 | -38 | -19 | -43 | -59 | -56 |
| -66 | -69 | -60 | -15 | 16 | -24 | -62 | -55 |
| -65 | -70 | -57 | -6 | 26 | -22 | -58 | -59 |
| -61 | -67 | -60 | -24 | -2 | -40 | -60 | -58 |
| -49 | -63 | -68 | -58 | -51 | -60 | -70 | -53 |
| -43 | -57 | -64 | -69 | -73 | -67 | -63 | -45 |
| -41 | -49 | -59 | -60 | -63 | -52 | -50 | -34 |

(b) 원본 영상에 128 뺀 영상 값

**그림 2.26 8×8 영상 데이터의 레벨 이동(-128)**

그런 다음, 다음과 같은 수식을 활용하여 DCT를 수행하며, 그 결과는 그림 2.27과 같다.

$$G_{u,v} = \frac{1}{4}\alpha(u)\alpha(v)\sum_{x=0}^{7}\sum_{y=0}^{7} g_{x,y}\cos\left[\frac{u(2x+1)\pi}{16}\right]\cos\left[\frac{v(2y+1)\pi}{16}\right] \tag{2.5}$$

여기에서 $u$와 $v$는 각각 가로축 및 세로축의 공간주파수이고, $0 \le u,v < 8$의 범위를 갖는다. $g_{x,y}$는 원본 영상에서 좌표 (x, y)에서의 픽셀 값이고, $G_{u,v}$는 좌표 (u, v)에서의 결과 값인 DCT 계수이다. 그리고 $\alpha(u)$와 $\alpha(v)$는 u=0, v=0인 경우는 $1/\sqrt{2}$의 값을 가지고, 그 외의 경우는 1의 값을 가진다.

그림 2.27을 보면, DC 성분인 G(0,0)의 값이 가장 크고, 주파수가 높아질수록($u$와 $v$의 숫자가 클수록) 값이 작아짐을 알 수 있다. 이와 같이 DCT를 하면 신호성분이 낮은 주파수에 몰리게 되는 "에너지 집중 현상"이 나타난다.

DC 성분 AC 성분

| v \ u | 0 | 1 | 2 | 3 | 4 | 5 | 6 | 7 |
|---|---|---|---|---|---|---|---|---|
| 0 | -415.38 | -30.19 | -61.20 | 27.24 | 56.12 | -20.10 | -2.39 | 0.46 |
| 1 | 4.47 | -21.86 | -60.76 | 10.25 | 13.15 | -7.09 | -8.54 | 4.88 |
| 2 | -46.83 | 7.37 | 77.13 | -24.56 | -28.91 | 9.93 | 5.42 | -5.65 |
| 3 | -48.53 | 12.07 | 34.10 | -14.76 | -10.24 | 6.30 | 1.83 | 1.95 |
| 4 | 12.12 | -6.55 | -13.20 | -3.95 | -1.87 | 1.75 | -2.79 | 3.14 |
| 5 | -7.73 | 2.91 | 2.38 | -5.94 | -2.38 | 0.94 | 4.30 | 1.85 |
| 6 | -1.03 | 0.18 | 0.42 | -2.42 | -0.88 | -3.02 | 4.12 | -0.66 |
| 7 | -0.17 | 0.14 | -1.07 | -4.19 | -1.17 | -0.10 | 0.50 | 1.68 |

**그림 2.27 DCT 수행 결과**

### ③ 양자화 손실 압축

앞서 설명하였듯 사람의 눈은 낮은 주파수 성분(DC 또는 저주파 AC 성분)에는 민감하게 반응하지만 높은 주파수 성분(고주파 AC 성분)에는 민감하지 않기 때문에, 높은 주파수 성분을 제거하기 위하여 양자화를 수행한다.

양자화는 DCT 결과로 얻은 실수 값의 DCT 계수를 정수 값으로 반올림하여 제한된 비트 수(레벨 수)로 표현하는 방법이며, 할당되는 비트 수(레벨 수)에 따라 손실 정도가 결정된다. 따라서 양자화 과정은 가장 큰 데이터 압축이 일어나는 부분인 동시에 가장 데이터 손실이 많은 부분이다.

JPEG에서 양자화는 그림 2.28(a)과 같은 미리 정의된 양자화 테이블을 이용하며, 양자화 테이블에서 사용하는 상수는 주파수의 높낮이에 따라 그 크기가 모두 다른 1보다 큰 값을 사용한다.

따라서 양자화는 DCT를 수행한 결과인 그림 2.27의 테이블 값을 그림 2.28(a)의 양자화 테이블 값으로 나눈 다음, 반올림을 하여 정수화하면 된다. 그 결과를 그림 2.28(b)에 나타내었다.

양자화 테이블에서 인간의 눈이 민감하게 반응하는 낮은 주파수는 작은 상수로 나누고, 높은 주파수는 원래의 값과 어느 정도 차이가 나더라도 잘 인식하지 못하기 때문에 큰 수로 나눈다. 따라서 이 과정을 거치고 나면 낮은 주파수의 계수는 0이 아닌 값이 되고, 높은 주파수의 계수는 거의 대부분이 0이 된다.

| 16 | 11 | 10 | 16 | 24 | 40 | 51 | 61 |
|---|---|---|---|---|---|---|---|
| 12 | 12 | 14 | 19 | 26 | 58 | 60 | 55 |
| 14 | 13 | 16 | 24 | 40 | 57 | 69 | 56 |
| 14 | 17 | 22 | 29 | 51 | 87 | 80 | 62 |
| 18 | 22 | 37 | 56 | 68 | 109 | 103 | 77 |
| 24 | 35 | 55 | 64 | 81 | 104 | 113 | 92 |
| 49 | 64 | 78 | 87 | 103 | 121 | 120 | 101 |
| 72 | 92 | 95 | 98 | 112 | 100 | 103 | 99 |

(a) 양자화 테이블

| -26 | -3 | -6 | 2 | 2 | -1 | 0 | 0 |
|---|---|---|---|---|---|---|---|
| 0 | -2 | -4 | 1 | 1 | 0 | 0 | 0 |
| -3 | 1 | 5 | -1 | -1 | 0 | 0 | 0 |
| -3 | 1 | 2 | -1 | 0 | 0 | 0 | 0 |
| 1 | 0 | 0 | 0 | 0 | 0 | 0 | 0 |
| 0 | 0 | 0 | 0 | 0 | 0 | 0 | 0 |
| 0 | 0 | 0 | 0 | 0 | 0 | 0 | 0 |
| 0 | 0 | 0 | 0 | 0 | 0 | 0 | 0 |

(b) 양자화 결과 값

**그림 2.28 양자화 테이블과 양자화 결과 값**

### ④ 엔트로피 부호화

양자화 된 영상 데이터는 통계적/확률적 특성을 활용하는 무손실 압축 방법을 이용하여 더욱 더 압축을 수행하며, 이 단계에서는 가변길이 부호화(Run-Length Coding)와 허프만 부호화(Huffman Coding)를 이용하여 2단계로 부호화 과정을 수행한다.

먼저, 가변길이 부호화를 수행하기 위하여 지그재그 스캐닝(Zig-zag Scanning) 과정을 수행한다. 이 과정은 그림 2.29(a)와 같이 계수를 지그재그 형태로 읽어 일차원 형태의 배열로 만드는 과정인데, 이러한 형태로 읽어 들이면 낮은 주파수의 계수는 앞쪽에, 높은 주파수의 계수는 뒤쪽에 위치하게 된다. 그 결과를 그림 2.29(b)에 나타내었다.

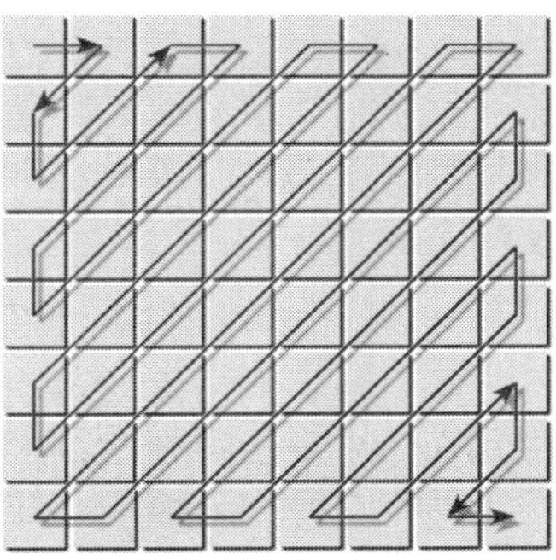

(a) 지그재그 스캐닝

-26, -3, 0, -3, -2, -6, 2, -4, 1, -3,
1, 1, 5, 1, 2, -1, 1, -1, 2, 0, 0,
0, 0, 0, -1, -1, 0, 0, 0, 0, 0, 0,
0, 0, 0, 0, 0, 0, 0, 0, 0, 0, 0, 0,
0, 0, 0, 0, 0, 0, 0, 0, 0, 0, 0, 0,
0, 0, 0, 0, 0, 0, 0, 0

(b) 지그재그 스캐닝의 결과 값

**그림 2.29 지그재그 스캐닝(Zig-zag Scanning) 과정**

그런 다음, 마지막으로 무손실 압축 방법인 허프만 부호화(Huffman Coding)을 사용하여 최종적으로 압축을 수행한다.

### 2.5.5 동영상 부호화 표준

동영상 부호화에 대한 표준은 크게 2개의 표준화단체, 즉 ITU-T와 ISO/IEC에서 제정하고 있다.

ITU-T에서는 SG16[36] 산하의 영상 부호화 전문가 그룹인 VCEG(Video Coding Experts Group)[37]에서 H.26x[38]의 동영상 부호화에 대한 표준을 제정하고 있으며, 영상 부호화 표준은 다양한 전송 형태(인터넷, LAN, 모바일, ISDN)를 수용하기 위해 충분한 유연성을 가지고 개발되고 있다. VCEG의 목표는 화상회의, 화상전화와 같은 대화적 서비스와 스트리밍, 방송, 파일 다운로드, 미디어 저장/재생, 디지털 영화와 같은 비대화적 서비스에 적합한 영상 부호화 방식의 국제 표준안을 만드는 것이다.

ISO/IEC에서는 동화상 전문가 그룹인 MPEG(Moving Picture Experts Group)[39]에서 비디오와 오디오 등의 멀티미디어 관련 표준 개발을 담당하고 있으며, MPEG-1, MPEG-2, MPEG-4, MPEG-7 등의 표준을 개발하였다.

ITU-T의 VCEG과 ISO/IEC의 MPEG는 양 단체에서 표준화 할 때 JVT(Joint Video Team)를 구성하여 공동표준을 개발하는 경우가 많은데 ITU-T의 H.262, H.264, H.265는 ISO/IEC의 MPEG-2 Part 2, MPEG-4 Part 10[40], MPEG-H Part 2[41]와 각각 동일하며, 이 표준은 공동표준화를 통해 ITU-T와 ISO/IEC 양 측 모두에서 공히 표준으로 인정되고 있다. 표 2.7에 그 대응관계를 나타내었다.

---

36) ITU-T SG16(Study Group 16) : 멀티미디어 부호화, 멀티미디어 시스템 및 응용 분야에 대한 표준을 담당하고 있다.
37) VCEG의 공식 명칭은 ITU-T Q.6/SG 16 즉, ITU-T Study Group 16, Working Party 3, Question 6이다.
38) H.26x는 H.261, H.262, H.263, H.264, H.265를 총칭하는 말이다.
39) MPEG의 공식 명칭은 ISO/IEC JTC1/SC29/WG11 즉, ISO/IEC Joint Technical Committee 1, Subcommittee 29, Working Group 11이다.
40) MPEG-4 Part 10은 MPEG-4 AVC(Advanced Video Coding) 또는 줄여서 AVC 라고도 한다.
41) MPEG-H Part 2는 HEVC(High Efficiency Video Coding) 라고도 한다.

표 2.7 ITU-T VCEG과 ISO/IEC MPEG의 호환 규격

| ITU-T 규격 | ISO/IEC 규격 |
|---|---|
| H.261 | MPEG-1 Part.2 |
| H.262 | MPEG-2 Part.2 |
| H.263 | MPEG-4 part.2 |
| H.264 | MPEG-4 Part.10 또는 AVC |
| H.265 | MPEG-H Part 2 또는 HEVC |

## (1) ITU-T의 H.26x 표준

H.26x는 ITU-T SG15 산하 영상부호화 전문가 그룹(VCEG)에서 권고한 영상 전화 및 영상 회의용 동영상 압축 부호화 방식의 국제 표준으로서 H.120, H.261, H.262, H.263, H.264, H.265 등이 있다.

### ① ITU-T H.120

H.120은 CCITT에 의해 1984년에 발표된 최초의 디지털 영상 인코딩 표준이지만, 실제 사용을 위한 충분한 품질을 갖추고 있지 않았으며, 구현에 실패한 표준이라 할 수 있다.
하지만 이후 H.261(사실상 첫 번째 실용 영상 인코딩 표준)과 같은 실용적인 후속 표준 개발에 도움을 주는 등 중요한 지식 제공에 그 의의를 두는 표준이라 할 수 있다.

### ② ITU-T H.261

1988년에 발표된 H.261은 ITU-T 영상 부호화 전문가 그룹(VCEG)이 실용 영상 인코딩 분야에서 효과를 거둔 첫 번째 영상 코덱으로서, H.26x 영상 부호화 표준 시리즈 중에서 첫 번째 발표된 영상 코덱이다.
H.261은 원래 전송속도가 64Kbps인 ISDN 망 전송을 위해 설계되었고, 영상의 전송 속도는 64Kbps의 정수배인 P×64Kbps(P=1~30)이다. 그리고 영상의 부호화 알고리즘은 40Kbps와 2Mbps사이의 전송속도에서 동작될 수 있도록 설계되었다.
H.261은 영상 부호화 및 전송로 부호화 방식에 대해서 규정되어 있는데, 영상 부호화 알고리즘은 움직임 보상(MC : Motion Compensation)을 이용한 이미지 간 예측, 스칼라 양자화, 지그재그 스캐닝, 엔트로피 부호화를 동반한 공간 변형 부호화, 그리고 이산 코사인 변환(DCT : Discrete Cosine Transform) 등을 결합한 하이브리드(Hybrid) 부호화 방식을 사용하였다.
H.261은 하드웨어에 의한 접속실험을 통해 그 효율성이 입증됨에 따라 ISDN 영상회의

혹은 영상 전화용으로 널리 사용되었다. 그뿐 아니라 이 하이브리드 부호화 방식은 기술적인 면에서나 작업 방식의 면에서 후속 영상 신호의 부호화 표준의 기초가 되었는데, 그 대표적인 예로 1993년에 ISO/IEC에서 제정한 MPEG-1 Part 2 영상 표준 규격은 H.261의 부호화 알고리즘을 바탕으로 작성되었다.

### ③ ITU-T H.262

H.262는 1995년 7월에 ITU-T에서 처음 발표된 후, 1996년에 ITU-T 및 ISO/IEC의 공동 표준으로 승인된 규격으로, ITU-T에서는 H.262, ISO/IEC에서는 MPEG-2 Part 2라고 한다. 2000년에 개정판이 발표되었다.

H.262는 3Mbps 이상의 비트레이트에서 MPEG-1을 능가하는 성능을 발휘하여 DVD, HDTV, 셋톱박스, 휴대용 기기의 기본 코덱으로 사용되었으며, 아날로그 방송 TV 시스템에서 사용되는 형식인 인터레이스 영상에 대한 압축 방식도 지원하였다.

하지만 1Mbps보다 낮은 비트레이트에서는 성능이 최적화되어 있지 않아 효율이 좋지 않았으며, 압축률 또한 좋지 않았다. 따라서 최적의 성능을 위해서는 비트레이트를 높게 잡을 수밖에 없기 때문에 1장의 DVD[42]에 담긴 영상물의 재생 시간이 짧은 문제점이 있다.

### ④ ITU-T H.263

H.262는 높은 비트레이트 때문에 인터넷 스트리밍 서비스에 있어서 약점을 가지고 있었다. 따라서 H.263은 이를 보완하기 위하여 만들어진 규격으로서 H.261의 스트리밍 기법과 H.262의 화질의 강점을 모두 반영하여 인터넷 스트리밍용 코덱으로 개발되었다.

1999년에 발표된 H.263은 H.261에 비해 절반의 대역폭으로 동일한 화질을 얻을 수 있기 때문에 모바일 환경의 스트리밍용 동영상이나 화상회의 및 화상전화용으로 주로 사용되었으며, 1시간짜리 DVD급 영상을 3장의 CD에 나누어 담을 수 있었다.

### ⑤ ITU-T H.264

H.264 표준은 ITU-T의 영상부호화 전문가 그룹 VCEG과 ISO/IEC의 동화상 전문가 그룹 MPEG이 공동으로 JVT(Joint Video Team) 팀을 구성하여 표준화한 결과물로서, ITU-T에서는 H.264, ISO/IEC에서는 MPEG-4 Part 10(AVC)라고 한다.

H.264는 H.263의 2배의 압축률을 가지는 것을 목표로 개발되었고 화질의 향상도 이루어내어 비교적 낮은 비트레이트에서도 좋은 화질을 얻을 수 있었다. 따라서 H.264는 H.262와

---

42) DVD(Digital Video Disc)는 CD에서 더 발전한 저장매체로서, 겉모습은 12cm 지름의 CD와 같으나 CD(용량 700 MByte)보다 높은 용량을 저장할 수 있다. DVD는 싱글 레이어와 듀얼 레이어가 있으며, 각각 4.7 GByte 와 8.5 GByte의 데이터를 저장할 수 있다.

H.263 모두를 대체할 만한 코덱으로 각광받았으며, 이 때문에 MPEG에서는 MPEG-4 Part 10을 진보된 영상 부호화 방식으로서 AVC(Advanced Video Coding)라고 한다.

2003년 5월에 발표된 H.264는 블루레이 디스크[43]를 위한 표준 코덱으로 사용되고 있으며, 이 외에도 지상파 방송, 케이블방송, 위성 방송 등의 HDTV 방송을 포함하여 유튜브, 아이튠즈 스토어와 같은 인터넷 스트리밍 서비스, 어도비의 플래시 플레이어 및 마이크로소프트의 실버라이트와 같은 PC의 소프트웨어(윈도우 7급 이상), 그리고 스마트폰의 동영상 서비스 등에 널리 사용되고 있다.

#### ⑥ ITU-T H.265

H.265는 H.264/MPEG-4 Part 10(AVC)의 성공에 힘입어 개발에 착수한 차세대 동영상 부호화 기술로서, H.264 표준 개발 때와 마찬가지로 ITU-T의 VCEG과 ISO/IEC의 MPEG이 공동으로 JVT 팀을 구성하여 2013년에 표준화하였으며, ITU-T에서는 H.265, ISO/IEC에서는 MPEG-H Part 2 또는 HEVC(High Efficiency Video Coding)라고 한다.

H.265는 동일 조건 하에서 Full HD 이상의 해상도의 경우, H264보다 절반 이하의 용량으로 동일 화질을 얻을 수 있으며, 일반적으로는 인코더와 디코더의 세팅, 영상 소스, 모니터, 케이블 등의 변수에 따라 H.264보다 60~80% 정도의 용량으로 약간 더 나은 화질을 얻을 수 있다.

하지만 H.264보다 압축 알고리즘이 복잡하고, 인코딩과 디코딩할 때 1.2~2배 정도의 리소스가 추가적으로 요구된다.

### (2) ISO/IEC의 MPEG (Moving Picture Experts Group) 표준

저장 미디어 분야에서는 비디오뿐만이 아니라 오디오, 네트워크를 비롯한 다른 분야까지 모두 취급하여야 한다. 따라서 디지털 컬러 동화상 신호의 압축과 부호화 방법, 오디오 신호의 압축과 부호화 방법, 그리고 부호화된 신호를 다중화하는 방법 등의 국제 표준화를 연구할 목적으로 MPEG라는 그룹을 설립하고, 이 그룹에서 정한 국제 표준 또한 MPEG라고 한다.

이에 대한 작업 조직으로는 국제 표준화 기구(ISO)와 국제 전기 표준 회의(IEC)의 전문가들로 구성하고, ISO와 IEC가 합동으로 표준화 작업을 진행하는 JTC 1을 구성하고 그 산하에 SC 29 및 하부 조직인 WG 11에 두었으며, 1988년 1월부터 MPEG라는 공식 명칭을 사용하여 활동을 시작하였다.

이를 통해 MPEG는 동화상 및 오디오 신호의 압축과 부호화 방법으로 MPEG-1(저장 매체용),

---

43) 블루레이 디스크(BD : Blu-ray Disc)는 고선명(HD) 비디오를 저장할 수 있는 저장 매체로서, 블루레이 디스크 협회인 BDA(Blu-ray Disc Association)에서 정한 광 기록 방식의 저장매체이다. 일반적으로 싱글 레이어 BD-ROM은 25 GByte인데, MPEG-2 동영상은 대략 2시간 정도 재생이 가능하고, H.264 동영상은 대략 4시간 정도 재생 가능하다.

MPEG-2(방송 통신용), MPEG-4(이동 통신용), MPEG-7(멀티미디어 정보용) 등의 표준을 개발하였고, 이 외에도 이후 빈번히 개발되는 새로운 표준 기술들을 각 분류별로 통합하고자 MPEG-A, MPEG-B, MPEG-C, MPEG-D, MPEG-E 등의 기술 분류별 표준을 개발하여 현재 표준화에 적용하고 있다.

기술 분류별 표준에서 MPEG-A는 멀티미디어 애플리케이션 포맷(MAF : Multimedia Application Format)을 위한 기술 표준이며, MPEG-B는 비디오와 오디오의 동기화 및 다중화를 다루는 MPEG-시스템에 관한 기술 표준이다. 그리고 MPEG-C는 비디오 신호 압축을 위한 MPEG-비디오, MPEG-D는 디지털 오디오 신호(서라운드 신호 포함) 압축을 위한 MPEG-오디오 기술 표준이며, MPEG-E는 멀티미디어 미들웨어(Middleware)를 위한 기술 표준이다.

MPEG의 각 표준은 각각의 기능이나 기술마다 Part(부분)라고 불리는 규격으로 구분하여 구성되어 있고, 새 기술이 채용될 때마다 새로운 Part를 추가한다. 예를 들어 각 표준에서 Part 1은 시스템에 관한 규격이고, Part 2는 비디오 영상 코덱에 관한 부분이며, Part 3은 오디오 코덱에 관한 규격이다.

표 2.8에 MPEG 규격의 종류를 나타내었다.

**표 2.8 MPEG 규격의 종류**

| 표준 그룹명 | 표준 내용 | ISO/IEC 표준명 | 발표년도 |
|---|---|---|---|
| MPEG-1 | 저장 매체용 코덱 | ISO/IEC 11172 | 1993 |
| MPEG-2 | 방송 통신용 코덱 | ISO/IEC 13818 | 1995 |
| MPEG-4 | 이동 통신용 코덱 | ISO/IEC 14496 | 1999 |
| MPEG-7 | 멀티미디어 정보용 코덱 | ISO/IEC 15938 | 2002 |
| MPEG-21 | 멀티미디어 프레임워크 | ISO/IEC 21000 | 2001 |
| MPEG-A | 멀티미디어 애플리케이션 포맷 | ISO/IEC 23000 | 2007 |
| MPEG-B | MPEG 시스템 기술 | ISO/IEC 23001 | 2006 |
| MPEG-C | MPEG 비디오 기술 | ISO/IEC 23002 | 2006 |
| MPEG-D | MPEG 오디오 기술 | ISO/IEC 23003 | 2007 |
| MPEG-E | 멀티미디어 미들웨어 | ISO/IEC 23004 | 2007 |
| MPEG-V | Media context and control | ISO/IEC 23005 | 2011 |
| MPEG-M | MPEG 확장 미들웨어 | ISO/IEC 23006 | 2010 |
| MPEG-H | HEVC | ISO/IEC 23008 | 2013 |

### ① MPEG-1

MPEG이 설립될 당시 표준화의 대상이었던 저장 미디어는 약 1.5Mbps의 전송속도를 가지는 CD-ROM이었다. 이에 MPEG는 VCD[44]의 표준으로 쓰일 수 있는 최초의 비디오와 오디오의 표준인 MPEG-1을 1993년에 개발하였다.

MPEG-1은 5개의 파트로 나뉘는데, Part 1은 MPEG-1의 시스템 부분에 해당하는 세부 표준을, Part 2는 MPEG-1의 비디오 압축 코딩에 해당하는 세부 표준을, Part 3은 MPEG-1의 오디오 압축 코딩에 해당하는 세부 표준을 나타내고 있다.

참고로 MPEG-1 Part 3은 다시 3가지의 레이어(Layer)로 구분되는데, 각각의 레이어를 MP1, MP2, MP3라고 한다. 이 중 Layer-2인 MP2 파일은 VCD에서 오디오 압축 포맷으로 많이 사용되었으며, Layer-3인 MP3은 우리가 현재 음악용 저장 파일로 즐겨 사용하고 있는 오디오 압축 포맷이다. 따라서 MP3의 정식 명칭은 MPEG-1 Part 3 Layer 3이다.

MPEG-1은 표준 해상도가 352×240이고, 전송속도는 초당 30프레임이며, CD 1장에 74분의 영상을 담을 수 있다.

### ② MPEG-2

MPEG-1과 H.261이 개발된 다음 각 표준화 기관의 다음 목표는 디지털 방송을 위한 고품질 영상 부호화에 대한 표준화 작업이었고, 이에 따라 MPEG-2는 일반적으로 디지털 유선방송 및 디지털 위성방송 등의 디지털 방송에서 사용되는 오디오와 비디오의 부호화를 위한 표준을 개발하였다. 그리고 원래 HDTV 방송 전송을 위한 표준으로 개발하려던 MPEG-3은 MPEG2와의 유사성으로 인해 MPEG2에 포함되면서 폐기되었다.

MPEG-2도 MPEG-1과 마찬가지로 Part 1은 시스템 부분에 해당하는 세부 표준이다. 그리고 Part 2는 비디오 부분에 해당하는 세부 표준으로서, ITU-T의 VCEG과 공동으로 표준화를 진행하여 H.262와 동일한 표준이며 DVD 영상과 HDTV 방송에서 표준으로 주로 사용하고 있다. 국내에서 송출되는 720p[45] 또는 1080i[46] 디지털 방송은 이 방식을 사용하고 있다. Part 3은 오디오 부분에 해당하는 세부 표준으로서, MPEG-1이 2채널을 지원하는데 반해 5.1채널, 7.1채널 등의 다채널 오디오를 지원한다. 이뿐만 아니라 고급 오디오 부호화(AAC : Advanced Audio Coding)[47]에 대한 규격도 Part 7에 추가되었다.

또한 MPEG-2는 MPEG-1과의 호환성도 보장되어 MPEG-2의 표준을 따르는 디코더는

---

44) VCD(Video CD)는 CD(Compact Disc)에 영상을 저장하는 표준 디지털 영상 포맷이다. 352×240 (NTSC), 352×288(PAL/SECAM)의 해상도를 지원하였고, MPEG-1 Part2를 영상 코덱으로, MPEG-1 Part 3 Layer 2를 오디오 코덱으로 사용하였다.

45) 720p : 1280×720의 해상도를 가지는 순차주사 방식의 HD 영상

46) 1080i : 1920×1080의 해상도를 가지는 비월주사 방식의 HD의 영상으로서 화면비가 16:9인 와이드스크린이다.

47) AAC는 소니 플레이스테이션 3의 표준 오디오 포맷으로 사용되고 있다.

MPEG-1의 영상을 재생할 수 있으며, MPEG-2의 표준을 돌비 디지털[48] 및 DTS[49]와 함께 사용하도록 약간 변형한 인코딩 포맷은 상업 DVD의 표준으로 사용하고 있다.

### ③ MPEG-4

MPEG-4는 MPEG-2를 확장한 영상 및 오디오의 코덱뿐만 아니라 3D 콘텐츠를 위해 3차원 모델을 압축하기 위한 3차원 메시 부호화(3D Mesh Coding), 저속 비트율의 인코딩, 음성 합성 등의 기능을 포함하면서 거대한 규격이 되었으며 현재도 추가 확장되고 있는 규격이다. 현재 MPEG-4에서 규정하고 있는 동영상 인코딩 방식은 기존의 MPEG-2 Part 2를 이용하여 1999년에 처음 규격을 확정한 MPEG-4 Part 2 방식과, ITU-T(H.264)와 공동 개발하여 2003년에 추가한 규격인 MPEG-4 Part 10 방식 등 두 가지가 있는데, 이 둘을 구별하기 위하여 전자를 MPEG-4 또는 MPEG-4 비주얼(Visual)이라 명명하였고, 후자를 MPEG-4 AVC (Advanced Video Coding)라고 명명하였다.

MPEG-4 비주얼은 먼저 규격화가 진행되었던 H.263을 기본으로 하여 몇 가지 도구를 추가하여 구성되었으며, H.263과의 차이점은 프레임 간 예측에서 B프레임을 추가한 점, DCT 계수의 AC/DC 예측을 도입한 점 등을 들 수 있다.

MPEG-1은 VCD, MPEG-2는 방송 및 HDTV 등의 용도로 개발되었지만, MPEG-4는 저속 비트율의 인코딩 상황에까지 그 용도를 확대하려는 목표로 표준화를 진행하여 현재에는 이동 통신 환경인 휴대 전화나 PDA의 동영상 포맷 및 멀티미디어 통신 환경에서 주로 사용되고 있다.

### ④ MPEG-7

MPEG-1, MPEG-2, MPEG-4 등은 각각 저장 매체용, 방송 통신용, 이동통신용의 영상 데이터와 오디오 데이터의 압축을 그 목표로 하고 있으나, MPEG-7은 데이터 그 자체가 아닌 데이터의 내용(이를 메타 데이터(Meta Data)라고 한다.)에 대한 표현방법을 다루는 표준이다. 오늘날 인터넷의 발달로 다양한 멀티미디어 정보를 쉽게 접할 수 있게 되었지만 기하급수적으로 늘어가고 있는 멀티미디어 정보를 검색하는 것은 쉽지 않은데, 그 이유는 기존의 검색방법이 단순히 문자만을 중심으로 정보를 분석하고 색인하여 검색하고 있기 때문이다.

따라서 멀티미디어 정보를 검색하기 위해서는 기존의 문자기반 정보검색 방법보다 내용기반 정보검색 방법이 필요하며, MPEG-7은 이처럼 멀티미디어 데이터에 대한 내용기반 검색에 필요한 요소들을 표준화하여 제공하는 것을 목표로 하고 있다.

---

48) 돌비 디지털(Dolby Digital)은 돌비 연구소가 개발한 오디오 압축 기술에 대한 상표이다.

49) DTS는 상업용 또는 극장 등의 등급에 쓰이는 다중 채널 디지털 서라운드 사운드 포맷으로서, 미국의 오디오 표준 개발 회사인 DTS 주식회사에서 개발하였다.

내용기반 멀티미디어 검색기술은 주어진 멀티미디어 데이터를 각각의 비디오 세그먼트로 분할하고, 분할된 영역은 그 내용에 따라 색, 질감, 모양, 음성과 같은 속성들을 추출하여 하나의 대표 프레임으로 설정하며 이를 기반으로 검색하게 된다.
MPEG-7의 응용분야로는 전자 백과사전이나 전자 신문, 전자도서관에서의 영상 및 음악 검색, 멀티미디어 정보의 편집 및 서비스 안내, 방송 미디어의 검색 및 주문형 비디오(VOD, Video On Demand), 쇼핑 정보 검색, 의학정보 관리 및 원격 의료 서비스 시스템, 지리정보 서비스, 전자 회의 시스템 등이 있으며, 다양하면서도 광범위한 활용이 기대되고 있다.

### ⑤ MPEG-B

영상전화나 영상회의처럼 영상신호의 대부분은 음성을 수반하고 있다. 따라서 멀티미디어 데이터를 파일 또는 기록 매체에 보존하거나 네트워크를 통해 전송하기 위해서는 각각 따로 인코딩한 영상 데이터와 음성 데이터를 합쳐서 보내는 다중화 및 동기화에 관한 작업이 필요하다. 이에 대한 표준을 시스템(System)이라고 하며, 영상 코덱을 개발할 때 함께 만들어 진다. ITU-T H.261은 ITU-T H.221 표준이 이 역할을 수행하고 있고, MPEG에서는 MPEG-B 표준이 이 역할을 수행하고 있다.
그리고 시스템에 의해 다중화하기 이전의 영상 데이터 및 음성 데이터를 엘리멘트리 스트림(ES : Elementary Stream)이라고 한다. 참고로 MPEG-4에서는 영상 데이터와 음성 데이터의 엘리멘트리 스트림을 다중화하는 것은 MPEG-1이나 MPEG-2의 시스템과 같지만 MPEG-4에서는 객체 인코딩(Object Encoding)이라는 개념이 새로 추가되었다. 즉, MPEG-4에서 영상 데이터와 음성데이터는 각각 하나의 객체로 다루어지며, 이러한 객체를 다중화 및 동기화하는 것이 시스템의 역할이다.
예를 들어, 인물 영상데이터, 배경 영상데이터, 음성데이터를 각각 별개의 객체로 인코딩하여 각각의 객체들을 겹쳐서 표시하거나, 사용자가 임의의 객체를 움직이게 하거나 하는 등의 애플리케이션을 만들 수 있다. 이처럼 여러 개의 객체를 조합해 다루기 위한 기술을 BIFS(Binary Format for Scenes) 기능이라고 한다.

표 2.9 동영상 압축 표준의 비교

| ISO/IEC | MPEG-1 | MPEG-2 | MPEG-4 (Visual) | MPEG-4 (AVC) | MPEG-H (HEVC) |
|---|---|---|---|---|---|
| ITU-T | H.261 | H.262 | H.263 | H.264 | H.265 |
| 표준화 연도 | 1993 | 1995 | 1999 | 2003 | 2013 |
| 주사방법 | 순차주사 | 순차주사, 비월주사 | 순차주사, 비월주사 | 순차주사, 비월주사 | 순차주사, 비월주사 |
| 최대 해상도 | 352×288 (30fps) | 1920×1522 (60fps) | 4096×2160 (60fps) | 4096×2160 (60fps) | 7680×4320 (120fps) |
| 압축률 비교 | - | MPEG-1 대비 30% 향상 | MPEG-2 대비 40% 향상 | Visual 대비 50% 향상 | AVC 대비 50% 향상 |
| 사용분야 | VCD | DVD, DTV, HDTV, 블루레이 | 모바일, 인터넷, DMB | 모바일, 인터넷, IPTV, DMB, 블루레이 | UHDTV, UHD 블루레이 |

# 연 습 문 제

2.1 아날로그 신호와 디지털 신호의 차이에 대해 설명해 보시오.

2.2 아날로그 신호를 디지털화함으로써 얻을 수 있는 장점을 설명해 브시오.

2.3 PCM 변조 과정을 기술하고, 각 과정에 대해 설명하시오.

2.4 PCM에서 표본화 정리에 대해 설명해 보시오.

2.5 PCM에서 양자화 오차에 대해 설명해 보시오.

2.6 선형 양자화기와 비선형 양자화기를 서로 비교해 설명해 보시오.

2.7 DM 변조의 원리에 대해 설명해 보시오.

2.8 DM에서 경사 과부하 잡음과 양자화 잡음에 대해 설명해 보시오.

2.9 문자 정보의 부호화 방법의 종류를 들고, 각각에 대해 설명해 보시오.

2.10 ASCII 부호에서 제어코드의 종류를 들고, 각각에 대해 설명해 보시오.

2.11 유니코드의 대표적인 한글 코드 블록 3가지에 대해 설명해 보시오.

2.12 유니코드의 인코딩 방식의 종류를 들고 설명해 보시오.

2.13 음성 신호의 부호화 기술의 종류를 들고, 각각에 대해 설명해 보시오.

2.14 피치와 포먼트에 대해 설명해 보시오.

2.15 MOS(Mean Opinion Score)에 대해 설명해 보시오.

2.16 디지털 이동통신 시스템에서 사용하는 음성 부호화기에 대해 설명해 보시오.

2.17 영상 정보를 부호화하는 원리에 대해 설명해 보시오.

2.18 영상 데이터의 압축은 영상의 어떤 특징들을 이용하는지 설명해 보시오.

2.19 영상 데이터의 프레임 종류에 대해 설명해 보시오.

2.20 가변길이 부호화 방법에 대해 설명해 보시오.

2.21 허프만 부호화 방법에 대해 설명해 보시오.

2.22 팩시밀리 부호화에 대해 설명해 보시오.

2.23 JPEG 특징에 대해 설명해 보시오.

2.24 JPEG의 부호화 방법에 대해 설명해 보시오.

2.25 JPEG의 재생 방법에 대해 설명해 보시오.

2.26 JPEG의 영상 압축 과정에 대해 설명해 보시오.

2.27 RGB 모델에 대해 설명해 보시오.

2.28 YCbCr 모델에 대해 설명해 보시오.

2.29 RGB 모델을 YCbCr 모델로 변환하는 방법에 대해 설명해 보시오.

2.30 영상 압축에서 이산 코사인 변환(DCT)을 하는 이유에 대해 설명해 보시오.

2.31 ITU-T의 H.26x 표준의 종류를 들고, 각각의 특징을 설명해 보시오.

2.32 ISO/IEC의 MPEG 표준의 종류를 들고, 각각의 특징을 설명해 보시오.

# 3

# 정보의 전송

# 3.1 통신회선 접속 방식

통신회선 접속 방식은 정보통신 시스템에서 두 장치간의 통신, 특히 컴퓨터와 단말장치 사이를 상호 연결하는 방식이다. 여기서 단말장치라 함은 데이터 송신, 수신 또는 송수신 및 처리를 하는 사용자 장치(User Device)장치이다.

단말장치(DTE : Data Terminal Equipment)는 통신 규약(Protocol)에 따라 행해지는 데이터 통신 제어 기능을 갖추고 있으며, 일반적인 지능형 단말기뿐만 아니라 더미(Dummy) 단말기를 포함한 모든 단말기를 의미한다.

한편, 단말장치(DTE)와 데이터 전송로(Transmission Line) 사이에서 접속(Connection)을 설정, 유지, 해제하며 부호 변환과 신호 변환에 필요한 기능을 제공하는 장치를 데이터 회선 종단 장치(DCE : Data Circuit-terminal Equipment) 또는 데이터 통신장비(DCE : Data Communication Equipment)라고 한다.

데이터 회선 종단 장치(DCE)는 사용자의 댁내(구내)에 설치되어 전송로를 종단하고, 단말장치(DTE)와의 상호 접속을 위한 물리적인 인터페이스를 제공한다.

데이터 회선 종단 장치(DCE)에는 아날로그 회선(일반 전화 회선)용의 모뎀(MODEM)과 디지털 회선용의 디지털 서비스 장치(DSU)가 있다. DCE는 사용자 장치인 DTE와는 달리 전송로 또는 전송망을 운용하는 공중 통신 사업자가 설치하여 대여할 수도 있고, 사용자 자신이 설치할 수도 있다.

통신 시스템에서 단말기를 컴퓨터에 연결하는 회선 접속 방식에는 다음과 같은 방법이 있다.

- 직접 접속 방식
- 모뎀(MODEM)을 이용한 접속 방식
- 디지털 서비스 장치(DSU)를 이용한 접속 방식

## 3.1.1 직접 (Direct) 접속 방식

정보통신 시스템에서 통신회선을 이용하여 두 장치간의 통신, 특히 컴퓨터와 단말장치 사이를 직접 접속하는 방법으로 직렬통신 방식과 병렬통신 방식 두 가지로 나눌 수 있다.

병렬통신 방식은 일반적으로 고속의 통신 속도를 필요로 하여 한꺼번에 많은 정보를 처리할 수 있는 곳에 사용되지만, 직렬통신 방식의 속도가 증대되면서 직렬통신 방식이 병렬통신 방식을 대체해 나가고 있다.

직렬통신 방식은 데이터 비트를 한번에 1비트씩 비트단위로 송수신하는 방식으로써 구현하기 쉽고 멀리까지 전송할 수 있으며, 기존의 통신선로(전화선 등)를 쉽게 활용할 수가 있기 때문에 비용 절감이 크다는 장점이 있다. 대표적인 직렬통신 방식으로 RS-232C, RS-422, RS-485, USB, IEEE 1394 등이 있다.

## (1) RS-232C, RS-422, RS-485 인터페이스

직렬통신 방식을 크게 구분해 보면 비동기 방식과 동기 방식 2가지로 나눌 수 있다.

이 중 비동기 방식의 통신 컨트롤러로서 우리 주변에서 손쉽게 볼 수 있는 것이 바로 UART(Universal Asynchronous Receiver/Transmitter)인데, UART에서 나오는 신호는 보통 TTL(Transistor-Transistor Logic) 신호레벨[50)]을 갖기 때문에 노이즈에 약하고 통신거리에 제약이 있다.

따라서 이러한 TTL 신호를 입력받아 먼 곳까지 전송할 수 있으면서도 노이즈에도 강한 인터페이스를 Line Driver/Receiver[51)]라 부르며, 대표적인 것은 RS-232C, RS-422 및 RS-485 등이 있다.

즉 RS-232C, RS-422 및 RS-485 등은 비동기 방식 통신 컨트롤러에서 나오는 디지털 신호를 외부와 인터페이스 시키는 전기적인 신호 방식에 대한 규격이다.

이들 규격에 대한 특징을 표 3.1에 나타내었다.

표 3.1을 보면 RS-232C(Single-Ended 통신 방식) 통신 방식은 RS-422와 RS-485에 비해서 통신 속도가 늦고 통신 거리가 짧은 단점이 있으나, 동작모드에서 보면 알 수 있듯이 하나의 신호 전송에 하나의 전송선로가 필요하기 때문에, 하나의 신호 전송에 2개의 전송선로가 필요한 RS-422와 RS-485에 비해 비용절감의 장점이 있어 많이 사용되고 있다.

따라서 단말기와 컴퓨터의 위치가 짧은 경우(수십 m) 직접 접속하는 방식으로 RS-232C 인터페이스를 많이 사용하고 있다.

50) 컴퓨터 내부의 소자들이 동작하는 전압 레벨로서 0V와 5V를 사용한다.

51) Line Driver/Receiver의 신호는 0과 1에 대해 +전압과 −전압을 가지도록 베이스 변조를 한 신호이다. 2.9절 신호의 전송 참조

표 3.1 RS-232C, RS-422, RS-485의 비교

| Specification | RS-232C | RS-422 | RS-485 |
|---|---|---|---|
| 동작 모드 | Single-Ended | Differential | Differential |
| 최대 Driver/ Receiver 수 | 1 Driver 1 Receiver | 1 Driver 10 Receivers | 32 Drivers 32 Receivers |
| 최대 통달거리 | 약 15m | 약 1.2km | 약 1.2km |
| 최고 통신속도 | 20Kb/s | 10Mb/s | 10Mb/s |
| 지원 전송 방식 | Full Duplex | Full Duplex | Half Duplex |
| 최대 출력전압 | ±25V | -0.25V to +6V | -7V to +12V |
| 최대 입력전압 | ±15V | -7V to +7V | -7V to +12V |

### ① RS-232C 인터페이스

그림 3.1에 RS-232C를 이용하여 컴퓨터와 단말기를 직접 연결하는 직접 접속 방식의 예를 나타내었다.

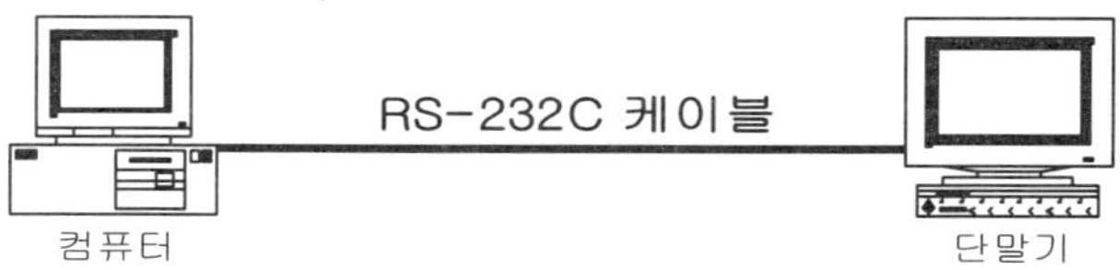


그림 3.1 직접 접속 방식

RS-232C는 미국 EIA(Electronic Industries Association)에 의해 제정된 표준 규격으로, 컴퓨터와 주변 장치 또는 데이터 단말장치(DTE)와 데이터 회선 종단 장치(DCE) 사이를 상호 접속하기 위한 물리적 인터페이스이다. 여기에서 C는 이 표준의 버전, 즉, 3번째 판이라는 것을 나타낸다.

DTE와 DCE를 접속하는데 그림 3.2와 같은 25핀 커넥터 또는 9핀 커넥터를 이용하여 접속하며, RS-232C의 규격에는 이 인터페이스에 대한 전기적인 특성, 전송 속도, 임피던스, 신호 대기시간, 핸드셰이킹(Handshaking), 제어방법 등을 규정하고 있다.

같은 규격이 ITU-T에도 있으며 ITU-T V.24에서는 DTE와 DCE간의 상호 접속 방법, 핀 번호, 그리고 회로의 의미 등에 대해 규정하고 있고, ITU-T V.28에서는 전기적인 특성에 대해 규정하고 있다. 표 3.2에 중요 핀에 대한 기능을 소개하였다.

표 3.2 RS-232C 중요 핀의 기능

| 기호 | 이름 | 25핀 커넥터 핀번호 | 9핀 커넥터 핀번호 | 기능 |
|---|---|---|---|---|
| TxD | Transmitted Data | 2 | 3 | DTE에서 DCE로, 외부르 데이터를 전송하는데 사용한다. 전송할 데이터가 없을 때에는 '1' 의 상태를 유지한다. |
| RxD | Received Data | 3 | 2 | DCE에서 DTE로 데이터를 전송하는데 사용한다. 즉, 외부 장치에서 들어오는 직렬통신 데이터를 입력받는 신호선이다. 전송할 데이터가 없을 때에는 '1' 의 상태를 유지한다. |
| RTS | Request to Send | 4 | 7 | DTE가 2번핀 TxD를 통하여 데이터를 전송할 수 있도록 DCE는 수신준비를 하라는 요구를 보낸다. 동기통신에서는 이 신호를 이용하여 DTE와 DCE간의 데이터 흐름을 제어한다. |
| CTS | Clear to Send | 5 | 8 | DCE가 데이터를 수신할 준비가 되었다는 것을 DTE에게 알린다. 핀의 상태가 '1' 이면 준비가 되지 않았다는 것을 의미한다. |
| DSR | Data Set Ready | 6 | 6 | DCE가 정상적으로 전화회선에 접속되었다는 것을 DTE에게 알린다. 즉, 도뎀이 컴퓨터 또는 단말장치에게 자신이 송수신 가능한 상태임을 알려주는 신호선이며, 일반적으로 모뎀에 전원이 인가되켠 모뎀은 자신의 상태를 파악한 후 이상이 없을 때 이 신호를 출력시킨다. |
| GND | Signal Ground | 7 | 5 | 모든 신호의 전기적 기준레벨, 즉 접지를 제공하기 위해 사용한다. |
| DCD | Data Carrier Detect | 8 | 1 | 원격 DCE로부터 올바른 송출신호가 수신되었다는 것을 DTE에게 알린다. 도뎀은 상대편 모뎀과 전화회선 등을 통하여 접속할 때 접속이 완료되면 상대편 모뎀은 캐리어 신호를 보내주는데, 모뎀이 이 신호를 검출하였음을 컴퓨터 또는 터미널에 알려주는 신호선이다. |
| DTR | Data Terminal Ready | 20 | 4 | DTE가 DCE와 교신할 준비가 되었다는 표시를 한다. |
| RI | Ring Indicator | 22 | 9 | 상대편 모뎀이 통신을 하기 위해서 먼저 전화를 걸어오면 전화벨이 울리게 된다. 이 대 이 신호를 모뎀이 인식하여 컴퓨터 또는 터미널에 알려주는 신호선이며, 일반적으로 컴퓨터가 이 신호를 받게 되면 전화벨 신호에 응답하는 프로그램을 인터럽트 등을 통해서 호출하게 된다. 즉, 상대방의 DCE가 전화를 걸어 왔다는 것을 의미하며 Ring 신호를 나타내기 위해 자동응답 모뎀에서 사용된다. |

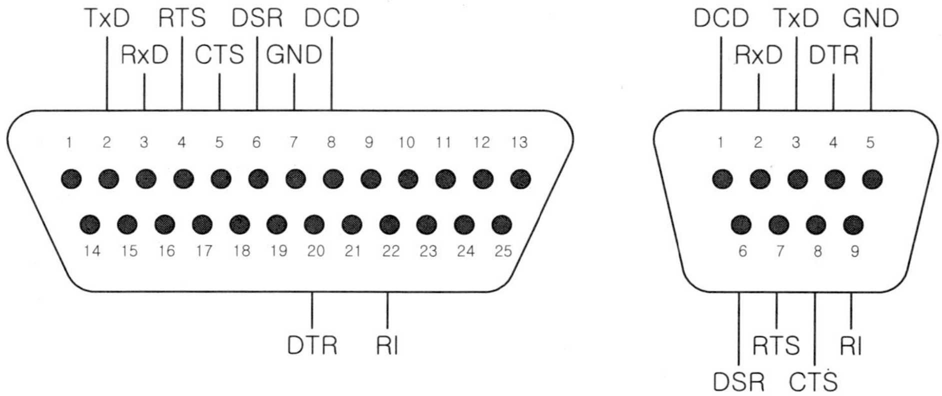


(a) DSUB 25핀 RS-232C 커넥터 구조　　　(b) DSUB 9핀 RS-232C 커넥터 구조

**그림 3.2 RS-232C 커넥터 구조**

RS-232C의 케이블의 최대 길이는 12.25m지만 신호의 전압 레벨 상승 등으로 좀 더 확장할 수 있다. 하지만 이 이상의 원거리(장거리)전송에서는 잡음 등의 영향으로 신호가 왜곡되고 전기에너지가 감쇠되므로, RS-232C를 이용하여 직접 연결하는 것은 어렵다.

얼마 전까지 많은 개인용 컴퓨터(PC)가 입출력 직렬 인터페이스로서 RS-232C를 많이 채용하여 사용하였는데, 이와 같이 RS-232C가 PC에서 광범위하게 사용되고 있는 이유는 RS-232C의 표준 규격 자체가 우수해서가 아니라 단지 저렴한 가격으로 통신 회로를 구성할 수 있었기 때문이었다. 그리고 RS-232C는 1987년 ANSI/EIA 232D(RS-232D)로 개정되었으나 컴퓨터 업계에서는 별로 의식하지 않아 그다지 많이 사용되지 않았다.

### ② RS-422 인터페이스

RS-422는 평형 직렬 인터페이스(Balanced Serial Interface)를 이용하여 컴퓨터와 주변 장치 또는 데이터 단말장치(DTE)와 데이터 회선 종단 장치(DCE)를 상호 접속하기 위한 인터페이스 표준 규격으로 평형 직렬 인터페이스에 사용되는 전기적, 기계적 특성을 규정하고 있다. RS-422는 ITU-T 권고 V.11 표준과 호환성이 있다.

RS-422 인터페이스는 케이블 커넥터의 규격을 규정하고 있지 않기 때문에, 이 표준을 적용하는 제조업체는 다양한 종류의 핀 구성을 가진 비표준 커넥터를 사용하고 있다. 예를 들어, IBM 계열의 PC는 RS-232C를 직렬 포트로 사용하지만, 매킨토시 계열의 PC는 RS-422를 직렬 포트로 사용하는데, 커넥터의 모양이 IBM 계열의 PC와 다르다.

RS-422 인터페이스에서 데이터의 최대 전송 속도는 10Mbps이고, DTE와 DCE 간의 거리는 1.2km까지 접속이 가능하다.

### (2) 유니버설 시리얼 버스(USB : Universal Serial Bus)

유니버설 시리얼 버스(USB)는 인텔, 마이크로소프트, 컴팩, DEC, IBM, 캐나다 노텔, NEC 등 7개사가 공동으로 제안한 주변 기기 접속 인터페이스 규격으로, 규격이 서로 다른 키보드, 마우스, 프린터, 모뎀, 스피커, 게임패드, 조이스틱, 스캐너, 디지털 카메라, PDA, 저장장치 등의 다양한 주변 기기와 개인용 컴퓨터(PC) 간의 접속을 위한 인터페이스이다.

USB는 다양한 기존의 직렬, 병렬 방식의 인터페이스를 대체하기 위하여 만들어졌다. USB는 PC를 위하여 개발되었지만 지금은 PDA나 게임 콘솔 등에서도 채택되어 사용되고 있고 USB의 전원 공급 기능을 이용하여 기기의 충전용으로도 많이 사용되고 있다.

#### ① USB 특징

USB는 스카시 인터페이스와 같이 별도의 컨트롤러가 필요 없이 PC 본체에 USB 포트 하나만 갖추고 있으면 성형 접속(Star Connection) 또는 방사형 형태로 최고 127대까지 주변기기를 연결할 수 있다. 따라서 USB는 병렬포트에 비해 매우 우수한 확장성을 가지고 있어 오늘날 병렬포트가 USB로 대체되고 있다. 하지만 USB의 속도에는 치명적인 제약이 있는데, 주 컨트롤러(Host Controller)에 연결된 기기들 간에는 대역폭을 서로 나누어 쓰게 되어 있으므로 장치가 늘어날수록 속도는 현저히 떨어질 수 있다.

한편, USB의 동작은 마스터/슬레이브 구조를 이용한다. USB의 호스트 장치는 프로토콜의 마스터로 동작하고, USB를 통해 호스트에 접속되는 장치는 슬레이브로 동작하며, USB에서 데이터 전송과 구성은 오직 호스트만이 계획할 수 있다.

USB 사용 시 장점은 다음과 같다.

- 주변 기기 등을 PC와 연결할 때 소프트웨어나 하드웨어를 별도로 설치하거나 설정할 필요가 없다.
- Plug & Play 기능이 완벽하게 제공되므로 컴퓨터를 끄고 켜는 과정 없이 필요한 주변장치를 교체할 수 있다.
- USB는 연결과 동시에 전력이 공급되므로 별도의 전원 어댑터가 필요 없다.
- 모든 주변 기기를 동일한 접속기로 접속하기 때문에 포트 수를 획기적으로 줄일 수 있을 뿐만 아니라 설치 또한 간편하다.
- 휴대형 PC 및 주변기기의 소형화가 가능하다.

#### ② USB 규격

USB는 USB 표준을 결정하는 USB Implementers Forum에서 표준을 결정하고 있으며 대표적인 버전으로는 USB 1.0, 2.0, 3.0 등이 있다. 경쟁 규격으로 언급되는 IEEE 1394가 주로 캠코더에 탑재되어 DV(Digital Video) 규격으로 주로 사용되는 반면, USB는 저가격의 다수의 기기에 채택되어 사용되고 있다.

**표 3.3 USB 규격의 종류**

| USB 버전 | 1.0–1.1 | | 2.0 | 3.0–3.2 | | |
|---|---|---|---|---|---|---|
| | 1.0 | 1.1 | 2.0 | 3.0 | 3.1 | 3.2 |
| 발표년월 | 1996.01 | 1998.08 | 2000.04 | 2008.11 | 2013.07 | 2017.09 |
| 최대 전송속도 | 1.5Mbps | 12Mbps | 480Mbps | 5Gbps | 10Gbps | 20Gbps |
| 별명 | LS | FS | HS | SS | SS+ | SS+ |
| | Low Speed | Full Speed | High Speed | Super Speed | Super Speed+ | Super Speed+ |

### ③ USB 연결 커넥터 종류

USB는 다양한 산업 분야에서 사용할 수 있도록 규격의 버전에 따라 다양한 형태의 커넥터를 규정하고 있다. 종류는 표준형, 미니형, 마이크로형으로 나뉘며, 또 각각은 Type A와 Type B로 나뉜다.

표준형 USB 커넥터는 1쌍의 전원 핀과 1쌍의 데이터 전송 핀을 가지고 있기 때문에 4핀으로 구성되어 있고, 미니형과 마이크로형 USB 커넥터는 1쌍의 전원 핀과 1쌍의 데이터 전송 핀, 그리고 1개의 OTG(On-The-Go) 핀을 가지고 있어 5핀으로 구성되어 있다.

OTG(On-The-Go)는 USB 2.0 규격부터 제공된 한 기능으로, 주 컴퓨터를 통하지 않더라도 개인 휴대 정보 단말기(PDA)나 MP3 플레이어, 휴대폰과 같은 포터블 장치들 간에도 자료를 주고받을 수 있게 하는 USB 형식이다.

OTG는 주변 기기들 간의 점 대 점 통신이 가능하도록, 각 장치가 제한적인 범위 내에서 호스트 기능을 수행할 수 있게 하며, 허브의 연결이 끊어질 때까지 하나의 장치가 호스트 역할을 하고 다른 장치가 슬레이브의 역할을 한다.

따라서 케이블과 커넥터는 호스트 또는 슬레이브를 선택하는 ID 핀이 추가되어 5핀이 되었다. OTG로 동작할 때 전송 속도는 LS 모드(1.5Mbps)와 FS 모드(12Mbps)만 제공되며, HS 모드(480Mbps)로는 동작하지 않는다.

그리고 USB 버전 3.0에서는 표준형의 경우 외관상으로는 버전 2.0과 동일하지만 내부적으로 핀이 추가되었고, 마이크로형 Type B 커넥터는 옆으로 길어지는 등의 변형이 생겼으며,

핀의 수 또한 타입에 따라 9핀에서 11핀으로 구성되어 있다.

**표 3.4 USB 2.0의 커넥터 구조**

| 커넥터 종류 | Type A | Type B | 핀 구성 |
|---|---|---|---|
| 표준형 | 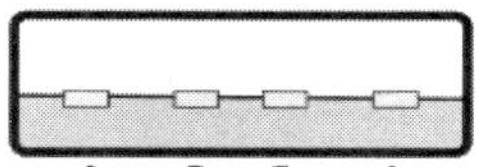<br> | <br> | Pin1 : +5V<br>Pin2 : Data(-)<br>Pin3 : Data(+)<br>Pin4 : 접지 |
| 미니형 | <br> | <br> | Pin1 : +5V<br>Pin2 : Data(-)<br>Pin3 : Data(+)<br>Pin4 : OTG<br>Pin5 : 접지 |
| 마이크로형 | 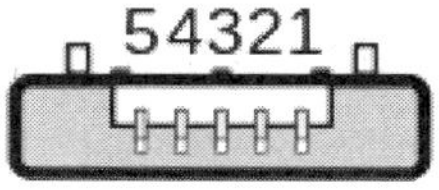<br> | <br> | |

## (3) IEEE 1394

IEEE 1394는 미국 전기 전자 학회(IEEE)가 표준화한 디지털 기기 간 전송기술의 새로운 직렬 인터페이스(Serial Interface) 규격으로서, 처음에는 애플 컴퓨터사가 스카시(SCSI)를 대체할 규격으로 파이어 와이어(FireWire)라는 이름으로 개발한 것을 1995년에 IEEE가 정식 규격으로 채택하였다.

IEEE 1394는 통신기기, 컴퓨터, 컴퓨터 주변 장치뿐만 아니라 비디오카메라, 오디오 제품, 텔레비전, 비디오카세트 녹화기(VCR) 등의 가전제품을 단일 네트워크로 연결, 이들 간의 멀티미디어 데이터를 고속으로 송수신할 수 있게 하는 인터페이스 규격이다.

IEEE 1394는 각종 디지털 영상/음성신호 및 데이터를 1개의 선(Wire)을 이용, 실시간으로 각 기기 간에 주고받을 수 있도록 고안되었으며, 현재 100Mbps, 200Mbps, 400Mbps의 전송속도를 지원하는 규격[52]과 800Mbps의 전송속도를 지원하는 구격[53] 등 2개의 규격이 있다.

그리고 PC의 가동 상태에서 그대로 접속할 수 있는 핫 플러그인(Hot Plug-in)을 지원하며, 최대로 63대까지 기기를 접속할 수 있고, 기기간 거리는 4.5m 이내이다.

와이어의 구조는 1개의 케이블 안에 전원과 접지선, 2쌍의 신호선 등 6개의 선으로 구성되어 있는데, 4개의 선으로 구성된 케이블도 개발되어 있다.

---

52) IEEE 1394-1995 및 IEEE 1394a-2000 : 100Mbps, 200Mbps, 400Mbps의 3종류 전송 속도를 지원한다.

53) IEEE 1394b-2002

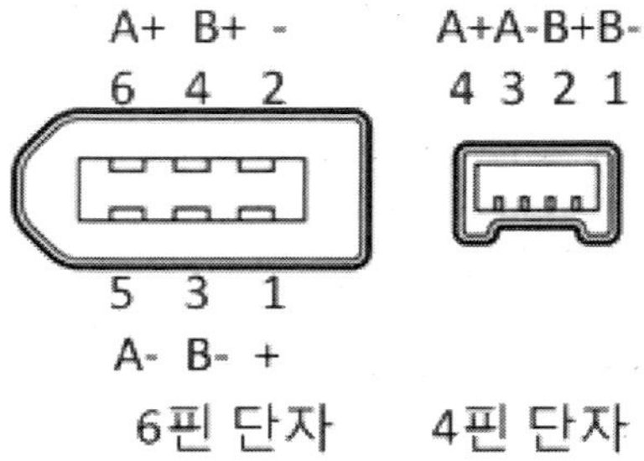


그림 3.3 IEEE1394 커넥터 구조

데이터 전송은 동시(Real Time) 전송과 비동기(Asynchronous) 전송의 2가지 전송 방식이 가능한데, 동시 전송은 실시간 전송이기 때문에 동화상이나 음성 등 동시성이 요구되는 멀티미디어 정보를 전달하는 인터페이스로 적합하고, 비동기 전송은 데이터를 분할하여 전송하는 방식이므로 실시간 동작이 필요하지 않은 PC와 하드 디스크나 인쇄기 등의 주변 장치 사이의 데이터 전달에 적합하게 사용될 수 있다.

IEEE 1394는 최초 개발될 당시 USB(최대 12Mbit/s의 전송속도)보다 고속인 400Mbit/s의 전송속도를 가진 반면 상대적으로 고가였던 관계로, USB는 비교적 낮은 전송속도라도 문제없는 마우스나 키보드, 프린터, 스캐너, 외장형 저장장치 등에 널리 이용되었고, IEEE 1394는 고급형의 외장형 저장장치나 고성능 스캐너, 미디 장비, 디지털 비디오카메라(DV)의 인터페이스로 사용되는 등 시장을 양분하였다.

하지만 현재 CPU 및 부품 기술의 발달과 함께 IEEE 1394b만큼 고속이면서도 가격이 저렴한 USB 3.0이 등장함으로 인해 IEEE 1394는 USB에 비해 고속이면서도 안정적인 속도 및 낮은 CPU 점유율, 데이지 체인 연결이 가능하다는 장점이 있음에도 불구하고 USB만큼 대중화되지 못하였다.

### (4) 고선명 멀티미디어 인터페이스(HDMI : High Definition Multimedia Interface)

고선명 멀티미디어 인터페이스(High Definition Multimedia Interface)인 HDMI는 비압축 방식의 디지털 비디오/오디오 인터페이스 규격의 하나로써, 기존에 별도로 구성된 영상과 음성 인터페이스와는 달리 음성과 영상을 하나로 통합하여 동시에 전송할 수 있는 인터페이스이다. HDMI 케이블로는 영상, 음성, CEC(Consumer Electronics Control) 신호가 전송된다. 그리고 DVI[54]와는 상위 호환을 유지하고 있어 이론적으로는 비 암호화 상태일 때 DVI(예:

54) DVI(Digital Visual Interface : 디지털 비주얼 인터페이스)는 평판 패널 액정 디스플레이와 디지털 프로젝터와 같은 디지털 디스플레이 장치의 화질에 최적화된 표준 영상 인터페이스이다. DVI는 HDMI와 같이 압축되지 않은 디지털 영상 데이터를 디스플레이로 전송할 목적으로 설계되었으며, HDMI 표준과는 부분적으로 호환성을 유지하고 있다. 종류로는 단일링크

PC)에서 HDMI(예: HDMI 단자를 가진 TV)로의 출력이 가능하다.

### ① HDMI 개요

HDMI는 시스템 운영업체 디렉 TV, 에코스타, 케이블랩스와 영화 제작사인 폭스, 유니버설, 워너브라더스, 디즈니 등의 지원을 받아 히타치, 파나소닉, 필립스, 실리콘 이미지, 소니, 톰슨 SA, 도시바 등이 주축이 되어 개발되었으며, 주로 PC, 게임기, 블루레이 플레이어, 디지털 텔레비전, 모바일 기기 등에서 사용되고 있다.

HDMI는 HDMI를 지원하는 셋탑 박스, DVD 재생기 등의 멀티미디어 소스로부터 AV기기, 모니터, 디지털 텔레비전 등의 장치로 출력하는 인터페이스를 제공하며, 접속 기기끼리는 상호 호환성을 가진다. 그리고 영상 · 음성을 압축하지 않고 플레이어에서 디지털 텔레비전 쪽으로 전송하기 때문에 디코더 칩이나 디코딩 소프트웨어가 필요 없으며, 영상 · 음성 · 제어 신호가 케이블 하나로 전송되기 때문에 번거로웠던 AV기기의 배선을 간단하게 할 수 있다.

### ② HDMI 연결 커넥터 종류

HDMI 커넥터는 5가지 유형의 커넥터가 있으며 각각의 유형의 커넥터는 Type A, B, C, D, E로 정의하고 있다. 그리고 Type A/B는 HDMI 규격 1.0에서 정의하고 있고, Type C는 HDMI 규격 1.3에서, Type D/E는 HDMI 규격 1.4에서 규정하고 있으며, 각각의 타입은 서로 다른 분야에서 사용되고 있다.

일반적으로는 Type A와 Type B 2가지가 사용되고 있으며 표준은 Type A로서 19 핀 커넥터를 사용한다. Type B는 29 핀의 커넥터로 1080p(1920×1080)를 넘는 해상도를 지원하기 위해 정의되어 있지만 잘 사용되지 않는다.

---

DVI와 이중링크 DVI가 있으며, 단일링크 DVI는 WUXGA(Wide Ultra Extended Graphics Array, 1920×1200)급의 해상도를 지원하고 있고, 이중링크 DVI는 WQXGA(Wide Quad Extended Graphics Array, 2560×1600)급의 해상도를 지원하고 있다.

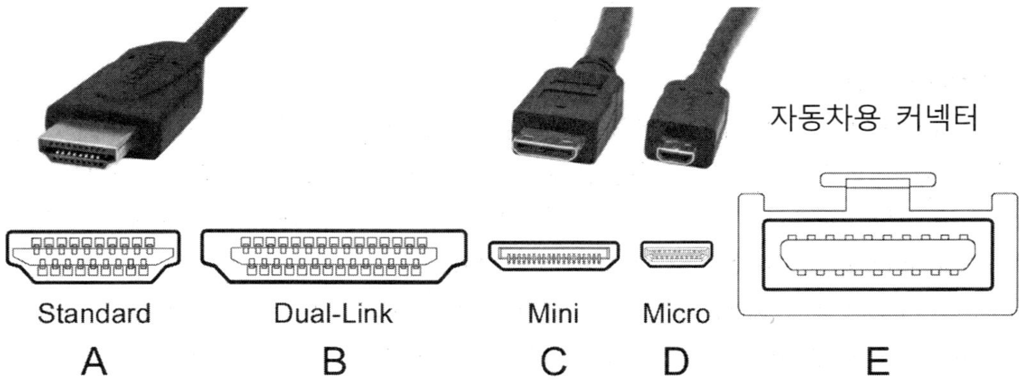


그림 3.4 표준 HDMI, 미니 HDMI, 그리고 마이크로 HDMI 규격의 커넥터[55)]

표 3.5 HDMI 커넥터의 종류 및 기능

| 커넥터 종류 | 핀의 수 | 플러그 외부 너비 (너비×높이) | 커넥터 별 기능 |
|---|---|---|---|
| Type A | 19핀 | 13.9mm×4.45mm | 타입 A는 SDTV(Standard-Definition Television)[56)], EDTV(Enhanced-Definition Television)[57)], HDTV(High- Definition Television)[58)]의 대역폭을 지원하고 전기적으로 단일링크 DVI-D와 호환된다. |
| Type B | 29핀 | 21.2mm×4.45mm | 타입 B는 HDMI 1.0 버전에서 정의된 고해상도 규격이며, WQSXGA(3200×2048)[59)]같은 고해상도 디스플레이 장치로의 확장이 가능하고, 이중링크 DVI-D와 호환된다. |
| Type C | 19핀 | 10.42mm×2.42mm | 타입 C는 소형 커넥터를 사용하며, 미니 HDMI라고 한다. 주로 이동식 기계에 사용되며 타입 A보다 작은 형태지만, 핀의 수는 타입 A와 같다. |
| Type D | 19핀 | 6.4mm×2.8mm | 타입 D는 마이크로 HDMI라고 하며 제일 작은 커넥터를 사용한다. 타입 C와 마찬가지로 주로 이동식 기계에 사용되지만, 외형이 타입 C보다 작은 사이즈를 사용한다. 핀의 수는 타입 A나 타입 C와 같이 19핀을 사용한다. |
| Type E | 19핀 | | 타입 E는 진동으로부터 단자가 분리되는 것을 방지하고, 습기와 먼지로부터 보호하기 위해 고안된 고정 탭을 가지고 있다. 주로 자동차 연결 시스템용으로 사용한다. |

55) 참고자료 : wikipedia.org(https://en.wikipedia.org/wiki/HDMI)에서 인용하여 수정함

56) SDTV(Standard-Definition Television : 표준 텔레비전) : SDTV는 HDTV 시스템에 비해 낮은 해상도를 지원하는 디지털 텔레비전 시스템을 말한다. SDTV라는 용어는 일반적으로 아날로그 텔레비전 방송 시스템과 동일하거나, 그와 비슷한 수준의 해상도로 전송되는 디지털 텔레비전 방송 시스템으로서 480i(NTSC), 576i(PAL) 방식이 있고, 비월주사방식으로 전송된다.

57) EDTV(Enhanced-Definition Television : 선명 텔레비전) : EDTV는 기본적으로 표준 텔레비전(SDTV)에서 비월 주사 방식으로

### ③ HDMI 규격

HDMI는 개인용 컴퓨터와 디스플레이의 인터페이스 표준 규격인 DVI를 AV 전자제품용으로 변경한 것으로, 2002년 12월에 HDMI 1.0의 사양이 결정되었다.

HDMI 규격에는 전기적 신호에 대한 규격, 핀 출력, 케이블과 커넥터 기구에 대한 규격이 규정되어 있다. 하지만 같은 모양의 커넥터라고 하더라도 HDMI 규격의 버전에 따라 기능이 다를 수 있는데 버전이 올라갈수록 기능은 향상된다.

예를 들어 2006년 6월에 나온 HDMI 버전 1.3의 경우, 기존의 HDMI 버전 1.2 보다 전체 전송 대역폭이 4.95Gbps에서 10.2Gbps로 향상되어 기존의 1,920×1,080[60]의 해상도보다 훨씬 고 화질인 2,560×1,440[61] 해상도의 화면을 전송할 수 있으며, 기존의 24bit 컬러보다 더 선명한 48bit 컬러를 표현할 수 있다.

표 3.6에서 TMDS(Transition Minimized Differential Signaling, 변화 최소 차분 신호)는 DVI(Digital Visual Interface)와 HDMI에서 사용하는 고속 병렬 데이터를 전송하는 물리계층의 전송기술이다.

그리고 전체전송대역폭(Total Transmission Bandwidth)은 TMDS 채널 수와 채널당 대역폭의 곱이다. 각각의 채널은 TDMS 클록 주파수 당 10개의 신호 펄스가 발생하고, 신호 펄스 당 1비트를 전송하므로, 전체전송대역폭은 10×(TMDS 클록의 수)×(TMDS 채널의 수)와 같다.

다음, 부호화 방법에서 8b/10b는 8비트의 데이터를 전송하기 위해 10비트가 사용됨을 의미한다. 따라서 8b/10b 부호화 방법의 대역폭 사용 효율은 80%이다. 그리고 HDMI 버전 2.0b 이후 버전부터는 16b/18b 부호화 방법이 사용될 예정이며, 이 경우 16b/18b 부호화 방법은 18비트 중에 16비트가 데이터 전송에 사용되므로 대역폭 사용 효율은 88.8%가 된다.

최대 전송 데이터율(Maximum Data Rate)은 부호화 과정을 통해 전송할 수 있는 최대 전송

---

전송되는 480 라인 또는 576 라인의 신호를 순차 주사 방식으로 전송하는 텔레비전을 말하며, 이 형식은 일반적으로 480p(NTSC)와 576p(PAL)로 표기한다.

58) HDTV(High-Definition Television : 고선명 텔레비전) : HDTV는 과거의 아날로그 전송 방식(NTSC, PAL, SECAM)보다 월등히 향상된 화질의 방송을 시청할 수 있는 시스템으로서 720p(720 순차주사방식), 혹은 1080i(1080 비월주사방식) 등의 해상도를 구현할 수 있다. 또한 화면의 가로세로비도 4:3이 아닌 16:9의 비율을 갖고 있다. 참고로 1080i50 이라는 형식은 1920×1080 픽셀이 비월 주사 방식으로 초당 50 필드(25 프레임)의 신호가 전송되는 것을 말한다.

59) WQSXGA(Wide Quad Super Extended Graphics Array) : WQSXGA는 3200×2048의 해상도를 지원하는 디스플레이 표준이다. 참고로 1987년 IBM이 소개한 VGA(Video Graphics Array)는 640×480의 해상도로 아날로그 모니터의 기본이 되는 디스플레이 표준으로서 사용되고 있고, 이후 IBM 컴퓨터의 기본 모니터는 XGA(Extended Graphics Array)로 변경되어 1024×768의 해상도를 가지고 있다. 한편 HD(High-Definition)는 1280×720의 해상도를 가지며, HDTV의 기본이 되는 해상도로 사용하고 있다.

60) 표 3.6에서는 2,560×1,440로 표시되어 있으나, 이 경우는 Refresh 주파수를 30Hz로 했을 경우이고, 일반적으로는 1,920×1,080 해상도를 사용한다.

61) Refresh 주파수를 30Hz로 하면 3,840×2,160의 해상도를 사용할 수 있다.

대역폭을 말한다. 최대 전송 데이터율은 전체전송대역폭에 8b/10b 부호화 방법의 부호화 효율인 80%를 곱한 값과 같다.

**표 3.6 HDMI 규격의 종류**

| HDMI 버전 | | 1.0-1.2a | | | | 1.3-1.4b | | | | | 2.0-2.0b | | |
|---|---|---|---|---|---|---|---|---|---|---|---|---|---|
| | | 1.0 | 1.1 | 1.2 | 1.2a | 1.3 | 1.3a | 1.4 | 1.4a | 1.4b | 2.0 | 2.0a | 2.0b |
| 발표년월 | | 2002.12 | 2004.05 | 2005.08 | 2005.12 | 2006.06 | 2006.11 | 2009.06 | 2010.03 | 2011.10 | 2013.09 | 2015.04 | 2016.05 |
| 최대지원해상도 | | 1920×1080 | | 2560×1440 | | 3840×2160 | | | | | 5120×2880 | | |
| 픽셀 당 컬러 비트 수 | | 24bit/px(RGB) 30 / 36bit/px | | | | 48bit/px | | | | | 48bit/px | | |
| 신호 규격 | 전체 전송 대역폭 | 4.95Gbps | | | | 10.2Gbps | | | | | 18.0Gbps | | |
| | 최대 전송 데이터율 | 3.96Gbps | | | | 8.16Gbps | | | | | 14.4Gbps | | |
| | TMDS 클록의 수 | 165MHz | | | | 340MHz | | | | | 600MHz | | |
| | TMDS 채널의 수 | 3 | | | | 3 | | | | | 3 | | |
| | 부호화 방법 | 8b / 10b | | | | 8b / 10b | | | | | 8b / 10b | | |
| 오디오 규격 | 최대 표본화율 | 192kHz | | | | 192kHz | | | | | 192kHz | | |
| | 표본화 크기 | 16-24bits | | | | 16-24bits | | | | | 16-24bits | | |
| | 최대 오디오 채널의 수 | 8 | | | | 8 | | | | | 32 | | |

HDMI 버전 1.4부터는 HDMI 케이블을 통해 이더넷 기능을 지원하는데, 이 기술을 HEC (HDMI Ethernet Channel) 기술이라고 한다. HEC 기능은 HDMI 케이블을 이용하여 IP 기반의 애플리케이션을 활성화하고 100Mbps의 양방향 이더넷 통신을 제공한다.

따라서 TV나 DVD플레이어, 블루레이 플레이어 등 다양한 디지털 기기들의 비디오, 오디오 및 데이터 스트림을 단일 HDMI 케이블로 통합하여 최고 100Mbps 속도로 데이터를 주고받을 수 있다. 예를 들어 인터넷이 연결된 TV에 DVD 플레이어, 게임콘솔, 블루레이 플레이어 등을 HDMI 1.4 포트로 연결하면 이들 기기는 일일이 인터넷 회선을 연결할 필요 없이 TV를 통해 인터넷으로 초고속 데이터를 주고받을 수 있다. 즉, 이 기능을 이용하면 TV를 인터넷 관문으로 활용할 수 있다.

### ④ HDMI 규격의 핀 배치

표준형 HDMI 규격의 핀 배치는 그림 3.5와 같으며, 각 핀의 기능은 표 3.7에 나타내었다. 표 3.7에서 DDC(Display Data Channel)는 컴퓨터와 모니터 간의 디스플레이 모드(Mode)를 조정하거나 명도(Brightness)나 명암(Contrast) 등 파라미터를 조정하는 통신 프로토콜이다.

**표 3.7 표준 HDMI 커넥터의 핀 기능**

| 핀 번호 | 핀의 기능 | 핀 번호 | 핀의 기능 |
|---|---|---|---|
| 핀 1 | TMDS Data2 (+) | 핀 10 | TMDS Clock (+) |
| 핀 2 | TMDS Data2 Shield | 핀 11 | TMDS Clock Shield |
| 핀 3 | TMDS Data2 (-) | 핀 12 | TMDS Clock (-) |
| 핀 4 | TMDS Data1 (+) | 핀 13 | CEC |
| 핀 5 | TMDS Data1 Shield | 핀 14 | 보류 |
| 핀 6 | TMDS Data1 (-) | 핀 15 | SCL(DDC를 위한 $I^2$ C Serial Clock) |
| 핀 7 | TMDS Data0 (+) | 핀 16 | SDA(DDC를 위한 $I^2$ C Serial Data Line) |
| 핀 8 | TMDS Data0 Shield | 핀 17 | DDC/CEC/HEC Ground |
| 핀 9 | TMDS Data0 (-) | 핀 18 | +5 V 전원 (최대 50 mA) |
| | | 핀 19 | 핫 플러그 감지 |

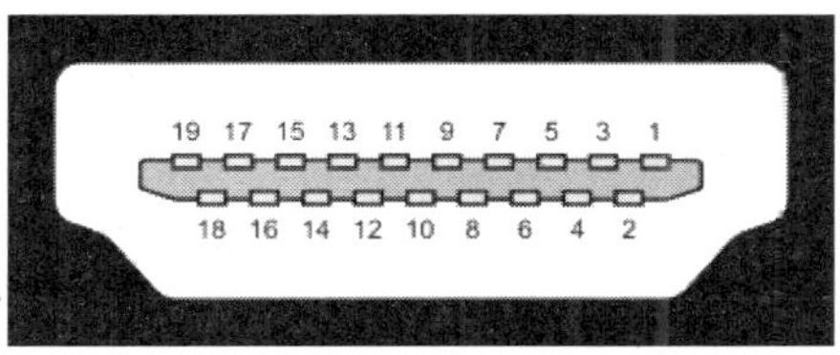


**그림 3.5 표준 HDMI 커넥터의 핀 배치**[62)]

그리고 CEC(Consumer Electronics Control)는 하나의 리모컨을 이용해 CEC가 가능한 모든 기계를 조작하거나 명령을 내릴 때 사용할 수 있는 기능이다. CEC는 각 회사마다 여러 가지 다른 이름으로 불리고 있는데, 삼성전자 제품에서는 Anynet이라고 하고 LG전자에서는 Simplink라고 한다.

---

62) 참고자료 : wikipedia.org(https://en.wikipedia.org/wiki/HDMI)에서 인용

### 3.1.2 모뎀(MODEM)을 이용한 접속 방식

모뎀을 이용한 접속 방식은 그림 3.6과 같이 아날로그 회선(예: 전화회선)으로 컴퓨터와 단말장치를 연결할 때 사용한다. 모뎀은 컴퓨터 또는 단말장치의 디지털 신호를 아날로그 신호로 변조하거나, 회선에서 수신되는 아날로그 신호를 디지털 신호로 복조하는 기능을 수행한다.

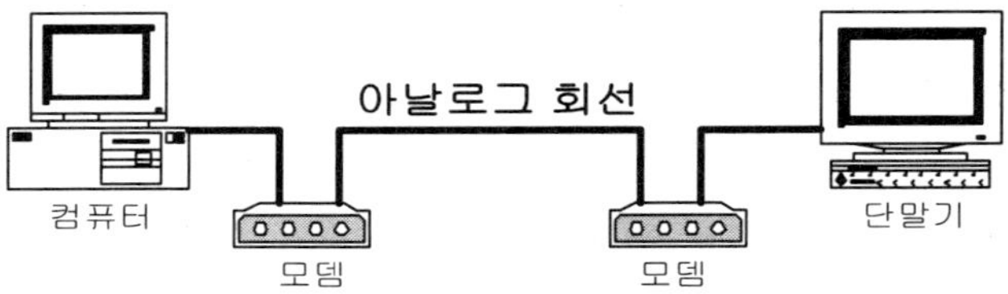


**그림 3.6 모뎀을 이용한 접속 방식**

모뎀은 변조 방식, 전송 속도, 선로의 주파수, 단말장치와의 인터페이스 등의 차이에 따라 여러 가지 종류가 있으므로, 사용하고자 용도에 적합한 것을 선택하여 사용하여야 한다.

#### (1) 모뎀의 종류

##### ① 초기 전화선 모뎀

초기의 모뎀은 데이터 전송을 위해 주로 전화선을 이용하였다. 인터넷 망이 활성화되기 이전 개인이 통신망에 접속하는 것은 비용 측면에서 쉽지 않았기 때문에, 개인컴퓨터와 서버를 모뎀을 이용하여 전화망을 통해 접속하여 통신을 하였다. 개인컴퓨터와 서버 간의 개인 인증과 망 접속을 위해 PPP프로토콜을 사용하였다. 하이텔과 같은 망이 대표적인 초기 모뎀을 이용한 접속 망이었다.

초기 모뎀을 이용해 데이터를 전송하는 것은 전화망을 통해 전송되기 때문에 주파수가 제한되어 전송속도에 제한이 있었다. 초기 모뎀을 이용한 데이터의 전송속도는 300, 600, 1200, 2400, 4800, 9600, 14400, 19200, 28800, 33600, 38400, 56000bps를 사용하였다.

##### ② 동축케이블 모뎀

케이블 모뎀은 케이블방송 사업자가 서비스하는 인터넷 모뎀으로서, 각 가정에 설치된 기존의 케이블 방송용 동축케이블을 이용하여 일정한 주파수를 설정하고 이를 이용하여 인터넷 신호를 전송하는 모뎀이다. 그리고 각 가정에서는 분배기를 이용하여 TV 신호와 인터넷 신호를 분리하여 TV 방송과 인터넷을 사용하였다.

인터넷 특성상 업로드보다 다운로드를 많이 사용하는 관계로, 업로드에는 1개의 주파수를 다운로드에는 4개의 주파수를 사용하는 비대칭 전송방식을 사용하였다.
그리고 동축케이블은 자체적으로 차폐막을 가지고 있어 외부 잡음으로부터 영향을 덜 받기 때문에 전화선(차폐막이 없는 꼬임선 케이블 사용)을 사용하는 ADSL이나 VDSL보다 더 좋은 품질을 얻을 수 있었다. 따라서 과거 전화선을 통해 인터넷과 통신을 하던 시절에는 케이블 모뎀의 인터넷 품질이 이론적으로 괜찮아서 나름의 장점이 있었다.
하지만 케이블 모뎀은 기본적으로 공유기와 비슷하여 동일 네트워크를 이용하는 가입자끼리 서로 네트워크를 공유하는 방식이었다. 예를 들어 주어진 네트워크에서 최대 100Mbps의 속도를 얻을 수 있다고 가정해보자. 나 이외에 아무도 연결되지 않고 혼자 이 네트워크를 사용한다면 100Mbps의 최대 속도를 모두 사용할 수 있다. 하지만, 100명의 가입자가 동시에 접속되어 있다고 한다면, 이론상으로 가입자당 평균 1Mbps의 속도밖에 나지 않는다. 따라서 1명의 가입자가 큰 파일을 다운로드하는 경우 다른 가입자는 속도 저하를 경험하게 되는 단점이 있었다.
광랜이 보급되고 기가 인터넷이 나오는 현재로서는 이와 같은 단점을 포함하여 케이블 모뎀에 대한 추가적인 회선 정비 및 시설 투자를 하지 않아 케이블 모뎀은 그 사용이 쇠퇴하고 있는 실정이다.

### ③ 고속 전화선 모뎀(DSL : Digital Subscriber Line)

동축케이블 모뎀이 케이블방송 사업자가 인터넷 서비스를 위해 제안된 모뎀이라고 한다면, 같은 시기에 KT나 SK 텔레콤, LG U+와 같은 네트워크 서비스 사업자들은 전화선을 이용하여 고속 인터넷 서비스를 실시하였다.
인터넷이 활성화되면서 xDSL용 모뎀이나 케이블 TV 회선을 이용하는 모뎀이 개발되었고, xDSL용 모뎀은 동축케이블 모뎀처럼 네트워크를 공유하는 방식이 아닌 가입자별 독립적 회선 사용을 제공함으로 인해 안정된 네트워크의 속도를 유지할 수 있었다.
특히 인터넷에서 스트리밍 서비스, 화상 통화 서비스 등과 같은 서비스가 중요해짐에 따라 동축케이블 모뎀보다 안정된 네트워크의 서비스를 제공하는 xDSL용 모뎀이 부각되었다. 따라서 xDSL용 모뎀은 2000년대 이후 기존 전화선을 통해 초고속 인터넷망을 값싸게 공급하는 주 원동력이 되었다.
xDSL용 모뎀은 크게 2가지 방식으로 나눠지는데, 상향 전송속도(Upstream)와 하향 전송속도(Downstream)가 동일한 대칭형 방식과 상향 전송속도와 하향 전송속도가 다른 비대칭형 방식이 있다.
대칭형 방식에는 SDSL(Symmetric DSL)과 HDSL(High-bit-rate DSL)이 있고, 비대칭형 방식에는 ADSL(Asymmetric DSL)과 VDSL(Very-high-bit-rate DSL)이 있다.

■ 대칭형 방식

HDSL(High-bit-rate DSL, 고속 가입자 회선)은 xDSL방식 중에서 가장 진보된 기술로 2쌍의 전화회선을 이용하여 DSl(T1, 1.544 Mbps) 또는 DS1E(E1, 2.048 Mbps) 회선을 제공하도록 설계된 디지털 가입자 회선이다. DSl은 ANSI에서 T1E1.4로 표준화되었고, DS1E에 대해서는 1995년 ETSI에서 ETR 152로 표준화되었다.

HDSL은 2쌍의 전화회선을 이용하는 관계로 전화 서비스가 지원되지 않아 일반 개인 가입자에게는 적용되지 않고, 또 기업 애플리케이션의 대부분은 대칭적 데이터 서비스를 요구하기 때문에 HDSL은 주로 비즈니스 영역에서 사용되었다.

SDSL(Symmetric DSL, 대칭 가입자 회선)은 HDSL과 마찬가지로 DSl(T1, 1.544Mbps) 또는 DS1E(E1, 2.048Mbps) 회선의 상향과 하향 속도를 제공하는데 반해, 한 쌍의 전화회선을 사용한다는 점과 전송거리가 3Km로 제한된다는 점이 HDSL과 다르다.

■ 비대칭형 방식

ADSL(Asymmetric DSL, 비대칭 가입입자 회선)은 상향 전송속도보다 하향 전송속도가 더 빠른 비대칭 가입자 회선이다. 일반적으로 개인을 위한 응용 애플리케이션인 인터넷 접속이나 VOD(Video-On-Demand), 스트리밍 데이터와 같은 서비스는 상향 전송속도보다 하향 전송속도가 더 빠른 것을 요구하는데, ADSL은 이와 같은 응용에 맞추어 개발되었다.

ADSL은 가정에서 사용하는 1쌍의 전화회선을 이용하여 최대 상향 1.3Mbps, 하향 8Mbps의 속도를 제공하는 ADSL 버전과 이보다 낮은 속도로 저렴하게 고속 인터넷 서비스를 제공한 ADSL Lite 버전을 제공하였으며, 2000년대 이후 기존 전화선을 통해 초고속 인터넷망을 값싸게 공급하는 주 원동력이 되었다.

이후 ADSL은 ADSL2, ADSL2+로 발전하면서 상향 1.4Mbps, 하향 24Mbps의 속도까지 개발되었으나 VDSL의 등장으로 크게 확대되지는 못하였다.

VDSL(Very-high-bit-rate DSL, 초고속 디지털 가입자회선)은 ADSL에 이어 등장한 초고속 디지털 전송기술의 하나로써 ADSL과 마찬가지로 1쌍의 전화회선을 이용하여 0.3Km~1.5Km의 전송거리에 있는 가입자를 대상으로 상향 3Mbps, 하향 55Mbps의 속도까지 서비스를 제공하였다.

VDSL은 일부 광 전송 기술을 활용하는데, 가입자가 모여 있는 지역까지 광케이블을 포설[63]하고, 여기서부터 가입자까지 VDSL 기술을 활용하여 데이터를 전송한다. 예를 들어 아파트 등과 같은 집단 거주 지역의 통신실(MDF : Main Distribution Frame)까지는 광 전송 기술을 이용하여 광케이블을 포설하고, 통신실에서부터 각 가정까지의 짧은 구간에는 구리선을

63) 이와 같은 방식을 FTTC(Fiber-To-The-Curve)라고 한다. 참고적으로 이보다 더 진보된 기술을 FTTH(Fiber-To-The-Home)이라고 하는데, FTTH는 광케이블이 각 가정까지 설치되는 기술을 말한다.

이용한 VDSL기술로 서비스하는 방식이다.

VDSL은 ADSL보다 단거리 전송에 유리하므로, 통신 품질 열화가 적어 ADSL보다 고속으로 전송할 수 있다.

표 3.8 ADSL과 VDSL 규격

| 버전 | 표준명 | 별명 | 하향속도 | 상향속도 | 발표년월 |
|---|---|---|---|---|---|
| ADSL | ITU G.992.1 | ADSL | 8Mbps | 1.3Mbps | 1999.07 |
|  | ITU G.992.2 | ADSL Lite | 1.5Mbps | 0.5Mbps | 1999.07 |
| ADSL2 | ITU G.992.3 | ADSL2 | 12Mbps | 1.3Mbps | 2002.07 |
| ADSL2+ | ITU G.992.5 | ADSL2+ | 24Mbps | 1.4Mbps | 2003.05 |
| VDSL | ITU G.993.1 | VDSL | 55Mbps | 3Mbps | 2001.11 |
| VDSL2 | ITU G.993.2 | VDSL2 | 100Mbps | 100Mbps | 2006.02 |

현재 고속 인터넷 모뎀의 인터넷의 속도는 수 Mbps에서 수십 Mbps에 이르는 다양한 속도를 제공하고 있다.

## (2) 모뎀의 표준

『아날로그 전송로를 이용한 데이터 통신』에 관한 권고안으로 ITU-T의 V 시리즈가 있으며, 이중에서 음성대역 모뎀(초기 전화선 모뎀)에 관한 권고안으로는 V.21, V.22, V.22bis, V.32, V.32bis, V.34, V.90, V.92 등이 있다. 표 3.9에 이들 규격을 요약해 두었다.

표 3.9 ITU-T의 모뎀의 규격(V-Series)

| ITU-T 규격 | 사용속도(bps) | 사용속도(Baud Rate) | 변조방식 | 발표년도 |
|---|---|---|---|---|
| V.21 | 300 | 300 | FSK | 1962 |
| V.22 | 1,200 | 600 | QPSK | 1980 |
| V.22bis | 2,400 | 600 | QAM | 1984 |
| V.32 | 9,600 | 2,400 | QAM | 1984 |
| V.32bis | 14,400 | 2,400 | Trellis | 1991 |
| V.34 | 33,600 | 3,429 | Trellis | 1996 |
| V.90 | 56,000 / 33,600<br>(Down / Up) | 8,000 / 3,429<br>(Down / Up) | Digital<br>(PCM) | 1998 |
| V.92 | 56,000 / 48,000<br>(Down / Up) | 8,000 / 8,000<br>(Down / Up) | Digital<br>(PCM) | 2000 |

### (3) 모뎀의 분류

#### ① 동기 방법에 따른 분류

모뎀은 동기 방법에 따라 동기식 모뎀과 비동기식 모뎀으로 구분한다.

동기식 모뎀은 주로 2,400bps 이상에서 사용되고 DPSK(Differential Phase Shift Keying), QAM(Quadrature Amplitude Modulation) 등의 변조방식을 사용하며, 비동기식 모뎀은 1,200bps 이하의 저속도에서 사용되고 FSK(Frequency Shift Keying) 변조방식을 사용한다.

#### ② 통신 속도에 따른 분류

모뎀은 사용하는 채널의 대역폭 및 통신 속도에 따라 저속도 모뎀, 중속도 모뎀, 그리고, 고속도 모뎀으로 분류할 수 있다.

그리고 사용하는 속도에 따라 분류해 보면 300bps, 1200bps, 2400bps, 4800bps, 9600bps, 14400bps, 28800bps, 33600bps, 56,000bps의 모뎀이 있는데, 각각의 전송 속도에 따른 변복조 방식을 보면 300bps 모뎀은 FSK 변복조 방식, 1200bps 모뎀은 QPSK 변복조 방식, 9600bps 이하의 모뎀은 QAM 변복조 방식, 그리고 14400bps 이상의 모뎀은 TCM(Trellis Coded Modulation) 변복조 방식을 사용한다.

이 외에도 xDSL용 모뎀이나 케이블 TV 회선을 이용하는 모뎀과 같이 현재 사용되고 있는 고속 인터넷 모뎀은 전송속도가 수십 Mbps에 이르기까지 다양한 속도를 제공하고 있다.

#### ③ 사용하는 회선에 따른 분류

모뎀은 사용하는 회선에 따라 가정의 전화선을 이용하는 교환회선용 모뎀과 2선식 또는 4선식의 전용회선을 사용하는 전용회선 모뎀으로 구분할 수 있다.

교환회선 모뎀은 통신을 할 때 상대편을 지정하여 연결하기 때문에 다이얼업(Dial-up) 모뎀이라고도 하며 주로 저속도 또는 중속도에서 사용한다.

그리고 전용회선 모뎀은 회선이 항시 연결되어 있으므로 고속으로 데이터를 전송할 수 있다. xDSL용 모뎀이나 동축케이블 모뎀이 이에 해당한다.

## 3.1.3 DSU (Data Service Unit)를 이용한 접속 방식

DSU는 일반적으로 디지털 서비스 장치(Digital Service Unit) 또는 데이터 서비스 장치(Data Service Unit)라고 하며, 그림 3.7과 같이 디지털 통신회선(디지털 회선 교환망)을 이용하여 통신할 때 연결하여 사용하는 장비이다.

보통 PC 통신에서 많이 사용하는 MODEM은 아날로그 회선에서 사용되는 반면, DSU는 디지털 전용회선에서 모뎀의 역할과 유사하게 디지털 데이터를 영복귀(Return-to-Zero) 방식의 양극(Bipolar) 신호로 변환해주는 기능을 한다. 하지만, DSU는 신호의 변조과정 없이 단순히 단극(Unipolar) 신호를 양극 신호로 변환하여 주는 기능만 제공하기 때문에 모뎀에 비하여 상당히 단순하다.

DSU 장비의 주요 구성 모듈은 부호기(Encoder), 복호기(Decoder), 그리고 디지털 PLL (Phase Lock Loop) 회로로 구성된다.

부호기는 단말기로부터 입력되는 기저대역의 단극 신호를 디지털 회선을 통해 전송할 수 있도록 양극 신호로 변환해 주는 기능하며, 복호기는 부호기의 반대의 기능을 수행한다.

그리고 디지털 PLL 회로는 회선에서 입력되는 양극 신호를 이용하여 신호의 위상(Phase)을 검출하고 신호의 위상 오류를 수정하며, 정확한 전송 속도를 산출하고 DSU의 클록 속도를 결정하는 기능을 한다.

디지털 전용회선에서 DSU 장비를 사용하여 전송할 수 있는 전송 속도는 9.6Kbps~64Kbps 이고, 보통은 대역폭이 그렇게 크지 않은 56Kbps를 가장 많이 사용한다.

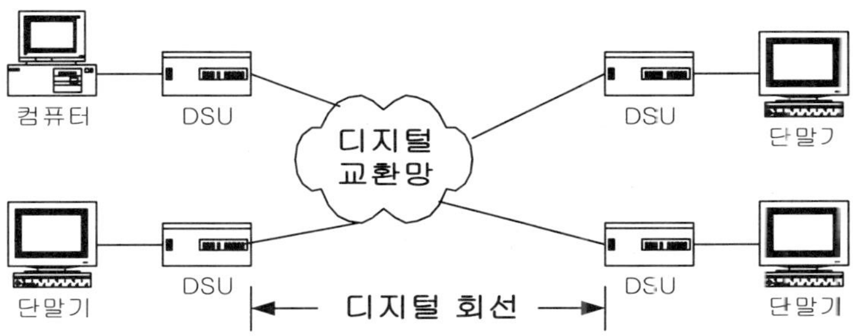


그림 3.7 DSU를 이용한 회선 접속 방식

## 3.2 병렬/직렬 전송

2개의 통신시스템에 상호 접속하여 전송매체를 통해서 전송할 때, 통신 선로의 개수에 따라 병렬 전송 시스템과 직렬 전송 시스템으로 나눌 수 있다. 즉, 전송할 수 있는 통신선로의 개수가 하나만 있어 전송할 데이터를 한 번에 한 비트씩 전송하는 직렬 전송(Serial Transmission) 방법과, 전송할 수 있는 통신선로의 개수가 복수 개 있어, 한 번에 여러 비트들을 동시에 전송할 수 있는 병렬 전송(Parallel Transmission) 방법이 있다.

- 직렬 전송 (Serial Transmission)
- 병렬 전송 (Parallel Transmission)

### 3.2.1 병렬 전송

병렬 전송(Parallel Transmission) 방식은 복수의 비트 블록(Bit Block)을 버퍼(Buffer)를 이용하여 한 번에 전송하는 방식이다. 이 방식은 일반적으로 고속의 통신 속도를 필요로 하여 한꺼번에 많은 정보를 처리할 수 있는 곳에 사용되며, 이는 대량의 정보를 빠른 시간에 한꺼번에 처리함으로써 컴퓨터의 성능을 향상시킬 수 있다.

병렬 전송 방식은 한 번에 전송할 수 있는 비트 블록의 크기만큼 통신선로가 있기 때문에 비트의 블록을 동시에 전송할 수 있다. 그림 3.8과 같이 n개의 전송선로를 가지는 전송 시스템은 n비트로 구성된 문자를 한 번에 한 장치에서 다른 장치로 전송할 수 있다.

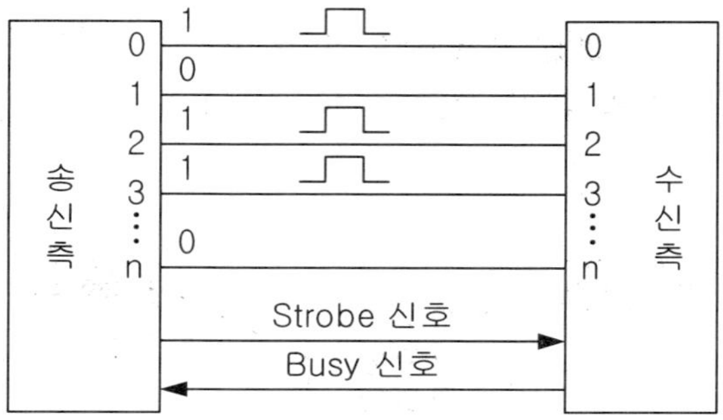


그림 3.8 병렬 전송 방식

병렬 전송을 할 때, 송수신 문자들 간의 간격은 스트로브(Strobe) 신호를 사용하여 식별한다. 그리고 송신측이 다음 문자의 송신시기를 알 수 있도록, 수신측에서는 현재 데이터를 수신하고 있을 때 송신측에게 비지(busy) 신호를 송신측에 보내 준다.(그림 3.8 참조)

병렬 전송은 전송 속도가 빠르기 때문에 주로 컴퓨터 내부 장치 간의 정보교환, 즉 CPU와 메모리, HDD, FDD, 비디오 카드 등과의 정보교환, 그리고 컴퓨터와 주변기기 사이(예: 컴퓨터와 프린터간의 연결을 위한 병렬 포트)의 정보교환 등에 주로 이용되며, 전송 거리는 일반적으로 30 [m] 이내의 거리에서 사용한다.

병렬 전송의 대표적인 예로서 PATA(Parallel ATA : Parallel Advanced Technology Attachment)[64]가 있다. PATA는 개인용 컴퓨터 안에서 하드 디스크, CD-ROM 드라이브와 같은 기억장치를 연결하는 표준 인터페이스로서, 40선 또는 80선[65]의 리본 케이블을 사용한다.

병렬 전송 방식은 대량의 정보를 빠른 시간에 한꺼번에 처리함으로써 컴퓨터의 성능을 향상

---

64) 참고로 ATA는 ATA가 공식 표준 명칭임에도 불구하고, 상업적으로는 IDE(Integrated Drive Electronics) 또는 EIDE(Extended IDE)라는 이름으로 더 잘 알려져 있다.

65) 80선 중에 40선은 기존의 40선과 동일하며, 새로운 40선은 접지선으로, 기존의 40선과 번갈아가며 위치한다.

시킬 수 있지만 모든 경우에 병렬통신 방식을 사용할 수는 없다.

그 이유는 통신거리의 제한성, 구현상의 기술적인 어려움, 과다한 선로 비용 문제, 직렬 전송 방식의 성능 향상, 그리고 애플리케이션 자체가 고속의 통신 속도를 필요로 하지 않는 경우 등을 들 수 있다.

따라서 컴퓨터가 외부와의 통신을 할 때는 상기와 같은 이유로 직렬 전송 방식을 많이 사용하고 있으며, 오늘날은 직렬 전송 방식의 속도가 증대되면서 직렬 전송 방식이 병렬 전송 방식을 대체해 나가고 있다.

## 3.2.2 직렬 전송

직렬 전송(Serial Transmission) 방식은 통신선로가 하나밖에 없기 때문에 한 번에 한 비트씩 순서대로 데이터를 전송한다.

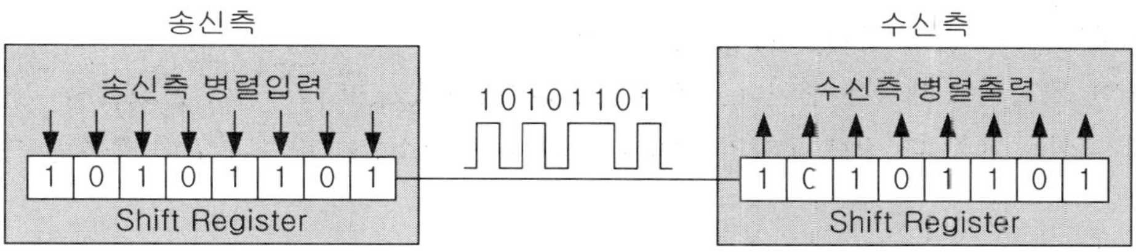


그림 3.9 직렬 전송 방식

단말장치와 컴퓨터는 일반적으로 바이트(8Bit) 단위로 처리하기 때문에, 직렬 전송을 하기 위해서는 송신측의 병렬 신호를 직렬 신호로 변환(병렬/직렬 변환기)하여 전송로를 통해 전송하고, 수신측에서는 다시 직렬 신호를 병렬 신호로 변환(직렬/병렬 변환기)해 주어야 한다. 직병렬 변환은 일반적으로 그림 3.9와 같이 쉬프트 레지스터(Shift Register)를 이용하는데, 대표적인 직병렬 변환장치로는 PC에서 사용하는 UART(Universal Asynchronous Receiver /Transmitter)가 있다.

직렬 전송 방식은 병렬 전송 방식에 비해 통신선로 비용이 낮으므로 원거리 데이터 전송에 주로 활용되지만, 오늘날에는 직렬전송방식의 성능이 대폭 향상되어 기존의 병렬전송 방식을 사용하던 곳에 직렬 전송 방식을 대체하여 많이 사용하고 있다.

그 대표적인 예가 SATA(Serial ATA)이다. SATA는 기존의 PATA(Parallel ATA)를 대체하기 위해 고안되었으며, 하드디스크 혹은 광학 드라이브와의 데이터 전송을 주요 목적으로 만든 인터페이스이다.

SATA 인터페이스는 현재 SATA1(1.5Gbps), SATA2(3Gbps), SATA3(6Gbps)가 개발되어 있

고, SATA2는 현재 PC에서 사용하는 하드 디스크의 최고 전송 속도를 훨씬 뛰어 넘는 속도를 자랑하고 있으며, SATA3는 하나의 SATA 포트에 여러 개의 드라이브를 연결(이를 Port Multiplier라고 한다)하거나 반도체 디스크인 SSD(Solid-State Drive)의 전송 속도 개선 등에 활용하고 있다.

직렬 전송 방식은 문자와 문자 사이의 간격, 비트와 비트 사이의 간격을 식별하기 위한 방법이 필요하므로, 오늘날에는 주로 동기식 전송 방식을 사용한다.

## 3.3 전송 방향에 따른 통신 방식

일반적으로 정보를 교환하는 방식은 강의실에서 교수가 학생들에게 강의하는 것과 같이 일방적으로 전달하는 형태(단방향)가 있는가 하면, 동시에 쌍방이 주고받는 대화(전이중)나 또는 회의에서처럼 한 사람이 이야기할 때 들어주고, 그 사람의 말이 끝나면 다른 사람이 이야기하는 등의 형태(반이중)가 있을 수 있다.

이러한 정보전달 개념은 데이터 통신의 통신 방식에서도 이용되는데, 분리된 두 장치간의 데이터 통신을 행할 때 정보 교환의 방향에 따라 통신 시스템을 다음과 같이 분류할 수 있다.

- 단방향 (Simplex) 통신 방식
- 반이중 (Half Duplex) 통신 방식
- 전이중 (Full Duplex) 통신 방식

### 3.3.1 단방향 (Simplex) 통신 방식

데이터 전송로에서 한쪽 방향으로만 데이터가 흐르도록 하는 통신 방식을 단방향 통신 방식(Simplex)이라고 한다.

이와 같은 통신 방식을 활용하는 시스템으로는 원격측정기(Telemeter)나 삐삐(Pager), TV 방송, 라디오 방송과 같은 것이 있으며 이것은 마치 도로에서 일방 통행도로와 같은 것이다.

단방향 통신 방식은 2회선 식 통신 방식이다.

### 3.3.2 반이중 (Half Duplex) 통신 방식

반이중 통신 방식(Half Duplex)은 하나의 동일한 통신채널을 통하여 접속된 두 장치 간에 한 번씩 교대로 데이터를 교환하는 통신 방식(2회선식)이다. 양방향으로 전송이 가능하지만 어느 시점에서는 한쪽 방향으로만 통신을 수행한다.

이와 같은 통신 방식을 활용하는 시스템으로는 무전기, 주파수 공용 통신(TRS : Trunked Radio System) 시스템이 있다.

### 3.3.3 전이중(Full Duplex) 통신 방식

전이중 통신 방식(Full Duplex)은 접속된 두 장치 간에 데이터가 동시에 양방향으로 흐를 수 있도록 하는 방식이다.

전이중 통신 방식은 송신과 수신을 각각 독립적인 회선을 통해 전송하기 때문에, 일반적으로 4선식 회선으로 구성되어 사용한다. 하지만 시분할 방식이나 주파수 분할 방식을 이용하면 2선식 회선으로도 구현이 가능하다.

대부분의 정보통신 시스템은 전이중 통신 방식을 사용하고 있으며, 대표적인 예로는 전화통신을 들 수 있다. 전이중 통신 방식이 다른 방식보다 통신회선의 효율이 가장 높다.

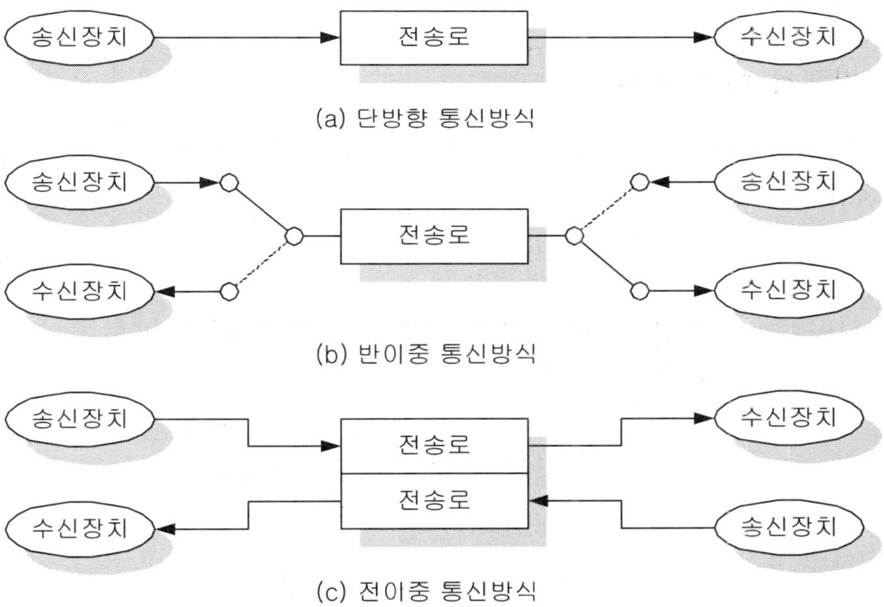


**그림 3.10 전송 방향에 따른 통신 방식**

## 3.4 통신 연결 방식

컴퓨터 통신 시스템에서 데이터 통신 시스템들 간의 회선을 연결할 때, 회선을 연결하는 방식에 따라 다음과 같이 구분할 수 있다.

- 점대점 (Point-to-Point) 연결 방식 : 1:1 접속 방식
- 멀티포인트 (Multi-Point) 연결 방식 : 1:다 접속 방식
- 다중화 (Multiplexing) 연결 방식
- 집선 방식 (Line Concentration)
- 교환 방식

여기에서 점대점 연결 방식과 멀티포인트 연결 방식에 대해서는 본 절에서 설명하고, 집선 방식과 다중화 방식에 대해서는 절을 바꾸어 3.5절에서 설명하였다. 그리고 교환 방식에 대해서는 3.6절에서 간단히 설명하고, 보다 상세한 것은 6.1절에서 각 방식을 비교하며 설명하였다.

### 3.4.1 점대점 연결 방식

점대점(Point-to-Point) 연결 방식은 그림 3.11과 같이 두 장치(예: 중앙 컴퓨터와 단말기)를 일대일 독립적으로 연결하는 가장 단순한 방식이다.

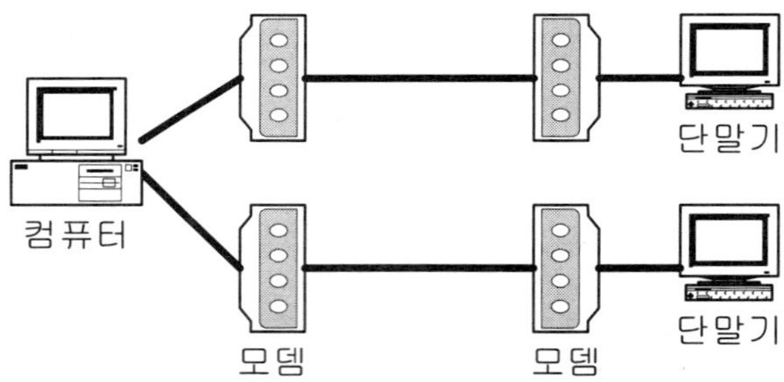


**그림 3.11 점대점 연결 방식**

점대점 연결 방식의 장점은 언제나 데이터를 전송할 수 있다는 것이고, 단점은 회선 연결비용이 많이 든다는 것이다. 점대점 연결 방식은 일반적으로 일반 전화 회선에서 많이 사용되고 있다.

### 3.4.2 멀티포인트 연결 방식

멀티포인트(Multi-Point) 연결 방식은 멀티 드롭(Multi-drop) 방식이라고도 하며, 여러 개의 장치들(예: 단말장치)이 하나의 전용회선을 이용하여 컴퓨터와 정보를 송수신하는 방식이다. 여기에서 제어용 컴퓨터를 주국(Server)이라고 하고, 단말장치들은 종국(client)이라고 한다.

데이터 전송은 하나의 장치가 회선 사용에 대한 충돌을 회피할 목적으로 다른 장치의 상태를 주기적으로 감시하는 폴링(Polling) 기법과, 이 때 전송할 데이터가 있는 장치에게 전송 권리를 주는 선택(Selection) 기법에 의해 수행된다.

예를 들어, 종국이 주국으로 데이터를 전송할 때에는 폴링(Polling) 기법이 사용된다. 먼저, 종국은 자신이 데이터를 전송한다는 표시로서 자신의 상태를 변경한다. 그러면 주국은 회선에 연결된 각각의 종국에게 순차적으로 회선을 사용하기를 원하는지 물어보고, 상태를 표시한 종국에게 회선 사용권을 주어 데이터의 송수신을 수행한다.

반대로 주국에서 종국으로 데이터를 전송하고자 할 때에는 선택(Selection) 기법이 사용된다. 선택(Selection) 기법은 먼저 해당 종국이 데이터를 받을 준비가 되어 있는지를 확인하고, 준비가 되어 있다면 주국에서 종국으로 데이터 송수신을 수행한다.

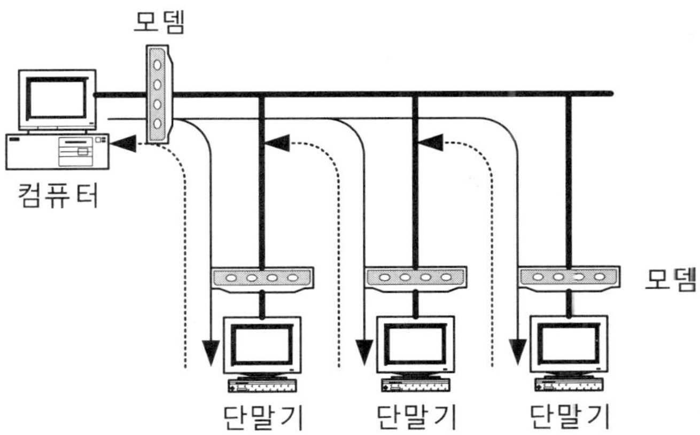


**그림 3.12 멀티포인트 연결 방식**

그림 3.12에 멀티 포인트 연결 방식을 나타내었다.

이와 같은 멀티 포인트 연결 방식은 각 단말장치에서 송수신할 데이터의 양이 적을 때 효과적이며, 회선을 공유하기 때문에 회선의 사용료를 줄일 수 있다는 장점이 있다. 하지만 회선이 고장나게 되면, 고장 지점 이후의 단말장치들은 모두 운용이 불가능해진다는 단점이 있다.

# 3.5 다중화 방식

## 3.5.1 다중화(Multiplexing)의 개념

일반적으로 두 통신장치 간에 점대점(Point-to-point) 연결을 사용할 때, 두 장치가 전체 회선의 용량을 모두 사용하는 경우는 거의 없다. 따라서 이러한 값비싼 전송설비를 여러 장치가 공유하도록 하는 방식이 필요하며, 이처럼 하나의 통신회선을 여러 장치가 공유하도록 하는 기법을 다중화(Multiplexing)라고 한다. 즉, 다중화란 한 개의 물리적 전송로를 이용하여 다수의 가입자의 신호를 중복시켜서 전송함으로써 전송비용을 줄이기 위한 처리기술이다.

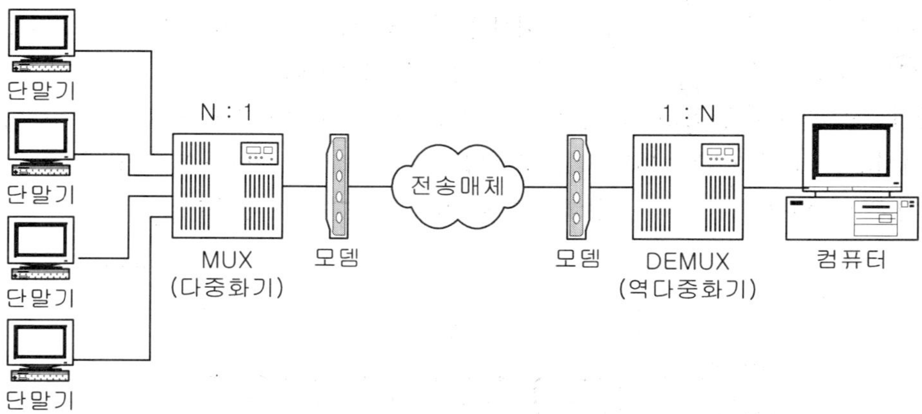


그림 3.13 다중화 방식

다중화 방식에 사용되는 장치를 다중화기 또는 다중화 장치(MUX : Multiplexor)라고 한다. 그림 3.13에 여러 단말장치와 컴퓨터가 다중화 장치를 사용하여 하나의 전송로를 이용하는 경우를 나타내었다.

다중화 방식의 활용 예는 근거리 통신망(LAN)이나, 다수의 단말장치와 하나의 시스템(예: 컴퓨터)이 하나의 동일한 회선을 공유하는 멀티포인트 회선 구성 방식 등을 들 수 있는데, 실제적으로는 모든 통신 시스템이 다중화 방식을 이용한다고 이해해도 무방하다.

다중화 방식은 다중화를 구현하는 방법에 따라 다음과 같이 분류한다.

- 주파수 분할 다중화(FDM : Frequency Division Multiplexing)
- 시분할 다중화(TDM : Time Division Multiplexing)
- 부호분할 다중화(CDM : Code Division Multiplexing)
- 파장분할 다중화(WDM : Wavelength Division Multiplexing)

FDM은 주로 음성신호와 같은 연속적인 값을 나타내는 신호의 다중화(아날로그 신호 다중화)에 사용되고, TDM과 CDM은 컴퓨터 간에 전송되는 데이터와 같은 이산신호(디지털 신호 다중화)에 사용되며, WDM은 광통신에서 사용하는 다중화 기법이다.

## 3.5.2 주파수 분할 다중화 방식

### (1) FDM의 개요

다중화 방식 중 가장 대표적인 방식의 하나가 주파수 분할 다중화(FDM) 방식이다. 이 방식은 특정 전송로의 최대 전송 가능한 주파수 대역폭을 보다 작은 대역폭으로 분할하여 이를 여러 명의 사용자가 각기 주어진 주파수 대역을 서로 겹치지 않게 동시에 사용하는 방식으로써, 주로 아날로그 신호의 전송시에 사용되며 전송하려는 신호의 주파수 대역폭보다 전송매체의 유효 대역폭이 클 때 가능한 방식이다.

이 방식의 장점은 비교적 간단한 구조이므로 실제 전송가격이 저렴하고 주파수분할 다중화 장치 자체가 주파수편이 변복조기의 역할을 수행하므로 별도의 모뎀이 필요치 않다는 장점이 있다. 하지만 각각의 채널들 간의 상호 간섭을 막기 위해 반드시 보호대역(Guard Band)을 두어야 하며, 이 보호대역에 의해 대역폭의 낭비를 초래하게 된다.

주파수 분할 다중화는 현재 라디오나 TV 방송, CATV 등의 채널 할당하는 곳에 활용되고 있다.

### (2) FDM의 원리

FDM을 이해하기 위해서는 먼저 FDM에서 사용하고 있는 믹서(Mixer)를 이해하여야 한다. 믹서는 말 그대로 입력신호와 반송파를 혼합하는 역할을 하며, 출력으로는 입력신호와 반송파의 합의 주파수와 차의 주파수를 출력한다. 그림 3.14에 믹서의 동작원리를 나타내었다.

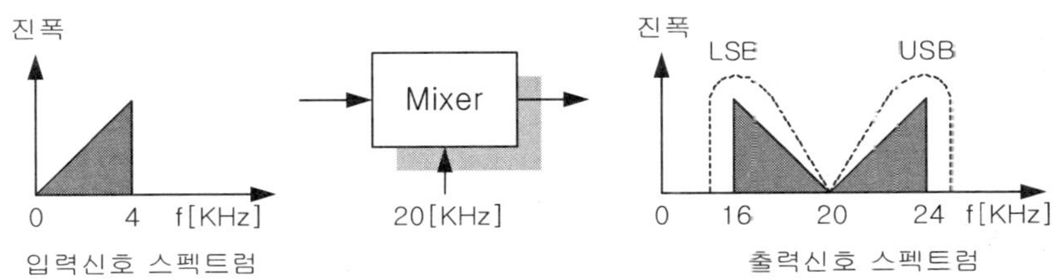


그림 3.14 FDM에서 믹서의 동작

예를 들어 그림 3.14과 같이 입력 신호로 0~4KHz의 주파수 범위를 가지는 음성 신호를 믹서로 입력하면, 믹서의 출력으로는 20~24KHz의 주파수 범위(USB 대역)를 가지는 합의 주파수와 16~20KHz의 주파수 범위(LSB 대역)를 가지는 차의 주파수를 출력한다. 여기에서 USB나 LSB 어느 한쪽만 있으면 원래의 입력 신호를 복원할 수 있으므로, 필터를 이용하여 필요한 한쪽만을 출력한다. 이것은 진폭변조의 원리와 동일하다.

다음, 다중화는 이와 같은 믹서를 여러 개 사용하여 다수의 사용자의 신호를 다중화한다. 이 개념을 그림 3.15에 도식화하였다.

그림 3.15에서 각 사용자의 신호는 12KHz, 16KHz, 20KHz의 반송파로 믹싱이 되고, 믹서의 출력에서 USB만을 출력하면, 각 사용자의 입력 신호는 12~16KHz, 16~20KHz, 20~24KHz로 다중화됨을 알 수 있다. 따라서 3명의 사용자의 전체 출력 스펙트럼은 12~24KHz가 된다.

### (3) 북미방식의 FDM 다중화 계위

우리나라를 비롯한 많은 나라에서 사용되는 장거리 전송 시스템은 동축 케이블과 마이크로 웨이브와 같은 고용량 전송 회선을 이용하여 음성대역 신호를 전송하고 있다.

이와 같은 고용량 전송 시스템을 효율적으로 사용하기 위해서는 그림 3.15에서 설명한 것과 같이 다중화해주어야 하는데, 다양한 용량을 가지는 전송 시스템을 수용할 수 있도록, 즉 동축 케이블이나 수용 용량이 다른 마이크로웨이브 시스템에도 적용할 수 있는 체계적인 다중화 방법이 필요하다.

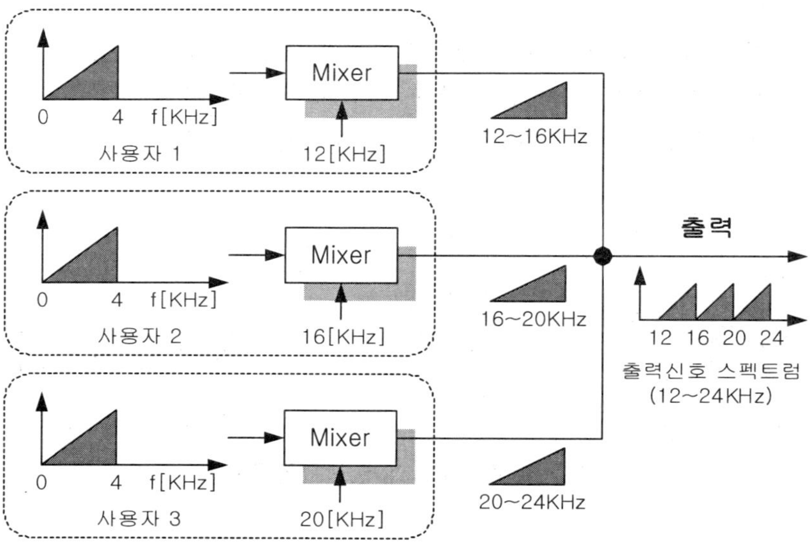


그림 3.15 3개의 음성채널의 FDM

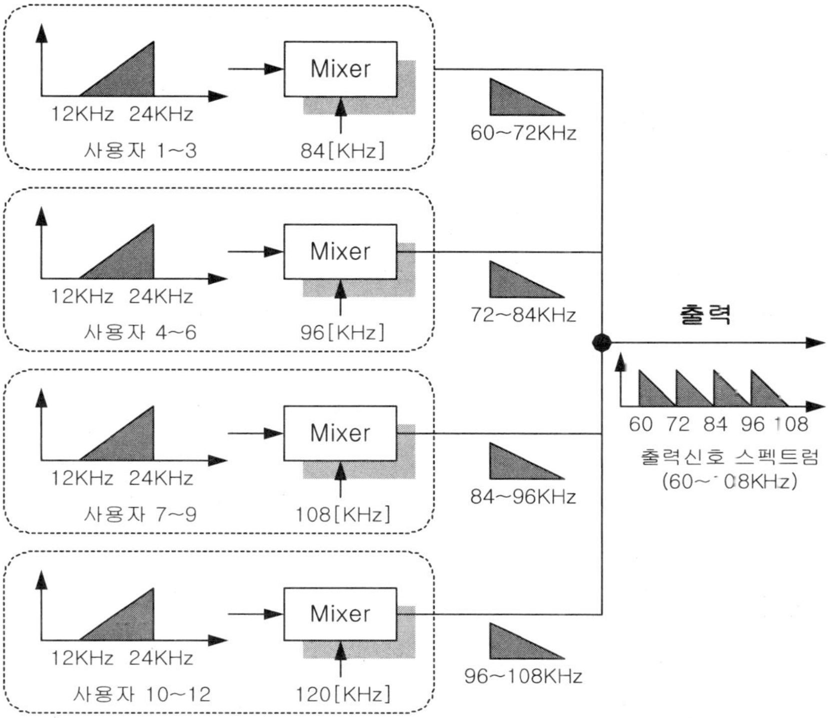


그림 3.16 1단계 FDM 다중화

체계적인 다중화를 하기 위해서는 다중화를 단계별로 수행할 필요가 있는데, 이것을 다중화의 계층적 구조, 즉 다중화 계위(Hierarchy)라고 한다.

다중화 계위는 미국의 AT&T가 처음으로 제안하였으며, 이것을 북미방식 FDM 방식 다중화 계위라고 한다. ITU-T에도 이와 유사한 FDM 방식 다중화 계위가 있으며, 표 3.10에 두 가지 방식을 비교하여 나타내었다.

사실 그림 3.15에 나타낸 다중화 방법은 북미방식 FDM 다중화 계위의 일부이다. 북미방식 다중화 계위는 그림 3.15의 출력 스펙트럼 4개를 그림 3.16과 같이 다중화하여 하나의 그룹(Group)으로 만든다.

따라서 12개의 음성채널을 묶어 하나의 그룹(Group)으로 만들게 되는데, 이것을 1단계 다중화라고 한다. 그리고 이 그룹(Group)을 다시 5개를 묶어 다중화하면 슈퍼 그룹(Super Group)이 되고, 이것을 2단계 다중화라고 한다. 이상과 같이 다중화를 각 단계별로 수행하는 것을 다중화 계위라고 하고, 표 3.10에 그 단계를 나타내었다.

표 3.10 북미방식과 ITU-T 방식의 FDM 다중화 계위

| 북미방식 (다중화 단계) | ITU-T 방식 (다중화 단계) | 음성 채널수 | 주파수 대역 | 대역폭 |
|---|---|---|---|---|
| Group | Group | 12 | 60~108KHz | 48KHz |
| Super Group | Super Group | 60 | 312~552KHz | 240KHz |
| | Master Group | 300 | 812~2,044KHz | 1,232KHz |
| Master Group | | 600 | 564~3,084KHz | 2,520KHz |
| | Super Master Group | 900 | 8,516~12,388KHz | 3,872KHz |
| Master Group MUX | | N×600 | N에 따라 다름 | N에 따라 다름 |
| Jumbo Group | | 3,600 | 564~17,548KHz | 16,984KHz |
| Jumbo Group MUX | | 10,800 | 3,124~60,566KHz | 57,442KHz |

## 3.5.3 시분할 다중화 방식

시분할 다중화 방식(TDM : Time Division Multiplexing)은 하나의 회선을 공유하고 있는 장치들에게 서로 동일한 일정한 시간(타임 슬롯)을 할당하여 주고, 주어진 시간동안에만 데이터를 송수신할 수 있도록 하여 하나의 물리적 전송로를 공유하는 방식이다.

시분할 다중화 방식은 각 통신 채널에 시간 폭(타임 슬롯)을 할당하는 방법에 따라 다음과 같이 구분한다.

- 동기 시분할 다중화 방식 (Synchronous TDM)
- 비동기 시분할 다중화 방식 (Asynchronous TDM)

### (1) 동기 시분할 다중화 (Synchronous TDM) 방식

동기식 TDM은 한 전송로의 대역폭을 일정한 개수로 나눈 다음, 각 사용자에게 주기적으로 일정한 타임 슬롯을 할당하는 방법이다. 이 방식은 모든 사용자가 모두 동일한 타임 슬롯을 가지고 있기 때문에 고정할당(정적할당) TDM이라고도 한다.

동기식 TDM은 전송할 데이터가 없는 경우에도 일정한 타임 슬롯을 할당하므로, 채널의 사용이 효율적이지 못하다.

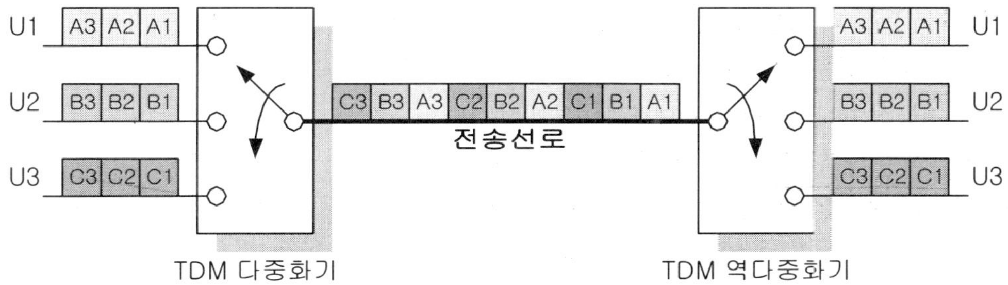


**그림 3.17 동기 시분할 다중화 방식의 개념**

그림 3.17에 동기식 TDM의 개념을 도식화하였다.

각 단말장치로부터 입력되는 데이터는 일단 버퍼에 저장되며, 이 버퍼에 저장된 데이터는 일정한 타임 슬롯 단위로 다중화되어 출력 버퍼에 저장된 후 하나의 전송선로를 통해 전송된다.

이 때 문자 단위로 다중화할 수도 있고, 비트 단위로 다중화할 수도 있는데, 각 단말장치의 입력 데이터를 문자 단위로 추출하여 출력 버퍼에 삽입하면 문자 삽입식(Character Interleaving)이라고 하고, 비트 단위로 추출하여 출력 버퍼에 삽입하면 비트 삽입식(Bit Interleaving)이라고 한다.

문자 삽입식은 각 채널에 할당되는 타임 슬롯의 크기가 한 문자 단위이기 때문에, 수신단에서 문자를 재구성하는데 걸리는 시간지연이 없다는 장점이 있다. 한편 비트 삽입식은 각 채널에 할당되는 타임 슬롯의 크기가 한 비트 단위로 주어지기 때문에 해당 버퍼의 크기가 작아도 된다는 장점이 있어 일반적으로 이 방식을 많이 사용한다.

사용 단말장치가 모두 비동기형 방식인 경우에는 문자 삽입 방식이 더 효율적인데, 그 이유는 동기 TDM 장치로 입력되는 비동기 데이터에서 시작 비트(Start Bit)와 종료 비트(Stop Bit)를 전송하기 전에 제거하고 전송한 다음에 수신측에서 이 비트들을 다시 붙여 사용하면 회선의 전송 효율을 높일 수 있기 때문이다.

동기식 TDM을 이용하여 각 사용자의 데이터를 다중화하려면, 전송선로의 속도가 각 사용자의 속도보다 매우 빨라야 한다. 예를 들어, 그림 3.17과 같이 3개의 단말장치를 수용하는 다중화장치에서 각 단말 장치 전송 속도가 100Mbps라면 전송선로의 전송 속도는 적어도 300Mbps 이상을 가져야 한다.

### (2) 비동기 시분할 다중화(Asynchronous TDM) 방식

동기식 시분할 다중화 방식은 타임 슬롯을 정적으로 할당하기 때문에 전송할 데이터가 없는 경우에도 일정한 타임 슬롯을 할당한다는 문제점이 있다. 이는 많은 타임 슬롯을 낭비하는 단점이 된다.

비동기 시분할 다중화 방식은 이와 같은 동기식 TDM의 비효율성을 개선한 방식으로, 실제로 보낼 데이터가 있는 단말장치에만 동적으로 타임 슬롯을 할당하여 준다. 따라서 비동기식 TDM을 지능형(Intelligent) TDM 또는 통계적(statistical) TDM이라고도 한다.

이 방식의 동작 원리는 다음과 같다. 비동기 TDM은 먼저 각 단말장치의 입력 버퍼를 검사하고, 입력 버퍼에 데이터가 있는 타임 슬롯만 비동기 TDM의 출력 버퍼로 보낸다. 그리고 출력 버퍼가 다 채워져 한 프레임이 완전히 구성되면 전송 선로를 통해 전송한다.

그림 3.18(a)에 이와 같은 과정을 보였고, 그림 3.18(b)에는 동기 TDM과 비동기 TDM과의 차이점을 서로 비교하였다.

여기서 중요한 점은 비동기 TDM은 동기식 TDM과는 달리 각 단말장치의 데이터가 서로 다른 타임 슬롯에 할당될 수 있다는 것이다. 이것은 타임 슬롯의 위치를 가지고는 어느 사용자의 것인지를 알 수 없다는 것을 의미한다. 따라서 특정 시간대에 전송된 서로 다른 데이터에 대해 어느 단말장치의 송신 데이터인지를 구분할 수 있는 형태가 필요한데, 이를 위해 그림 3.18(b)와 같이 각 데이터의 시작부에 헤더(Header)를 삽입해 준다.

헤더에는 데이터의 순서정보와 수신지의 주소정보가 들어있다.

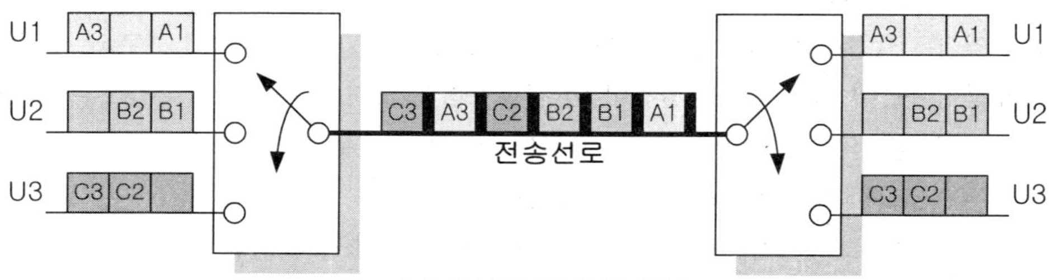


(a) 비동기 TDM의 개념

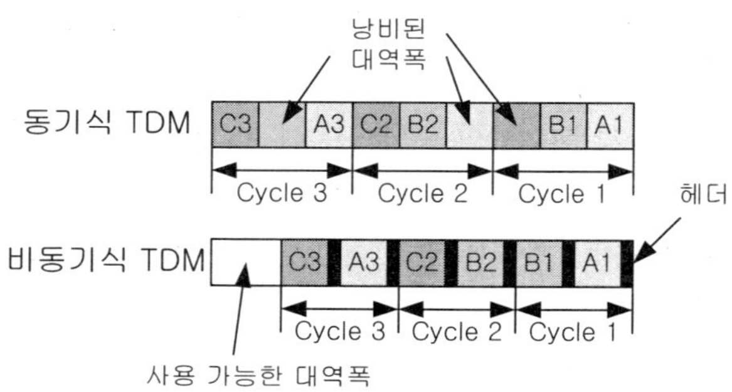


(b) 동기식 TDM과 비동기 TDM의 비교

**그림 3.18 비동기 TDM 방식**

## (3) TDM 다중화 계위

TDM에서 다중화하는 절차를 다중화 계위라고 한다. TDM 다중화 계위의 대표적인 활용 예는 전화 교환망에서 교환기와 교환기사이의 국간 전송로에 사용하는 TDM 다중화 계위를 들 수 있다.

이 계위들은 국가마다 서로 다른데 크게 두 가지로 분류할 수 있으며, 그 중 하나는 북미 방식의 다중화 계위이고, 다른 하나는 유럽 방식의 다중화 계위이다. 이를 유사 동기식 다중화 계위(PDH : Plesiochronous Digital Hierarchy)라고 한다. 그리고 북미 방식과 유럽 방식의 첫 번째 다중화 계위를 각각 T1, E1 또는 DS1, DS1E라고 한다.

### ① T1 디지털 전송로 시스템 (24채널 시스템)

T1 또는 DS-1(Digital Signaling-1)은 북미지역에서 사용하고 있는 디지털 전송 방식이고, T1의 표준은 ITU-T G.733에서 규정하고 있다.

T1은 8비트 $\mu$-law PCM 데이터를 24개의 타임 슬롯을 가지는 다중화기로 다중화하며, 하나의 T1은 총 8,000개의 프레임을 가진다. 그리고 각각의 프레임에는 프레임 동기를 위해 1비트를 추가하여 사용한다.

따라서 T1의 1 프레임은 24개의 타임 슬롯+1비트의 프레임 동기비트로 구성되고 각 타임 슬롯은 8비트로 구성되므로, T1의 1 프레임은 총 24TS×8Bit+1=193비트가 된다. 그리고 하나의 T1은 총 8,000개의 프레임이 있으므로, 하나의 T1이 전송할 수 있는 전송 속도는 8,000Frame×193Bit=1.544Mbps가 된다.

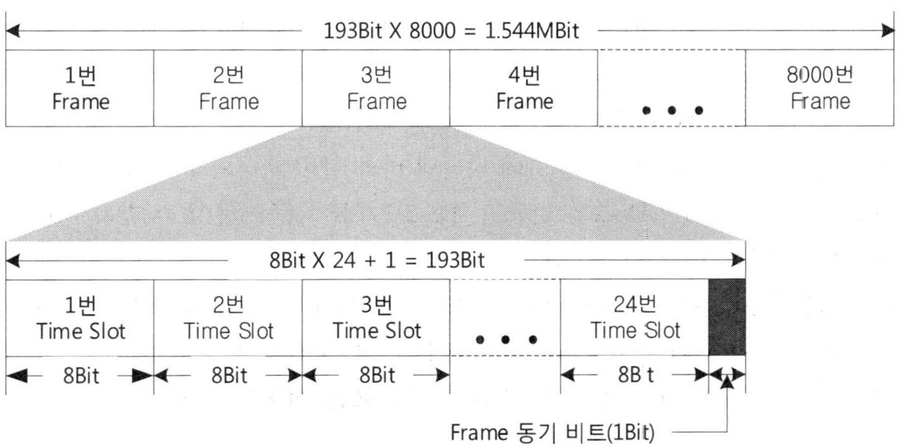


그림 3.19 T1 디지털 전송로 시스템

### ② E1 디지털 전송로 시스템(32 채널 시스템)

E1 또는 DS-1E는 북미의 T1에 해당하는 유럽의 디지털 전송 시스템이고, 표준은 ITU-T G.732이다. 북미 방식은 하나의 프레임이 24개의 타임 슬롯으로 구성되지만, E1은 32개의 타임 슬롯으로 하나의 프레임을 구성하고 있으며, 이 중 0번째 타임 슬롯은 프레임 동기용으로 사용하고 있고, 16번째 타임 슬롯은 신호정보 전송용으로 사용하고 있다. 따라서 실제적으로 데이터 전송에는 32 프레임 중 2개의 프레임을 제외한 30개의 프레임을 사용한다. E1의 전송 속도를 계산해 보면 다음과 같다. E1의 1 프레임은 32개의 타임 슬롯으로 구성되고, 각 타임 슬롯은 8비트로 구성되므로, E1의 1 프레임은 총 32TS×8Bit=256비트가 된다. 그리고 하나의 E1은 T1과 마찬가지로 총 8,000개의 프레임이 있으므로, 하나의 E1이 전송할 수 있는 전송 속도는 8,000Frame×256Bit=2.048Mbps가 된다.

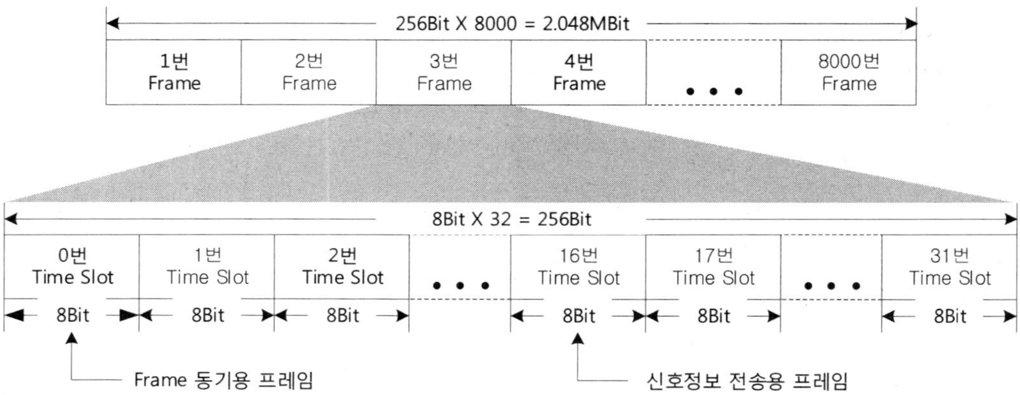


그림 3.20 E1 디지털 전송로 시스템

### ③ 유사 동기식 다중화 계위

북미 방식의 디지털 계위는 그림 3.21에 나타낸 바와 같이 하나의 1.544Mbps의 DS-1 4개를 다중화하여 6.312Mbps의 DS-2를 만들고, DS-2 7개를 다중화하여 44.736Mbps의 DS-3을 만든다. 이 관계를 표 3.11에 나타내었다.

한편 유럽 방식은 2.048Mbps의 DS-1E 4개를 다중화하여 8.448Mbps의 DS-2E를 만들고, 이후 DS-2E, DS-3E를 각각 4개씩 다중화하여 DS-3E, DS-4E를 만든다. DS-4E는 STM-1로 매핑될 수 있는데, STM-1은 광대역 ISDN의 UNI 표준 신호인 ATM 신호의 1차계위이다.

**표 3.11 TDM 방식의 디지털 계위**

| Level | 북미식 | 유럽식 |
|---|---|---|
| 1 | 1.544Mbps(DS1) | 2.048Mbps(DS1E) |
| 2 | 6.312Mbps(DS2) | 8.448Mbps(DS2E) |
| 3 | 44.736Mbps(DS3) | 34.368Mbps(DS3E) |
| 4 | | 139.264Mbps(DS4E) |

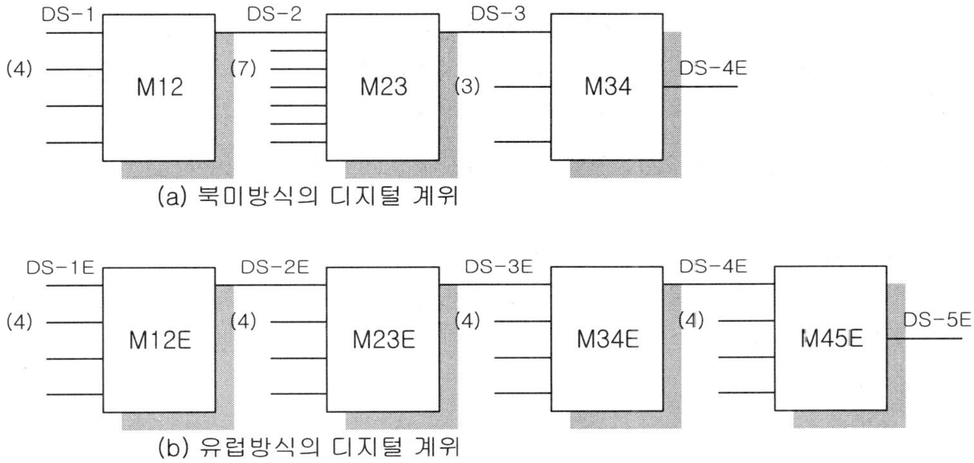


**그림 3.21 TDM 다중화 계위**

## 3.5.4 동기식 디지털 전송기술

점대점 형태의 광통신이 광통신망의 형태로 진화해 나가면서 현재 대부분의 MAN (Metropolitan Area Network)과 백본 네트워크는 광케이블을 사용하고 있고, 또 각 가정에까지 광케이블을 포설하는 FTTH(Fiber To The Home) 개념도 현재 도입되고 있다.

하지만 각 가정까지 광케이블을 포설하는 FTTH는 고비용의 광케이블과 장비에 대한 부담으로 FTTC(Fiber To The Cube) 또는 FTTB(Fiber To The Building)로 그 대안이 제시되고 있으며, 여기에서 광통신은 대량의 데이터 전송용으로 사용되고 있다.

### (1) 동기식 디지털 전송 기술의 개요

광통신이 광대역 종합 정보 통신망(B-ISDN)의 표준화에 접목되면서 동기식 디지털 전송기술이 발전하였다. 즉, 광통신 시스템을 이용한 망의 구축을 가능하게 하기 위하여 SONET

(Synchronous Optical Network, 동기식 광통신망) 접속 표준을 만들던 중 이를 B-ISDN의 망 노드 인터페이스(NNI : Network Node Interface) 표준으로도 사용할 수 있도록 일반화시킨 것이 SDH(Synchronous Digital Hierarchy, 동기식 디지털 계위)이다.

따라서 고속 디지털 통신을 위한 광전송 시스템의 동기식 전송 방식에는 크게 두 가지 방식, 동기식 광통신망(SONET)과 동기식 디지털 계위(SDH)가 있다. SONET은 미국의 벨코어(Bellcore)사가 개발하고 미국 표준 협회(ANSI)가 표준화한 북미 방식 광 전송 시스템이고, SDH는 SONET을 바탕으로 전기 통신 국제 표준화 기관인 ITU-T(구 CCITT)가 작성하여 1988년 권고 G.707, G.708, G.709로 공표한 국제 표준 규격이다.

SDH는 페이로드(Payload) 신호들을 적절히 처리하여 전송망을 통해 수송할 수 있도록 새로이 표준화한 디지털 전송 구조의 계위를 나타낸다. SDH(동기식 디지털 계위)가 "동기식" 이라고 하는 이름을 사용하는 이유는 기존의 계위 신호들을 STM-1으로 다중화하는 과정에서 동기 방식 다중화를 사용하기 때문이며, 이에 대해 기존의 디지털 계위를 유사 동기식 디지털 계위(PDH)라고 한다.

광 신호의 다양한 전송기기를 상호 접속할 수 있도록 인터페이스 표준을 제공하고 있는 SDH와 SONET는 고도의 망운용 및 유지보수(OAM : Operation, Administration, and Maintenance) 기능을 제공하고 있으며, 또 광대역 종합 정보 통신망(B-ISDN) 등 고속 디지털망으로의 응용을 위한 유연한 구조를 가지고 있다.

따라서 동기식 다중화 구조를 사용하면 다중화 및 역다중화가 단순하고, 저속 계위의 신호에 접근하기가 용이하며, 운용 및 유지보수 기능(OAM)을 향상시킬 수 있고, 또 장래 네트워크 확장을 용이하게 할 수 있는 이점이 있다.

현재 전 세계 각국은 기간 전송망에 SDH를 채용하는 방향으로 나가고 있으며, B-ISDN의 핵심이 되는 비동기 전송 모드(ATM) 다중 데이터도 SDH의 규격에 따라 전송될 예정이다.

### (2) 유사 동기식 대 동기식 디지털 계위

유사 동기식 디지털 계위(PDH)는 그림 3.21과 같은 기존의 표준 디지털 계위로서 동기식 디지털 계위(SDH)와의 비교를 위해 그림 3.22에 다시 나타내었다.

PDH는 북미방식과 유럽방식으로 구분되는데, 북미방식 PDH는 DS-1, DS-1C, DS-2, DS-3, DS-4E로 구성되고, 유럽방식 PDH는 DS-1E, DS-2E, DS-3E, DS-4E, DS-5E로 구성된다. PDH에서 각 단계의 다중화는 비트 채워 넣기(Bit-Stuffing)를 이용해 정위치 맞춤(Positive Justification)을 하고, 이를 이용하여 동기를 맞추기 때문에 유사 동기식 다중화라고 한다.

SONET과 SDH는 광통신에서 고속 디지털 전송 능력을 활용하기 위해 디지털 신호의 동기 방식 다중화 계위, 속도 체계 그리고 인터페이스를 정의한 표준이다.

SONET은 표 3.12와 같이 기본이 되는 다중화 단위로 OC-1(Optical Carrier-1)을 사용한다. OC-1은 STS-1(Synchronous Transport Signal-1)이라고도 하며, 기본 전송 속도는 51.84Mbps 이다.

SONET의 다중화 단계는 OC-1을 기준으로 하여 일정한 정수 배로 다중화하며, 단계적으로 OC-3, OC-9 등을 만든다. 따라서 SONET은 정수배로 다중화하기 때문에 다중화가 쉽다는 장점이 있다. SONET은 DS-1이나 DS-2 등 현행 ITU-T(구 CCITT) 표준의 저속도 디지털 신호 전송을 위한 유사 동기 다중화 형식도 규정하고 있다.

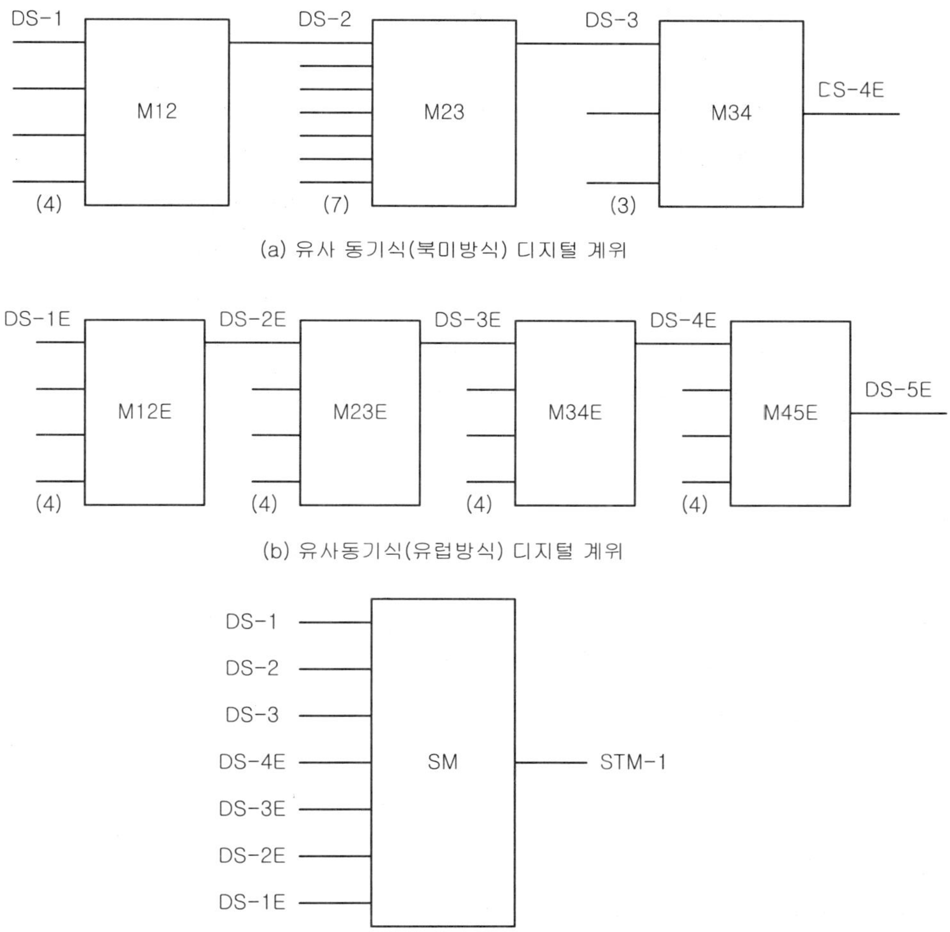


(a) 유사 동기식(북미방식) 디지털 계위

(b) 유사동기식(유럽방식) 디지털 계위

(c) 동기식 디지털 계위

**그림 3.22 디지털 다중화 계위**

동기 디지털 계위(SDH)가 탄생하기 전까지는 북미, 유럽, 일본 등 지역별로 3종류의 서로 다른 다중화 계위와 속도 체계가 존재하고 있었으나, ITU-T가 이와 같은 지역별로 서로 다른 디지털 다중화 계위와 속도 체계를 통일할 목적으로 SONET를 바탕으로 한 동기 디지털 계위(SDH)를 국제 표준으로 제정하였다. SDH의 등장으로 각기 다른 속도의 고속 전송을 유연하게 다중화할 수 있게 되었고, 또 통일된 네트워크의 운용 및 유지보수(OAM)를 실현할 수 있게 되었다.

**표 3.12 SONET와 SDH 다중화 계위**

| SONET | SDH | 전송속도 |
|---|---|---|
| OC-1(STS-1) | - | 51.840Mbps |
| OC-3(STS-3) | STM-1 | 155.520Mbps |
| OC-9(STS-9) | - | 466.560Mbps |
| OC-12(STS-12) | STM-4 | 622.080Mbps |
| OC-18(STS-18) | - | 933.120Mbps |
| OC-24(STS-24) | - | 1,244.160Mbps |
| OC-36(STS-36) | - | 1,866.240Mbps |
| OC-48(STS-48) | STM-16 | 2,488.320Mbps |
| OC-96(STS-96) | - | 4,976.640Mbps |
| OC-192(STS-192) | STM-64 | 9,953.280Mbps |

SDH는 SONET와 호환성이 있는 표준이라는 의미에서 SONET/SDH라고도 한다. SDH의 다중화 단계와 전송 속도를 SONET과 비교하기 위해 표 3.12에 함께 나타내었다.

SDH의 기본 다중화 단위를 동기 전송 모듈(STM : Synchronous Transport Module)이라고 한다. 그리고 STM의 최저 다중화 단계인 STM-1의 전송 속도는 155.520Mbps이고, STM-1 신호는 PDH 신호인 DS-1, DS-2, DS-3, DS-4E, DS-3E, DS-2E, DS-1E로부터 그림 3.22(c)와 같이 동기식 다중화를 통하여 구성한다. 그림 3.22(b)에서 DS-5E 신호는 동기식 디지털 계위에 포함하지 않는다.

STM-1은 STM-4, STM-16 등으로 단계적으로 다중화되며, STM-1 이상의 계위 신호는 n개의 STM-1 신호를 모아 BIM(Byte Interleaved Multiplexing, 바이트 단위로 인트리브하여 다중화하는 방식) 방식으로 다중화하여 STM-n 신호를 구성한다. 이 때 n은 4의 배수를 사용하며 현재까지 표준화된 다중화 계위는 표 3.12에 나타낸 바와 같이 1, 4, 16, 64이다. 그리고 각각의 STM-n은 오버헤드의 구성에 조금씩 차이가 있다.

한편, 그림 3.22를 보면 SDH는 북미식과 유럽식 계위 신호 모두에 대해서 1단계의 다중화를 이용하여 다중화 하므로, PDH보다 외형상 그 구조가 대단히 단순하다는 것을 알 수 있다. 그리고 PDH에서는 한 단계의 신호가 다음 단계의 계위로 다중화 될 때 비동기식으로 다중화되지만, SDH에서는 계위 신호가 STM-n 신호로 다중화 될 때 동기식으로 다중화된다. 또 PDH에서는 DS-2 신호가 DS-1 신호의 다음 단계의 계위에 속하지만, SDH에서는 STM-n 신호가 모두 대등한 관계에 있다.

표 3.13에 PDH와 SDH를 상호 비교해 두었고, SDH는 다음과 같은 특징을 가지고 있다.

- 125$\mu s$ 단위의 프레임 구조를 가지고 있다. 따라서 DS-0(64Kbps) 신호로 접근이 용이하다.
- 계층화된 구조
- 디지털 계층의 통합 : 세계적인 통신망 실현
- 1단계에 의한 다중화 가능
- 오버헤드의 체계적 활용
- 포인터에 의한 동기화

**표 3.13 유사동기식 디지털 계위와 동기식 디지털 계위의 비교**

| 구분 | 유사 동기식 디지털 계위(PDH) | 동기식 디지털 계위(SDH) |
|---|---|---|
| 다중화 원리 | 비트 인트리빙 | 바이트 인터리빙 |
| 다중화 구조 | 단계적 다중화 | 1단계 다중화 |
| 신호 속도 | 입력신호의 다중배수보다 빠름 | 입력신호의 다중배수와 동일 |
| 네트워크의 구성 | Point to Point | Point to Multipoint |
| 네트워크 동기 | 불일치 | 단일 클록으로 동기화 |
| 네트워크의 진화성 | 139Mbps 이상의 국제 표준은 없음 | 네트워크 진화가 용이 |
| 신호 계위 | DS-1~DS-4 또는 DS-1E~DS5E | STM-n |
| 시스템 구조 | 복잡 | 단순 |
| 국가별 방식 | 국가별 상이(국가별 표준 사용) | 국제적으로 통일(국제 표준 사용) |
| 동기 방식 | 비동기식 | 동기식 |

## (3) 동기식 다중화 구조

SDH는 모든 PDH 신호들을 대등하게 취급하여 STM-n 신호를 구성한다. 이를 위해 SDH는 정해진 규격의 컨테이너(Container)의 개념과 포인터(Pointer) 처리 기법을 활용한다. 즉, 기존의 PDH의 신호는 정해진 컨테이너에 매핑(Mapping)되어 동기식 다중화 프레임에 수용된다.

PDH의 각 신호와 이에 해당하는 컨테이너의 종류는 표 3.14에 나타내었다.

표 3.14 동기식 디지털 계위에서 사용되는 컨테이너

| 다중화 단계 | 북미식 | | 유럽식 | |
|---|---|---|---|---|
| | 다중화 계위 | 컨테이너 | 다중화 계위 | 컨테이너 |
| 1 | 1.544Mbps(DS1) | 1.648Mbps(C11) | 2.048Mbps(DS1E) | 2.224Mbps(C12) |
| 2 | 6.312Mbps(DS2) | 6.832Mbps(C21) | 8.448Mbps(DS2E) | 9.296Mbps(C22) |
| 3 | 44.736Mbps(DS3) | 48.384Mbps(C32) | 34.368Mbps(DS3E) | 34.864Mbps(C31) |
| 4 | 139.264Mbps(DS4E) | 154.560Mbps(C4) | 139.264Mbps(DS4E) | 154.560Mbps(C4) |

그림 3.23은 SDH의 동기식 다중화 과정을 나타낸 것으로서, DS-1 또는 DS-1E와 같은 PDH 신호를 다중화하여 STM-1 신호를 구성하는 방법을 나타내었다. 그림 3.23에서 괄호안의 숫자는 해당 다중화에 소요되는 신호의 개수를 나타낸 것이고, SM(Synchronous Multiplexing)은 동기식 다중화 과정을 나타낸 것이며, AM(Asynchronous Multiplexing)은 유사 동기식 다중화 과정에서 각 계위 신호들을 형성하는 과정을 나타낸 것이다. 그리고 ATM셀은 광대역 ISDN의 UNI 표준 신호를 STM-1으로 매핑하는 관계를 나타낸 것이다.

그림 3.23에서 보는 바와 같이 SDH의 동기식 다중화 과정은 저위 신호가 각 단계별로 C(Container), VC(Virtual Container), TU(Tributary Unit), TUG(Tributary Unit Group), AU(Administrative Unit), AUG(Administrative Unit Group)와 같은 신호로 구성되어 이루어진다. 여기에서 C(Container)는 동기식 다중화 구조를 구성하는 기본 신호 단위로서 PDH 신호를 다중화하는 경우 신호는 일단 C에 매핑된 후 다중화 과정이 수행된다. PDH 신호를 수용하기 위한 C에는 C1, C2, C3, C4가 있으며 C1은 DS-1을 수용하기 위한 C11과 DS-1E를 수용하기 위한 C-12가 있다.

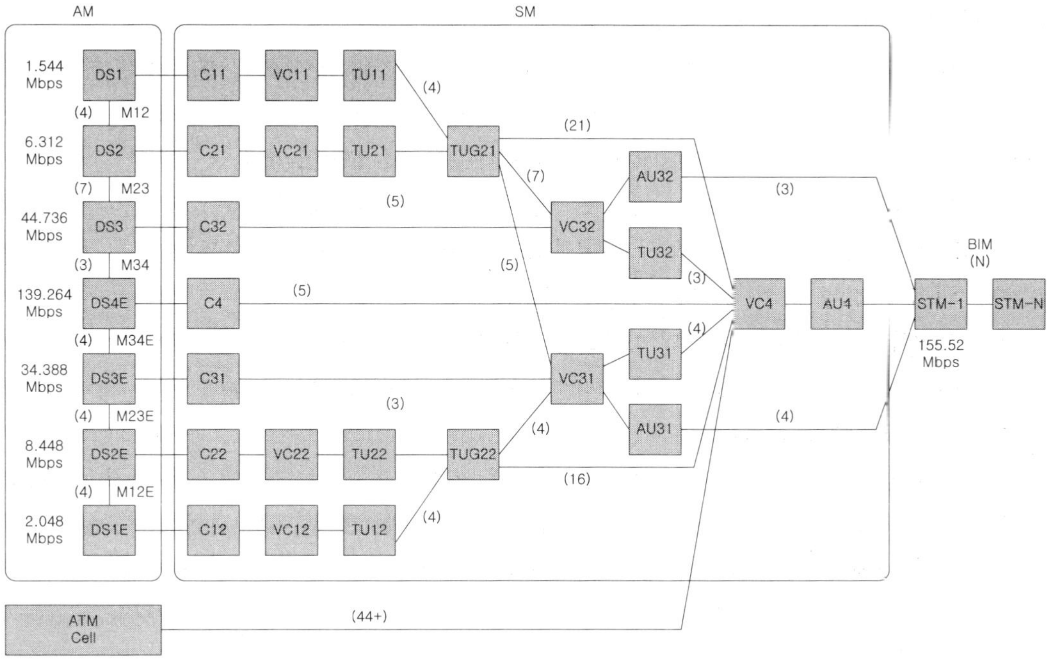


**그림 3.23 동기식 다중화 계위**

그리고 또 그림 3.23에서 알 수 있는 바와 같이, 하나의 유사 동기식 디지털 계위 신호를 STM-1에 수용하는 다중화 경로에는 여러 가지가 있다. 따라서 이와 같은 여러 가지 경로를 정의함으로써 각국은 각국의 실정에 맞는 동기식 전송망을 구성할 수 있게 되고, 또 기존의 북미식 및 유럽식 계위를 모두 수용함으로써 전 세계적인 전송망을 구성할 수 있게 된 것이다.

그림 3.23에서 PDH 신호가 SDH 신호로 다중화되는 절차는 다음과 같다. 먼저, 그림 3.23에 나타낸 PDH 신호를 표 3.14에 나타낸 것과 같은 컨테이너에 수용하고, 수용된 컨테이너에 경로 오버헤드(POH : Path Overhead)를 추가하여 가상 컨테이너(VC : Virtual Container)에 담는다. 여기에서 SDH 신호의 다중화는 이 VC를 기존으로 하여 이루어진다.

그 다음, VC 신호는 상위 VC 또는 NNI 프레임의 페이로드 내에 TU(Tributary Unit) 또는 AU(Administrative Unit) 포인터에 의해 지시되는 위치에 규칙적으로 배열된다. 이 때 AU가 사용되는 경우는 VC3와 VC4 뿐이다. 한 개의 TU 또는 같은 종류의 TU가 여러 개 모여 이루어진 TUG(TU Group)는 상위의 VC에 수용한다. 그리고 AU는 NNI 프레임의 정해진 위치에 배치되고 페이로드에 구간 오버헤드(SOH : Section Overhead)를 붙이면 STM-1 프레임이 완성된다.

## (4) STM-1 프레임 구조

현재 대부분의 통신 서비스는 음성 통신이며, 이를 디지털 방식으로 전송하기 위해 PCM 변조 방식을 이용하여 64Kbps로 부호화하여 전송한다. 그리고 ISDN 서비스의 속도도 음성 신호의 PCM 변조 속도에 맞추어 64Kbps의 정배수로 설정되어 있다.

따라서 프레임의 주기를 8KHz로 하고 프레임 내 구조를 8비트 블록(1 바이트) 단위로 설정하면, 64Kbps 속도를 갖는 PCM 음성 채널과 그 정수배로 이루어지는 모든 서비스의 채널은 프레임 내의 고정된 위치에 모두 수용할 수 있게 된다.

그리고 이와 같은 바이트 단위의 다중화는 신호의 구성이 바이트 단위로 이루어지기 때문에 프레임 내에 있는 저위 신호의 직접 인식이 가능하고, 하드웨어의 기능을 보다 경제적으로 실현할 수 있는 장점이 있다.

또한, 융통성 있는 망 구성을 위해서는 다중레벨 상에 있는 저위 신호를 직접 액세스(Access) 하여 처리할 수 있도록 저위 신호의 분리, 결합이 용이하여야 한다. 이를 위해 125$\mu s$의 주기를 갖는 프레임 내에 바이트 단위의 정보가 정방형으로 배열되도록 하고, 이때 행과 열의 수를 수용될 디지털 신호 및 서비스 채널의 대역을 고려하여 결정하면 상기 기능을 보다 용이하게 수행할 수 있다.

앞으로의 네트워크는 서비스의 증가에 따라 트래픽이 보다 더 복잡해질 전망이므로 망의 운용 및 유지보수에 대한 지능화가 필수적이며, 이를 위해서는 전송 신호 프레임 내에 충분한 오버헤드가 확보될 수 있어야 한다.

ITU-T에서는 이와 같은 요구사항을 고려하여 SDH의 기본 전송 속도를 155.520Mbps로 설정하였다.

SDH의 기본 신호인 STM-1의 프레임 구조를 그림 3.24에 나타내었다. 이 프레임의 구조적 특징은 프레임의 주기가 125$\mu s$이며 8비트 블록인 바이트(Byte) 단위의 구조로 이루어져 있다. 프레임 구조의 또 하나의 특징은 각종 서비스의 수용 및 OAM 기능을 모두 고려하여 결정되었는데, 이를 위해 프레임을 9×270 바이트의 정방형 구조로 하여 155.520Mbps를 기본 신호로 설정하고, 이를 9열의 오버헤드(Overhead) 및 261열의 페이로드(Payload)로 구분하였다.

따라서 STM-1 프레임은 기존의 협대역 음성으로부터 광대역 동화상까지의 모든 서비스와 기존의 PDH 신호를 모두 수용할 수 있다. 그리고 일차적으로 페이로드 내에 ATM 셀도 매핑할 수 있으므로, 앞으로 B-ISDN의 주류가 될 ATM 방식을 네트워크가 점진적으로 수용하는 경우 네트워크의 진화도 용이하게 이룰 수 있을 뿐만 아니라 많은 오버헤드를 네트워크의 관리에 활용할 수 있어 네트워크의 지능화도 유리하게 할 수 있다.

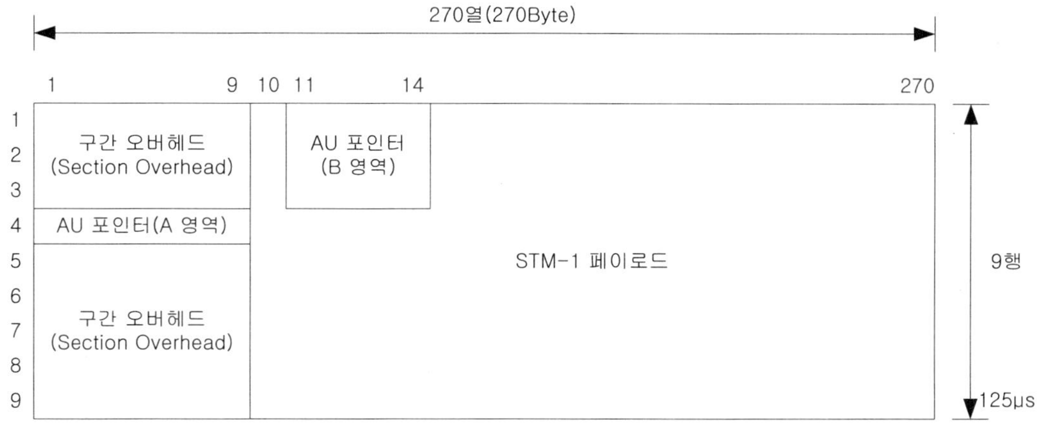


**그림 3.24 STM-1 프레임 구조**

## (5) SONET/SDH 계층

SONET/SDH 계층은 그림 3.25와 같이 아래에서부터 광 계층(Photonic Layer), 구간 계층(Section Layer), 라인 계층(Line Layer), 경로 계층(Path Layer)으로 구성된다.

각 계층을 OSI 7계층과 비교 했을 때 광 계층은 OSI 7계층의 물리계층에 해당하고, 구간 계층, 라인 계층, 경로 계층은 OSI 7 계층의 데이터 링크 계층에 해당한다. 각 계층의 기능과 역할은 다음과 같다.

### ① 광 계층(Photonic Layer)

광 계층은 OSI 7 계층의 물리계층에 해당하는 계층으로서 광케이블을 통해 전송되는 광신호의 부호화 방식, 파장 등의 물리적 규격을 포함하고 있다. 그리고 전기 신호를 광신호로 또는 그 반대로 변환하는 기능도 수행한다.

### ② 구간 계층(Section Layer)

구간 계층은 OSI 7 계층의 데이터 링크 계층에 해당하는 계층으로서 오류제어(Error Control), 프레임화(Framing), 스크램블링(Scrambling)등의 기능을 수행한다. 그리고 또 STM-n 프레임에 오버헤드를 추가하여 전송하는 역할을 한다.

### ③ 라인 계층(Line Layer)

라인 계층은 물리매체를 통하여 페이로드의 신뢰성 있는 전송을 담당하고, 또 동기화와 다중화를 제공한다.

#### ④ 경로 계층(Path Layer)

경로 계층은 SONET/SDH 네트워크의 양단간에 송신단과 수신단을 구별하며, 경로 오버헤드에 대한 서비스 기능을 지원한다.

| OSI 7계층 | SONET/SDH 계층 |
|---|---|
| 데이터 링크 계층 | 경로 계층 |
| | 라인 계층 |
| | 구간 계층 |
| 물리 계층 | 광 계층 |

**그림 3.25 SONET/SDH 계층 구조**

### 3.5.5 집선 방식(Line concentration)

집선 방식은 일정 지역 내에 다수의 단말장치들이 설치되어 있는 경우 지역 중심에 집선장치(Concentrator, 집중화기라고도 한다)를 설치하여 여러 개의 단말장치로부터 비교적 지속으로 전송되는 데이터를 집선 장치에 축적하였다가 이를 모아 고속으로 컴퓨터로 보내는 방식이다.

집선 방식의 장점은 컴퓨터와 집선 장치간의 통신회선 효율을 높일 수 있다는 점이며, 멀티포인트 방식과 같이 회선 사용율이 낮은 단말이 많은 곳에 유리하게 사용될 수 있다.

그림 3.26에 다수의 단말기의 데이터를 집선하여 컴퓨터로 전송하는 집선 방식의 예를 나타내었다. 그리고 집선 방식과 다중화 방식을 서로 비교하여 표 3.15에 나타내었다.

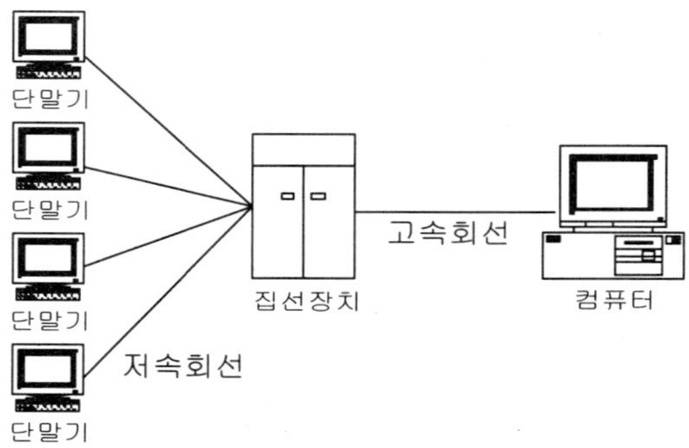


**그림 3.26 집선 방식**

표 3.15 집선 방식과 다중화 방식의 비교

| 구분 | 다중화 방식 | 집선 방식 |
|---|---|---|
| 채널 할당 | 고정(정적) 할당 | 가변(동적) 할당 |
| 각 단말장치의 전송 속도의 합 | 전송선로의 속도와 같다 (1:1) | 전송선로의 속도보다 크거나 같다 (4:1) |
| 개별 회선 연결 | 물리적 연결 | 논리적 연결 |
| 제어기 | 고정회선제어 및 논리제어 | 프로세서 제어 |

# 3.6 교환방식

통신망은 크게 양방향 통신 방식인 교환 통신망(switched network)과 단방향 통신 방식인 방송 통신망(broadcast network)으로 구분할 수 있고, 교환 통신망은 다시 회선 교환망(circuit-switched network)과 패킷 교환망(packet-switched network)으로 나눌 수 있다.

교환 방식은 교환 통신망 즉, 회선 교환망과 패킷 교환망을 통하여 데이터를 송수신하는 방식으로서, 다음과 같은 방식이 있다.

- 회선 교환 (Circuit Switching)
- 메시지 교환 (Message Switching)
- 패킷 교환 (Packet Switching)
- 셀 교환 (Cell Switching) : 고속 패킷 교환

그림 3.27에 교환 방식의 예를 나타내었다. 각각의 단말기는 상대방과 송수신할 때, 교환기를 통하여 연결하여야 하는데, 이 때 연결하는 방식을 교환 방식이라고 한다. 각각의 교환 방식에 대한 상세한 설명은 6.1절에 기술하였다.

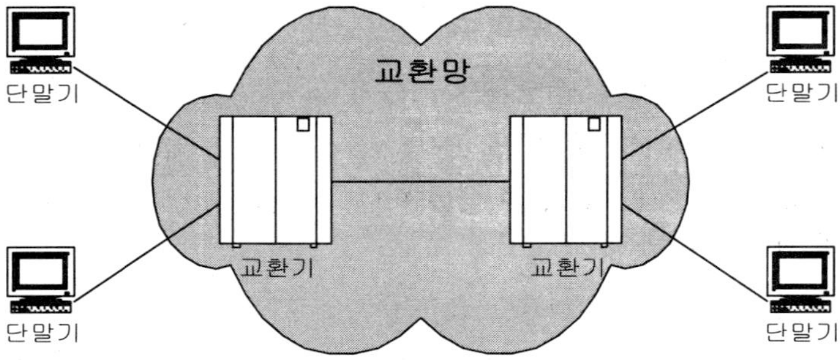


그림 3.27 교환 방식

# 3.7 동기식/비동기식 전송 방식

데이터를 교환하기 위해 두 장치 간을 전송매체로 서로 연결하였다고 해서 통신이 수행되는 것은 아니다. 두 장치간의 통신을 하려면 우선 두 장치간의 연결 설정을 하여야 하고, 연결설정이 이루어지면 전송할 데이터를 한 번에 한 비트씩 송수신기의 정확한 타이밍(전송율, 전송시간, 비트 간격 등)에 맞추어 전송하여야 한다. 그런 다음 데이터의 전송이 완료되면 연결을 해제한다.

이와 같은 동기화에 대한 프로토콜은 ISO의 데이터링크 계층에 정의되어 있는데, 데이터를 전송하기 위해 두 장치간의 타이밍을 이용하는 것을 동기화 방식이라고 한다.

동기화 방식은 타이밍을 이용하느냐 하지 않느냐에 따라 다음과 같이 두 가지로 구분할 수 있다.

- 동기식 전송 (Synchronous Transmission)
- 비동기식 전송 (Asynchronous Transmission)

## 3.7.1 비동기식 전송 방식

비동기식 전송 방식은 타이밍 문제를 피하기 위해 한번 전송할 때 짧은 비트열 단위(문자 단위)로 전송하고, 이를 위해서 일정한 길이를 가지는 데이터 전후에 시작 비트(ST : Start Bit)와 정지 비트(SP : Stop Bit)를 첨가하여 전송한다. 예를 들어, PC에서 키보드를 한번 누르면 한 글자를 ST 비트와 SP 비트를 추가하여 전송하고, 다음 글자를 누를 때까지는 휴지기간이 계속되며, 또 다음 글자를 누르면 다시 ST 비트와 SP 비트를 추가하여 전송하는 방식이다.

비동기식 전송 방식의 동기화는 송수신 두 장치의 타이밍을 이용하지 않고, 대신 제어 비트

(시작 비트와 정지 비트)를 이용하여 송수신기간의 동기화를 각 전송 비트열의 내부에서 유지하도록 하고 있는데, 이와 같은 데이터링크 전송 제어방식을 문자 지향형(Character-Oriented) 제어방식이라고 한다.

비동기식 전송 방식은 일반적으로 1,200bps 이하의 속도에서 사용된다.

### (1) 패리티 비트(Parity Bit)

전송선로로부터 전송된 데이터의 오류를 검출할 목적으로 전송할 데이터에 1비트를 더 추가하여 전송하는데, 이것을 패리티 비트(Parity Bit)라고 하고, 주로 비동기 통신에서 에러 검출 방법으로 많이 사용한다.

패리티는 데이터 비트 내의 논리적인 1의 개수가 홀수인가 짝수인가에 따라 결정되는데, 짝수 패리티(Even Parity)는 1의 개수를 짝수로 만드는 방법이고, 홀수 패리티(Odd Parity)는 1의 개수를 홀수로 만드는 방법이다.

예를 들어, 짝수 패리티를 사용할 때 데이터 비트의 1의 개수가 짝수이면 0을 추가하여 짝수로 만들어 주고, 데이터 비트의 1의 개수가 홀수이면 1을 추가하여 짝수로 만들어 준다. 홀수 패리티를 사용하는 방법도 마찬가지인데, 데이터 비트의 1의 개수가 짝수이면 1을 추가하여 홀수로 만들어 주고, 데이터 비트의 1의 개수가 홀수이면 0을 추가하여 홀수로 만들어 준다. 패리티는 짝수 패리티 또는 홀수 패리티 둘 중의 하나만 사용한다.

패리티는 전송된 데이터 중에서 단지 1 비트만 오류가 발생될 때 오류를 검출할 수 있다. 예를 들어 ASCII 문자 a( '1100001' )를 짝수 패리티로 전송한다고 하자. 그러면 송신측은 현재 1의 개수가 3개로 홀수이므로, 1을 더 추가하여 '11000011' 를 전송한다. 그런데 전송 도중 잡음에 의해 3번째 비트에 오류가 발생되면 수신측은 '11000111' 을 수신하게 되는데, 그러면 1의 개수가 홀수개가 되어 오류가 있음을 알 수 있게 된다.

이와 같이 패리티는 단지 하나만의 오류만을 검출할 수 있다. 만약 위의 예에서 2개의 오류가 발생되면, 1의 개수가 짝수개가 되므로 오류를 검출할 수 없게 된다. 따라서 하나 이상의 오류를 검출하려면 패리티보다 더 강력한 오류 검출 기능을 가지는 프로토콜을 사용하여야 하는데, 보통 CRC(Cyclic Redundancy Check)를 많이 사용한다.

### (2) 비동기 방식의 동작원리

비동기 방식의 동작원리는 다음과 같다. 먼저, 데이터를 전송하지 않을 때에는 송수신기간의 전송회선은 휴지상태(Idle State), 즉 항상 1의 상태를 유지한다. 그러다가 만약 전송할 내용이 있을 경우에는 전송할 데이터의 맨 앞과 뒤에 시작 비트(0 상태)와 정지 비트(1 상태)를 붙여 전송한다.

시작 비트는 전송 회선의 상태를 1에서 0 상태로 변화시키는데, 이 때 시작 비트의 0 상태를 인지한 수신측에서는 이 비트 다음부터 데이터가 들어오는 것으로 간주하고 데이터의 수신을 준비한다.

데이터의 수신은 송신측의 송신 클록에 상관없이 수신신호의 클록에 맞추어 비트를 식별하고, 결정된 수만큼(예: 8비트)의 비트를 수신하면 마지막의 정지 비트를 확인하고 전송을 종료한다.

만약 전송이 없는 휴지상태에서 전송회선의 잡음으로 인해 0 비트가 발생하게 되면, 수신 장치는 시작 비트로 오판하게 된다. 하지만 그 이후에 데이터 비트가 따라오지 않으면 이는 오류로 판단하여 정정한다. 또한 시작 비트의 지속시간도 하드웨어에 의해 검사되는데 1 비트 시간보다 긴 시작 비트는 잡음으로 간주되어 무시된다.

정지 비트는 데이터 비트와 패리티 비트 이후의 비트로 1 문자의 전송을 종료하는 표시다. 정지 비트는 소프트웨어적으로 선택할 수 있는데, 1, 1.5, 2 비트의 시간을 가지는 비트로 표시된다. 논리적으로 '1' 값을 갖는데, 전송회선이 이때부터 휴지상태로 전환되어 다음의 시작 비트를 기다리게 된다.

이상과 같이 비동기 통신에서 일반적으로 많이 사용하는 설정 상태는 표 3.16의 두 설정 상태 중 하나를 많이 사용한다. 설정 1은 일반적으로 외국의 정보 서비스를 이용할 때 많이 사용하며, 대부분의 국내 정보서비스는 설정 2를 사용한다.

따라서 비동기 방식은 실제 의미 있는 전송 데이터 중에서 시작 비트와 정지 비트로 인해 전체 회선의 이용효율이 감소하는 단점이 있으므로, 주로 300~2400 bps정도의 비교적 저속의 데이터 전송에 사용된다.

**표 3.16 비동기 통신에서의 통신설정 상태**

| | 데이터비트 | 패리티 | 정지비트 |
|---|---|---|---|
| 설정 1 | 7 | 짝수 패리티 | 1 |
| 설정 2 | 8 | 사용안함 | 1 |

그림 3.28(a)에 비동기 전송의 형식을 나타내었다. 그리고 그림 3.28(b)에는 7비트로 구성된 ASCII 문자열 cat(LSB 쪽 '1100011 1000011 0010111' MSB 쪽)을 비동기 방식으로 전송하는 예를 나타내었는데, 여기에서 패리티 비트는 짝수 패리티를 사용하고, 정지 비트의 길이는 보통 비트의 길이와 같은 1비트(설정 1)를 사용하였다.

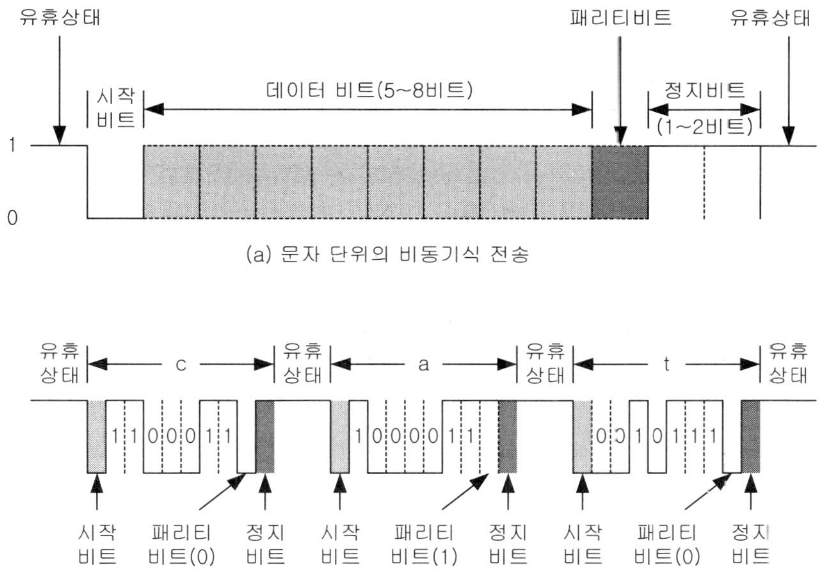


(b) 비동기식 전송의 예

**그림 3.28 비동기 전송 방식**

### 3.7.2 동기식 전송 방식

동기식 전송 방식은 비동기 전송 방식의 단점인 회선 이용효율을 증가시키기 위해 전송 데이터를 송수신 타이밍에 맞추어 블록 단위로 송수신하는 방식이다. 이를 구현하는 가장 간단한 방법은 전송회선을 데이터 전송선과 클록 신호선으로 분리하여 신호선의 클록에 맞추어 전송 데이터를 송수신하면 된다. 하지만 이 방법은 구현은 간단하지만 별도의 신호선이 필요한 관계로 잘 사용하지는 않는다.

동기식 전송 방식을 구현하는 또 다른 방법은 데이터 블록의 전후에 동기를 맞출 수 있는 특정한 제어정보를 삽입하여 전송하는 방법이 있다. 이 때 사용되는 데이터의 앞부분의 제어정보를 프리앰블(Preamble)이라고 하고, 블록 뒤의 제어정보를 포스트앰블(Postamble)이라고 한다. 그리고 전송 데이터와 제어정보(프리앰블, 포스트앰블)를 합해서 프레임(Frame)이라고 한다. 이 제어정보들은 네트워크의 데이터링크 계층에서 제어 절차(Control Procedure)로 사용된다.

**표 3.17 동기식 전송과 비동기식 전송의 특성**

| 전송방법 | 특징 |
|---|---|
| 비동기식 | 각 데이터의 앞에 시작 비트가 있고, 뒤에 종료 비트가 있다(오버헤드가 크다).<br>유휴 상태가 각 문자들 사이에 존재한다.<br>데이터 비트는 규정된 시간 간격으로 전송된다.<br>송수신기는 독립적인 타이밍을 가진다.<br>전송 속도는 1800bps 이하이고, 송수신기를 직접 연결할 수 있는 가까운 거리에서도 9600bps를 넘지 않는다. |
| 동기식 | 동기문자/플래그가 전송될 데이터 블록의 앞뒤에 사용된다(오버헤드가 적다).<br>동기문자/플래그가 회선 동기화를 유지하기 위해 데이터 블록 사이에도 전송된다.<br>다수의 문자(비트)들이 문자(비트) 사이에 간격 없이 블록으로 묶인다.<br>송수신기는 동기화를 위한 타이밍을 설정하고 유지한다.<br>송수신기는 저장영역(버퍼)이 필요하다.<br>고속 전송에 사용된다. |

동기식 전송 방식은 비동기 전송 방식에 비해 전송 속도와 전송 효율이 매우 높은데, 이와 같은 동기 방식과 앞에서 설명한 비동기 방식의 특징을 비교하여 표 3.17에 나타내었다.

동기 방식은 프레임의 구성 형식에 따라 다음과 같이 구분한다.

- 문자 위주 동기식 전송 방식
- 비트 위주 동기식 전송 방식

## (1) 문자 위주 동기식 전송 방식

문자 위주 동기식 전송 방식은 일련의 전송단위를 문자 단위, 즉 전송 데이터도 문자 단위(보통 8비트 단위)로 표시하고 모든 제어정보도 문자 형태로 구성하여 처리하는 방식이다. 그리고 전송할 데이터 블록의 맨 앞에 하나 이상의 특정 패턴을 가지는 동기문자를 붙여 전송하고, 수신기는 이 패턴을 이용하여 동기를 취하는데, ITU와 ISO에서는 동기문자로 SYN(비트 패턴 : 0010110)을 규정하고 있으며, 하나 이상의 SYN은 수신시스템에게 프레임의 시작을 알리는 역할을 한다. 프레임의 시작을 알리는 SYN에 이어 제어문자가 위치하는데, 이 제어문자는 네트워크의 데이터링크 계층에서 처리할 목적으로 사용되며 주로 전송 시에 발생하는 오류를 검사하는 기능을 수행한다. 그리고 이 제어정보에는 본문 데이터의 시작(STX : Start of Text)과 끝(ETX : End of Text)을 표시하는 제어문자도 포함된다.

그림 3.29에 문자 위주 동기식 전송 방식의 대표적인 예인 IBM 컴퓨터의 BSC(Binary Synchronous Control)의 프레임 형식을 나타내었고, 표 3.18에는 ASCII 부호에서 사용되는 전송 제어 문자에 대해 나타내었다.

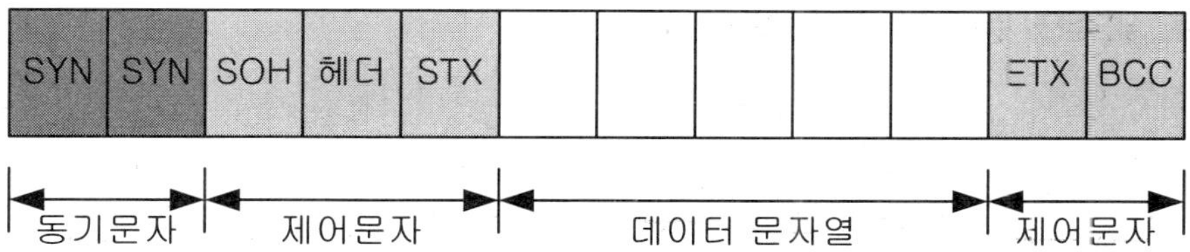


그림 3.29 문자위주 동기 방식인 BSC 프레임 구조

표 3.18 ASCII 부호에서 사용되는 전송 제어 문자

| 부호 | 명칭 | 기능 |
|---|---|---|
| SYN | SYNchronous Idle (동기 신호 문자) | 동기를 취하거나, 동기를 유지하기 위한 신호로 사용되는 전송 제어 문자이다. |
| SOH | Start Of Header (헤딩 시작 문자) | 동기식 데이터 전송에서 하나의 메시지는 헤딩과 본문 메시지로 구성되는데, SOH에 뒤따르는 문자들이 메시지의 헤딩 부분이라는 것을 알리는 문자. 헤딩의 시작을 알리는 문자이다.<br>통신 선로상의 단말 장치들은 헤딩 부분에 나타난 주소를 보고 자기가 메시지를 받을 것인지를 결정한다. |
| STX | Start of TeXt (본문 시작 문자) | 헤딩의 종료 및 본문의 시작을 알리는 문자이다.<br>이 문자 다음에 실제 메시지가 있음을 알린다. |
| ETX | End of TeXt (본문 끝 문자) | 본문 메시지의 종료를 나타내는 문자이다. |
| EOT | End Of Transmission (전송 끝) | 필요한 데이터가 모두 전송되었음을 나타내는 제어문자이다.<br>전송의 종료 및 데이터 링크의 초기화를 한다. |
| ENQ | Enquiry (조회 문자) | 상대국의 식별, 수신(또는 송신) 상태 등의 문의를 위해 사용한다.<br>상대국에게 데이터 링크 설정을 요구할 때 사용한다. |
| ACK | ACKnowledge (응답 문자) | 통신의 신뢰성을 높이기 위해 송신측이 오류 검출 부호를 사용하여 데이터를 전송했을 때, 수신측에서는 그 데이터의 오류 발생 유무를 검사하여 일정 주기마다 송신측에 알려 주는데 이 때 사용하는 문자이다. 수신 데이터에 오류가 발생하지 않았음을 알리기 위하여 사용된다. |
| NAK | Negative AcK | 수신측의 부정 응답으로서, 송신측에 전송하는 통신 제어 문자이다. 이 문자는 두 국 사이에 데이터 링크를 확립된 뒤, 송신측으로부터 자료 전송 요구에 대하여 수신측이 데이터를 받을 준비가 되어 있지 않거나, 수신된 데이터에 오류가 있어 다시 데이터를 받을 필요가 있는 경우 송신측으로 보내는 전송 제어 부호이다. |
| DLE | Data Link Escape (전송 부호 변경 문자) | 전송 제어 문자 바로 뒤에 계속되는 부호의 의미를 변경시키거나 전송제어기능을 추가할 때 사용하는 문자이다. |
| ETB | End of Transmission Block (전송 블록 끝 문자) | 1블록의 데이터에 대해 전송 끝을 나타내기 위해 사용되는 통신 제어 문자이다. 이 때 데이터는 전송할 때 블록으로 나뉘어 있어야 한다. |

### (2) 비트 위주의 동기식 전송 방식

비트 위주 동기식 전송 방식은 문자 위주 동기식 전송 방식처럼 데이터와 제어정보를 문자단위로 해석하지 않고, 일련의 비트들로 취급한다. 프레임의 시작과 끝은 문자 위주 동기식 전송 방식의 구조와 마찬가지로 특별한 비트 패턴을 이용하여 표시하는데, 이것을 플래그(Flag)라고 하고 8비트로 구성된다.

비트 위주 동기식 전송 방식과 문자 위주 동기식 전송 방식과의 차이점은 제어정보의 내부형식과 이를 해석하는 방법(비트와 문자)에 있다.

그림 3.30에 비트 위주 동기식 전송 방식의 대표적인 예인 HDLC(High-level Data Link Control)의 프레임 구조를 나타내었다. 이것은 ISO(International Organization for Standardization)에서 개발되었다.

**그림 3.30 비트위주 동기 방식인 HDLC 프레임 구조**

## 3.8 전송 속도

데이터 통신에서 전송 속도는 "단위 시간당 전공되는 정보의 양"으로 표현한다. 즉, 아날로그 또는 디지털 데이터가 단위시간(1초) 당 얼마나 많은 데이터를 전송할 수 있는가에 대한 비율이다. 이러한 전송 속도를 나타내는 척도에는 다음과 같은 것들이 있다.

- 데이터 전송률 : 데이터 신호 전송률, 데이터 전송 속도라고도 한다.
- 변조 속도 : 변조율이라고도 한다.
- 베어러(Bearer) 속도

### (1) 비트(Bit), 심벌(Symbol)

비트(Bit)란 Binary Digit의 준말로 이진수 한자리, 즉 0과 1을 의미한다. 1비트는 정보통신 시스템에서 처리되는 자료의 최소 단위이며, 8비트를 묶어 바이트(Byte)라고 한다.

일반적으로 비트(Bit)는 입력 데이터의 데이터양을 나타낼 때 사용하고, 심벌(Symbol)은 부호화 과정이나 변조 과정을 거친 후의 데이터양을 표시할 때 사용한다. 이와 같이 비트와 심벌은 물리적으로는 모두 동일하게 1비트를 의미하지만, 그것이 어느 처리 과정을 거친 후의 데이터인가를 구분하기 위해 용어를 다르게 쓰고 있다.

### (2) 데이터 전송률(Data Rate)

데이터 전송률은 데이터의 전송 속도를 나타내는 척도로서, 단위는 1초당 전송되는 비트 수인 bps(bit per second)로 나타낸다. 예를 들어 56Kbps라면 초당 56,000Bit(=7,000Byte, 즉 영문자 7,000자)를 전송한다.

어떤 전송 시스템에서 한 비트의 주기가 T인 신호를 전송한다면, 데이터 전송률 R과 주기와는 다음과 같은 역수의 관계를 가진다.

$$R = \frac{1}{T}[\mathrm{bps}] \tag{3.1}$$

예를 들어, 직렬 전송을 하는 시스템에서 하나의 펄스의 폭이 10[ms]이라면 데이터의 전송 속도는

$$R = \frac{1}{10[\mathrm{ms}]} = 100[\mathrm{bps}] \tag{3.2}$$

가 된다.

오늘날 데이터 전송 속도가 점차 증가함에 따라 회선을 통해 전송하는 비트보다는 문자나 블록의 수를 이용하여 표현하는데, 이때 일반적으로 사용되는 단위가 cps(Character Per Second)이다. cps는 1초당 전송되는 문자수를 의미한다.

cps는 bps를 8로 나눈 값, 즉 바이트 수와 비슷하지만(사실 바이트라고 해도 무방하다) 약간의 차이가 있는데, 그와 같은 이유는 데이터를 전송할 때 8비트의 데이터 비트에 1비트의 패리티 비트를 추가하여 9비트로 만들어 전송할 수 있기 때문이다.

### (3) 변조 속도

변조는 정보를 신호로 변환하는 과정인데, 이 때 신호레벨이 초당 몇 회 변조되었는가를 나타내는 단위가 변조 속도이다.

따라서 변조 속도는 신호의 레벨이 변하는 속도를 나타내는 척도로서 초당 전송되는 심벌의 수를 의미하며, 신호전송 속도와 신호의 상태 수에 따라 변화된다. 단위는 보오(baud)를 사용한다. 예를 들어, 데이터 전송 속도가 4,800bps이고 8위상 편이변조 방식의 모뎀을 사용할 경우 3비트의 데이터가 1 심벌로 변환되므로 변조 속도는 1,600보오가 되고, QPSK 변조기를 사용할 경우에는 2비트의 데이터가 1심벌로 변환되므로 변조 속도는 2,400보오가 된다.

### (4) 베어러 속도 (Bearer Rate)

데이터 신호뿐만 아니라 동기신호 및 상태 신호들을 모두 포함하여 전송하는 전송 속도를 베어러 속도라고 한다.

베어러 속도는 실제 전송 구간에서 사용되는 속도이며, 전체 전송 속도를 나타내는 척도이다. 단위는 bps를 사용한다.

### (5) 대역폭 (Bandwidth)

대역폭은 전송 장비나 매체의 특성에 의해 제한되는 신호의 폭을 의미하는데, 일반적으로 주파수 특성 곡선상의 최고 이득 점으로부터 3dB만큼 이득이 내려간 두 점 사이의 폭을 말하며, 대역 통과 필터의 통과 주파수 범위 또는 송신기의 점유 주파수 폭이라고도 한다.

대역폭의 단위는 Hz를 사용하며 NTSC 방식의 TV방송의 경우 대역폭은 6MHz이고, FM 라디오 방송의 경우는 200KHz, HDTV의 경우는 20MHz, AM 라디오의 경우는 9KHz, CDMA 방식 이동통신 시스템의 경우는 1.25MHz이다. 대역폭을 증가시키면 데이터 전송률이 증가된다.

### (6) 신호 대 잡음비 (Signal to Noise Ratio)

통신 경로상의 잡음의 평균 수준을 나타내는 척도로서, 일반적으로 신호 대 잡음비(SNR : Signal to Noise Ratio) 또는 신호의 비트 에너지 대 잡음비($E_b/N_o$)를 사용한다.

SNR은 주로 아날로그 통신에서 사용하는 파라미터이고, $E_b/N_o$는 디지털 통신에서 사용하는 파라미터이다.

### (7) 오류율 (Error Rate)

신호를 전송할 때, 선로상의 혼선이나 일시적인 장애, 전파의 페이딩(Fading, 신호가 약해졌다 강해졌다 하는 현상)현상에 의한 잡음, 신호가 약해져서 발생하는 신호의 왜곡 등 여러 가지 이유로 전송되는 신호에 오류가 발생하게 되는데, 정보 전송 시 전달되는 총 비트 수에 대한 전송 도중 오류 발생 비트의 비율을 오류율이라고 한다.

$$\text{오류율} = \frac{\text{오류가 발생한 비트의 수}}{\text{총 전송한 비트의 수}} \tag{3.3}$$

ITU-T V.35 권고안에서는 1200bps의 전화선의 비트 오류율은 $10^{-3}$ 이하이어야 하고, 전용선인 경우 $5\times10^{-5}$ 이하이어야 한다고 권고하고 있다. 즉, 전화선의 경우 1000개의 비트를 전송했을 때 그 중 오류는 1개의 비트 이하, 즉 1개 또는 오류가 없어야 한다는 것을 의미한다.

한편, 신호 대 잡음비가 증가하면 오류율은 감소하고, 데이터 전송률이 증가하면, 오류율은 증가한다. 그리고 오류율은 프로토콜 분석기(Protocol Analyzer)와 같은 계측기로 측정할 수 있다.

### (8) 샤논(Shannon)의 채널 용량 정리

정보통신 시스템에서 채널의 용량을 나타내는 척도로서 대역폭과 신호 대 잡음비의 관계를 이용하여 채널의 용량을 규명한 것이 샤논의 채널 용량 정리이다. 샤논의 채널용량 정리는 식 3.4와 같이 나타낸다.

$$C = BW \cdot \log_2\left(1 + \frac{S}{N}\right) \tag{3.4}$$

여기에서 $C$는 채널의 용량으로서 초당 채널을 통해 전송할 수 있는 비트의 수를 의미하고, $BW$는 신호의 전송 대역폭, $S$는 신호의 출력 에너지, $N$은 잡음의 출력을 의미한다.

예를 들어 보자. 전형적인 음성급 채널에서 최대 사용 가능한 주파수 대역 $BW$는 $BW = 4,000[\mathrm{Hz}]$이다. 이 때 전송채널 상에서 S/N비가 30[dB], 즉 신호 전력의 크기가 잡음 전력의 크기보다 1,000배라면 이 전송채널을 통해 전송할 수 있는 정보의 최대 용량은 얼마나 될까?

식 3.4에서 log는 밑이 2이므로 계산의 편리를 위해 $\log_a b = \dfrac{\log_c b}{\log_c a}$와 같은 로그 변환공식을 이용해 상용로그(밑이 10)로 변환한다. 즉, 식 3.4는 다음과 같이 된다.

$$C = BW \cdot \frac{\log_{10}(1 + S/N)}{\log_{10} 2} \tag{3.5}$$

따라서 전송채널을 통해 전송할 수 있는 정보의 최대 용량은 식 3.4 또는 식 3.5의 샤논의 채널용량 정리에 의해 다음과 같이 계산된다.

$$\begin{aligned} C &= 4,000 \cdot \frac{\log_{10}(1 + 1,000)}{\log_{10} 2} \\ &= 4,000 \times 3/0.3 = 40,000[bps] \end{aligned} \tag{3.6}$$

이 결과로부터 이 전송채널을 통해 전송할 수 있는 정보의 최대 용량은 40 [Kbps]이다.

따라서 이 전송채널을 통해 전송할 수 있는 정보의 최대 용량을 더 늘리기 위해서는 다음과 같은 방법을 고려하여야 한다.

① 대역폭을 더 늘린다.
② 신호의 전력을 더 키운다.
③ 잡음의 전력을 줄인다.

# 3.9 신호의 전송

## 3.9.1 아날로그 전송과 디지털 전송

정보통신 시스템에서는 아날로그 신호와 디지털 신호를 적절한 전송매체, 즉 유선 또는 무선 전송매체를 통하여 전송할 수 있으며, 이와 같이 아날로그나 디지털 정보를 전하는 시스템을 전송 시스템이라고 한다.

정보를 전송함에 있어 아날로그로 전송할 수도 있고 디지털로 전송할 수 있는데, 아날로그 신호로 전송하는 것을 아날로그 전송(Analog Transmission)이라고 하고, 디지털 신호로 전송하는 것을 디지털 전송(Digital Transmission)이라고 한다. 즉, 아날로그 정보와 디지털 정보를 아날로그 신호로 전송할 수도 있고, 디지털 신호로도 전송할 수도 있다.

아날로그 신호와 디지털 신호의 전송에 있어 각각의 특징을 표 3.19에 나타내었다.

**표 3.19 아날로그 신호와 디지털 신호의 특징 비교**

| 구분 | 아날로그 신호 | 디지털 신호 |
|---|---|---|
| 신호의 전송거리 | 신호를 멀리 전송할 수 있음 | 신호의 전송거리가 짧음 |
| 잡음에 대한 영향력 | 잡음에 영향을 많이 받음 | 잡음에 강함 |
| 감쇠된 신호의 재생 방법 | 증폭기를 이용하여 복구 | 리피터를 이용하여 복구 |
| 구현 문제 | 구현이 용이<br>동기 문제 해결 방법이 우수 | 시스템이 간단<br>대규모 집적 가능 |

### (1) 아날로그 신호의 전송

아날로그 신호를 전송하는 방법은 아날로그 신호를 그대로 전송하는 방법과 디지털 신호로 변화하여 전송하는 방법, 2가지 방법이 있다.

먼저 아날로그 신호를 그대로 전송하는 방법을 알아보기 위해 음성 신호의 예를 들어보자. 사람의 음성 신호의 경우, 0.3~3.4KHz의 주파수 범위를 가진다. 물론 오디오 앰프와 스피커 사이처럼 아주 가까운 거리는 그대로 전송할 수 있지만, 전화와 같이 비교적 먼 거리의 경우 이와 같은 음성 신호를 그대로 전송하게 되면 잡음 등의 영향으로 신호가 왜곡되어 출력 단에서는 신호를 알아볼 수 없게 된다.

따라서 아날로그 신호를 그대로 전송하기 위해서는 잡음 등의 영향력을 감소시킬 수 있도록 송신기에서 낮은 주파수의 신호를 높은 주파수의 신호로 변환하여 전송한다. 이와 같이 낮은 주파수의 신호를 높은 주파수의 신호로 변환하는 과정을 변조(Modulation)이라고 하며, 수신기에서는 그 반대의 동작을 수행하게 되는데 그 과정을 복조(Demodulation)라고 한다.

한편, 아날로그 신호는 일정거리를 지나게 되면 그 신호의 세기가 감소하게 된다. 따라서 아날로그 신호를 장거리 전송하려면 일정 간격마다 감쇠된 신호의 세기를 증폭해주는 증폭기(Amplifier)를 설치해 주어야 한다. 하지만 이러한 증폭기는 신호만 증폭하는 것이 아니고, 신호에 부가되는 잡음까지도 증폭하게 되어 신호가 왜곡될 수 있으며, 특히 장거리 전송과 같이 연속적으로 증폭하게 되면 신호는 점점 더 왜곡될 수 있다. 따라서 아날로그 전송은 음성 신호와 같이 약간의 왜곡이 발생하더라도 인지하는데 어려움이 없는 곳에 사용한다.

다음, 아날로그 신호를 디지털로 변환하여 전송하는 방법을 알아보자.

아날로그 신호를 디지털로 변환하여 전송하기 위해서는 송신기에서는 아날로그 정보를 디지털 정보로 변환하는 부호기(Encoder)가 필요하고, 수신기에서는 다시 디지털 정보를 아날로그 정보로 변환하는 복호기(Decoder)가 필요하다. 이 두 기능을 수행하는 것을 코덱(CODEC)이라고 하며, 이와 같이 아날로그 정보를 디지털로 변환하는 것을 원천 부호화(Source Coding)라고 한다.

원천부호화를 하는 대표적인 방법으로 펄스 부호 변조(PCM : Pulse Code Modulation), 델타 변조(DM : Delta Modulation), 적응 PCM(Adaptive PCM), 차동 PCM(Differential PCM) 등이 있다.

### (2) 디지털 신호의 전송

원래부터 디지털 신호이든지 아니면 아날로그 신호를 디지털 신호로 변환한 신호든지 간에 이와 같은 디지털 신호를 전송하는 방법에는 변조를 수행하지 않고 전송하는 베이스밴드(Baseband, 기저대역 전송이라고도 함) 전송 방식과, 변조를 수행한 다음 전송하는 브로드밴드(Broadband) 전송 방식이 있다.

디지털 정보는 0과 1로 표현할 수 있는데, 이것을 전송매체에 적합한 펄스 파형 형태의 직류 전기 신호로 바꾸어 그대로 전송하는 것을 베이스밴드 전송이라고 한다. 즉 컴퓨터나 단말장치의 출력 신호가 바로 베이스밴드 신호이다.

이 방식은 최초 전신회선에 주로 이용되었으며 현재에는 근거리 통신망과 같이 컴퓨터 상호 간의 데이터 전송에 주로 이용되고 있다.

베이스밴드 전송은 실제로 디지털 정보를 변조를 하지 않고 단지 전기 신호의 레벨만 변화하여 그대로 전송하는 방식이기 때문에 원거리 전송 시 신호의 감쇠와 왜곡으로 통신 장애를 일으키게 된다. 따라서 원거리 전송에서는 사용하지 않는다.

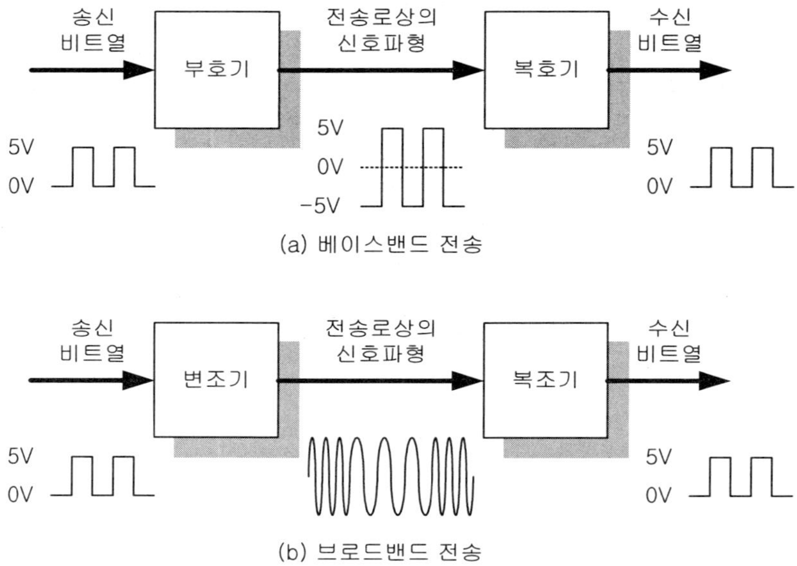


**그림 3.31 디지털 데이터의 전송**

브로드밴드 전송은 디지털 변조(Digital Modulation) 과정을 통해 전송하는, 즉 송신기에서 0과 1로 표현되는 디지털 정보를 높은 주파수를 가지는 아날로그 신호로 변조하여 전송하고, 수신기에서는 이것의 역동작을 통해 복조하는 방식이다.

아날로그 변조의 경우 변조된 신호의 형태 그 자체가 의미 있는 정보이지만, 디지털 변조의 경우 변조된 신호의 형태 그 자체에 의미 있는 것이 아니라 변조된 신호가 가지고 있는 내용에 그 의미가 있다. 따라서 디지털 변조의 경우, 변조된 신호가 왜곡되더라도 그 안의 정보가 변하지 않으면 얼마든지 재생해 낼 수 있다.

이와 같이 디지털 변조를 수행하여 원거리를 전송할 경우, 감쇠된 신호를 재생하기 위해서는 변조된 신호의 내용에 변화가 없는 범위 내에서의 일정 간격마다 중계기(Repeater)를 달아주어야 한다.

## 3.9.2 베이스밴드 (Baseband) 전송 부호

베이스밴드((Baseband) 전송은 앞에서 설명한 바와 같이 컴퓨터 또는 단말장치 등의 출력신호인 불연속적인 전압펄스로 구성되며, 이 때 각각의 2진 데이터는 전압 펄스와 일대일로 대응되어 부호화되고 전송된다.

베이스밴드 전송 부호 중 어느 부호를 선택할 것인가 하는 것은 부호의 대역폭, 동기 신호의 추출 능력, 오류검출 능력 등을 토대로 선택하여야 한다.

다음에 대표적인 몇 가지 베이스밴드 전송 부호의 종류 및 부호화 방법, 그리고 특징 등을 나타내었다.

### (1) 영비복귀 (NRZ : Non-Return to Zero) 부호

#### ① NRZ-L (NRZ-Level) 부호

NRZ-L 부호화 방식은 하나의 비트 기간 동안 일정한 전압 레벨을 가지며, "1" 의 데이터는 일반적으로 부전압(-V)으로 "0" 의 데이터는 정전압(+V)로 부호화하는 기법[66]이다. 따라서 항상 +V와 -V의 2가지 전압으로만 교번하기 때문에 0 전압은 되지 않는다(영비복귀).

이 부호화 기법은 일반적으로 가장 많이 사용하는 방법 중의 하나인데, 현재 컴퓨터 주변기기 간의 데이터 전송에서 2진 데이터를 부호화하는 방법으로 많이 사용되고 있다.

NRZ-L 부호화 방식은 그냥 NRZ 방식이라고도 한다.

이 방식의 단점은 전송되는 비트가 "1" 또는 "0" 어느 한쪽으로 이루어진 긴 비트열인 경우, 신호를 받는 쪽에서는 어느 시점부터 비트의 시작점인지를 알기 어렵기 때문에 신호의 동기를 조정하는데 어려움이 있다.

#### ② NRZI (NRZ Inverted) 부호

NRZI 부호는 NRZ-L 방식의 변형으로서 차동 부호화(Differential Encoding) 방식이라고도 한다. NRZ-L 부호와 마찬가지로 하나의 비트 기간 동안에는 일정한 전압 레벨을 유지한다.

부호화 방법은 "1" 의 데이터가 있을 때에만 현재의 상태에서 부호를 반전(즉, 현재의 상태가 +V이면 -V로, -V이면 +V로 반전)시키고, "0" 의 데이터가 있을 때에는 상태의 변화를 주지 않고 현재의 상태를 그대로 유지하는 방식이다.

복호화 방법은 비트의 시작점을 중심으로 앞 신호와 뒤 신호의 부호가 서로 다르면 "1" 로 판정하고, 같으면, "0" 으로 판정한다.

---

66) 시스템 설계 방법에 따라 "1" 의 데이터는 정전압(+V), "0" 의 데이터는 부전압(-V)으로 부호화할 수도 있으며, 이 절에서 설명하는 내용은 모두 동일하다.

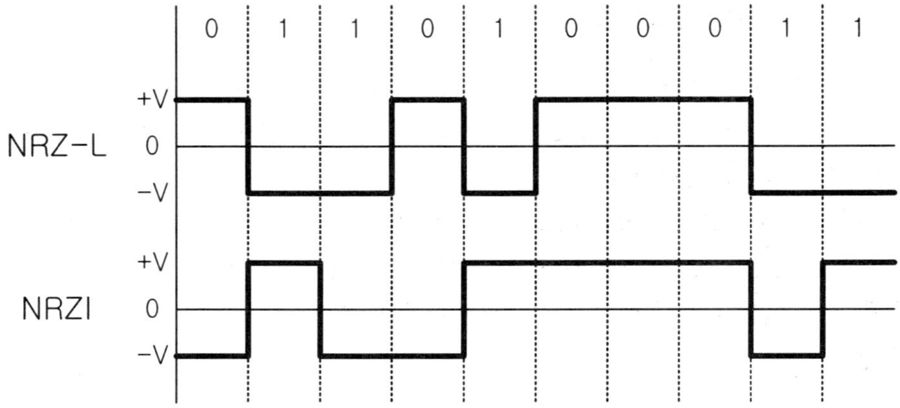


그림 3.32 영비복귀(NRZ) 부호

### (2) RZ (Return to Zero) 부호

RZ 부호는 각 비트의 1/2 주기만큼 +V 혹은 -V 상태를 유지하고, 그 뒤에 바로 영 상태로 되돌아오게 함으로서, 각 비트 구간마다 매번 상태 변화가 있도록 부호화하는 방법이다. 따라서 특정 비트 펄스와 다음 비트 펄스 사이에 반드시 영 상태로 일정시간 동안 유지한 후 다음 신호를 보내게 된다.

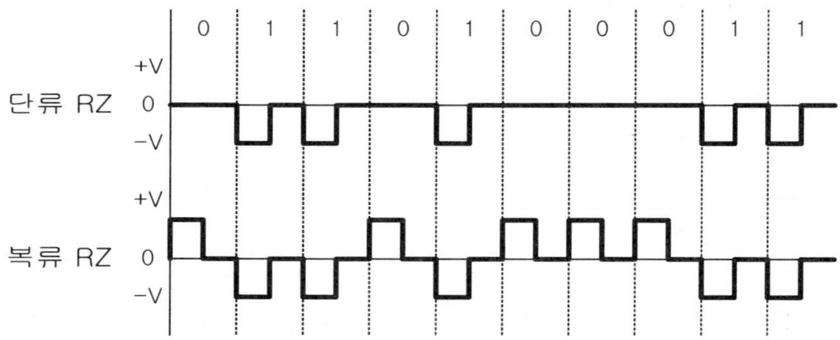


그림 3.33 영복귀(RZ) 부호

RZ 부호는 단류 RZ 부호와 복류 RZ 부호가 있으며, 단류 방식은 + 전압 레벨(+V) 또는 - 전압 레벨(-V) 중 한쪽만을 사용하는 것을 말하며, 복류 방식은 +V와 -V 둘 다 사용하는 방식이다. 결국 RZ 부호는 1비트를 2비트로 만든 것과 동일한 효과가 되므로, NRZ보다 2배의 비트율이 되어 더 넓은 대역폭을 필요로 한다. RZ 방식은 간단한 전송 시스템이고 초기 전신 등에 이용되었으나, 현재는 거의 사용되지 않는다.

### (3) 맨체스터 부호 (Manchester Code)

#### ① 맨체스터 부호 (Manchester Code)

RZ 부호의 한 형태인 맨체스터 부호(Manchester code)는 RZ 방식과 NRZ 방식의 단점을 보완한 부호로서 NRZ 방식에서 연속적인 비트가 전송될 때 전송전압이 일정한 값이 됨으로 인해 타이밍을 맞추기 어려운 문제점과, 또 RZ 방식에서의 단점인 전송 데이터의 평균값이 0이 되지 않는 점을 보완한 부호이다. 즉, 데이터와 타이밍 신호를 하나의 비트열로 결합하여 전송하는 부호이기 때문에 별도의 타이밍 신호를 필요로 하지 않는다는 장점이 있다.

맨체스터 부호(Manchester Code)는 이중위상(Biphase) 부호라고도 하며, 그림 3.34에서 보는 바와 같이 "1" 의 데이터는 +V에서 -V로, "0" 의 데이터는 -V에서 +V로 천이하도록 설계된 부호이다.

RZ 부호와 마찬가지로 각 비트의 중간에서 항상 천이가 일어나므로 동기를 취하기 쉽고, 만약 이 지점에서 천이가 일어나지 않으면 오류로 판단할 수 있는 장점이 있다. 그러나 1비트의 데이터가 2비트의 전송 비트로 바뀌므로, 채널 효율은 50%밖에 되지 않는다.

따라서 이 부호는 전송로의 효율이 그다지 문제가 되지 않는 곳에 사용되며, 최초에는 NRZ 부호를 대신해서 근거리 통신망(LAN) 등에서 사용하기 시작하였다. 현재 맨체스터 부호는 자기 테이프와 같은 기록 매체, 광 전송로, 동축 케이블, 근거리 통신망 등에 활용되고 있다.

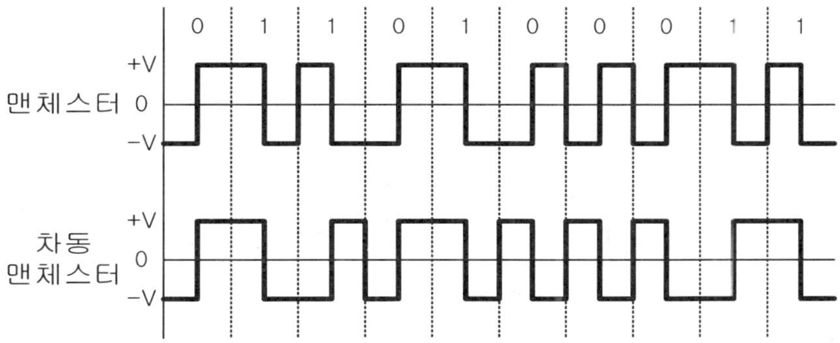


그림 3.34 맨체스터 부호와 차동 맨체스터 부호

#### ② 차동 맨체스터 부호 (Differential Manchester Code)

맨체스터 부호와 유사한 부호로서 차동 맨체스터 부호(Differential Manchester Code)가 있다.

차동 맨체스터 부호(Differential Manchester Code)는 그림 3.34에서 보는 바와 같이 비트 중간에 항상 전압의 변화가 있도록 하여 동기화 정보를 제공한다는 점은 맨체스터 부호와 같으나, 비트 값이 "0" 일 때에는 앞 전압에 대해 현 상태의 전압이 변하고, 비트 값이

"1" 일 때에는 현 상태의 전압이 변하지 않도록 한 점이 맨체스터 부호와 다른 점이다. 따라서 차동 맨체스터 부호를 차동 이중위상 부호(Differential Biphase Code)라고도 한다. 차동 맨체스터 부호는 한 비트에 대응하는 전압 변화의 형태가 바로 앞의 비트가 무엇이었는가에 따라 달라지므로, 하나의 비트 시간 동안의 전압변화만으로는 비트 값이 무엇인지를 알지 못한다.

### (4) AMI (Alternative Mark Inversion) 부호

AMI 부호화 방식은 세 가지의 전압 레벨 +V, 0, -V를 사용한다. 전송되는 데이터 비트가 '0' 인 경우에는 펄스가 없는 0V로 전송하고, '1' 인 경우에는 처음에는 +V, 그 다음에는 -V로 상반되게 대응하는 형태이다. 즉, 그림 3.35와 같이 전송하는 데이터가 '1' 인 경우, 입력되는 비트열의 순서에 따라 앞의 '1' 이 +V의 값을 가지면 -V를, 앞의 '1' 이 -V이면 +V로 부호화하여 전송하는 방식이다.

AMI 부호화 방식은 ITU-T G.703에서 표준으로 권고하고 있다. 이 권고에서 AMI 방식으로 전송하기 위해서는 15개 이상의 연속적인 '0' 비트가 존재하지 않도록 하여야 하며, 비트 '1' 의 평균 밀도는 8분의1 이상을 유지해야 한다고 권고하고 있다.

AMI 부호화 방식은 주로 북미 방식의 DS1(1.544Mbps) 및 DS1C(3.152Mbps) 반송에 사용하는 선로 부호화 방식으로 활용되고 있으며, 현재 국내에서 사용되는 전송 시스템에서도 채택하여 운용되고 있다.

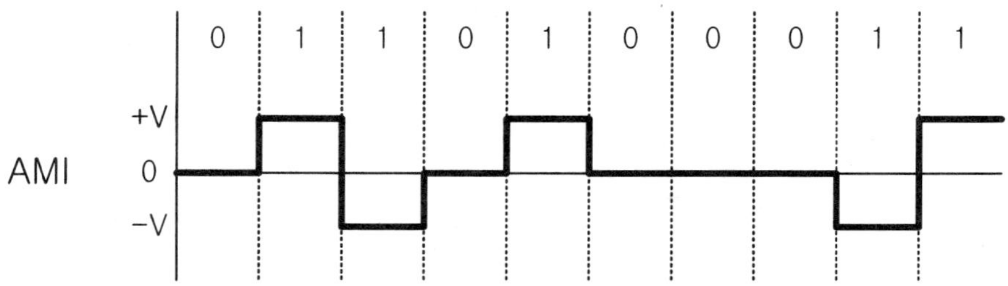


그림 3.35 AMI 부호

## 3.10 변복조 방식

### 3.10.1 변조의 목적

유선 전송로나 무선 전송로를 이용하여 정보를 전송할 때, 각각의 전송로는 각기 고유한 전송특성을 가지고 있으므로 전송하기 전에 정보 신호를 그 전송로의 특성에 맞추어 변환해 주어야 한다. 이와 같이 기저대역의 정보 신호를 전송로의 특성에 맞추어 높은 주파수의 신호로 변환하는 과정을 변조(Modulation)라고 하고, 수신기에서 그 역동작을 하는 것을 복조(Demodulation)라고 한다.

양방향 통신이 되기 위해서는 보내고 받을 수 있어야 하기 때문에 변조기와 복조기를 하나의 시스템으로 묶어 구현하는데 이를 변복조기, 즉 모뎀(MODEM)이라고 한다. 그리고 변조기에 입력되는 디지털 신호를 기저대역 신호(Baseband Signal)라고 하고, 이것은 변조되기 이전의 입력 데이터를 발생하는 특정장치의 출력신호를 의미한다.

원거리 통신을 하기 위해서는 전송선로에 적합한 진폭과 주파수를 갖는 정현파를 사용하여야 하는데 이러한 정현파를 반송파(Carrier Wave)라고 하고, 반송파에 데이터를 싣는 것을 변조라고 한다.

그럼 여기서 왜 반송파를 사용하는가? 하는 의문이 생길 것이다. 그것은 서울에 있는 화물을 부산으로 운반하는 예를 생각하면 쉽게 이해를 할 수 있는데, 서울에 있는 화물을 직접 부산으로 운반하는 것보다 화물을 운반하기 적합한 화물트럭을 이용하여 운반하는 것이 보다 안전하고 빠르게 운반할 수 있다. 즉, 디지털 데이터를 직접 전송하는 것보다 전송 매체에 적합한 반송파에 실어 보내는 것이 안전하고 빨리, 그리고 멀리 전송할 수 있다.

그렇다면 왜 변조를 해야 하는가에 대해 조금 더 알아보기로 하자.

#### (1) 장비의 제한을 극복하고, 효율적인 방사를 위해 변조를 한다.

무선 통신을 행하기 위해서는 송수신기 시스템에 반드시 안테나가 있어야 하는데, 이와 같은 안테나의 길이는 안테나를 통해 전파되는 신호의 파장($\lambda$)의 길이와 관련이 있으며, 보통 $\frac{1}{2}\lambda$(반파장 안테나) 또는 $\frac{1}{4}\lambda$의 안테나를 사용한다. 그리고 파장 $\lambda$는 안테나를 통해 전파되는 신호의 주파수($f$)와 전자기파의 속도($c$)[67]와 관련이 있으며, 다음 식과 같이 표현된다.

$$\lambda = \frac{c[\text{m/s}]}{f[\text{Hz}]} = \frac{3\times10^8}{f}[\text{m}] \tag{3.7}$$

67) 전자기파의 속도는 빛의 속도와 같은 $3\times10^8[m/s]$이다.

음성 신호를 변조를 하지 않고 직접 전송한다면, 얼마나 긴 안테나가 필요한지를 한번 계산해 보자. 먼저 음성 신호는 대략 0.3~3.4KHz의 주파수 범위를 가지지만, 계산의 편의를 위해 대역폭을 4KHz라고 가정하면, 파장 $\lambda$는

$$\lambda = \frac{3\times10^8}{4\times10^3}[m] = 75[\mathrm{Km}] \tag{3.8}$$

가 된다. 따라서 안테나의 길이는 반파장 안테나를 사용할 때 37.5[Km]가 되고, 1/4$\lambda$안테나를 사용하더라도 18.75[Km]가 된다. 현실 세계에서 18.75[Km] 이상 되는 안테나를 만든다고 하는 것은 어려우므로, 음성 신호를 그대로 안테나를 통해 전송하는 것은 불가능하다는 것을 알 수 있다.

현재 여러분이 사용하고 있는 핸드폰은 800MHz~2GHz 대역에서 운영되고 있다. 사용하는 주파수가 800MHz일 때 파장은 대략 0.375[m]가 되고, 1/2$\lambda$안테나를 사용한다면 안테나의 길이는 대략 19[Cm] 정도 된다. 따라서 음성 신호의 주파수를 보다 높은 주파수로 옮기면 정보를 보다 짧은 안테나를 이용하여 전송할 수 있다.

### (2) 잡음과 간섭을 감소시키기 위해 변조를 한다.

전송 시스템에서 잡음과 간섭이 없는 무 왜곡 전송은 사실상 불가능하지만, 정보 신호를 광대역화하면 잡음의 영향력을 감소시킬 수 있는데, 이러한 특성을 광대역 잡음 감소라고 한다. 변조를 하면, 변조된 신호의 대역폭은 변조하기 전의 신호의 대역폭보다 훨씬 넓은 대역폭을 가진다. 따라서 변조는 잡음과 간섭을 억제하는 효과가 있다.

### (3) 주파수 할당과 다중접속을 위해 변조를 한다.

통신망에서 사용하는 전송 시스템의 경우, 전송 가능한 주파수 대역폭이 음성 신호의 대역폭인 4KHz보다 훨씬 크고, 높은 수십 MHz에서 수십 GHz까지도 전송할 수 있다. 따라서 이와 같은 전송로를 단 한 사람만의 통신을 위해서 사용하는 것은 매우 비경제적이며, 특히 시설 운용 면에서 매우 좋지 않다. 또한 무선통신 시스템의 주파수 자원은 한정되어 있으므로, 이 유한한 주파수 자원의 이용을 극대화하기 위해서는 다수의 이용자가 동시에 사용할 수 있도록 하는 방법이 요구되는데, 이와 같은 기술을 다중접속(Multiple Access) 방식이라고 한다.

다중접속 방법 중의 한 방법으로 주파수분할 다중접속(FDMA : Frequency Division Multiple Access) 방식이 있다. 주파수 분할 다중접속 방식은 각 사업자에게 할당된 주파수 대역을

일정한 크기의 채널로 나누어 각각의 사용자에게 할당하여 주고(주파수 분할 다중화, FDM : Frequency Multiplexing), 사용자는 자신의 채널을 통해서만 통화하도록 하는 다중접속 방식이다.

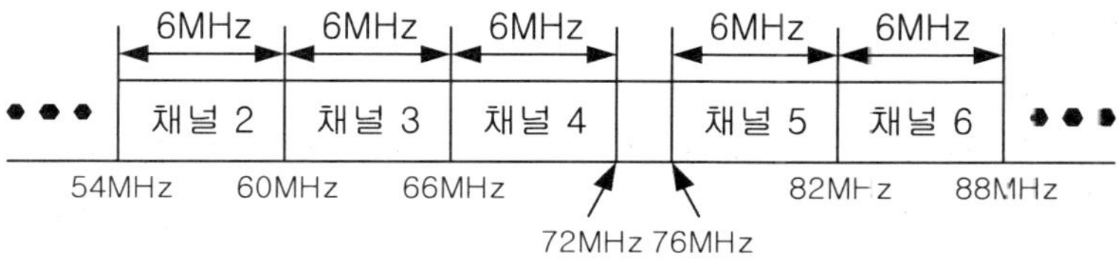


**그림 3.36 TV 방송의 채널 할당 및 주파수 분할 다중화의 예**

그림 3.36에 TV 방송의 주파수 분할 다중화 및 채널 할당의 예로서 TV 방송 채널 2번에서 6번까지의 분배 현황을 도식화하였는데, 채널 2번부터 6번까지가 54~88MHz의 주파수에 다중화되어 전송되는 것을 볼 수 있다.

다중접속 방식은 주파수 분할 다중접속 방법 외에도 시분할 다중접속, 부호 분할 다중접속, 파장 분할 다중접속 등이 있다.

### 3.10.2 아날로그 변조 방식

아날로그 변조 방식은 아날로그 신호를 직접 변조하는 변조 방식이며, 아날로그 신호를 반송파(Carrier)의 진폭, 주파수, 위상 중 어느 부분에 싣느냐에 따라 다음과 같이 3가지로 구분할 수 있다.

- 진폭 변조 (AM) : 반송파의 진폭(Amplitude)을 변화
- 주파수 변조 (FM) : 반송파의 주파수(Frequency)를 변화
- 위상 변조 (PM) : 반송파의 위상(Phase)을 변화

#### (1) 진폭변조 (AM : Amplitude Modulation) 변조 방식

진폭변조는 그림 3.37과 같이 정보 신호의 진폭에 따라 반송파의 진폭을 변화시키는 변조 방식이고, AM 변조 방식의 종류로는 양측 측파대 변조(DSB : Double Side Band), 단측 측파대 변조(SSB : Single Side Band), 잔류 측파대 변조(VSB : Vestigial Side Band) 방식이 있다.

그림 3.37에서 각 신호의 주파수 스펙트럼을 오른쪽에 나타내었는데, 반송파의 주파수를 중심으로 상측에 있는 신호 성분을 상측파대(Upper Sideband)라고 하고, 아라쪽에 있는 신호

성분을 하측파대(Lower Sideband)라고 한다.

그림 3.38에 AM 변조 방식의 종류를 나타내었다. DSB는 두 측파대를 모두 전송하는 방식이고, SSB는 두 측파대 중 어느 한쪽만 전송하는 방식이다. 그리고 VSB는 한쪽 측파대와 다른 한쪽 측파대의 일부만 전송하는 방식인데, 이것은 TV에서 영상 신호와 음성 신호를 함께 보내는데 사용되고 있으며 완전한 한쪽 측파대에는 영상 신호를, 일부분의 측파대에는 음성 신호를 실어 보낸다.

AM 방식은 현재 AM 공중파 방송(표준방송 또는 중파방송이라고 함)이나 무선 햄 등에서 사용되고 있으며, AM 라디오의 방송 주파수 대역은 525KHz~1,605KHz이다. AM 공중파 방송은 하나의 채널 대역폭이 9KHz이기 때문에 총 120개의 채널이 가능하지만, 우리나라에서는 100개의 채널만 사용하고 있다.

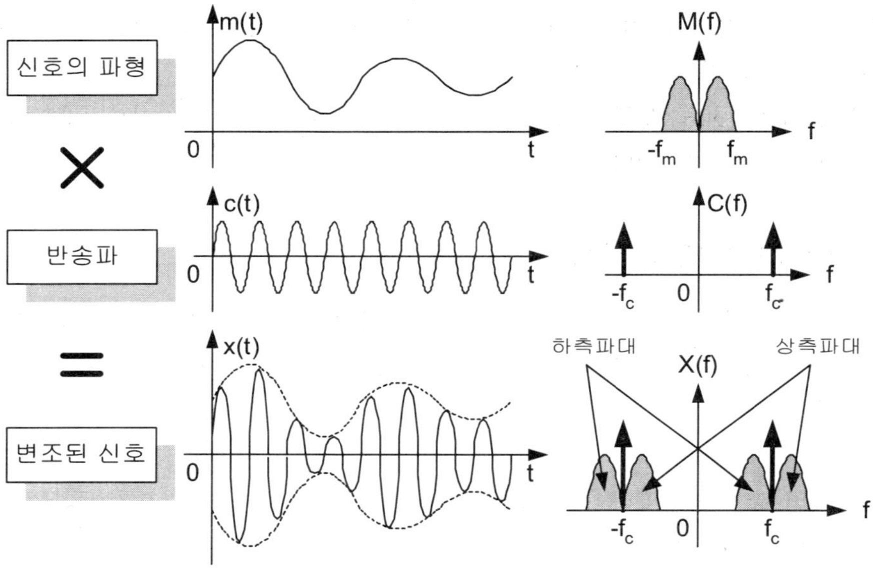


그림 3.37 AM 변조의 원리

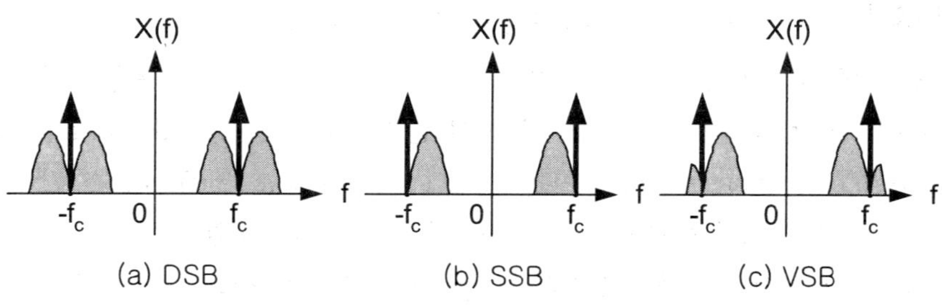


그림 3.38 AM 변조 방식의 종류

### (2) 주파수 변조 (FM : Frequency Modulation)와 위상 변조 (PM : Phase Modulation)

주파수 변조(Frequency Modulation)는 그림 3.39에서 보는 바와 같이 정보 신호의 진폭에 따라 반송파의 주파수를 변화시키는 변조 방식이고, 위상 변조(Phase Modulation)는 정보 신호의 진폭에 따라 반송파의 위상을 변화시키는 변조 방식이다.

이와 같이 FM과 PM은 주파수와 위상[68]을 변화시키기 때문에, 이 둘을 각도 변조(Angle Modulation)라고 한다.

FM과 PM을 다음과 같이 생각하면 개념적으로 좀 더 쉽게 이해할 수 있을 것이다.

FM은 정보신호의 진폭이 최대일 때 가장 높은 주파수가 되고, 정보신호의 진폭이 최소일 때 가장 낮은 주파수가 되도록 변조하는 방식이고, PM은 정보신호의 진폭의 기울기가 최대일 때 가장 높은 주파수가 되고, 정보신호의 진폭의 기울기가 최소일 때 가장 낮은 주파수가 되도록 변조하는 방식이다.

신호가 정현파일 때, PM에서 기울기가 최대인 곳은 정보 신호의 진폭이 (-)값에서 (+)값으로 바뀌는 곳의 0을 교차하는 지점(기울기가 +값으로 최대)이고, 기울기가 최소인 곳은 정보 신호의 진폭이 (+)값에서 (-)값으로 바뀌는 곳의 0을 교차하는 지점(기울기가 -값으로 최대)이다. FM 방식은 현재 FM 공중파 방송과 아날로그 셀룰러 이동통신 시스템에 사용되고 있으며, FM 라디오의 방송 주파수 대역은 88MHz～108MHz이고, 채널 하나 당 대역폭은 200KHz이다.

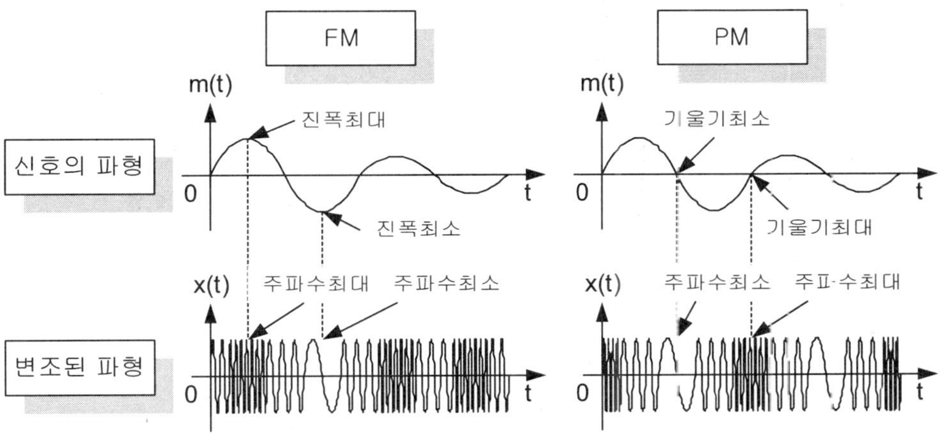


**그림 3.39 FM과 PM 변조 방식의 원리**

68) 위상을 미분하면 시간에 따른 주파수로 되고, 반대로 주파수를 시간에 따라 적분하면 위상이 된다. 따라서 FM과 PM은 같은 방식이다.

## 3.10.3 디지털 변조 방식

디지털 변조 방식은 입력된 디지털 신호를 변조하는 변조 방식이며, 아날로그 변조 방식과 마찬가지로 신호를 반송파(Carrier)의 진폭, 주파수, 위상 중 어느 부분에 싣느냐에 따라 다음과 같이 3가지로 구분할 수 있다.

- 진폭 편이 변조 (ASK) : 반송파의 진폭(Amplitude)을 변화
- 주파수 편이 변조 (FSK) : 반송파의 주파수(Frequency)를 변화
- 위상 편이 변조 (PSK) : 반송파의 위상(Phase)을 변화

### (1) 진폭 편이 변조 (ASK : Amplitude Shift Keying)

진폭 편이 변조(ASK : Amplitude Shift Keying)는 그림 3.40에 나타낸 바와 같이 입력되는 디지털 부호에 따라 각각 서로 다른 진폭을 가지도록 반송파를 변조하는 방법이다. 즉, "1" 의 데이터는 진폭이 A인 반송파로, "0" 의 데이터는 진폭이 0인 반송파로 전송한다.

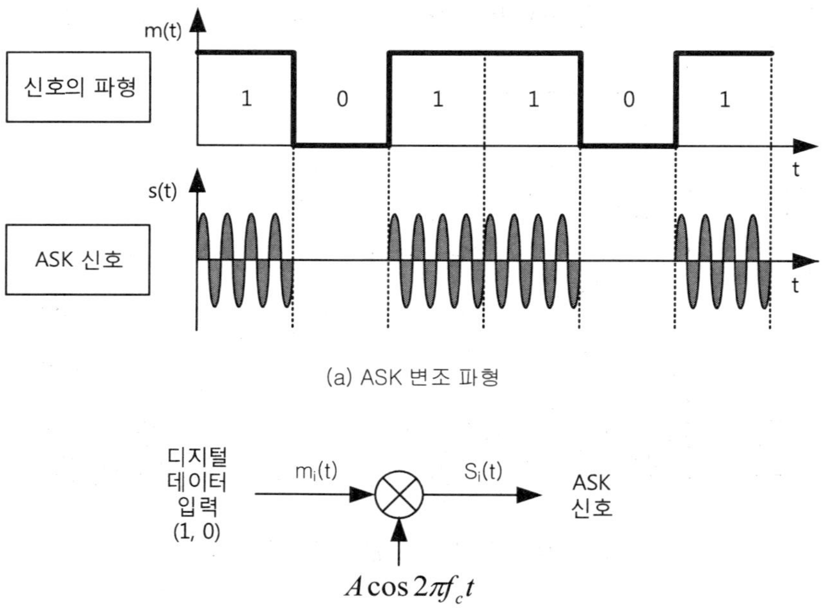


(a) ASK 변조 파형

(b) ASK 변조기

그림 3.40 ASK 변조 원리

예를 들어, 비트 값이 "1" 인 구간에서는 반송파를 흐르게 하고, 비트 값이 "0" 인 구간에서는 반송파를 흐르지 않게 할 수 있는데, 이와 같이 구현한 것을 OOK(On-Off Keying)라고 한다.

ASK 신호는 다음과 같이 표현할 수 있다.

$$s(t) = \begin{cases} A\cos(2\pi f_c t), & \text{symbol 1} \\ 0, & \text{symbol 0} \end{cases} \tag{3.9}$$

### ① 포락선 검파 방식을 이용한 ASK 신호의 복조

ASK 신호의 복조 방식은 비동기 검파 방식인 포락선 검파(Envelope Detection) 방식과 동기 검파 방식으로 구현할 수 있다. 그림 3.41에 포락선 검파 방식의 구조를 나타내었다. 여기에서 포락선(Envelope)이란 그림 3.41의 오른쪽 상부에 점선으로 나타낸 바와 같이 변조 신호의 최고점들을 잇는 가상의 선이라고 생각하면 이해가 쉽다.

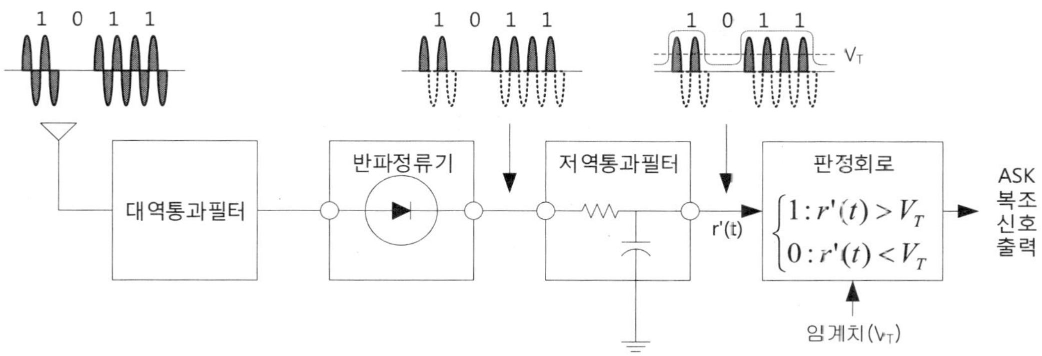


그림 3.41 포락선 검파 방식의 ASK 복조

그림 3.41에 나타낸 포락선 검파 방식의 ASK 복조 방식은 수신 신호를 반파 정류기로 정류하여 음의 부분을 제거한 다음 저역 통과 필터(LPF, Low Pass Filter)[69]로 포락선을 매끄럽게 이어 복조하는 방식이다. 이와 같이 송신기와 수신기 사이의 위상을 일치시키지 않고 복조하는 방법을 비동기 검파방식(Noncoherent Detection)이라고 한다.

비동기 검파방식인 포락선 검파 방식의 특징은 다음과 같다.

- 동기검파보다 복조시스템이 간단하고 값이 싸다.
- 동기 검파보다 효율이 떨어진다.
- 동기신호를 필요로 하는 PSK 방식은 비동기 검파방식을 사용할 수 없다.

69) 저역 통과 필터는 적분기의 역할을 한다.

### ② 동기 검파 방식을 이용한 ASK 신호의 복조

ASK 복조 방식 중 동기 검파 방식의 기본 구성 원리를 그림 3.42에 나타내었다. 동기 검파 방식은 ASK 변조를 할 때 사용했던 반송파와 완전히 동일한 주파수와 위상을 갖는 정현파를 수신기에서 발생시켜 사용하는데 이를 국부 발진기(LO, Local Oscillator)라고 한다. 국부 발진기에서 발생된 정현파를 수신된 신호와 곱하고, 저역통과 필터를 이용하여 저주파 성분만을 통과시키면 원 신호를 복원할 수 있다.

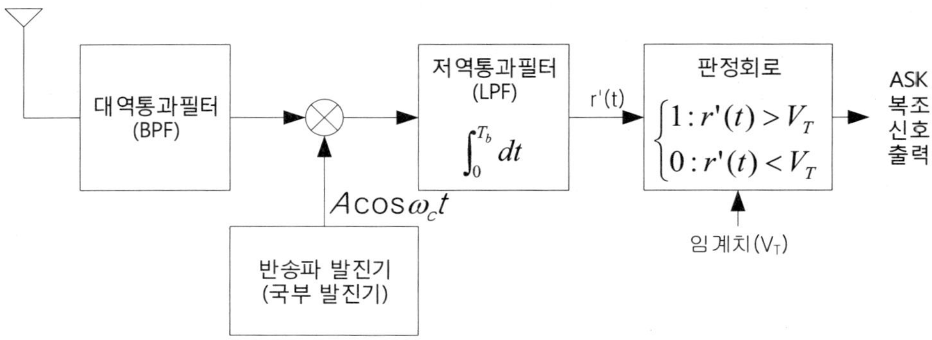


**그림 3.42 동기검파 방식의 ASK 복조**

동기 검파 방식의 원리를 보다 쉽게 이해하기 위해 간단한 수식으로 표현해 보자. 먼저 송신기에서 메시지 신호를 $a(t)$라고 하면, 변조 신호 $s(t)$는 다음과 같이 된다.

$$s(t) = a(t)\cos(\omega_c t) \tag{3.10}$$

여기에서 $a(t)$는 0 또는 A이다.

만약 전송로 상에서 신호가 감쇄가 되지 않고, 또 잡음도 없다고 한다면 송신한 신호 $s(t)$는 그대로 수신기로 도달하게 된다. 그러면 수신기에서는 송신기에서 사용했던 반송파와 동일한 정현파 $\cos(\omega_c t)$를 국부 발진기에서 생성하여 수신신호에 곱하여 주는데, 그 결과는 다음과 같다.

$$\begin{aligned} r(t) &= s(t)\cos(\omega_c t) \\ &= a(t)\cos^2(\omega_c t) \\ &= \frac{1}{2}\{a(t) + a(t)\cos(2\omega_c t)\} \end{aligned} \tag{3.11}$$

식 3.11의 결과를 보면, 마지막 줄의 첫 번째 항은 크기가 1/2가 되었다는 것을 제외하고는 메시지 신호와 동일하다. 그리고 두 번째 항은 반송파의 주파수 보다 2배의 주파수를 가지는 성분이므로, 이 항만 제거하면 원래의 신호를 복원할 수 있다. 따라서 식 3.11의 신호를 차단주파수가 $2\omega$보다 충분히 낮은 저역통과필터를 통과시키면, 두 번째 항은 제거되고 첫 번째 항만 남게 되므로 원래의 신호를 복원할 수 있다. 이것이 동기 검파 방식의 원리이다.
동기검파 방식에서 고려해야 할 사항으로는 국부발진기에서 생성한 정현파를 수신 신호와 곱하여 $\cos^2(\omega_c t)$를 만들어 줄 필요가 있는데, 이렇게 하기 위해서는 수신된 신호의 반송파와 국부 발진기에서 생성한 정현파가 완전히 동일한 주파수와 동일한 위상을 가지도록 해야 한다. 만약 이 조건이 만족되지 않으면, 저역통과 필터의 출력에서 (수신된 신호의) 반송파와 (국부발진기의) 정현파의 합과 차에 해당하는 주파수가 출력되어 메시지 신호가 왜곡되거나 오류가 발생될 수 있다.
수신기에서는 송신기와 독립된 국부발진기를 사용하므로, 송수신간의 지연 등으로 인해 주파수와 위상을 완전히 일치시키는 것은 불가능하다. 따라서 동기 검파를 할 때에는 수신되는 신호 중에서 반송파 성분을 추출하고, 이것을 이용하여 국부발진기에서 정현파를 생성하는 방법[70]을 사용한다.
이 때문에 동기 검파 방식은 비동기 검파 방식인 포락선 검파 방식보다 회로 구성이 매우 복잡하다. 하지만 동일 조건의 통신 상태에서는 동기검파 방식이 비동기 검파방식보다 더 우수한 성능을 나타낸다.

#### ③ ASK 변조 방식의 특징

ASK 방식은 경제적이면서도 쉽게 구현할 수 있고 대역폭을 효과적으로 사용할 수 있으나, 잡음에 대해 취약한 성질을 가지고 있어 음성급 회선에서는 전형적으로 1200bps까지의 전송속도 이내로 사용될 뿐 실제로는 거의 사용되지 않고 있다.
하지만 광통신에서는 광섬유를 통해 빛을 단속하여 데이터를 전송하는 방식이기 때문에 ASK가 활용되고 있으며, 또 다음에 설명할 PSK와 복합적으로 사용[71]하여 고속 디지털 데이터를 전송하는 곳에 사용되고 있다.

### (2) 주파수 편이 변조(FSK : Frequency Shift Keying)

주파수 편이 변조(FSK) 방식은 진폭과 위상은 일정하게 하고, 입력되는 디지털 부호에 따라 각각 서로 다른 주파수를 가지도록 변조하는 방식이다.

---
70) 일반적으로 PLL(Phase Locked Loop)을 많이 이용한다.
71) 이를 QAM(Quadrature Amplitude Modulation)이라고 한다.

### ① FSK 신호의 변조

주파수 편이 변조(FSK) 방식은 진폭과 위상은 일정하게 하고, 입력되는 디지털 부호에 따라 각각 서로 다른 주파수를 가지도록 중심 주파수를 중심으로 높은 주파수와 낮은 주파수를 할당하는 방식이다. 즉, "1"의 데이터는 높은 주파수를 가지는 반송파로, "0"의 데이터는 낮은 주파수를 가지는 반송파로 변조하는 방법이다.

예로, 공중 전화망(PSTN)에서 사용하는 FSK 모뎀(ITU-T V.21 규격)은 "1"의 데이터는 1,180Hz의 주파수로 전송하고, "0"의 데이터는 980Hz의 주파수로 전송하고 있으며, 양방향 디지털 전송을 위해 앞의 주파수와 조금 떨어진 대역의 주파수, 즉 1,850Hz와 1,650Hz의 주파수를 함께 사용한다. FSK 신호는 다음과 같이 표현할 수 있다.

$$s(t) = \begin{cases} A\cos(2\pi f_1 t), & \text{symbol } 1 \\ A\cos(2\pi f_2 t), & \text{symbol } 0 \end{cases} \tag{3.12}$$

그림 3.43에 FSK 변조 원리를 나타내었다. 그림 3.43(b)에 나타낸 FSK의 변조기를 보면 FSK 변조기는 서로 다른 주파수를 사용하는 ASK 변조기 2개로 구성되어 있다는 것을 알 수 있다. 따라서 FSK의 변조 파형은 그림 3.43(a)에 나타낸 바와 같이 2개의 ASK 변조파형이 겹쳐서 출력되는 것으로 생각할 수 있다.

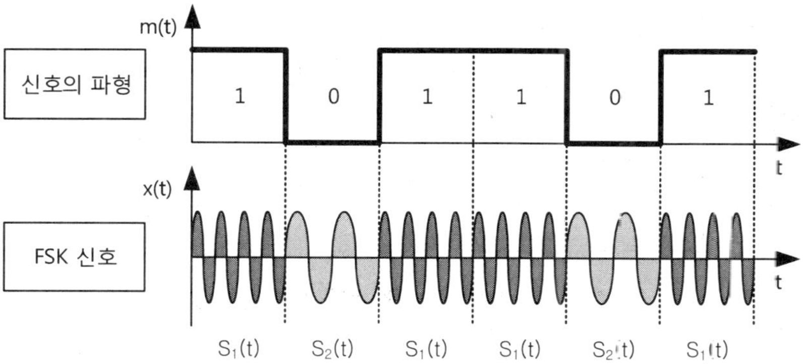


(a) FSK 변조 파형

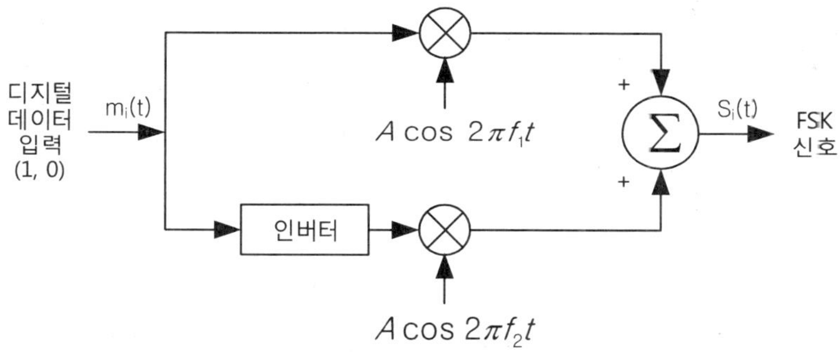


(b) FSK 변조기

**그림 3.43 FSK 변조의 원리**

### ② FSK 신호의 복조

FSK 신호의 복조는 비동기 방식의 복조 방법과 동기 방식의 복조 방법으로 나눌 수 있으며, 비동기 방식의 복조는 포락선 검파(Envelope Detection)를 이용하여 구현하고, 동기 방식의 복조는 다시 구현하는 방법에 따라 정합필터를 이용한 복조, 상관기(Correlator)를 이용한 복조, PLL을 이용한 복조 등으로 나눌 수 있다.

그림 3.44에 비동기 검파 방식의 FSK 복조회로를 나타내었고, 그림 3.45에 동기 방식의 FSK 복조 방식 중 상관기를 이용한 복조 방법을 나타내었다.

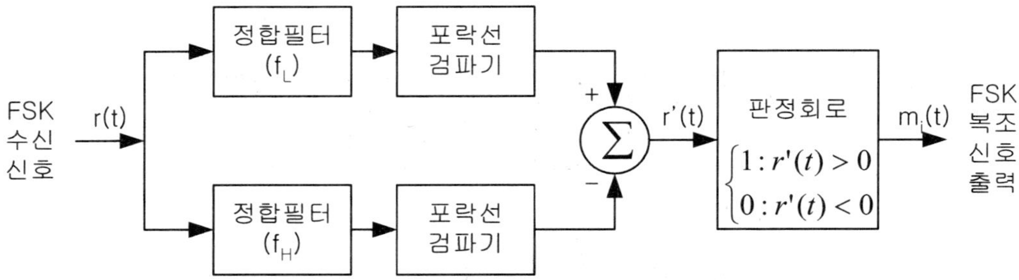


**그림 3.44 비동기 방식 FSK 복조(포락선 검파 방식)**

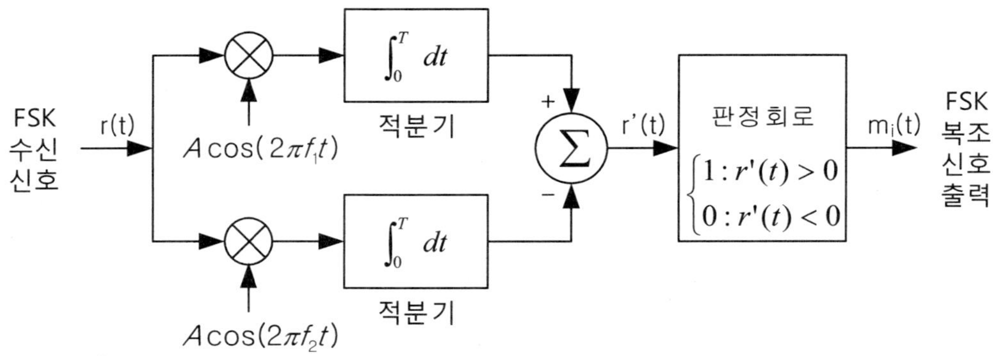


**그림 3.45 동기 방식 FSK 복조(상관기 검파 방식)**

### ③ FSK 방식의 특징

FSK 변조 방식은 높은 주파수와 낮은 주파수의 2개의 상태를 사용하기 때문에 잡음이나 레벨의 변동이 있어도 주파수 변동에는 영향을 주지 않으므로 잡음과 레벨 변동에 강한 특성이 있는 반면 고속 전송에는 부적합하다.

FSK 방식의 특징을 요약하면 다음과 같다.

- 주로 1,200bps이하의 저속 데이터 전송에 많이 사용된다.
- 같은 전력에 대해 FSK가 ASK보다 3dB의 이득을 갖는다.

FSK 방식은 PSK 변조 방식과 마찬가지로 매우 광범위하게 활용되고 있는데, 그 사용 예로는 200~1,200bps의 저속 유선통신용 모뎀, 유럽의 디지털 셀룰러 이동통신 시스템인 GSM 시스템, 그리고 아날로그 셀룰러 이동통신 시스템의 제어신호 전송 등에 주로 사용되고 있으며, 현재 구내 이동통신 시스템인 블루투스에도 활용되고 있다. FSK 방식의 모뎀 규격으로는 ITU-T 권고 V.21, V.23 등이 있다.

### ④ M진 FSK (M-ary FSK)

FSK는 사용하는 반송파 주파수의 개수를 2, 4, 8, …, M($M=2^n$)개를 사용하여 데이터를 표현할 수도 있는데, 이 때 사용하는 주파수의 개수에 따라 BFSK, 4FSK, 8FSK, …, MFSK라고 하고, 이를 총칭하여 M진 FSK(M-ary FSK)라고 한다.

M진 FSK 방식에서 M의 수가 증가하면 대역폭이 증가하므로, 스펙트럼 효율이 나빠진다. 따라서 FSK 방식은 주로 BFSK(Binary FSK)를 사용한다.

### ⑤ 연속 위상 주파수 편이 변조 (CPFSK : Continuous Phase FSK)

FSK 신호를 생성하기 위해서는 복수의 반송파 발진기를 스위치로 전환해 주는 방법과 하나의 전압 제어 발진기(VCO : Voltage Controlled Oscillator)를 이용하여 주파수를 변환하는 방법이 있다. 후자와 같이 VCO를 이용하면 위상이 연속되는 FSK 변조를 할 수 있는데, 이를 연속 위상 주파수 편이 변조(CPFSK : Continuous Phase Frequency Shift Keying)라고 한다.

CPFSK는 비트가 전환될 때 FSK 심벌 간 위상이 급격하게 변환되지 않고 연속적으로 변화하도록 반송파의 주파수를 변조하는 방식으로서, 급격한 위상 변화가 발생하지 않기 때문에 스펙트럼 특성이 양호해진다는 장점이 있다. 그러나 소요 주파수 대역폭이 넓어진다는 단점이 있다.

### ⑥ 최소 편이 변조 (MSK : Minimum Shift Keying)

CPFSK에서 현시점의 위상에 대한 다음 심벌의 위상이 ±90° 만큼 앞서거나 뒤지도록 2개의 반송파($f_0$와 $f_1$)를 선택하면, 양 부호는 직교 관계가 이루어져 이상적인 복조를 수행할 수 있다.

이와 같이 직교 관계가 성립되는 최소의 주파수 차, 즉 $2(f_1-f_0)T=1$ ($T$ : 부호의 주기)이 성립되도록 반송파를 선택한 CPFSK 방식을 최소 편이 변조(MSK : Minimum Shift Keying)라고 한다. 다시 말해 MSK는 CPFSK의 주파수 대역을 제한하여 최소로 함으로써 주파수 효율을 높인 방식이라고 할 수 있다.

### ⑦ 가우스 필터 최소 편이 변조 (GMSK : Gaussian Filtered MSK)

GMSK는 MSK 방식의 이점을 살리면서 가우스 필터를 사용하여 대역 외의 전력 방사를 감소시킨 변조 방식으로서, 입력되는 디지털 펄스열을 우선 가우스 필터라고 하는 저역통과 필터로 파형 성형한 후에 통상적인 MSK 변조 방식을 이용해 변조하여 전송하고 복조기는 MSK와 같은 것을 사용한다.

GMSK는 대역 제한을 하기 때문에 반송파의 직교성이 손실되므로 MSK에 비해 약간의 열화가 발생하지만, 스펙트럼 집중성이 우수해 일정 대역 내에서 전송하는 채널수를 MSK보다 증가시킬 수 있다.

GMSK는 TDMA 방식의 이동통신 시스템인 GSM 시스템의 변조 방식으로 사용되었고, 또 국내에서는 디지털 코드리스 폰(Codeless Phone, 국내에서는 시티폰이라고 함)의 변조 방식으로 사용되기도 하였다. GMSK는 스펙트럼 효율이 좋기 때문에 용량을 증가시킬 수 있어 일반적으로 이동통신용의 변조 방식으로 많이 활용되고 있다.

### (3) 위상 편이 변조(PSK : Phase Shift Keying)

위상 편이 변조(PSK : Phase Shift Keying) 방식은 정현파의 진폭 및 주파수는 일정하게 하고 위상에 대한 정보만을 입력되는 디지털 부호에 따라 변화시키는 방법이다.

가장 대표적인 방법은 서로 다른 두 입력 디지털 데이터( '1' 또는 '0' )에 대해 180도의 위상차(0° 와 180° )가 나도록 위상을 2등분하는 방식인데, 이를 2위상 편이 변조(BPSK : Binary PSK) 또는 그냥 PSK라고 한다.

#### ① PSK 신호의 변조

PSK 신호는 다음과 같이 표현할 수 있다.

$$s(t) = \begin{cases} A\cos(2\pi f_c t), & \text{symbol 1} \\ A\cos(2\pi f_c t + \pi), & \text{symbol 0} \end{cases} \tag{3.13}$$

여기에서 $A\cos(2\pi f_c t + \pi)$는 $-A\cos(2\pi f_c t)$와 같으므로, 식 3.13은 다음과 같이 쓸 수 있다.

$$\begin{aligned} s(t) &= \pm A\cos\omega_c t \\ &= a(t)\cos\omega_c t \end{aligned} \tag{3.14}$$

식 3.14는 앞에서 배운 ASK 신호와 유사한 신호라는 것을 알 수 있다. 단지 다른 점은 ASK에서는 $a(t)$가 0, 또는 +A인 반면에 PSK는 $a(t)$가 +A와 -A라는 점만 다르다.

따라서 PSK의 변조기는 그림 3.46(c)에 나타낸 바와 같이 ASK와 동일한 변조기를 사용할 수 있다. 그리고 그림 3.46(a)와 그림 3.46(b)에 BPSK의 변조 파형과 위상배치도(Constellation)를 나타내었다. 이 그림에서 알 수 있듯이 "1" 의 데이터는 정현파의 위상이 0도인 반송파로, "0" 의 데이터는 정현파의 위상이 180도인 반송파로 변조하여 전송한다.

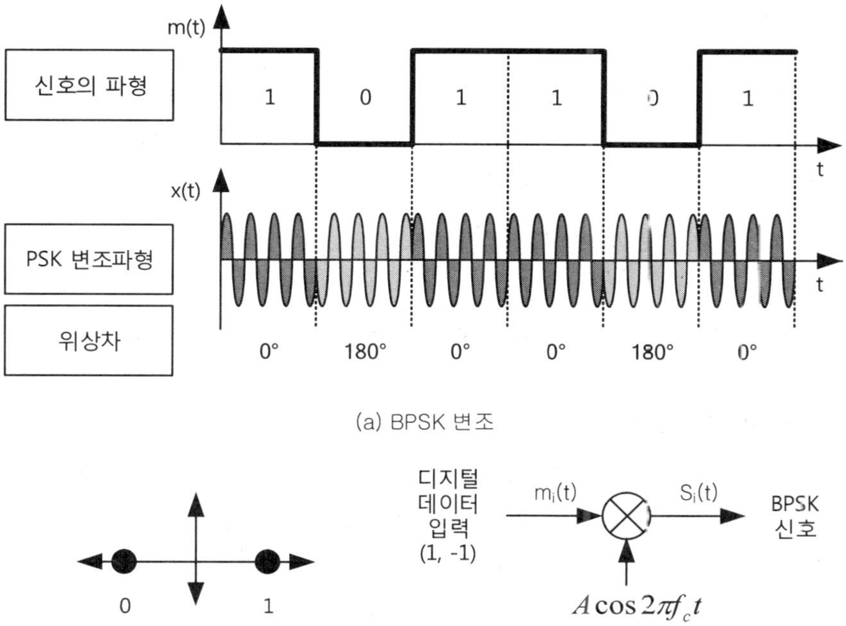


(a) BPSK 변조

(b) BPSK 변조방식의 위상배치도

(c) BPSK 변조기

**그림 3.46 PSK 변조 원리**

### ② PSK 신호의 복조

PSK 변조 방식은 위상 변조 방식이기 때문에 ASK나 FSK에서 사용했던 것과 같은 비동기 검파(포락선 검파) 방식은 복조 방식으로 사용할 수 없고 반드시 위상정보(즉, 동기신호)를 필요로 하는 동기검파(Coherent Detection) 방식만 사용할 수 있다.

결론적으로 동기검파와 비동기 검파의 차이점은 위상 정보를 필요로 하느냐 하지 않느냐로 구분할 수 있다.

PSK 복조기를 그림 3.47에 나타내었다. 이것은 ASK에서 사용했던 동기 검파 방식과 동일하다. 한 가지 차이점이라면, ASK에서는 판정회로에서 임계값을 기준으로 수신된 신호가 임계값보다 크면 "1"로 판정하고, 수신된 신호가 임계값보다 작으면 "0"으로 판정하였는데, 동기 검파 방식 PSK 복조기는 ±1의 값을 갖는 신호를 얻는 것이므로 판정회로에서 수신된 신호가 0보다 크면 "1"로 판정하고, 수신된 신호가 0보다 작으면 "0"으로 판정한다. 즉, PSK 복조기는 동기검파방식 ASK 복조기에서 임계값이 0이라고 생각하면 이해가 쉽게 될 것이다.

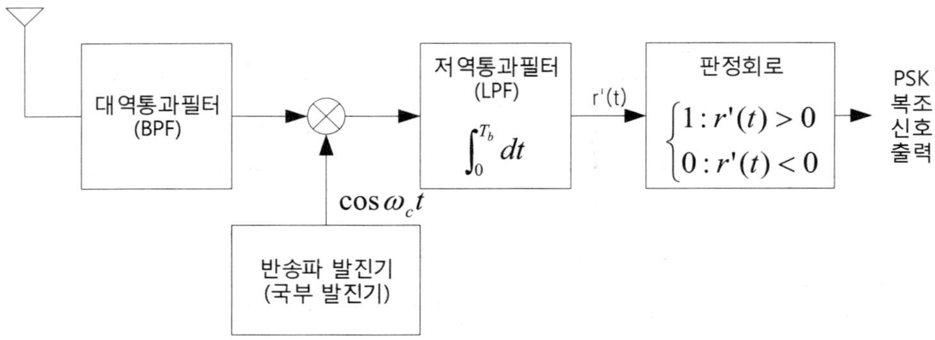


**그림 3.47 PSK 복조**

### ③ PSK 변조 방식의 특징

PSK 변조 방식은 입력 데이터에 따라 반송파의 위상을 변화시키고, 반송파의 진폭과 주파수는 변화를 시키지 않으므로, 잡음이나 레벨 변동에 강한 특징이 있다. 따라서 PSK 변조 방식은 유선 통신용 중속도의 모뎀이나 국내에서 상용화된 CDMA 방식의 셀룰러 이동통신 분야, 그리고 위성 방송의 음성 신호 전송이나 위성 통신 분야 등에 널리 사용되고 있다. PSK 특징을 요약하면 다음과 같다.

- PSK 변조 파형은 일정한 진폭을 가지므로 전송로 등에 의한 레벨 변동의 영향을 적게 받으며, 심벌 오류 특성도 우수하다.
- FSK 보다 낮은 주파수의 반송파로 구현할 수 있기 때문에 높은 전송율의 시스템에는 PSK가 많이 사용된다.
- 위상 차이를 식별하는 것이 주파수 변화를 판별하는 것보다 쉽기 때문에 PSK가 많이 사용된다.
- BPSK는 오류 확률 특성이 가장 우수한 변복조 방식이다.

### ④ M진 PSK (M-ary PSK)

PSK 변조 방식은 반송파의 위상을 2, 4, 8, ⋯, M 등분으로 나눔에 따라, 한 번에 전송할 수 있는 데이터의 비트수를 1, 2, 3, ⋯, k (여기에서 k는 $M=2^k$의 관계를 가진다)로 증가시킬 수 있다.
즉, 한 번에 변조시킬 수 있는 비트 수에 따라 이를 각각 2PSK(BPSK), 4PSK(QPSK), 8PSK, ⋯, MPSK라고 하며, 이를 총칭하여 M진 PSK(M-ary PSK)라고 한다. 여기에서 2PSK와 4PSK는 특별히 BPSK(Binary PSK), QPSK(Quadrature PSK)라고 한다.

### (4) 직교 위상 편이 변조(QPSK : Quadrature PSK)

직교 위상 편이 변조(QPSK : Quadrature PSK) 방식은 위상을 90도 간격으로 4등분하여 입력 데이터를 변조하는 방식으로서, 4위상 편이 변조(4PSK : Quadric-phase PSK)라고도 한다. 위상의 변화를 90° 단위로 취하면 4개의 위상(예: 0°, 90°, 180°, 270°)을 얻을 수 있고, 이 경우 2비트의 정보('00', '01', '10', '11')를 1회의 변조를 수행하여 단위 시간마다 전송할 수 있다.

그림 3.48에 QPSK 시스템의 변조기의 구성을 나타내었다. BPSK는 한 번에 한 비트씩 처리하지만, QPSK 변조기의 입력 데이터 열은 그림 3.48에서 보는 바와 같이 2개의 비트가 들어오면 직병렬 변환기에 의해 I채널과 Q채널로 1비트씩 분배하여 처리된다.

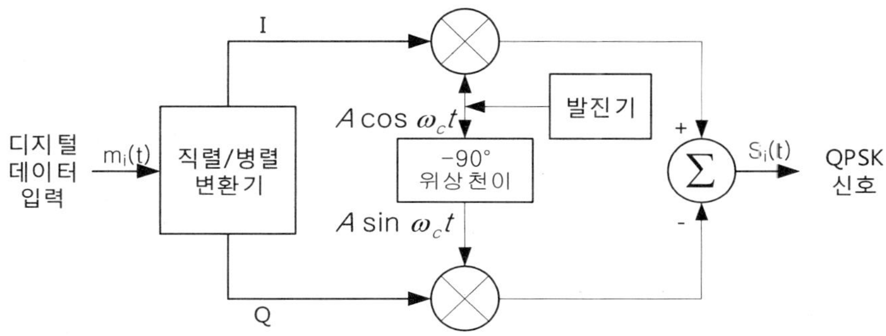


**그림 3.48 QPSK 변조기**

여기에서, I채널과 Q채널로 입력된 "1", "0"의 데이터는 "1", "-1"로 변환되어 $d_I(t)$와 $d_Q(t)$가 된다. 그리고 I채널의 $d_I(t)$는 $A\cos\omega_c t$와 곱해지고, Q채널의 입력된 $d_Q(t)$는 $A\sin\omega_c t$와 곱해져 출력된다.

따라서 QPSK 변조기의 최종 출력은 다음과 같이 쓸 수 있다.

$$\begin{aligned} s(t) &= A\{d_I(t)\cos\omega_c t - d_Q(t)\sin\omega_c t\} \\ &= \sqrt{2}A\cos\{\omega_c t + \theta(t)\} \end{aligned} \tag{3.15}$$

여기에서 QPSK 신호의 진폭은 $\sqrt{\{d_I(t)\}^2 + \{d_Q(t)\}^2} = \sqrt{2}$이 되어 일정한 진폭이 되고 위상 $\theta(t)$는 다음과 같은 값을 가진다.

$$\theta(t) = \tan^{-1}\frac{d_Q(t)}{d_I(t)} \tag{3.16}$$

식 3.16에서 $d_I(t)$와 $d_Q(t)$는 $\pm 1$의 값을 가지므로, 위상배치표 및 위상배치도를 만들면 표 3.20과 같이 된다.

**표 3.20 QPSK 변조시스템의 위상배치표 및 위상배치도**

| 입력 데이터 | | | | QPSK 출력위상 |
|---|---|---|---|---|
| I | Q | $d_I(t)$ | $d_Q(t)$ | |
| 0 | 0 | 1 | 1 | 45° |
| 0 | 1 | 1 | -1 | -45° |
| 1 | 0 | -1 | 1 | 135° |
| 1 | 1 | -1 | -1 | -135° |

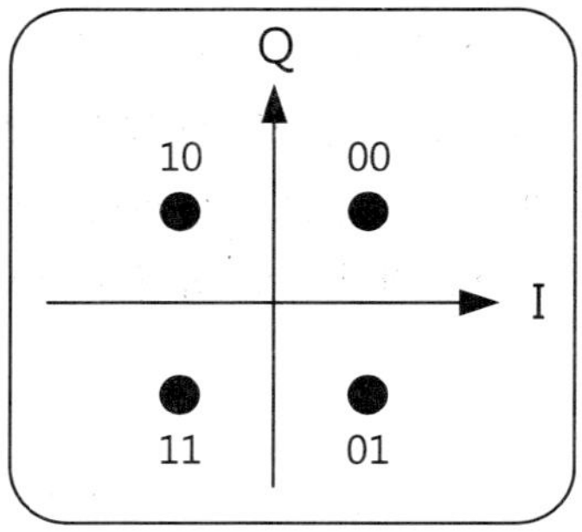


QPSK의 위상배치표는 시스템을 설계하는 방법에 따라 조금씩 달라질 수 있는데, 표 3.21에 ITU-T V.26 규격에서 제시하는 QPSK 변조 방식의 위상배치표를 나타내었다.

**표 3.21 ITU-T V.26 규격에서 QPSK 변조 방식의 위상배치표**

| 권고안 | 입력비트 | 위상 편이각 | |
|---|---|---|---|
| | | A 방식 | B방식 |
| ITU-T V.26 | 0 0 | 0° | 45° |
| | 0 1 | 90° | 135° |
| | 1 1 | 180° | 225° |
| | 1 0 | 270° | 315° |
| BELL 201 B/C | 0 0 | 45° | |
| | 0 1 | 135° | |
| | 1 1 | 225° | |
| | 1 0 | 315° | |

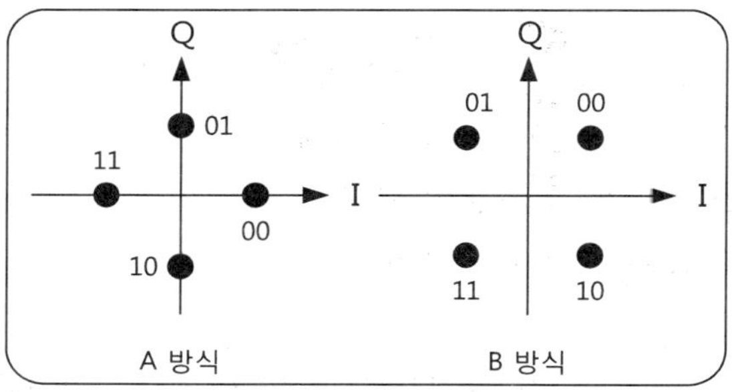


그림 3.49에 QPSK 방식의 변조 파형을 나타내었다. 참고로 여기에서 표시한 위상각은 표 3.21에 나타낸 A 방식을 기준으로 표시하였다.

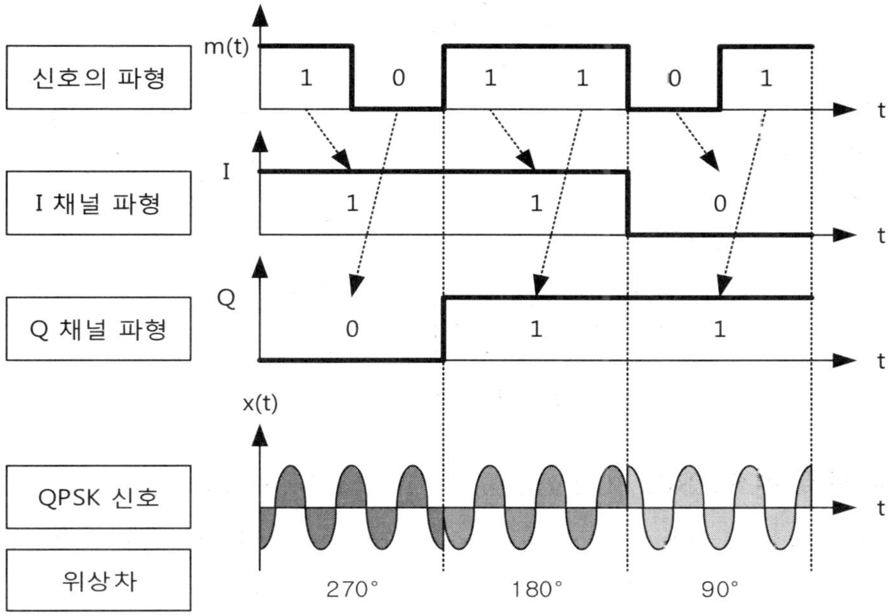


**그림 3.49 QPSK 변조 원리**

BPSK 변조 방식은 한번에 1비트의 데이터를 입력받아 하나의 신호를 만들어 전송하는 반면, QPSK는 한번에 2비트의 데이터를 입력받아 하나의 신호로 전송하므로 QPSK 변조 방식은 BPSK 변조 방식보다 전송 대역폭을 2배로 활용할 수 있다. 즉, QPSK 변조 방식은 BPSK 변조 방식이 사용하는 동일한 주파수 대역에서 2배의 정보를 전송할 수 있다.

따라서 QPSK는 대역폭을 효율적으로 사용할 수 있다는 장점이 있으나, 그만큼 회로도가 복잡해지므로 BPSK에 비해 비용이 증가하게 된다. 한편, BPSK와 같은 주파수 대역에서 BPSK의 3배의 정보를 전송할 수 있는 8위상 편이 방식(8PSK), 4배의 정보를 전송할 수 있는 16위상 편이 방식(16PSK)도 생각할 수 있는데, 이것들은 주파수 효율은 개선할 수 있으나 각 위상 상태 간의 거리가 짧아져 잡음의 영향을 받기 쉽기 때문에 실제로 많이 사용되지는 않고 M-ary PSK 방식으로는 QPSK가 가장 많이 사용되고 있다.

그림 3.50에 QPSK 시스템의 복조기의 구성을 나타내었다.

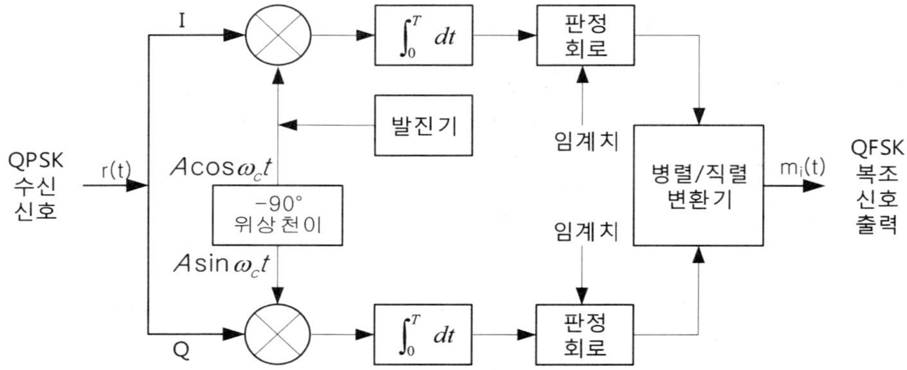


그림 3.50 QPSK 복조기

## (5) 직교 진폭 변조(QAM : Quadrature Amplitude Modulation)

직교 진폭 변조(QAM : Quadrature Amplitude Modulation)는 제한된 주파수 대역에서 전송 효율 및 스펙트럼 효율을 향상시키기 위해 반송파의 진폭(Amplitude)과 위상(Phase)을 동시에 변화시켜 데이터를 전송하는 변조하는 방식이다.

즉, QAM은 ASK와 PSK를 혼합시킨 변조 방식으로써, 디지털 신호 처리 기술 및 LSI 기술이 발전하여 실현되었으며 제한된 전송 대역 내에서 데이터를 고속으로 전송하는 데 유리하다.

그림 3.51에 16-QAM 변조기를 나타내었다. 4비트씩 입력된 데이터는 직렬/병렬 변환기로 입력되고, 직렬/병렬 변환기에서 1번째와 3번째 데이터인 $I_1$과 $Q_1$은 비트의 극성을 나타내는 데 사용된다. 따라서 입력된 1번째와 3번째 데이터 "1", "0"은 2-to-4 레벨변환기에서 "1", "-1"로 변환된다.

그리고 2번째와 4번째 데이터인 $I_2$와 $Q_2$는 전압의 진폭을 나타내는데 사용되며, 입력된 "1", "0"의 데이터는 2-to-4 레벨변환기에서 예를 들어 "0.821[V]", "0.22[V]"와 같이 서로 다른 전압으로 변환된다.

결과적으로, 2-to-4 레벨변환기에서의 출력은 ±0.821[V], ±0.22[V]가 되고, 이들은 $A\cos\omega_c t$ 및 $A\sin\omega_c t$의 반송파와 곱해져 출력되므로, $\pm 0.821\cos\omega_c t$, $\pm 0.821\sin\omega_c t$, $\pm 0.22\cos\omega_c t$, $\pm 0.22\sin\omega_c t$가 선형 합성기에서 더해진다.

따라서 선형합성기의 출력인 QAM 신호는 16가지의 경우가 만들어지며, 그중 $0.821\cos\omega_c t + 0.821\sin\omega_c t$의 경우를 계산하면, QAM 신호의 진폭(Amplitude)은 $\sqrt{0.821^2 + 0.821^2} = 1.161$이 되고, 위상(Phase)은 $\tan^{-1}\frac{0.821}{0.821} = 45°$가 된다.

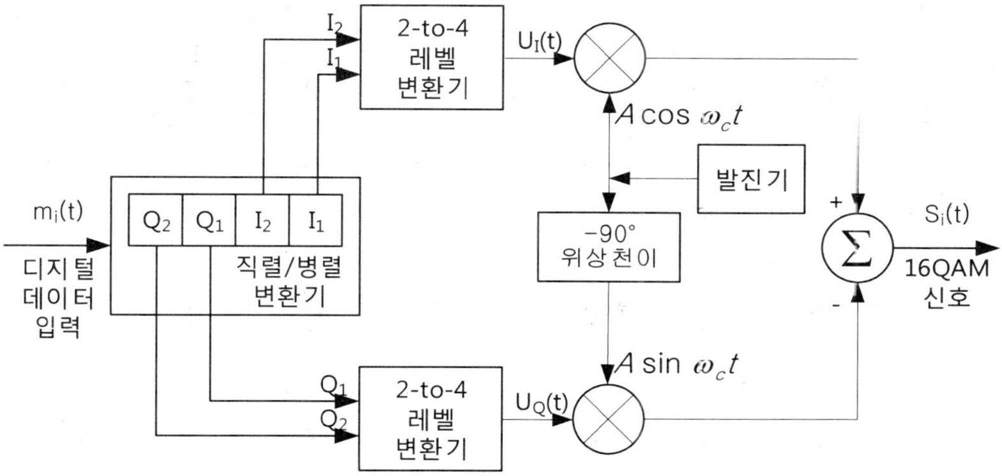


**그림 3.51 QAM 변조기**

그림 3.51에서 2-to-4 레벨변환기에서의 출력을 각각 $U_I(t)$와 $U_Q(t)$라고 하면, QAM 시스템의 변조 파형은 다음과 같이 일반화 할 수 있다.

$$s(t) = U_I(t)\cos\omega_c t - U_Q(t)\sin\omega_c t \\ = A(t)\cos\{\omega_c t + \theta(t)\} \tag{3.17}$$

여기에서 QAM 신호의 진폭인 $A(t)$는 $\sqrt{\{U_I(t)\}^2 + \{U_Q(t)\}^2}$가 되고, 위상 $\theta(t)$는 다음과 같이 된다.

$$\theta(t) = \tan^{-1}\frac{U_Q(t)}{U_I(t)} \tag{3.18}$$

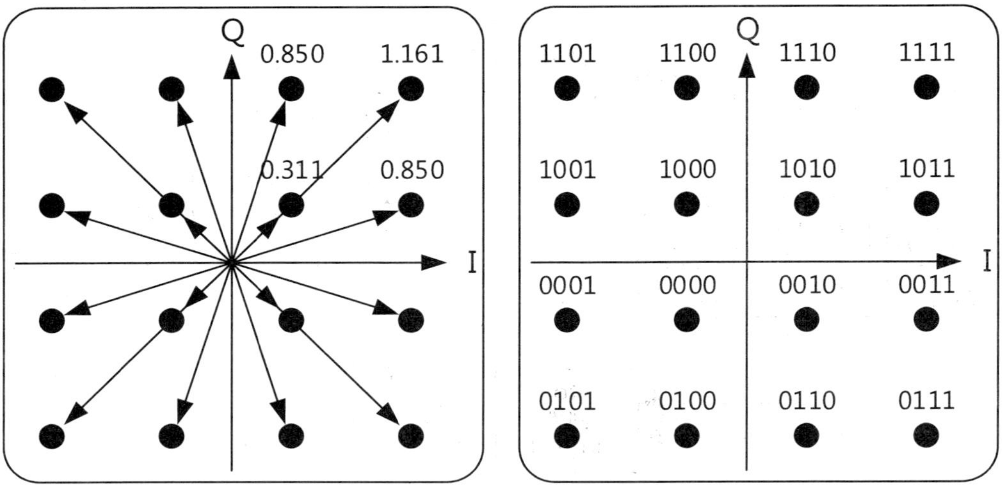


**그림 3.52 16-QAM의 위상배치도**

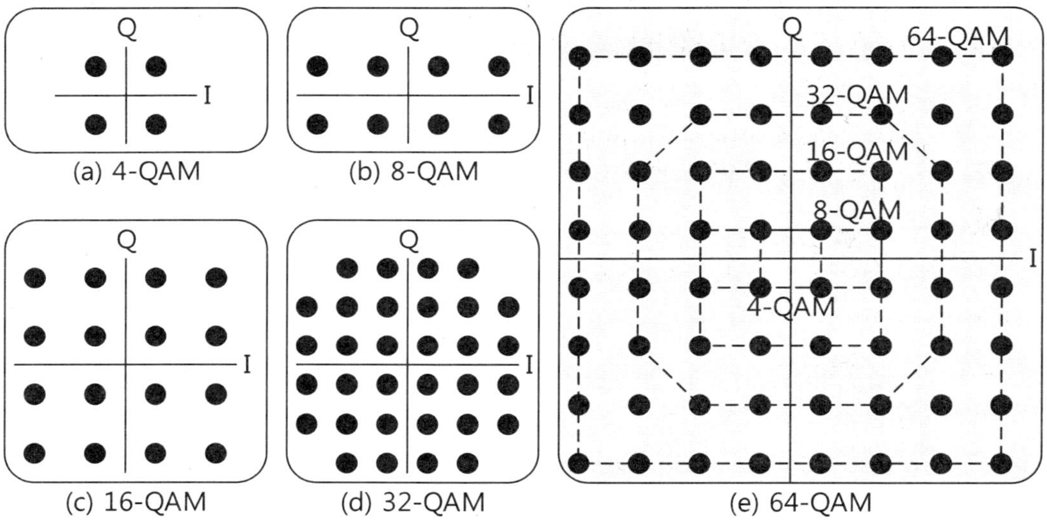


**그림 3.53 QAM의 위상배치도 비교**

식 3.17과 식 3.18을 토대로 16-QAM에 대한 위상배치도를 만들면 그림 3.52가 되며, 8-QAM, 32-QAM, 64-QAM에 대한 위상배치도를 그림 3.53에 비교하여 나타내었다.

QAM은 PSK나 QPSK 변조방식보다 주파수 효율이 좋고, 주어진 대역폭에서 MPSK보다 더 높은 성능 및 전송 효율을 가진다. 또한 수신기의 구현 및 복조가 비교적 용이하여 위성통신이나 방송통신 등에 주로 사용되고 있다. 하지만 변조된 스펙트럼 모양에 있어 좌우 대칭성이 없고, 잡음 및 페이딩 등 오류에 민감하여 전송로가 좋은 곳에 사용하고 있다.

# 연 습 문 제

3.1 RS-232C에 대해 설명해 보시오. 그리고 RS-422과 비교하여 설명해 보시오.

3.2 USB(Universal Serial Bus) 전송 방식에 대해 설명해 보시오. 그리고 USB에 대한 자료를 인터넷에서 찾아 정리하여 보시오.

3.3 USB의 특징에 대해 설명해 보시오.

3.4 IEEE 1394 전송 방식에 대해 설명해 보시오.

3.5 HDMI에 대해 설명해 보시오.

3.6 HDMI 커넥터의 종류 및 기능에 대해 설명해 보시오.

3.7 HDMI 규격에 대해 설명해 보시오.

3.8 향후 가정자동화가 어떻게 전개될 것인가에 대해 연구해 보시오.

3.9 모뎀의 종류에 대해 설명해보시오.

3.10 고속 전화선 모뎀에 대해 설명해 보시오.

3.11 병렬 전송 방식의 활용 예를 조사해 보고, 정리하여 보시오.

3.12 오늘날 사용하고 있는 직렬 전송 방식은 어떤 것들이 있는지 인터넷에서 조사해 보시오.

3.13 전송 방향에 따른 통신 방식을 기술하고, 각각의 활용 예를 설명하시오.

3.14 정보통신 시스템의 회선 연결 방식에서 점대점 연결 방식과 멀티 포인트 연결 방식을 설명하고 그 특징을 쓰시오.

3.15 다중화의 개념을 설명해 보시오.

3.16 다중화 방식의 종류를 기술하고, 간단히 설명해 보시오.

3.17 주파수 분할 다중화 방식의 원리에 대해 설명해 보시오.

3.18 주파수 분할 다중화 방식의 1단계 다중화에 대해 설명해 보시오.

3.19 주파수 분할 대중화 방식의 국제적 계위에 대해 설명해 보시오.

3.20 시분할 다중화 방식의 원리에 대해 설명해 보시오.

3.21 비동기식 시분할 다중화 방식에 대해 설명해 보시오.

3.22 동기식 시분할 다중화 방식과 비동기식 시분할 다중화 방식의 차이점에 대해 설명해 보시오.

3.23 북미방식 유사 동기식 디지털 계위에 대해 설명해 보시오.

3.24 유럽방식 유사 동기식 디지털 계위에 대해 설명해 보시오.

3.25 동기식 디지털 계위에 대해 설명해 보시오.

3.26 유사 동기식 디지털 계위와 동기식 디지털 계위에 대해 비교하여 설명해 보시오.

3.27 동기식 디지털 계위의 특징에 대해 설명해 보시오.

3.28 동기식 디지털 계위에서 동기식 다중화 과정을 설명해 보시오.

3.29 STM-1 프레임의 구조에 대해 설명해 보시오.

3.30 SONET/SDH 계층에 대해 설명해 보시오.

3.31 비동기식 전송 방식에 대해 설명하고, 용도를 조사해 보시오.

3.32 패리티 비트에 대해 설명해 보시오.

3.33 동기식 전송 방식에 대해 설명하고, 용도를 조사해 보시오.

3.34 비동기 전송 방식과 동기식 전송 방식의 특징을 비교하여 설명해 보시오.

3.35 BSC 프로토콜에 대해 조사해 보시오.

3.36 HDLC 프로토콜에 대해 조사해 보시오.

3.37 비트, 심벌, 보오에 대해 비교하여 설명해 보시오.

3.38 데이터 전송 속도가 56Kbps이고, QPSK 변조를 사용할 경우 변조 속도는 얼마인가?

3.39 대역폭에 대해 설명하고, 채널과 비교해 보시오.

3.40 프로토콜 분석기는 무엇인지 조사해 보시오.

3.41 최대 사용 가능한 주파수 대역이 W=1.25[MHz]이고, 이 때 전송채널 상에서 S/N비가 20[dB]일 때, 이 전송채널을 통해 전송할 수 있는 정보의 최대 용량은 얼마인가?

3.42 디지털 신호의 전송 방법에 대해 설명해 보시오.

3.43 베이스밴드 전송 부호의 종류를 열거하고 각각에 대해 설명해 보시오.

3.44 왜 변조를 하여야 하는가? 그 이유를 설명해 보시오.

3.45 AM 변조 방식의 종류를 들고 각각에 대해 차이점을 설명해 보시오.

3.46 FM과 PM의 차이점은 무엇인가?

3.47 디지털 변조 방식의 종류를 들고 각각에 대해 간단히 설명해 보시오.

3.48 IMT-2000 시스템은 2GHz 대의 주파수를 사용한다. IMT-2000 시스템의 안테나의 길이를 계산해 보시오.

3.49 주위에서 볼 수 있는 통신장비들은 어떠한 변조 방법을 사용하는지 조사하여 보고, 비교 검토해 보시오.

3.50 ASK 변조방법에 대해 설명해 보시오.

3.51 포락선 검파 방식을 이용한 ASK 신호의 복조방법에 대해 설명해 보시오.

3.52 동기 검파 방식을 이용한 ASK 신호의 복조 방법에 대해 설명해 보시오.

3.53 FSK 변조방법에 대해 설명해 보시오.

3.54 FSK 신호의 복조 방법에 대해 설명해 보시오.

3.55 PSK 변조방법에 대해 설명해 보시오.

3.56 PSK 신호의 복조 방법에 대해 설명해 보시오.

3.57 PSK 변조 방식의 특징에 대해 설명해 보시오.

3.58 QPSK 변조방법에 대해 설명해 보시오.

3.59 QPSK 신호의 복조 방법에 대해 설명해 보시오.

3.60 QPSK 변조 방식의 위상 배치에 대해 설명해 보시오.

3.61 QAM 변조방법에 대해 설명해 보시오.

3.62 QAM 변조 방식의 위상 배치에 대해 설명해 보시오.

# 4

# 전송 매체

## 4.1 전송 매체의 개요

정보통신 시스템에서 가장 기본적인 것은 통신 시스템들 간의 물리적 전송로를 연결하는 것이며, 이러한 물리적 전송로를 전송 매체(Transmission Medium)라고 한다. 전송 매체는 일반적으로 유도(Guided) 전송 매체와 비유도(Unguided) 전송 매체로 나눌 수 있는데, 이들 모두는 전자파 형태로 전송 매체를 통하여 통신이 이루어진다.

유도 전송 매체는 물리적 통로에 따라 유도되는 것으로 꼬임선 케이블, 동축 케이블, 광섬유 케이블 등의 유선통신로를 의미하고, 비유도 전송 매체는 유도되지 않는 전자파를 송신하는 방법으로 물리적으로 제한되지 않는 공기, 진공 및 해수 등을 통해 전송하는 무선통신로를 의미한다.

- 유도 전송 매체 (Guided Transmission Medium)
  - 꼬임선 케이블 (Twisted-pair Cable)
  - 동축 케이블 (Coaxial Cable)
  - 광섬유 케이블 (Optical Fiber Cable)
- 비유도 전송 매체 (Unguided Transmission Medium)
  - 무선통신 전송 매체 (Wireless Transmission Medium)
  - 적외선 통신 전송 매체 (Infrared Transmission Medium)

그림 4.1에 이와 같은 전송 매체의 사용 주파수 대역을 나타내었다.

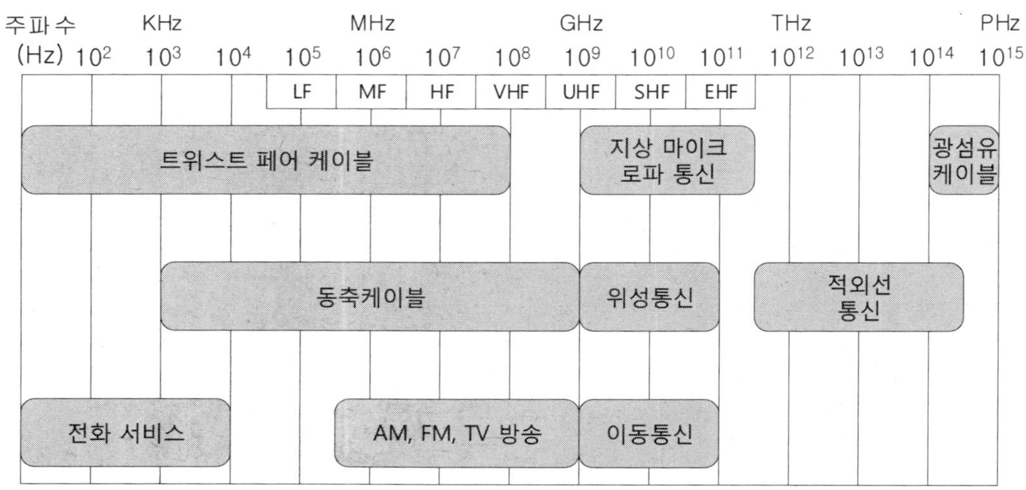


그림 4.1 전송 매체의 사용 주파수 대역

### 4.1.1 전송 매체에 영향을 미치는 요소

#### (1) 감쇠(Attenuation)

감쇠는 신호가 매체를 통해 전달될 때 거리에 따른 신호의 감소를 의미하며, 매체의 종류, 크기, 주파수 범위, 그리고 차폐(Shielding) 등의 유무에 따라 영향을 받는다.

즉, 거리가 멀수록 감쇄는 더 커지며, 꼬임선 케이블보다는 동축 케이블이, 그리고 동축 케이블보다는 광섬유 케이블이 전송손상이 적다.

#### (2) 전자기 간섭(EMI : Electromagnetic Interference)

전기에너지를 이용하는 장치는 강약의 차이는 있지만 어느 정도의 전자파 잡음을 발생시키며 이와 같은 잡음은 전자파 방사의 형태로 공중을 통해 전파되거나 전원선 같은 도선을 통해 전도되는데, 이와 같은 잡음이 다른 장치에 영향을 미치는 것을 전자기 간섭이라고 한다.

전자기 간섭은 크게 자연잡음과 인공잡음으로 나눌 수 있고, 인공잡음은 다시 고의성 잡음과 비고의성 잡음으로 분류할 수 있다.

고의성 잡음은 라디오, TV 송신기, 그리고 이동통신 송신기 등과 같이 본래 전파발사라는 고유의 목적을 수행하기 위하여 방사되는 에너지가 다른 장치에 영향을 미치는 경우를 말한다. 그리고 비고의성 잡음은 컴퓨터 기기, 스위치, 모터, 송배전선, 형광등 등과 같이 원래의 목적이 전파발사가 아님에도 불구하고 수반되는 전자기잡음을 말한다.

이러한 전자기 간섭의 영향은 잡음원의 세기, 잡음원으로부터의 거리, 잡음원으로부터의 전달경로, 잡음원과의 결합구조, 주파수 특성, 피해 기기의 잡음 방어 능력에 따라 좌우된다.

#### (3) 임피던스(Impedance)

임피던스는 교류회로의 전압과 전류의 비로서 전송선로에서는 전기적인 신호를 전송하는 케이블의 고유한 전기적인 저항을 말한다. 임피던스는 그 크기가 클수록 신호를 전송하는데 많은 에너지가 필요하게 된다.

임피던스의 단위는 옴(Ohm, $\Omega$)을 사용한다. 두 통신 기기를 케이블로 연결할 때, 반드시 임피던스를 서로 정합(Matching)시켜 주어야 한다.

#### (4) 대역폭(Bandwidth)

대역폭은 케이블이 데이터를 전송할 수 있는 주파수의 범위를 말하며 동일한 대역폭에서 전송할 수 있는 데이터의 양은 거리에 비례하여 줄어든다. 그리고 모든 다른 요소를 동일하게 둔다면 대역폭이 클수록 전송할 수 있는 데이터의 양(전송률)은 커진다.

## 4.2 유선 전송 매체

보통 보호 외피 내에 하나 이상의 전선이나 광섬유가 묶여 있는 것을 케이블이라고 한다. 그리고 보호 외피 내에 있는 각각의 선들은 내피에 싸여 있거나 서로 절연이 되어 있다.

전선은 일반적으로 전기저항이 적고 전도도가 높은 구리를 사용하지만, 가격적인 면을 고려할 때에는 알루미늄을 사용하기도 한다.

유선 전송 매체는 정보통신기기 사이에서 신호를 운반하는 전송 매체의 역할을 하는 것으로서, 매체에 따라 크기와 형태가 매우 다양하지만 크게 세 가지 범주로 구분할 수 있다.

- 꼬임선 케이블 (Twisted-Pair Cable)
  - 비차폐 꼬임선 케이블 (UTP : Unshielded Twist-pair Cable)
  - 차폐 꼬임선 케이블 (STP : Shielded Twist-Pair Cable)
- 동축 케이블 (Coaxial Cable)
  - 세심 동축 케이블 (Thin Coaxial Cable)
  - 후심 동축 케이블 (Thick Coaxial Cable)
- 광섬유 케이블 (Optical Fiber Cable)
  - 다중모드 광섬유 케이블 (Multi-mode Optical Fiber Cable)
  - 단일모드 광섬유 케이블 (Single Mode Optical Fiber Cable)

### 4.2.1 꼬임선 케이블 (Twisted-pair Cable)

꼬임선 케이블은 그림 4.2와 같이 절연된 두 가닥의 구리선을 상호 전기적 간섭을 줄이기 위해 서로 균일하게 꼬여 놓은 형태의 케이블로서, 하나의 케이블에 여러 쌍의 꼬임선 케이블들을 절연제로 피복하여 구성하며 한 쌍이 하나의 통신로 역할을 한다.

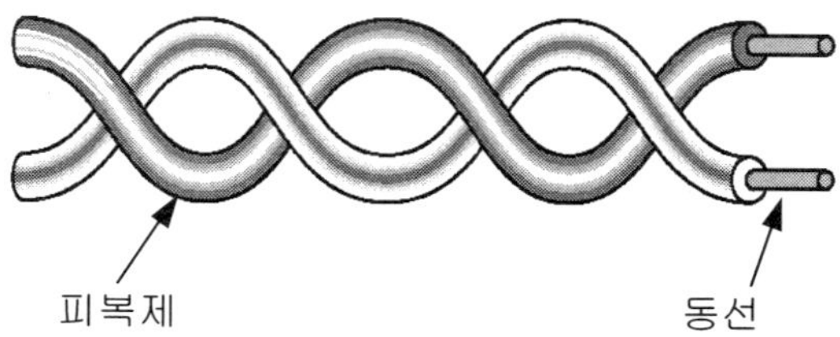


그림 4.2 꼬임선 케이블

꼬임선 케이블은 다른 전송 매체와 비교할 때 거리, 대역폭, 데이터 전송률 면에서 다소 제한적이고 간섭이나 잡음에 매우 민감하다는 단점을 가지고 있지만, 가격이 저렴하고 설치가 간편하며 이미 많은 지역에 설치되어 있다는 장점을 가지고 있다.

꼬임선 케이블은 아날로그 전송과 디지털 전송에 모두 사용할 수 있고, 현재 전화시스템의 회선용으로 사용하고 있을 뿐만 아니라 근거리 데이터 통신에서도 많이 사용되고 있다.

아날로그 전송 시에는 약 6Km 간격마다 증폭기를 설치하여 세기가 약해진 전송신호를 증폭시켜 주어야 하고, 디지털 전송 시에는 약 3Km마다 리피터를 설치해 주어야 한다.

꼬임선 케이블을 사용할 때 고려하여야 할 사항으로, 정보통신기기의 연결이 단순하고 비교적 설치가 쉬운 네트워크를 구성할 때에는 사용하여도 무방하나, 장거리에서 고속으로 많은 양의 데이터를 전송해야 하는 경우에는 동축 케이블이나 광섬유 케이블을 이용하여야 한다.

### (1) 차폐에 따른 분류

꼬임선은 차폐하는 방법에 따라 UTP와 STP로 구분하며, 이 중에서 UTP를 일반적으로 가장 많이 사용하고 있다.

- 비차폐 꼬임선 케이블 (UTP : Unshielded Twist-pair Cable)
- 차폐 꼬임선 케이블 (STP : Shielded Twist-Pair Cable)

#### ① 비차폐 꼬임선 케이블 (UTP)

비차폐 꼬임선 케이블(UTP : Unshielded Twist-Pair Cable)은 그림 4.3과 같이 동일한 하나의 외부피복에 4쌍의 케이블을 엮어 놓은 것으로서 차폐가 없는 구조로 되어 있다.

일명 UTP 케이블이라고 하며, 가장 저렴한 매체 중 하나고 가장 널리 사용되는 케이블이다.

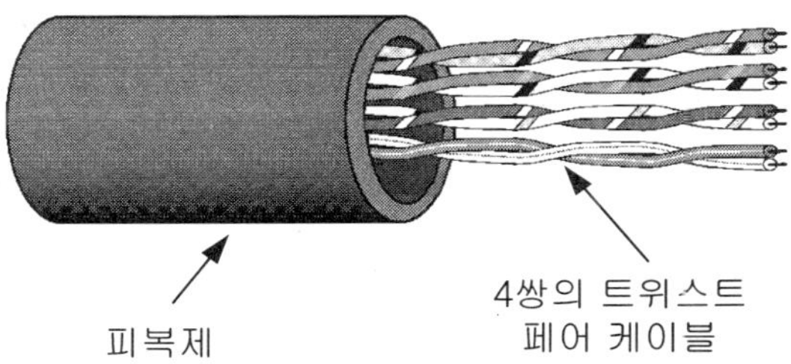


그림 4.3 UTP 케이블

#### ② 차폐 꼬임선 케이블 (STP)

하나의 외부피복 내에 외부의 전계 및 자계 또는 다른 전송선에서 유도되는 전계 및 자계와 같은 외부 교란으로부터 보호하기 위해 그림 4.4와 같이 각 케이블의 쌍마다 금속박막으로 싼 형태의 케이블을 차폐 꼬임선 케이블(STP : Shielded Twist-Pair Cable)이라고 한다.

STP는 각 쌍끼리의 간섭을 감소시키고 케이블과 케이블간의 혼선을 최소화할 수 있을 뿐만 아니라 외부로부터의 전자기적 간섭에 더 강하기 때문에 더 먼 거리를 더 높은 전송율로 전송할 수 있다.

하지만 케이블 자체가 금속박막으로 싼 형태이기 때문에 케이블 자체의 값이 비싸고 다루기가 쉽지 않은 단점이 있어, UTP처럼 광범위하게 사용되지는 않는다.

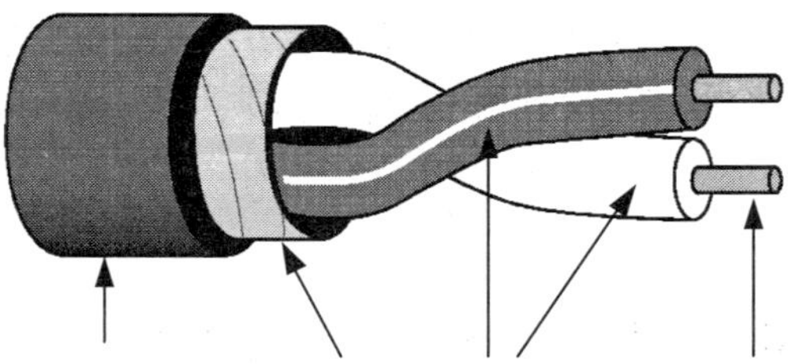


**그림 4.4 STP 케이블**

STP는 엄밀하게 말해 금속박막을 감싸는 형태에 따라 다시 2가지로 나눌 수 있다.

먼저, 4쌍의 꼬임선 외에 1가닥의 접지선을 추가하고, 외부에 금속박막으로 한꺼번에 1번 감싼 형태의 케이블을 FTP(Foiled Twisted-Pair) 케이블이라고 한다.

그리고 4쌍의 꼬임선 각각에 대해 금속 박막을 감싸고, 4쌍을 묶어 외부에 한 번 더 금속박막이나 그물모양의 금속 망으로 감싼 형태를 SSTP(Screened STP) 또는 그냥 STP라고 한다.

### (2) 꼬임선 케이블의 카테고리 (Category)

꼬임선 케이블에 관련된 규격으로는 EIA-568-A가 있으며, 표 4.1과 같이 전송 가능한 대역에 따라 각각을 카테고리(Category)로 분류한다.

EIA-568-A의 CAT1은 가장 기본적인 꼬임선 케이블에 관한 규격으로서, 일반적으로 전화통신에 주로 사용되고, CAT2부터는 각각 4MHz, 10MHz, 16MHz, 100MHz 등의 전송 특성을 가지는 꼬임선 케이블과 하드웨어 관련 규격을 제시하고 있다.

LAN에서 널리 사용되는 것은 카테고리 CAT3, CAT5이며, 오늘날에는 CAT5E와 CAT6도 많이 사용하고 있다.

표 4.1에서 10Base-T, 100Base-T, 1000Base-T는 각각 이더넷(Ethernet), 고속 이더넷(Fast Ethernet), 기가비트 이더넷(Gigabit Ethernet)이라고 하며, IEEE 802.3에서 표준화한 이더넷 방식의 근거리 통신망(LAN) 사양의 하나이다.

여기에서 앞의 숫자 10, 100, 1000은 각각 전송속도로써 10Mbps, 100Mbps, 1GMbps의

속도로 전송한다는 것을 의미하고, Base는 신호방식이 베이스밴드 변조 방식을 사용한다는 것을 의미하며, T는 꼬임선(Twisted-Pair) 케이블을 사용한다는 것을 의미한다.

10Base-T는 이더넷 방식의 LAN이기 때문에 MAC(Medium Access Control) 프로토콜은 CSMA/CD(Carrier Sense Multiple Access with Collision Detection) 방식을 사용하고, 망의 구성은 허브(Hub)를 중심으로 하는 성형 토폴로지(Star Topology)로 배선하여 단말을 접속하는데, 이때 케이블의 최대 길이는 100미터(약 328피트)이다.

100Base-T는 꼬임선 케이블을 사용하는 고속 이더넷(Fast Ethernet)의 표준인데, 사용하는 케이블의 종류 및 구성에 따라 100Base-T2, 100Base-T4, 100Base-TX 등으로 나뉘며, 전송속도는 모두 100Mbps이다. 여기에서 100Base-T2는 2쌍의 CAT 3 케이블을 사용하는 방식이고, 100Base-T4는 4쌍의 CAT 3 케이블을 사용하는 방식이며, 100Base-TX는 2쌍의 CAT 5 케이블 또는 STP 케이블을 사용하는 방식이다.

100Base-TX는 현재 IEEE 802.3형 LAN의 주류로 사용되고 있으며, 케이블의 최대 길이는 10Base-T와 마찬가지로 100미터(약 328피트)이다.

**표 4.1 꼬임선 케이블에 관한 규격**

| Category | 최대주파수 (MHz) | 전송속도 (bps) | Type | 형태 | 응용 분야 |
|---|---|---|---|---|---|
| 1 | - | - | Voice | 전화선 | 음성통신 전용<br>짧은 거리의 통신망에 사용 |
| 2 | 1MHz | 4M | Data | 4 twisted pairs | 음성과 저속 데이터 서비스 |
| 3 | 16MHz | 10M | Data | 4 twisted pairs | Ethernet(10Base-T)<br>Fast Ethernet(100Base-T2)<br>Fast Ethernet(100Base-T4)<br>토큰 링(4Mbps) |
| 4 | 20MHz | 16M | Data | 4 twisted pairs | CAT3까지의 용도<br>토큰 링(16Mbps)<br>ATM(25Mbps) |
| 5 | 100MHz | 100M | Data | 4 twisted pairs | CAT4까지의 용도<br>Fast Ethernet(100Base-TX)<br>ATM(156Mbps) |
| 5E | 100MHz | 1G | Data | 4 twisted pairs | CAT5까지의 용도<br>Gigabit Ethernet(1000BASE-T) |
| 6 | 250MHz | 1.2G | Data | 4 twisted pairs | CAT5E까지의 용도<br>Gigabit Ethernet(1000BASE-TX)<br>ATM(622Mbps)<br>ATM(1.2Gbps) |
| 6A | 500MHz | 10G | Data | 4 twisted pairs | 10GBASE-T<br>주로 서버용 LAN 케이블로 사용 |

### (3) 꼬임선 케이블의 커넥터

꼬임선 케이블은 주로 전화선이나 이더넷(Ethernet)형 근거리 통신망(LAN)의 전송 매체로 사용되며, 장치들 간의 연결은 그림 4.5와 같이 얇은 플라스틱 잭인 RJ-11 커넥터 또는 RJ-45 커넥터를 이용한다.

여기에서 RJ-11 커넥터는 유선 전화선용 커넥터로서 4개의 핀으로 이루어져 있고, RJ-45 커넥터는 LAN용 커넥터로서 8개의 핀으로 이루어져 있다.

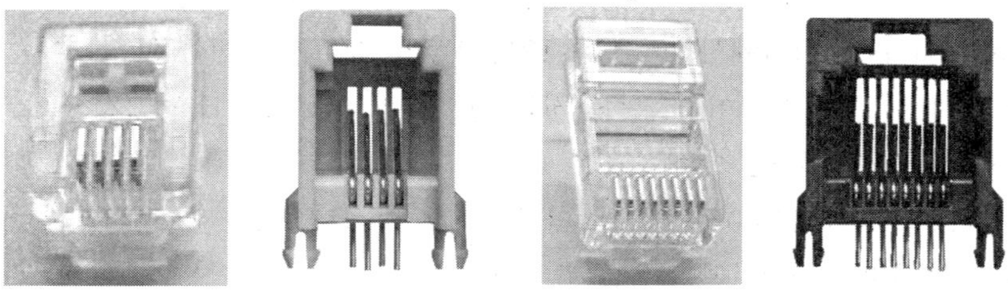

(a) RJ-11 (b) RJ-45

**그림 4.5 RJ-11 커넥터와 RJ-45 커넥터**

## 4.2.2 동축 케이블(Coaxial Cable)

동축 케이블은 그림 4.6과 같이 중앙의 구리 심선을 외부의 교란으로부터 보호하기 위해 폴리에틸렌의 절연체로 감싸고, 그 위에 그물모양의 금속 망을 씌워 외부의 교란으로부터 차단하는 형태로 되어 있다. 절연체는 신호의 교란을 방지하기 위해 사용하고, 그물 모양으로 둘러싼 금속 망은 인접한 회선과의 차폐 역할을 하기 위해 사용한다.

동축 케이블은 사용하는 직경에 따라 다음과 같은 두 가지 종류로 구분한다.

- 세심 동축 케이블(Thin Coaxial Cable)
- 후심 동축 케이블(Thick Coaxial Cable)

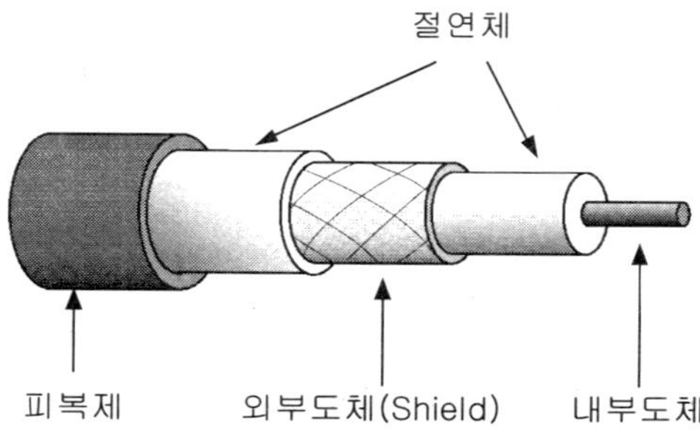


**그림 4.6 동축 케이블**

동축 케이블은 전송 용량이 커서 음성 회선 10만 개를 동시에 보낼 수 있기 때문에 장거리 전화망, 유선 TV, 근거리 통신망(LAN) 등에 널리 사용되고 있다. 특히 LAN에서는 전송 속도가 빠르고 용량이 커서 과거에는 이를 사용하였으나, 오늘날에는 꼬임선이 이를 대체하고 있다.

## (1) 세심 동축 케이블 (Thin Coaxial Cable)

세심 동축 케이블(Thin Coaxial Cable)은 직경이 5mm인 유연하고도 얇은 동축 케이블을 말하며, 표준으로는 RG-58 계열로 분류된 동축 케이블을 의미한다. 한편, 이 동축 케이블은 약 185미터까지 감쇠(Attenuation)없이 신호를 전달할 수 있어 IEEE 802.3에서는 10Base2로 표준화되어 있다. 여기에서 앞의 10은 10Mbps의 전송속도를 의미하고, Base는 신호방식이 베이스밴드 변조 방식을 사용한다는 것을 의미하며, 2는 세그먼트(Segment)의 최대 길이가 약 200미터, 즉 200미터까지 감쇠 없이 신호를 전달할 수 있음을 의미한다.

세심 동축 케이블의 임피던스(Impedance)는 50옴의 베이스밴드용 동축 케이블과 75옴의 브로드밴드용 동축 케이블 2종류가 있는데 대부분 50옴 베이스밴드용 동축 케이블을 사용한다.

세심 동축 케이블은 직경이 5mm로 유연하고 가늘어 컴퓨터의 어댑터 카드에 동축 케이블을 직접 연결할 수 있으므로 설치 작업이 용이하다. 한편, 이와 같은 케이블을 사용하여 구성된 네트워크를 업계에서는 얇은 동축 케이블을 사용하여 구성된 망이라고 하여 Thinnet이라고 한다.

## (2) 후심 동축 케이블 (Thick Coaxial Cable)

후심 동축 케이블(Thick Coaxial Cable)은 직경이 12mm인 굵은 동축 케이블을 말하며 현재 네트워크 백본(Backbone)으로 주로 사용한다. 일명 옐로우 케이블이라고도 하는 후심 동축 케이블은 약 500미터정도 까지 신호를 감쇠 없이 전달할 수 있으므로, 10Base5(IEEE 802.3 표준)라고도 한다.

10Base5는 전송 속도가 10Mbps, 신호 방식이 기저 대역(baseband), 세그먼트의 최대 길이가 500m인 것을 말하며, 미국 제록스사가 이더넷(Ethernet)을 바탕으로 개발한 것을 표준화한 것이다. 직경이 5mm인 세심 동축 케이블을 사용하는 10Base2에 비해 직경이 12mm인 굵은 동축 케이블을 사용하는 망이라는 의미에서 업계에서는 Thicknet이라고 한다.

10Base5는 10Base2에 비해 케이블이 굵은 만큼 감쇄가 적고 망의 총 연장 거리도 10Base2의 2.5배가 넘는 500m까지 포설할 수 있다. 케이블이 굵어서 구부리는 것이 까다롭기 때문에 포설 공사가 어렵고 복잡하다.

Thinnet은 네트워크 어댑터 카드가 트랜시버 기능을 내장하고 있으므로, 네트워크 카드에 직접 동축 케이블을 연결할 수 있다. 하지만 Thicknet은 단말을 이더넷에 접속하기 위한 장치인 전용 트랜시버(송수신기)를 사용하여야 하며, 동축 케이블을 트랜시버에 연결하고, 트랜시버와 단말간은 AUI(Attachment Unit Interface) 케이블 혹은 간단히 트랜시버 케이블이라고 하는 것을 통해 연결한다.

표 4.2 동축 케이블의 비교

| 구분 | 세심 동축 케이블 | 후심 동축 케이블 |
|---|---|---|
| 비용 | 비교적 저가 | 중고가 |
| 설치 | 쉽다 | 비교적 쉽다 |
| 전송속도 | 10Mbps | 10Mbps |
| 전송거리 | 185m | 500m |
| 유연성 | 비교적 유연 | 덜 유연 |
| EMI | 민감 | 민감 |
| 비고 | 10Base2 | 10Base5 |

### (3) 동축 케이블의 특징

동축 케이블은 꼬임선 케이블보다 전파 간섭 및 감쇠에 강하므로 일반적으로 이더넷 형태의 LAN의 연결, 장거리 전화망, 케이블 TV 등에 사용되며, 장치들 간의 연결은 그림 4.7과 같은 BNC(British Naval Connector) 커넥터나 또는 T자형 커넥터(일명 T-커넥터)를 이용한다.

동축 케이블 역시 아날로그 전송과 디지털 전송 모두 사용할 수 있으며, 꼬임선 케이블보다 더 넓은 범위의 주파수 대역폭을 제공하고 더 많은 데이터 전송이 가능하다. 또한 신호의 감쇠나 전송지연의 변화가 상대적으로 적다는 이점도 가지고 있다.

동축 케이블은 아날로그 전송 시 약 400MHz까지의 주파수 대역을 사용할 수 있기 때문에 약 100,000개의 음성채널을 동시에 제공할 수 있고, TV 채널의 경우 약 70개의 채널을 동시에 제공할 수 있다. 그리고 동축 케이블은 아날로그 전송 시 수 Km마다 증폭기(Amplifier)를 설치하여야 한다.

디지털 전송 시에는 약 500Mbps정도의 데이터 전송률을 가지며, 매 Km마다 리피터(Repeater)를 설치할 경우 약 800Mbps까지 전송할 수 있다.

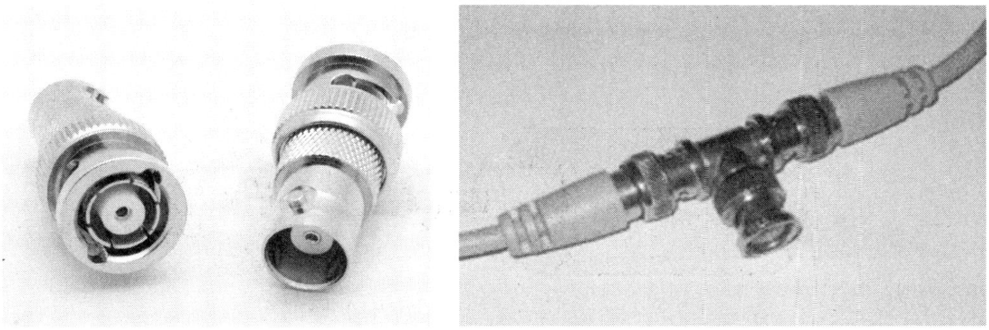

(a) BNC 커넥터　　　　(b) T-커넥터

그림 4.7　동축 케이블의 BNC 커넥터

### 4.2.3 광섬유 케이블(Optical Fiber Cable)

광섬유 케이블(Optical Fiber Cable)은 현존하는 유선통신 전송 매체 중에서 가장 뛰어난 특성을 가지는 전송 매체로서, 그냥 광케이블(Optical Cable)이라고도 한다.

광케이블은 그림 4.8과 같이 코어(Core), 클래딩(Cladding), 버퍼(Buffer), 보강재(Strength Member), 재킷(Jacket) 등으로 구성되어 있고, 데이터를 광 펄스 형태로 전송한다.

주성분이 유리 섬유인 코어(Core)는 광케이블에서 빛이 전파하는 영역으로서 클래딩보다 굴절률이 큰 영역이고, 코어와 마찬가지로 주성분이 유리 섬유인 클래딩(Cladding)은 코어를 둘러싸고 있는 굴절률이 낮은 영역이다.

굴절률이 높은 코어 부분으로부터 진행되는 빛은 코어와 클래딩의 경계면에서 이루는 각도가 어떤 임계치보다 작아지면, 빛은 클래딩으로 투과되지 않고 모두 반사(이를 전반사라고 한다)하게 된다. 따라서 광케이블은 코어와 클래딩의 굴절률의 차이를 이용해 빛을 투과시켜 정보를 전송하는 케이블이다.

광섬유 버퍼는 인장력이나 마이크로 밴딩(Micro Bending)[72]을 완화하기 위해 사용되고, 보강재는 광케이블 포설시 야기되는 인장력에 견딜 수 있도록 광섬유의 기계적 강도를 더하기 위해 사용되며, 재킷은 외부적인 요인에 의해 광케이블이 손상되는 것을 방지하기 위해 사용한다.

72) 마이크로 밴딩(Micro Bending) : 광케이블에서 눈에 보이지 않는 예리한 굴곡을 말하며, 이로 인해 상당한 방사 손실과 모드 커플링을 일으킬 수 있다.

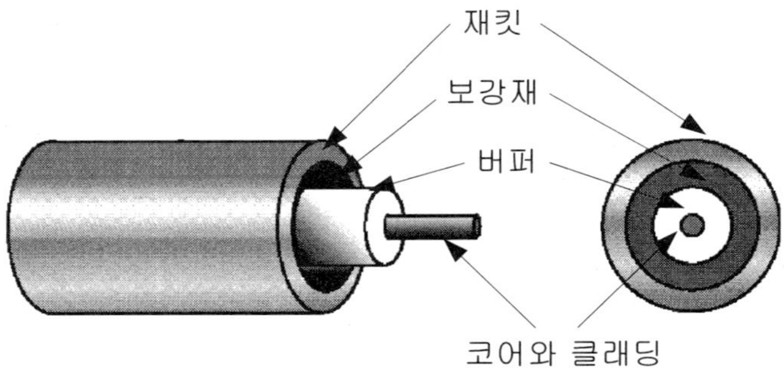


**그림 4.8 광케이블의 기본 구조**

광통신은 데이터를 광 펄스로 전송하기 때문에 외부로부터의 전기장이나 자기장의 영향을 받지 않을 뿐만 아니라, 감쇠, 도청, 데이터 절취, EMI 등에 대한 영향력도 적어 높은 대역의 전송용량을 제공하며 내구성에 대한 신뢰감도 높다. 따라서 2Gbps의 높은 데이터 전송율로 수십 Km의 거리까지 전송이 가능하므로, 음성, 문자, 영상 등의 방대한 양의 정보를 고속으로 전송할 수 있다.

그리고 인터넷 서비스를 제공하기 위하여 광케이블을 집 근처의 시설물까지 가설하는 것을 FTTC(Fiber To The Curb)라고 하고, 아파트의 분전함 또는 빌딩의 분전함까지 가설하는 것을 FTTB(Fiber To The Building)라고 하며, 가정집까지 모두 광케이블을 가설하는 것을 FTTH (Fiber To The Home)라고 한다.

## (1) 광케이블의 전송모드

광케이블에서 도파 모드(Propagation Mode)[73]는 빛의 파장, 코어의 직경, 코어와 클래딩의 굴절률 차 등에 의해 결정된다.

광케이블은 코어의 굴절률과 전파되는 빛의 모드에 따라 다중모드 광케이블과 단일모드 광케이블로 구분할 수 있으며, 다중모드 광케이블은 광케이블을 통해 전송되는 빛의 모드가 여러 개인 광케이블이고, 단일모드 광케이블은 하나의 모드만 존재하도록 설계된 광케이블이다.

73) 모드(mode)의 정의는 구조물의 특성에 따라 에너지가 특정 주파수에 집중되는 형태를 의미한다. 즉, 모드는 구조물의 형태에 의해 결정되며, 종류로는 TE, TM, TEM 모드가 있다. 따라서 도파관이나 전송선로에서 모드는 특정 주파수 대역의 전자파가 진행하는 형태를 의미한다.

■ 다중모드 광케이블 (Multi-Mode Optical Cable)
  - 계단형 굴절률 광케이블 (Multi-Mode Step-Index Optical Cable)
  - 언덕형 굴절률 광케이블 (Multi-Mode Graded-Index Optical Cable)
■ 단일모드 광케이블 (Single Mode Optical Cable)

### ① 다중모드 계단형 굴절률 (Multi-Mode Step-Index) 광케이블

다중모드 계단형 굴절률(Multi-Mode Step-Index) 광케이블은 그림 4.9(a)와 같이 클래딩과 코어의 굴절률이 계단형으로 변화하도록 설계된 광케이블로서, 굴절률이 계단형이기 때문에 광케이블에 입사된 빛은 경계면에서 전반사를 반복하며 전송된다.
그림 4.9(a)에서 보는 바와 같이 코어 속을 전파하는 빛의 전파 길이는 광케이블의 입사각에 따라 다르며, 입사각이 작을수록 전반사 횟수가 작으므로 전파길이는 짧아진다.
이것은 빛이 광케이블에 동시에 입사가 되더라도, 입사각이 작은 빛은 출력 단에 빨리 도달하고, 입사각이 큰 빛은 출력 단에 늦게 도달한다는 것을 의미한다.
따라서 아무리 짧은 광 펄스를 입사하더라도 출력 단에서는 광 펄스의 폭이 확산되므로, 계단형 굴절률 광케이블의 전송대역은 좁다는 것을 알 수 있다.
계단형 굴절률 광케이블은 주로 단거리 구내통신선로의 간선계에 주로 적용하여 사용하고 있으며, 이와 같은 계단형 굴절률 광케이블의 단점을 보완하기 위해 만들어진 것이 다중모드 언덕형 굴절률 광케이블이다.

### ② 다중모드 언덕형 굴절률 (Multi-Mode Graded-Index) 광케이블

다중모드 언덕형 굴절률(Multi-Mode Graded-Index) 광케이블은 그림 4.9(b)와 같이 코어의 중심에서 굴절률이 가장 크고, 주변으로 나가면서 점점 굴절률이 작아지도록 설계한 광케이블이다.
빛의 속도는 굴절률에 반비례하기 때문에 코어의 중심부근을 지나는 빛의 전파길이는 짧고 속도가 느린 반면, 코어의 가장자리를 지나는 빛의 전파길이는 길고 속도가 빨라진다.
따라서 언덕형 굴절률 광케이블은 광케이블에 동시에 입사된 빛이 입사각에 관계없이 출력 단에 동시에 도달하게 되므로, 계단형 굴절률 광케이블보다 넓은 전송대역을 가지며 2.5Gbps 및 10Gbps 전송 속도로 사용할 수 있다. 하지만 언덕형 굴절률의 분포 및 분산에 따른 경로차를 줄이는 기술이 중요하다.
다중모드 광케이블은 ITU-T G.651로 표준화되어 있고, 코어의 직경은 $50\mu m$ 또는 $62.5\mu m$, 클래딩의 직경은 $125\mu m$를 사용하고 있으며, 파장대는 850nm, 1,310nm 등을 사용하고 있다.

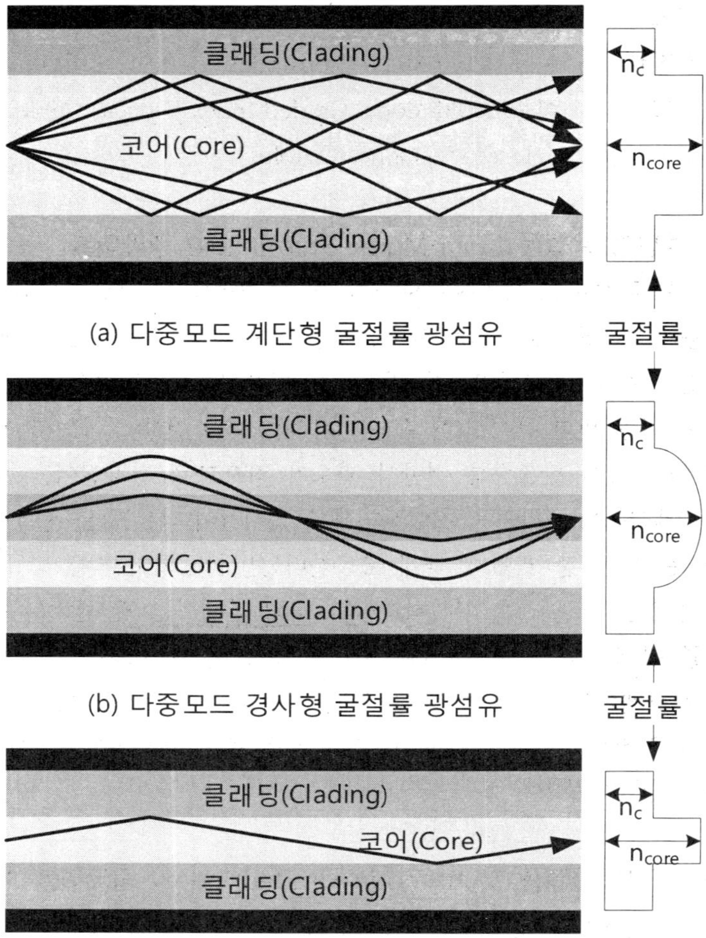


(c) 단일모드 광섬유

**그림 4.9 광섬유 케이블의 전송모드**

### ③ 단일모드 (Single Mode) 광케이블

다중모드 광케이블은 여러 개의 빛의 모드가 광케이블을 통해 전송되므로, 출력 단에서는 모드 분산(Modal Dispersion)이 발생하게 된다. 하지만 코어의 지름을 더 줄이고 코어와 클래딩간의 굴절률 차이를 줄이게 되면 직진하는 빛만 도파되도록 할 수 있는데, 이와 같이 만든 광케이블을 단일모드(Single Mode) 광케이블이라고 한다.

단일모드 광케이블은 동작 모드는 HE11모드를 사용하고, 동작 파장대는 1,260nm~1,625 nm의 파장대를 사용하며, 제조 시에는 계단형의 굴절률을 가지도록 제조한다.

단일모드 광케이블은 모드가 하나만 존재하도록 설계되었기 때문에 특히 1,310nm 파장대에서 모드 분산이 발생하지 않으므로 전송대역을 매우 넓힐 수 있다. 따라서 단일모드 광케이블은 오늘날 10Gbps 이상의 초광대역 전송에 주로 이용하고 있으며, 장거리 광통신의 주 전송매체로 가장 많이 사용되고 있다.

하지만 단일모드 광케이블은 직경이 가늘기 때문에 광케이블을 접속하거나 광원을 입사시킬 때 고도의 기술이 요구되고 있다. 그리고 1,550nm 파장 대에서 10Gbps 이상의 전송속도로 전송하면 색 분산 값이 커져, 색 분산에 대한 보상이 해 주거나, 분산 보상 광케이블(DCF, Dispersion Compensated Fiber)을 사용하여야 한다.

단일모드 광케이블은 ITU-T G.652, G.655, G.657로 표준화되어 있고, 코어의 직경은 5~10 $\mu m$, 클래딩의 직경은 125$\mu m$를 사용한다.

## (2) 광케이블의 특징

광케이블의 단점은 접속이 어렵고, 기술력의 부족으로 접속부분에서의 정보손실 및 오류 발생 가능성이 있으며, 급격하게 구부리면 끊어질 수가 있다. 그리고 아직까지는 가격이 비싸다는 것이 흠이지만, 꼬임선 케이블이나 동축 케이블과 비교할 때 광케이블은 다음과 같은 특징을 가지고 있다.

① 넓은 대역폭 : 대역폭이 넓기 때문에 2Gbps 이상의 고속 전송 및 대용량의 데이터 전송이 가능하다.

② 작은 크기와 적은 무게 : 작고 가볍기 때문에 유연성이 좋고 설치가 용이하다.

③ 보다 적은 감쇠도 및 보다 넓은 리피터 설치 간격 : 다른 전송 매체에 비해 현저히 낮은 감쇠도를 가지므로, 중계기의 설치 간격이 100Km 정도이다.

④ 전자기적 격리 : 외부적 전자기장에 영향을 받지 않으며, 도청되기 어렵고, 간섭, 누화, 충격, 잡음 등에 강하다.

⑤ 광케이블은 코어에 사용된 유리의 순도가 높을수록 데이터의 손상이 적으나, 순도가 높을수록 가격이 비싸다.

## (3) 광케이블의 커넥터

광 커넥터는 두 광섬유를 연결하는 매우 중요한 소자로서, 용도에 따라 다양한 종류가 있으며, 각각의 성능도 다르다. 그리고 광 커넥터의 명칭을 표현할 때에는 "연결 형태 / 접촉 경계면 형태" 의 모양으로 나타낸다. 예를 들어 SC/PC, SC/APC, FC/PC, FC/APC 등으로 표기된 경우, 앞에 표기한 SC, FC는 연결 형태를 나타내는 것이고, 뒤에 표기한 PC, APC는 접촉 경계면 형태를 나타낸다.

표 4.3 광커넥터의 연결 형태에 따른 구분

| 형태 | 의미 | 특징 | 커넥터 모양 |
|---|---|---|---|
| SC | Subscriber Connector | 각진 모양이며, 연결할 때 '찰칵' 하며 연결되는 Push-pull 방식<br>크기가 작고, 사용이 간편하여, 현재 널리 사용되고 있는 방식 |  |
| LC | Lucent Connector | RJ-45 잭과 같은 모양의 형태로서, 원래 가정 배선용으로 개발<br>좁은 공간의 밀집된 커넥터 구성에 적합하며, 현재 널리 사용되고 있는 방식 | 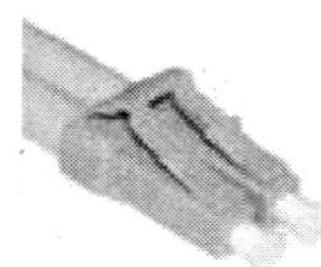 |
| FC | Fiber Transmission System Connector | 원형 모양이며, 나사를 돌려서 고정하는 스크류 나사식 방식<br>반사손실을 낮춘 응용에 적합하나, 진동에 취약함.<br>CATV 설비 등에 사용 |  |
| ST | Straight Tip Connector | 원형 모양이며, 눌러서 돌려 접속하는 BNC 타입 및 Push-pull 방식<br>접속시키면 빠지지 않으나, 요즘은 잘 사용하지 않음 |  |

### ① 연결 형태에 따른 광 커넥터 구분

연결 형태에 따라 광 커넥터는 SC형, LC형, FC형, ST형, BI형, MU형, D4형, FDDI형 등이 있으나, 이 중에서 SC형, LC형, FC형, ST형 등이 일반적으로 많이 사용되고 있으며, 표 4.3에 각각에 대해 상호 비교하여 나타내었다.

### ② 접촉 경계면 형태에 따른 광 커넥터 구분

광 커넥터는 광섬유 끝부분을 어떻게 연마하느냐에 따라 AG (Air Gap), PC (Physical Contact), APC (Angled Physical Contact)로 나누며, 색깔로도 각각을 구분하고 있는데, PC는 파란색으로, APC는 녹색으로 표시한다.

AG는 공기 간 접촉을 말하며, PC는 광섬유 끝부분을 평편하면서도 부드러운 곡선으로 가공한 것을 말한다. 그리고 APC는 반사손실을 줄이기 위하여 광섬유 끝부분을 8도 정도 경사지게 가공한 것으로서, 8도의 경사는 단일모드 광섬유의 수평각을 벗어나기 때문에 반사되는 빛을 제한할 수 있다.

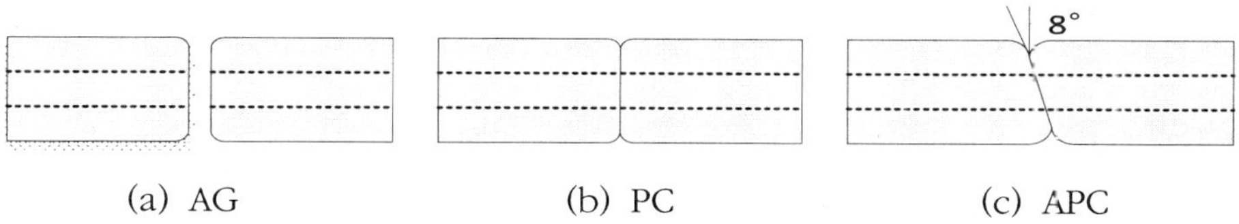


그림 4.10 광커넥터의 접촉 경계면 형태에 따른 구분

### 4.2.4 유선 전송 매체의 비교

유선 전송 매체로서 꼬임선 케이블, 동축 케이블, 광케이블에 대한 상대적인 비교를 표 4.4에 나타내었다.

표 4.4 유선 전송 매체의 비교

| 구분 | 꼬임선 케이블 | | 동축 케이블 | | 광케이블 |
|---|---|---|---|---|---|
| | UTP | STP | Thinnet | Thicknet | |
| 비용 | 저가 | 중저가 | 중저가 | 중고가 | 고가 |
| 설치 | 아주 쉽다 | 보통 | 쉽다 | 비교적 쉽다 | 어렵다 |
| 실제전송속도 | 10Mbps | 16Mbps | 10Mbps | 10Mbps | 100Mbps |
| 최대전송속도 | 100Mbps | | 500Mbps | | 2Gbps |
| 대역폭 | 250MHz | | 350MHz | | 2GHz |
| 세그먼트 거리 | 100m | 100m | 185m | 500m | 2Km |
| 리피터설치간격 | 2-10Km | | 1-10Km | | 10-100Km |
| 유연성 | 아주 유연 | 덜 유연 | 비교적 유연 | 덜 유연 | 유연하지 않음 |
| EMI | 가장 민감 | 민감 | 민감 | 민감 | 민감하지 않음 |
| 비고 | 100BaseTX | | 10Base2 | 10Base5 | 1000BaseSX |

## 4.3 무선 전송 매체

무선통신이란 자유공간을 전송 매체로 하여 전자파 형태의 정보를 주고받는 통신으로 1895년 이탈리아의 마르코니가 무선전신기를 발명한 것이 최초의 무선통신이었다.

과거의 통신은 대부분 유선통신 방식을 많이 이용했으나, 근래에 들어 무선통신 방식이 장소나 거리에 제한을 받지 않고 다수의 상대방에게 정보를 전달할 수 있다는 장점으로 인하여 우리 생활 곳곳에서 많이 사용되고 있는 추세이며, 현재는 무선 사용자가 유선 사용자를 능가하고 있다.

무선통신 전송 매체에는 다음과 같은 것이 있으며, 무선통신 매체로 사용되는 전파의 주파수 300GHz 이하의 전자기파를 사용한다.

- 방송통신회선
- 마이크로파 통신회선
- 위성통신회선
- 이동통신회선
- 적외선 통신

그리고 이와 같은 무선 전송 매체를 사용하는 장점은 다음과 같다.

- 기존의 유선 네트워크를 확장하여 추가로 무선 네트워크를 확장할 수 있다.
- 케이블링을 하기 어려운 복잡한 장소나 고립된 장소, 자주 이동을 해야 하는 경우에도 통신이 가능하다.
- 하나의 정보원으로부터 동시에 다수의 수신자에게 데이터를 전송하는 브로드캐스팅(Broadcasting) 통신이 가능하다.
- 광역 통신이 가능하다.
- 광대역 통신이 가능하다.
- 필요에 따라 임시로 연결할 수 있다.
- 통신장비의 휴대 및 이동이 용이하다.

무선 전송 매체의 이와 같은 특징은 데이터 통신에도 적극적으로 활용되고 있는데, 예로 1968년에 개발된 하와이 대학의 ALOHA 시스템은 무선을 이용한 컴퓨터 통신망의 많은 발전에 지대한 공헌을 하였으며, 현재는 설치와 이동이 자유로운 무선 근거리 통신망(Wireless LAN)에 활용되고 있다.

무선통신에서는 사용 주파수가 중요한 의미를 가진다. 이는 주파수대에 따른 전송특성이 많이 다르기 때문인데, 표 4.5에는 이와 같은 각종 무선 전송 매체의 전송특성 및 용도를 나타내었고, 표 4.6에는 국내에서 운영 중인 상업용 방송 및 통신 시스템의 주파수 분배 현황을 나타내었다.

표 4.5 무선 전송 매체의 분류

| 분류 | 주파수대역 | 명칭 | 파장 | 주요 응용 분야 | 비고 |
|---|---|---|---|---|---|
| 장파 | 30-300KHz | LF (Low Frequency) | 1~10km | 선박통신, 장거리 통신 항공기 유도(비콘) | |
| 중파 | 0.3-3MHz | MF (Medium Frequency) | 0.1~1km | 선박통신, 항공 통신, AM 방송 | |
| 단파 | 3-30MHz | HF (High Frequency) | 10~100m | 단파 방송, 국제방송, HAM, 선박 통신, 전신 | |
| 초단파 | 30-300MHz | VHF (Very HF) | 1~10m | FM 방송, VHF TV 방송, 무선호출, 이동통신 | 수요가 비교적 밀집된 대역 |
| 극초 단파 | 0.3-3GHz | UHF (Ultra HF) | 0.1~1m | UHF TV 방송, 이동통신, 지상 마이크로파 통신 | 수요가 가장 밀집된 대역 |
| | 3-30GHz | SHF (Super HF) | 10~100mm | 지상 마이크로파 통신 위성 마이크로파 통신, 레이더 | 향후 수요가 크게 증가될 대역 |
| | 30-300GHz | EHF (Extremely HF) | 1~10mm | 구내 무선통신, 우주통신 짧은 거리의 점-대-점 통신 | 아직 미개발된 대역 |

**표 4.6 국내 상업용 방송 및 통신 시스템의 주파수 분배 현황**

| 용도 | 주파수 | 대역폭 | 채널 당 대역폭 | 비고 |
|---|---|---|---|---|
| AM 방송 | 525~1605KHz | 1080KHz | 9KHz | 채널 1~120 |
| FM 방송 | 88MHz~108MHz | 20MHz | 200KHz | 채널 1~100 |
| 아날로그<br>TV 방송 | 54MHz~72MHz<br>76MHz~88MHz<br>174MHz~216MHz<br>470MHz~806MHz | 18MHz<br>12MHz<br>42MHz<br>336MHz | 6MHz | 채널 2~4<br>채널 5~6<br>채널 7~13<br>채널 14~69 |
| 디지털<br>TV 방송 | 470MHz~698MHz | 228MHz | 6MHz | 채널 14~51 |
| 지상파 DMB | 174MHz~216MHz | 42MHz | 3CH씩 묶어<br>6MHz 사용 | 채널 7A~13C |
| 아날로그<br>이동통신 | 824MHz~849MHz<br>869MHz~894MHz | 25MHz<br>25MHz | 30KHz | 상향 링크<br>하향 링크 |
| 디지털<br>이동통신 | 824MHz~849MHz<br>869MHz~894MHz | 25MHz<br>25MHz | 1.25MHz | 현재<br>4세대<br>이동통신에서<br>사용 |
| PCS | 1.75GHz~1.78GHz<br>1.84GHz~1.87GHz | 30MHz<br>30MHz | 1.25MHz | |
| IMT-2000 | 1.92GHz~1.98GHz<br>2.11GHz~2.17GHz | 60MHz<br>60MHz | 1.25/5MHz | |
| 아날로그<br>TRS | 376.5MHz~381.5MHz<br>394.5MHz~399.5MHz | 5MHz<br>5MHz | 12.5KHz or<br>25KHz | 지역망 TRS |
| 디지털<br>TRS | 811MHz~817MHz<br>856MHz~862MHz | 6MHz<br>6MHz | 12.5KHz or<br>25KHz | 전국망 TRS |
| 무선 LAN<br>Bluetooth | 2.4GHz~2.4835Hz<br>5.15GHz~5.825GHz | 83.5MHz<br>480MHz | 20MHz | 802.11b/g/n<br>802.11a/n |

### 4.3.1 방송 통신회선

방송 통신회선은 우리가 가장 흔히 접할 수 있는 무선통신 전송 매체중의 하나로서, 라디오 방송과 TV 방송 등이 방송통신회선을 사용한다.

중파 방송매체인 AM은 525~1,605KHz 사이의 주파수를 사용하고, 초단파 방송매체인 FM은 88~108MHz의 주파수를 사용한다.

지금은 사업이 종료되었지만 지상파 아날로그 TV 방송은 채널 2번부터 채널 6번까지가 54~88MHz의 주파수를 사용하였고, 채널 7번부터 채널 13번까지가 174~216MHz의 주파수를,

채널 14번부터 채널 69번까지가 470~806MHz의 초단파 또는 극초단파 주파수를 사용하였다.

현재 우리나라는 2012년 12월 31일부로 지상파 아날로그 TV 방송이 전면 종료되고, 디지털 방송으로 전환되었다. 우리나라의 지상파 디지털 방송은 2001년 수도권에서 먼저 시작했으며, 미국의 디지털 방송 표준인 ATSC(Advanced Television Systems Committee) 시스템을 표준으로 채택하여, 8VSB(Vestigial sideband) 방식을 사용하고 있다.

지상파 디지털 방송의 사용 주파수 대역은 지상파 아날로그 TV 방송이 사용하던 채널 14번부터 채널 51번까지인 470MHz~698MHz의 UHF 대역을 사용하고 있고, 채널 7번부터 채널 13번까지인 174~216MHz의 VHF 대역은 지상파 DMB가 사용하고 있다.

## 4.3.2 지상 마이크로파 통신회선

지상 마이크로파(Terrestrial Microwave) 통신회선은 1Gbps에서 수십 Gbps의 전송율을 가지는 전자기파로서 백열등과 같이 사방으로 균일하게 퍼지게 할 수도 있고, 조명등과 같이 방향성을 가지게 할 수도 있는 직진성 무선전송 회선이다.

마이크로파 통신회선의 주된 용도는 장거리 통신서비스나 텔레비전 또는 음성전송(장거리 전화)에 주로 사용된다.

그림 4.11에 두 개의 분리된 송수신기를 사용하는 마이크로 전송 시스템의 구성을 나타내었는데, 이것은 장거리 전화 전송 시스템 등에서 사용되고 있다. 마이크로파 안테나는 일반적으로 고지대에 설치하는데, 이는 그 사이의 장애물을 뛰어 넘어 안테나간의 거리를 확장시키기 위함이다.

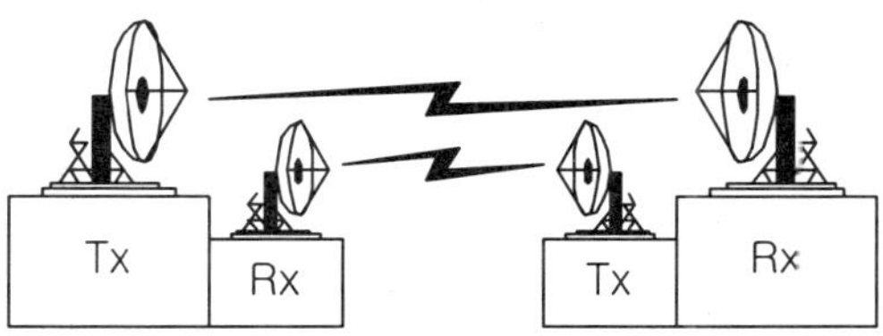


**그림 4.11 전화 시스템에 이용되는 마이크로웨이브 통신의 구성**

표 4.7에 지상 마이크로파 통신에서 사용되고 있는 마이크로파 통신회선의 사용 주파수 및 사용대역폭, 전송속도, 리피터 설치 간격 등을 정리하여 나타내었다.

장거리 전송의 경우, 경로 손실이 발생하므로 이것을 보완하기 위하여 리피터를 일정 간격마다 설치해주어야 하는데, 2GHz 대역을 사용하는 마이크로파 통신회선의 경우, 표 4.7에서 보는 바와 같이 50Km마다 리피터를 설치해 주어야 한다.

표 4.7 지상 마이크로파 통신회선의 대역폭 및 전송속도

| 사용 주파수 대역 (GHz) | 사용 대역폭 (MHz) | 데이터 전송속도 (Mbps) | 리피터 설치 간격 (Km) |
|---|---|---|---|
| 2 | 7 | 12 | 50 |
| 6 | 30 | 90 | 50 |
| 11 | 40 | 90 | 35 |
| 18 | 220 | 274 | 12 |

### 4.3.3 위성통신회선

위성통신은 적도 상공 35,860 Km의 정지 궤도에서 시간당 10,000Km의 속도로 지구 궤도를 돌고 있는 위성체를 이용하여 지상의 지구국들과 교신하는 무선통신 방식이다.

정지궤도(GSO : Geostationary Orbit) 위성은 지구의 자전속도와 동일한 하루 23시간 56분의 주기로 서쪽으로 운행하기 때문에, 지구의 현 위치 상공에서 보면 마치 고정되어 있는 것처럼 보이므로, 지구국의 안테나는 한 위치에 고정시켜 두고 정보를 주고받을 수 있다.

위성통신 시스템은 1GHz 이하의 주파수에서는 자연, 즉 우주, 태양 또는 대기에 의한 잡음이 심각하게 발생하고, 10GHz 이상에서는 대기의 흡수와 강우에 의한 감쇠가 심각하게 발생하므로, 위성통신 시스템의 주파수 범위는 일반적으로 1~10GHz 이내에서 사용하고 있다.

그림 4.12는 위성통신 시스템의 구성을 나타낸 것으로서 그림 4.12(a)는 이동 위성통신 등에 주로 사용하는 Point-to-Point 통신 방식의 예를 나타낸 것이고, 그림 4.12(b)는 위성 방송 통신 등에 주로 사용하는 Point-to-Multipoint 회선의 구성 예를 나타낸 것이다.

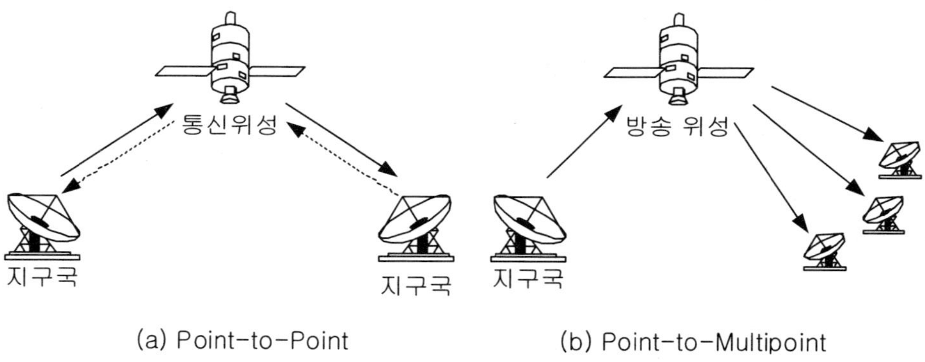


그림 4.12 위성통신의 구성

### (1) 위성통신의 장점

① 매우 넓은 전송 대역폭을 가진다. 위성은 수천 개의 음성 신호 통신채널을 하나의 위성국에서 처리할 수 있다.

② 위성은 넓은 지역에 대해 방송할 수 있는 방송(Broadcasting) 기능을 제공한다. 위성은 매우 넓은 범위의 지역을 커버하므로, 한 번의 전송으로 커버리지 내에 있는 모든 수신기가 동시에 수신할 수 있다.

③ 전송비용과 전송지연은 지구상의 거리에 무관하다. 예를 들어 지상 통신의 경우, 장거리 전화와 시내전화 사이에는 전송지연의 차가 있고, 전송 비용에도 차이가 있다. 하지만, 위성통신은 지상의 거리가 100Km이든, 1000Km이든 차이가 없이 도두 동일한 전송지연을 가지며, 전송 비용 또한 동일하다. 따라서 위성통신은 지상의 거리에 따른 전송 비용이나 전송 지연 등에 민감하지 않다.

④ 위성통신은 매우 낮은 비트 오류성능을 얻을 수 있다. 위성통신은 육상통신과는 달리 대기권밖에 있는 위성과의 통신이므로, 마치 자유공간에서의 통신과 동일하다. 따라서 비트 오류성능이 육상통신보다 더 우수한 $10^{-10}$의 오류 확률을 얻을 수 있다.

⑤ 위성통신은 단 한번만으로 장거리 전송을 수행할 수 있다. 지상에서 수백, 수천 Km 되는 거리를 마이크로웨이브를 이용하여 전송한다면, 수많은 리피터를 필요로 한다. 하지만 위성통신은 단 한 번의 리피터를 이용하여 전송할 수 있으며, 이와 같은 것을 위성의 단일 도약(Single Hop) 전송이라고 한다.

⑥ 통신망이 미비한 개발도상국일지라도 위성을 이용하면 매우 빠른 시간 내에 통신망을 구축할 수 있다.

### (2) 위성통신의 단점

① 송수신시 36,000Km 상공의 위성체를 통해서 통신하므로 최소한 240ms의 통신지연이 발생하며, 중간에 다른 장비를 거치게 되면 더 많은 전파지연이 존재하게 된다.

② 36,000Km 상공의 위성체를 통해 통신하므로 거리에 따른 경로 손실이 심하고(약 200dB의 경로 손실 발생), 특히 강우에 의한 전파 흡수가 발생해 성능에 많은 영향을 미친다.

③ 위성안테나 아래의 있는 모든 지구국 또는 수신 장비에서 방송을 받을 수 있으므로, 심각한 보안 문제가 존재한다.

## 4.4 적외선 (Infrared) 통신회선

### 4.4.1 적외선 통신회선 개요

적외선은 파장이 0.7$\mu m$~수백$\mu m$ 정도이고, 가시광선과 밀리미터(mm)파 사이에 존재하는 빛이다. 이와 같은 적외선을 이용한 통신은 100GHz~1000THz 정도의 높은 주파수 범위를 사용하여 데이터를 전송하기 때문에 고속으로 데이터를 전송할 수 있다.

송신기는 적외선 LED(Light Emitting Diode)를 이용하여 구성되고, 수신기는 포토다이오드를 이용하며 구성되므로, 송수신기의 하드웨어를 저렴한 비용으로 콤팩트하게 만들 수 있을 뿐만 아니라 직접 마주보고 전송하기 때문에 비교적 비밀이 보장된다는 이점도 있다.

하지만 적외선은 직진성이 강해 장애물을 통과하거나 투과하지 못하므로, 송수신 장치는 항상 마주 볼 수 있는 위치(송수신기의 각도는 좌우 15도 범위 내에 있어야 한다)에 설치해야 하며, 중간에 장애물이 없어야 하고, 빛이 강한 곳에서는 사용할 수 없다는 단점이 있다.

### 4.4.2 적외선 통신회선의 활용 : IrDA

적외선을 이용한 통신의 예는 현재 사무실 내의 근거리 통신망(LAN) 환경을 구축하기 위해 PC나 노트북 등에 설치되어 있는 IrDA(Infrared Data Association) 통신방식을 들 수 있다.

적외선 데이터 통신 연합(IrDA)은 적외선 데이터 통신의 규격 제정을 목적으로 1993년에 설립된 민간 표준 단체로서 이 단체에서 정보처리의 상호 운용 및 사무실 환경에서의 LAN 구축을 위해 개발한 적외선 프로토콜이 IrDA이다.

IrDA는 현재 개인용 PC에 이용되는 규격으로 최대 데이터 전송 속도가 2.4~115.2Kbps인 IrDA 1.0과 최대 전송속도가 1.152Mbps와 4Mbps인 IrDA 1.1을 표준으로 정하고 있다.

IrDA에서는 이 밖에도 디지털 카메라 등의 정지화상을 적외선 통신으로 전송하기 위한 IrTran-P(Infrared Transfer Picture)를 표준화하고 있다. 이 방식은 1997년 10월 미국 샌프란시스코에서 개최된 적외선 데이터 통신 연합(IrDA) 총회에서 권장 규격으로 채택되었는데, 개인용 PC만을 대상으로 하는 종래의 IrDA 규격과 달리 IrTran-P를 탑재한 모든 통신기기(예: PC, 디지털카메라, 프린터 등)는 제작 회사와 기종을 불문하고 정지 화상을 송수신할 수 있다.

가전기기의 원격조정과 컴퓨터 주변기기간의 데이터 통신을 위해 만들어진 IrDA는 디지털 카메라와 프린터간의 이미지 전송 또는 페이저, 이동전화, PDA, 휴대용 PC 간의 데이터 전송 등의 영역으로 그 사용 영역을 확대하여 사용하였으며, 특히 미국과 유럽의 항공사들은 항공기 내에서의 휴대전화 사용을 억제하기 위해 좌석에 적외선 데이터통신 인터페이스를 설치하고 탑승객의 휴대전화기와 접속할 수 있도록 하는 방안을 검토하기도 하였다.

1998년 나가노 동계올림픽에서는 일본의 전화회사인 NTT의 ISDN망용 하이테크 공중전화기에 IrDA를 설치하여 시범 운영한 바도 있다.

적외선은 무선 주파수가 아니다. 따라서 송수신 시스템에서 안테나는 필요 없으며, 무선국의 무선허가나 전파규제 등을 받을 필요가 없다.

# 4.5 데시벨

## 4.5.1 데시벨의 정의

데시벨이란 어떤 두 지점간의 전력(또는 전압, 전류)의 비를 로그 값으로 표시한 것이다. 즉, 데시벨이란 전송회선상의 임의의 점에서 전송에너지의 크기를 기준 값과 비교하여 크거나 작은 것을 나타내기 위해 상용대수를 사용하여 표시한 것으로서, 신호의 상대적인 강도를 표시하는 단위이다.

예를 들어, 장거리 전화회선에서는 신호의 전송 레벨을 데시벨로 표시하는데, 만약 어떤 지점에서 전송레벨을 너무 높게 하면 증폭기에 과부하가 걸려 잡음의 증가는 물론 누화를 초래하게 되고, 전송레벨을 너무 낮게 하면 가입자에게 만족스러운 통화를 제공할 수 없게 된다. 따라서 데시벨은 어떤 지점에서의 전송 레벨의 기준을 설정할 수 있다.

## 4.5.2 데시벨의 종류

신호의 전송 레벨을 표시하는 방법으로 보통 데시벨(dB)과 Neper를 사용한다.

### (1) 데시벨 (dB : Decibel)

데시벨은 신호의 강도를 측정하는 단위로서 어떤 두 지점간의 상대적인 전력의 비를 로그 값, 즉 밑을 10으로 하는 상용대수를 사용하여 표시한 것으로서 다음과 같이 나타낸다.

$$dB = 10\log_{10}\frac{P_2[\mathrm{W}]}{P_1[\mathrm{W}]}[\mathrm{dB}] \tag{4.1}$$

여기에서 $P_1$은 기준이 되는 위치의 측정 전력이고, $P_2$는 또 다른 임의의 위치에서의 측정 전력이다.

식 4.1에서 데시벨을 로그로 사용하는 이유는, 로그로 표시하면 곱셈 연산을 덧셈 연산으로 할 수 있고, 1,000,000과 같이 큰 수를 6과 같이 작은 수로 표시할 수 있기 때문이다.

그림 4.13에 데시벨의 사용 예를 들었다. 그림 4.13의 (a)는 증폭기의 입력으로 1[W]가 입력되어 2[W]가 출력되므로, 이 증폭기는 3[dB]의 이득이 있다고 말한다. 그리고 그림 4.13의 (b)는 손실 회로망의 예인데, 100[W]가 입력되어 1[W]가 출력되므로, 20[dB]의 손실(손실이라는 단어에서 이미 (-)라는 개념이 포함되어 있으므로, 손실 회로망에서는 굳이 (-) 부호를 붙이지 않는다)이 있다고 한다.

데시벨은 전력뿐만 아니라 전류와 전압에 대해서도 다음과 같이 표시할 수 있으며, 전력의 경우는 10log인데 반해, 전류나 전압은 20log라는 점에 유의하여야 한다.

$$
\begin{aligned}
dB_v &= 20\log_{10}\frac{V_2[\mathrm{V}]}{V_1[\mathrm{V}]}[\mathrm{dB}] \\
dB_i &= 20\log_{10}\frac{\mathrm{I}_2[\mathrm{A}]}{I_1[\mathrm{A}]}[\mathrm{dB}]
\end{aligned}
\tag{4.2}
$$

한편, 유럽에서는 데시벨(dB) 대신 전압비(전류비)를 자연 로그로 표시한 네퍼(Np : Neper 또는 Nepier)라고 하는 단위를 많이 사용하는데, 네퍼와 데시벨과의 관계는 다음과 같다.

$$
\begin{aligned}
&1Np = 8.686dB \\
&1dB = 0.115Np
\end{aligned}
\tag{4.3}
$$

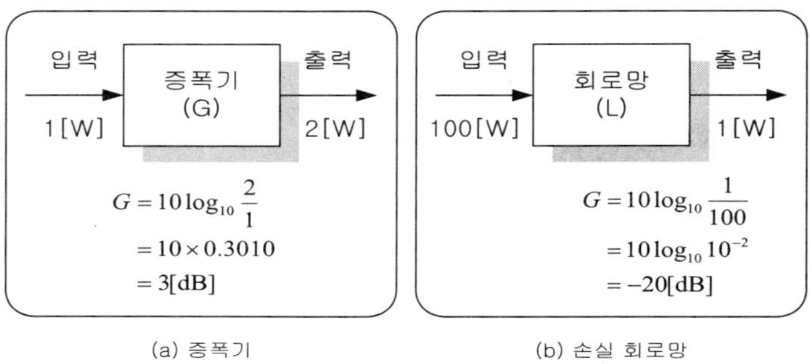


**그림 4.13 데시벨의 사용 예**

## (2) dBm

데시벨은 이득이나 손실 등 어떤 크기의 비를 상대적인 레벨로 표시할 때 사용한다. 하지만 증폭기나 단말장치 등의 출력의 크기를 표시할 때, 단순히 두 지점간의 상대적인 개념만으로는 부족하므로, 신호레벨의 절대적인 레벨 표기 방법이 필요하다.

따라서 어떤 기준 값을 정해 놓고, 이 기준 값과 비교한 레벨을 절대 레벨이라고 하며,

절대 레벨의 단위로 dBm을 사용한다.

보통 유선 계에서는 600[Ω]의 임피던스를 가지는 회로에서 1[mW]의 전력이 공급될 때를 0[dBm]으로 규정하고 있고, 무선통신 시스템이나 동축 케이블을 사용하는 시스템에서는 75[Ω]의 임피던스를 가지는 회로에서 1[mW]의 전력이 공급될 때를 0[dBm]으로 규정하고 있다.

따라서 dBm은 1[mW]를 기준으로 표시한 데시벨 값으로서 다음과 같이 된다.

$$dBm = 10\log_{10}\frac{P[mW]}{1[mW]}[dBm] \tag{4.4}$$

예를 들어 어떤 증폭기의 출력이 20[W]라고 하자. 그러면 dBm은

$$\begin{aligned} 10\log\frac{20\times10^3[mW]}{1[mW]} &= 10\log 2\times10^4 \\ &= 40+10\times0.3010 = 43[dBm] \end{aligned}$$

이 된다.

## (3) dBW

dBm이 1[mW]를 기준으로 표시한 데시벨 값이라고 한다면, dBW는 1[W]를 기준으로 표시한 절대 레벨 값으로서 다음과 같이 표현된다.

$$dBW = 10\log_{10}\frac{P[W]}{1[W]}[dBW] \tag{4.5}$$

그리고 dBm과 dBW간에는 다음과 같은 관계가 있다.

$$dBm = 30 + dBW \tag{4.6}$$

## (4) dBmV

dBmV는 1[mV]를 기준으로 하는 절대레벨의 단위로 식 4.7과 같이 되며, 75[Ω]의 임피던스를 가지는 회로에 1[mV]의 전압을 공급할 때를 0[dBmV]로 규정하고 있다.

$$dBmV = 20\log_{10}\frac{V[mV]}{1[mV]}[dBmV] \tag{4.7}$$

## 연습문제

4.1 전송 매체에 영향을 미치는 요소에 대해 설명해 보시오.

4.2 전자기 간섭에 대해 설명해 보시오.

4.3 근거리 통신망에서 사용되는 전송 매체에 대해 설명해 보시오.

4.4 꼬임선 케이블의 특징에 대해 설명해 보시오.

4.5 꼬임선 케이블의 종류에 대해 설명해 보시오.

4.6 꼬임선 케이블의 카테고리(Category)에 대해 설명해 보시오.

4.7 동축 케이블의 특징을 설명해 보시오.

4.8 10Base2의 사양에 대해 인터넷을 통해 조사해 보시오.

4.9 고속 이더넷(Fast Ethernet)의 표준인 100Base-T에 대해 설명해 보시오.

4.10 광케이블의 종류에 대해 설명해 보시오.

4.11 광케이블의 특징을 설명해 보시오.

4.12 광케이블의 전송 기술이 향후 어떻게 변화될 것인지에 대해 조사해 보시오.

4.13 광케이블 커넥터의 종류를 들고, 각각에 대해 특징을 설명해 보시오.

4.14 국내 CATV의 방송 주파수에 대해 조사해 보시오.

4.15 LTE 시스템에 대한 각국의 주파수 분배 현황에 대해 조사해 보시오.

4.16 위성통신의 특징에 대해 설명해 보시오.

4.17 위성통신의 장단점을 기술해 보시오.

4.18 지상 마이크로파 통신의 특징에 대해 설명해 보시오.

4.19 지상 마이크로파 통신의 장단점을 기술해 보시오.

4.20 적외선통신의 향후 발전 방향에 대해 조사해 보시오.

4.21 데시벨의 정의를 기술하고, 왜 데시벨을 사용하는지에 대해 설명해 보시오.

4.22 네퍼(Neper)에 대해 조사해보고, 그 정의 식을 써 보시오.

4.23 가정에 있는 오디오의 출력은 몇 [W]인가? 이것을 dBm으로 환산하면 얼마가 되는가?

# 5

# 유선 통신망

## 5.1 공중 전화망 (PSTN)

지식정보를 서로 주고받으며 사회 및 경제 활동을 영위할 수 있는 지적 사회를 정보화 사회라고 하며, 이와 같은 정보화 사회를 가능하게 하기 위해서는 무엇보다도 정보통신 설비의 기반을 구축하기 위한 정보 통신망이 확립되어야 한다.

한편, 교환기는 정보 통신망에서 없어서는 안 될 필수 통신 시스템으로서 가입자들로부터 입력되는 음성 및 비음성의 각종 정보를 신속 정확하고도 경제적으로 원하는 가입자에게 교환시켜주는 통신 시스템이다.

공중 전화망은 이와 같은 교환기를 이용하여 사용자간의 음성 정보를 전달할 수 있는 통신망이다.

### 5.1.1 공중 전화망의 개요

공중 전화망(PSTN : Public Switched Telephone Network)은 회선 교환(Circuit Switching) 방식을 이용하여 가입자간의 음성 정보를 전달할 수 있는 공중 통신망을 일컫는 것으로서, 모든 공중 통신망의 근간을 형성하고 있고, 그 발전 역사 또한 깊다.

1876년 3월, 알렉산더 그레이엄 벨에 의해 "전화"가 세계 최초로 미국 특허청에 특허로 등록되었고, 그 다음해인 1877년 1월 첫 전화기가 등장하였다. 최초의 전화는 교환국 없이 각각의 전화기간에 상호 선을 연결한 방식이었기 때문에, 모든 전화는 1 대 1 통신만이 가능했다. 즉, 종이컵과 실로 만든 장난감 전화처럼 선을 연결한 사람끼리만 통화가 가능했던 것이다. 그 뒤 1878년 코네티컷 주의 뉴 헤이븐에 처음으로 교환기가 설치되었는데, 이 당시의 전화는 중앙의 교환수에 의해 손으로 연결되는 방식이었다.

1885년에는 미국의 전화회사인 AT&T(American Telephone and Telegraph Company)가 설립되었다. AT&T는 처음에 Bell사의 장거리 통화 담당 자회사였으나 급속도로 성장하여 1900년에 모회사인 Bell사를 흡수하고, 명실공히 세계 최대 전화회사로 성장하였다.

이 당시의 모든 전화기는 사람의 목소리를 그대로 전기 신호로 변화시킨 아날로그 신호를 전송하는 시스템이었고, 교환기 역시 전화기에서 다이얼링을 하면 그 회전신호에 따라 기계적으로 접속하는 기계식 교환기였다. 그리고 대량의 신호가 전송되는 교환국과 교환국 간의 국간전송에는 FDM(Frequency Division Multiplexing) 방식을 이용하여 전송하였다.

그 후 디지털 기술이 발전하면서, 벨(Bell)사는 디지털 전송망의 필요성을 느끼기 시작하였고, 1940년대에 발표된 TDM(Time Division Multiplexing) 기술을 실용화하여 T1 방식의 디지털 전송기술을 1960년대 초반에 개발하였다.

이로써 교환국과 가입자 사이에는 아날로그 신호가 전송되지만, 교환국과 교환국 사이에는 디지털 신호를 전송할 수 있는 길이 열리게 되었다. 그리고 그 이후 디지털 교환기가 개발되어 현재 형태의 전화망이 이루어지게 되었다.

이와 같은 공중 전화망을 구축하는데 필요한 통신기술로는 전송기술, 교환기술, 신호기술 등으로 크게 구분할 수 있으며, 이들은 각각 전송 시스템, 교환 시스템, 신호장치 등으로 구분된다.

- 전송기술 : 전송 시스템
- 교환기술 : 교환 시스템
- 신호기술 : 신호장치

## (1) 전송기술

전송(Transmission)은 가입자 정보와 제어정보를 통신망 내 한 지점으로부터 다른 지점으로 전달시키는 기능으로서, 가입자와 교환국을 잇는 가입자 전송과 교환국과 교환국간을 잇는 국간 전송으로 구분할 수 있다. 그리고 전송되는 정보 신호의 형태는 아날로그 신호 또는 디지털 신호가 될 수 있으며, 그 전송 형태에 따라 아날로그 전송 또는 디지털 전송이라고 한다.

또 전송 매체에 따라서 꼬임선 케이블이나 동축 케이블에 의한 유선전송, 지상 마이크로파 통신에 의한 무선전송, 위성의 중계에 의한 위성 전송, 광케이블에 의한 광 전송 등으로 분류하기도 한다.

그림 5.1의 전송 시스템 구성도에서 볼 수 있는 바와 같이 전송 시스템은 전송설비와 전송 단말장치로 구성된다.

전송설비는 전송 매체와 전송 매체를 따라서 설치되어 있는 중계 장치로 구분할 수 있는데, 전송 신호를 전달해주는 링크를 전송 매체라고 하고, 전송 신호를 복원, 보상, 변환, 재생시켜 주는 장치를 중계 장치라고 한다.

전송 단말장치는 전송 정보 신호를 전송 매체에 알맞은 형태로 변환시키고, 또 이를 복원하는 장치이다. 이를 위해서 송신 단말장치는 정보 신호를 전기 신호로 변환하는 기능, 아날로그 신호를 디지털 신호로 변환하는 기능, 변조하는 기능, 다중화하는 기능, 전송 부호화하는 기능, 전기 신호를 광/전자파 신호로 변환하는 등의 기능을 수행하고, 수신 단말장치는 그 역의 기능을 수행한다.

송신 단말장치로부터 송출된 전송 신호는 몇 단계의 중계 장치를 거쳐서 수신 단말장치에 전달되며, 여기서 전송정보가 복원되게 된다.

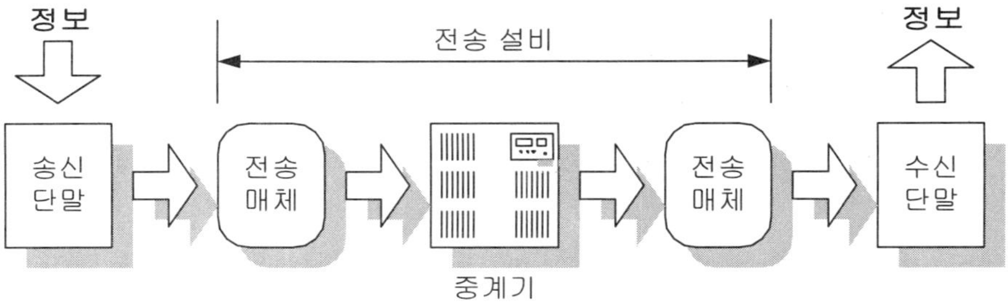


**그림 5.1 전송 시스템의 구성**

### (2) 교환기술

교환은 다수의 가입자 서비스 장치들을 상호 연결시켜 통신로를 설정해 주는 기능이다. 사실 가장 단순한 정보 통신망을 구성하기 위해서는 전송망만 있어도 가능하다. 하지만 가입자의 수가 많아지게 되면 전송망이 매우 복잡해지므로 교환기술이 필요하게 되는 것이다.

교환기술은 복잡한 전송망을 단순화시키고, 망 운영을 보다 효율적으로 수행하기 위하여 요구되는 통신기술이다. 이때 상호 연결을 경제적으로 해준다는 점이 교환의 주안점이 된다.

예를 들어 n명의 가입자를 교환기 없이 상호 연결하려면 그림 5.2(a)와 같이 n(n-1)/2개의 전송로가 필요하지만, 교환기를 사용하는 경우에는 그림 5.2(b)와 같이 n개의 전송로만 있으면 된다. 교환기의 주 기능은 연결기능이다.

하지만 교환기는 주 기능인 연결기능을 수행하기 위해 그 외의 기능인 통신망의 운용보전이나 가입자 서비스 등에 관련된 기능들도 수행한다.

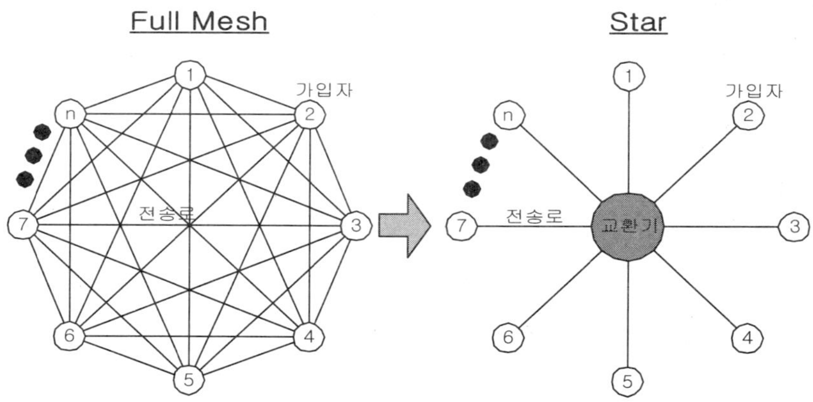


필요 전송로 수 : ${}_nC_2 = \frac{{}_nP_2}{2!} = \frac{n(n-1)}{2}$

(a) 교환기가 없는 경우

필요 전송로 수 : $n$

(b) 교환기를 사용하는 경우

**그림 5.2 교환기의 기능**

### (3) 신호 (Signal) 기술

신호는 통신망 내에서 통신의 연결설정 및 이에 관련된 응용 기능을 제어하기 위한 과정이다. 신호를 그 기능에 따라 분류하면, 감시 신호, 주소 신호, 정보 신호로 분류할 수 있다.

감시 신호는 회선의 연결에 관련된 제어기능, 즉 서비스 요청, 응답, 경보, 서비스 해제 등의 기능을 하는 신호이고, 주소 신호는 착신자의 전화번호를 의미하며, 정보 신호는 통신 연결 진행 정보, 즉 다이얼 톤, 링잉 톤 등을 의미한다.

신호를 적용 범위에 따라 분류하면 가입자 망 신호와 국간 중계망 신호로 분류할 수 있다. 가입자 망 신호는 가입자와 교환국간에 주고받는 신호를 의미하며, 종류로는 주소지정, 다이얼 톤(Dial Tone), 비지 톤(Busy Tone), 링잉 톤(Ringing Tone), 온/오프 후크 표시(On-hook/Off-hook Indication) 등의 신호가 있다.

국간 중계망 신호는 교환기와 교환기간에 주고받는 신호를 의미하며, 주소지정, 윙크(Wink), 온/오프 후크 표시 등의 신호가 있다.

그리고 국간 중계망 신호 방식은 신호 정보가 채널 사용자의 정보와 같은 전송로를 통해서 전달되는가의 여부에 따라 채널결합 신호 방식과 채널분리 신호 방식, 즉 공통선 신호(CCS : Common Channel Signaling) 방식으로 구분된다. 그림 5.3에 이들 2가지 신호 방식을 비교하여 나타내었다.

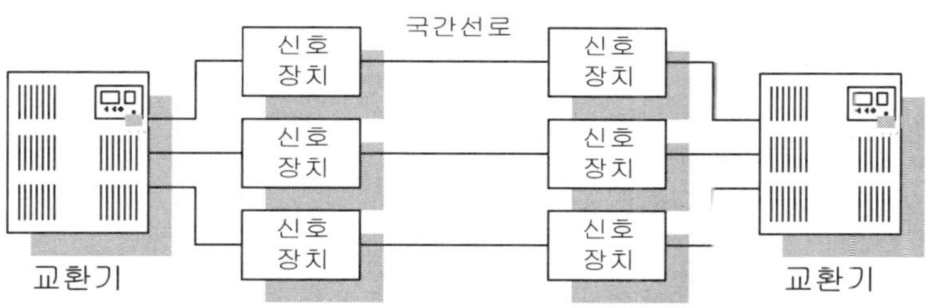


(a) 채널결합 신호방식

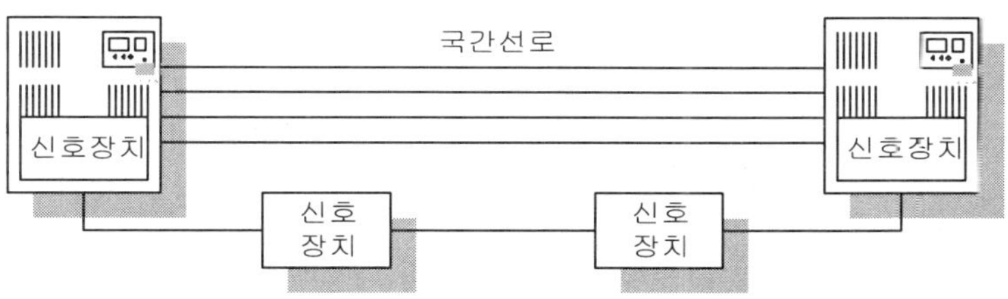


(b) 공통선 신호방식

**그림 5.3 국간 신호 방식**

공통선 신호 방식(CCS)은 채널분리 신호 방식으로서 전송정보가 전송되는 선로와는 무관하게 별도의 채널을 통해서 신호들만 모아 전송하는 방식이다. 따라서 공통선 신호 방식은 호설정 시간이 짧고 통신망을 효율적으로 활용할 수 있으며 가입자에 대한 각종 서비스를 확장할 수 있는 장점이 있지만, 신호의 상태가 정보전송 채널의 품질을 대변하지 못하고, 신호망이 손상되면 통신망의 마비를 초래할 수 있다는 단점이 있다.

그림 5.3(a)에서 보는 바와 같이 채널결합 신호 방식은 통신의 연결설정에 관련된 감시나 주소지정 기능 등을 수행하는 데에는 별 문제가 없지만, 망운용 보전 신호 전달이나 호의 추적, 또는 다양한 종류의 트래픽을 결합하여 전송하는 데에는 어려움이 많으며, 더욱이 통신망의 융통성 있는 운용이나 통신망의 지능적인 서비스는 제공할 수 없는 단점이 있다.

최근 들어 제공되는 신호 중에는 망운용 보전용 신호들이 많이 있다. 예를 들어, 국간 망에 분포되어 있는 트래픽 부하를 조절하기 위해 전화국간에 주고받는 신호로 통신망 보전 신호가 있다. 또 수신자 부담 통화나 신용카드 통화 등의 서비스는 연결할 때 교환기가 통신망 내 설치된 데이터베이스에 문의하여 연결 타당성 여부를 결정하게 되는데, 이를 위한 신호들도 있다.

따라서 채널결합 신호 방식에서 채널분리 신호 방식으로의 신호 방식의 발달과 위에서 설명한 신호 기능들의 발달은 결국 통신망의 효율성을 높여주고, 통신망을 더욱 더 지능화하는 과정이라고 볼 수 있다. 이러한 과정이 더욱 더 분화되고 발달되면 지능망을 형성하게 된다.

### 5.1.2 교환기의 분류

교환기는 교환하는 방식에 따라 그림 5.4에 나타낸 바와 같이 크게 기계식 교환기, 전자식 교환기, 광 교환기의 3가지 형태로 분류할 수 있다.

기계식 교환기는 가입자로부터 들어오는 다이얼 번호에 따라 기계식으로 구성된 스위치를 하나씩 하나씩 접속해주는 가장 초보적인 교환방식이다.

그리고 전자식 교환기는 반전자식 교환기와 전전자식 교환기로 분류할 수 있는데, 반전자식 교환기는 회선연결에 사용되는 스위치(통화로계)는 기계식을 사용하고, 제어계는 컴퓨터를 이용한 축적 프로그램 제어(SCP : Stored Program Control) 방식을 채택한 교환기이고, 전전자식 교환기는 통화로계까지 디지털 기술로 구현한 교환기이다. 오늘날의 교환기는 모두 전전자식 교환기이다.

광 교환기는 광통신 기술을 이용하여 현재 세계적으로 연구가 활발히 진행되고 있는 교환기로서 공간분할 방식, 시분할 방식, 파장분할 방식 등을 고려하고 있다.

또한 교환 회로망의 형태에 따라 교환기를 분류하면 공간분할 교환기와 시분할 교환기로 분류할 수 있고, 제어방식에 따라 교환기를 분류하면 포선 논리제어(Wired Logic Control)

방식 교환기와 축적 프로그램 제어방식 교환기로 분류할 수 있으며, 기능의 분산정도에 따라 교환기를 분류하면 집중제어 방식 교환기와 분산제어 방식 교환기로 분류할 수 있다.

현재 사용되고 있는 전자 교환기들은 모두 축적 프로그램 방식을 사용하고 있으며, 그 중 공간분할 방식을 사용하는 교환기를 반전자식 교환기, 시분할 방식을 사용하는 교환기를 디지털 교환기 또는 전전자식 교환기라고 한다. 그리고 최근의 디지털 교환기들은 대부분이 분산제어 방식을 채택하고 있다.

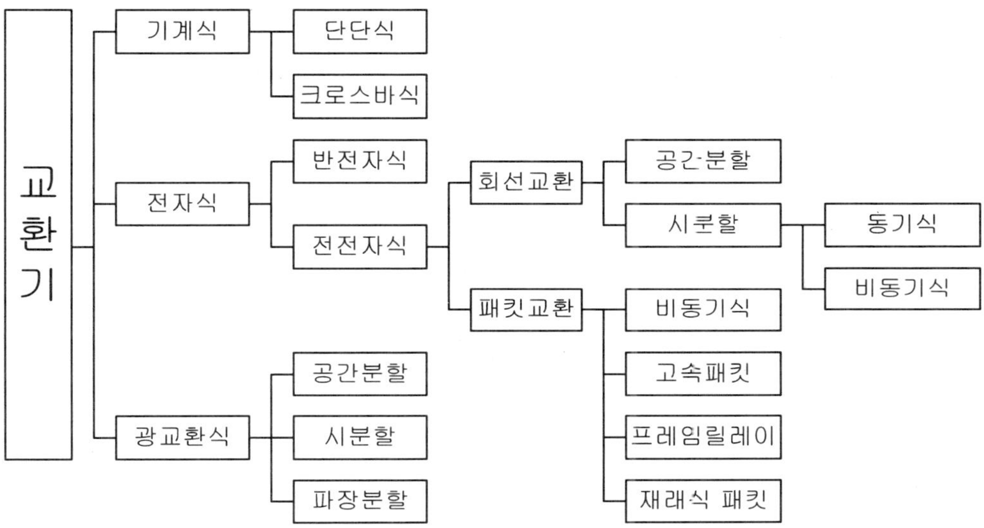


**그림 5.4 교환기의 분류**

### 5.1.3 교환기술의 발달

교환기술의 발달과정은 교환 회로망의 발달과정과 제어방식의 발달과정으로 구분해서 살펴볼 수 있는데, 교환 회로망은 전자기계식 공간 분할 방식에서 전자식 공간분할 방식, 이어서 전자식 시분할 교환방식으로 발전하였고, 제어방식은 직접제어방식에서 포선 논리제어 방식, 축적 프로그램 제어 방식으로 발전하였다.

최초의 교환기인 수동식 교환기는 교환원이 잭(Jack)을 이용하여 통화로를 연결 혹은 절단함으로써 전화음성 서비스를 제공하였다. 그러다가 1879년에 처음으로 자동식 교환의 개념이 제안되었고, 이 개념은 단단식(Step-by-Step) 교환기에 이르러 실용적인 정착을 보게 되었다. 단단식 교환기는 가입자가 다이얼을 한번 돌리면 이에 따라서 교환기의 접점이 그 만큼씩 선형 또는 회전 이동하여 순차적으로 연결해주는 방식으로서, 스트로저(Strowger)에 의해 개발되었기 때문에 스트로저 교환기라고도 한다.

단단식 교환기는 1920년대까지 널리 보급되다가 1930년대에 단단식 교환기의 직접제어 방식의 결점을 보완한 크로스바(Cross-Bar) 교환기로 대치되었다. 크로스바 교환기는 통화로계와 제어계를 완전히 분리한 방식으로서, 통화로계는 수평로와 수직로가 서로 교차하도록 된 좌표식 크로스바 스위치를 사용하였고, 제어부는 소수의 제어회로를 이용한 공통 제어방식을 사용하였다.

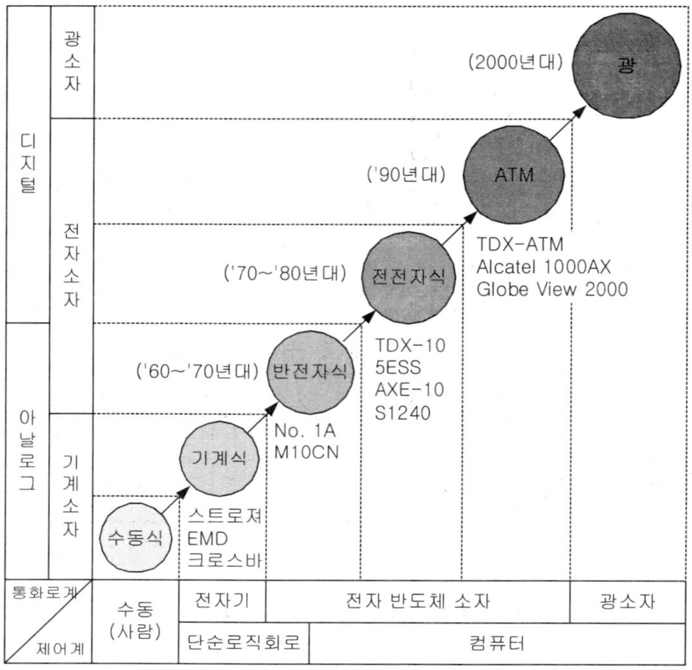


**그림 5.5 교환기술의 발전단계**

진공관과 트랜지스터의 발달과 더불어 1950년대에는 전자식 교환기가 출현하였다. 교환회로망의 교환접점과 접속부의 논리회로에 사용하던 릴레이(Relay)는 각종 전자소자로 대치되었고, 포선 논리제어 방식도 이때 제안되었다. 그러나 실제로 상업용의 전자식 교환기인 No.1 ESS는 1965년에 설치되었고, 공간분할 방식, 축적 프로그램 제어방식을 사용하였다.

이어 시분할 방식 전자 교환기가 1970년대부터 개발되기 시작하여, 1976년에는 No.4 ESS 교환기가, 1982년에는 No.5 ESS 교환기가 각각 설치되었다. No.5 ESS 교환기는 대용량 디지털 전자식 교환기로서, 동급인 AXE-10, DMS-100, EWSD, S1240, GTD-5 등도 이와 유사한 기간 중에 개발되었다.

그리고 1978년 소규모 시분할 전자 교환기로부터 연구개발을 시작한 우리나라는 1986년 최초로 10,000회선 용량의 TDX-1 전전자 교환기를 개발하였고, 이어 TDX-1B 교환기에 ISDN 기능과 지능망 서비스 기능을 추가한 TDX-10 교환기를 1993년에 개발하여 현재에 이르렀다.

현재의 교환기는 회선 교환 기능과 패킷 교환 기능을 모두 보유한 디지털 교환기로 발전하고 있으며, 장차 모든 정보를 패킷 형태로 처리하는 ATM(Asynchronous Transfer Mode) 교환기로 진화해 나갈 것이다.

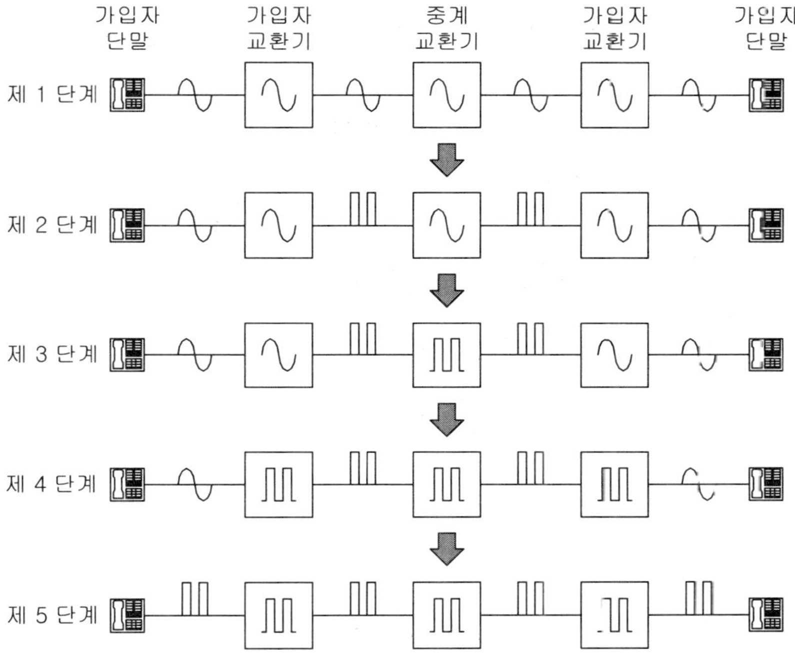


**그림 5.6 정보 통신망의 디지털화 과정**

한편, 디지털 전송정보에 대해서는 교환기에서 별도의 변환이나 다중화 과정 없이 교환이 가능하므로, 시분할 디지털 교환기는 공간분할 아날로그 교환기에 비해서 경제적인 장점이 있다. 그리고 디지털 전송이 갖는 갖가지 장점 때문에 전송 시스템 또한 계속 디지털화되어 가고 있다. 따라서 전송 시스템의 디지털화는 교환기의 디지털화를 이끌어내게 되었고, 이와 같이 교환기와 전송 시스템의 디지털화는 정보 통신망의 디지털화를 가속하고 있다.

그림 5.6에 정보 통신망의 디지털화 과정을 도식화하였다. 초기의 정보 통신망은 전송장치와 교환기 모두 아날로그 방식을 사용하였다. 하지만, 디지털 기술이 발전하면서 제 2단계부터는 중계선 전송에 디지털 기술이 적용되었고, 3단계에서는 중계선 전송과 중계 교환기(시외 교환기)가 디지털화되었다. 현재는 4단계인 가입자 교환기(시내 교환기)와 중계선 전송, 그리고

중계 교환기가 모두 디지털화 되어있고, 일부 5단계화 같은 가입자 전송까지 디지털화되어 있다. 5단계는 정보 통신망이 완전히 디지털화 되는 최종단계인데, 각 가정에 ISDN 망과 같은 디지털망이 설치되어 디지털 전화기를 사용하는 경우이다.

## 5.1.4 교환기의 구성

교환 시스템은 그림 5.7에 나타낸 바와 같이 교환 회로망(Switching Network), 가입자 접속부, 국간 선로 접속부, 교환기 제어부, 운용관리 보전부, 신호망 접속부 등으로 구성된다.

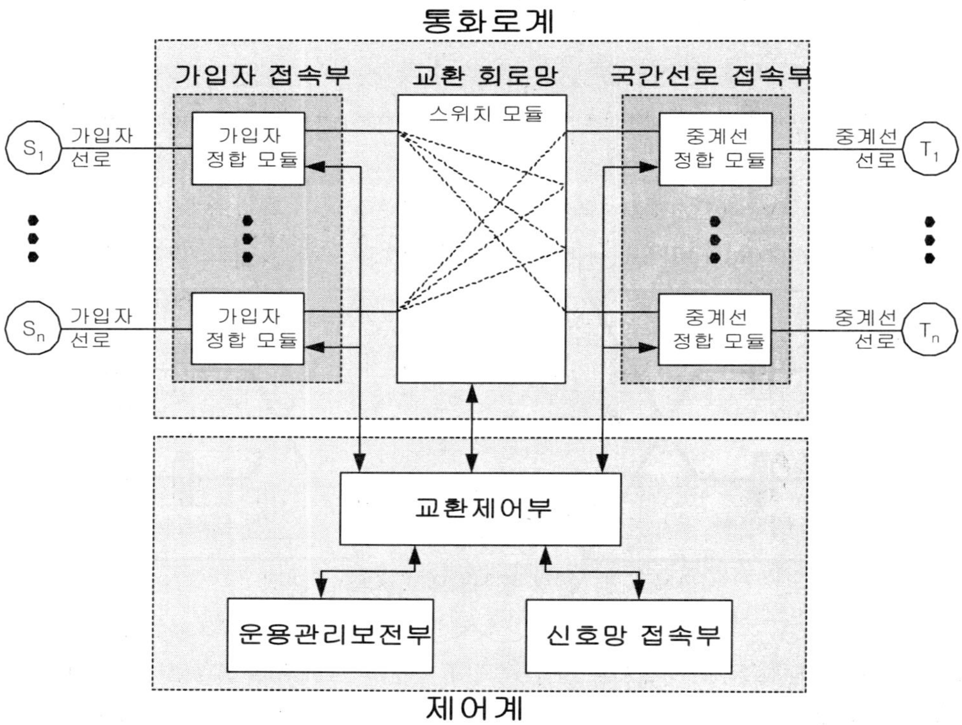


그림 5.7 교환기의 구성

통화로계는 교환 회로망, 가입자 접속부, 국간 선로 접속부를 통화로계라고 하고, 가입자로부터 입력되는 정보를 원하는 가입자에게 접속시켜 주기 위한 정보경로 설정기능을 담당하며, 수동 교환기와 비교할 때 교환원이 사용하는 잭에 해당하는 기능을 한다.

교환 회로망은 신호의 교환 연결을 실제로 수행하는 곳으로서 대부분 스위치 회로로 구성된다. 그리고 가입자 및 국간 선로 접속부에서는 가입자 및 중계선으로부터 들어온 신호들을 교환 회로망과 접속하기 알맞은 형태로 변환하는 기능을 한다.

한편, 교환기 제어부, 운용관리 보전부, 신호망 접속부를 제어계라고 하고, 제어계는 통화로계를 제어하여 스위치를 연결/절단시키는 기능과 시스템 운용/유지/보수하는 기능을 수행하며, 수동 교환기와 비교할 때 교환원의 머리에 해당하는 기능을 수행한다.

운영관리 보전부는 교환 시스템의 운용관리 및 보전을 위한 기능을 수행하며, 아울러 통신망 내의 보조 운영 시스템들과의 접속 기능을 제공한다. 그리고 신호망 접속부는 신호망 및 통신망에 연결된 데이터베이스와의 접속 기능을 제공하며, 교환기 제어부는 이 모든 동작을 위한 제어기능을 담당한다.

## 5.1.5 전화통신 과정

통신이나 통신망(Network)의 구조를 이해하기 위해 전화로 통신하는 과정을 알아보자. 전화기는 가입자 회선을 이용하여 해당 지역의 전화국에 있는 시내 교환기(LS : Local Switch)와 전화기 하나당 한 회선씩 접속되어 있고, 전화를 걸 때 상대방 전화번호를 다이얼 하면 시내 교환기는 그 번호에 따라 교환기의 경로의 스위치를 접속하려는 상대방에게 연결한다.

먼저, 동일 지역 내에 있는 사람에게 전화를 거는 경우(그림 5.8에서 1의 경우)를 알아보자. 상대방이 동일지역 내에 있으면, 교환기는 자체 내에서 즉시 상대방 가입자회선의 회로를 연결하고, 상대방 전화기의 벨을 울리는 신호를 보낸다. 그런 다음 상대방이 수화기를 들면 전화통화가 연결되고, 통화 후 수화기를 놓으면 통화가 종료된다.

다음, 상대방이 동일한 시내의 다른 지역일 경우(2의 경우)는 중계회선을 이용하여 상대방 전화국의 교환기와 연결하는 동작이 추가되고, 근거리 시외통화의 경우(3의 경우)는 시내 교환기에서 시외 전화국에 있는 시외 교환기(TS : Toll Switch)와 접속하는 동작이 수반된다.

마지막으로, 장거리 시외통화의 경우(4의 경우)는 자기 지역 시외 교환기에서 상대방 지역 시외 교환기를 연결하여 주어야 하고, 상대방 지역 시외 교환기는 해당 지역의 시내 교환기와 접속되며, 해당 지역 시내 교환기는 원하는 가입자회선을 연결하여 통화를 할 수 있도록 한다. 이때 상대방의 전화번호를 각 교환기로 보내 상대방까지의 경로(Route)를 설정하는데, 전화번호 중 지역번호는 상대방의 시외전화 교환기를 찾는데 사용된다.

이렇게 하여 전국에 있는 수많은 가입자 중에서 유일한 상대방을 골라내어 발신자와 착신자를 연결하는 경로를 만들어 주게 되는 것이다.

하지만 교환기는 전송로 중에서 비어있는 회선을 골라 사용하기 때문에, 경로 설정방법은 하나만 있는 것이 아니고, 그때그때의 상황에 따라 여러 가지 방법의 경로가 설정될 수 있다. 그리고 교환기와 교환기를 연결하는 중계회선은 극히 가까운 구간을 제외하고는 다수의 회선을 다중화한 전송로를 사용하며, 전송로도 동축 케이블, 광케이블, 무선 마이크로파 등 여러 가지 전송 매체가 사용될 수 있다.

데이터 통신이나 ISDN과 같은 다른 통신망도 단지 규모와 종류의 차이가 있을 뿐 기본적인 연결방법은 모두 동일하다.

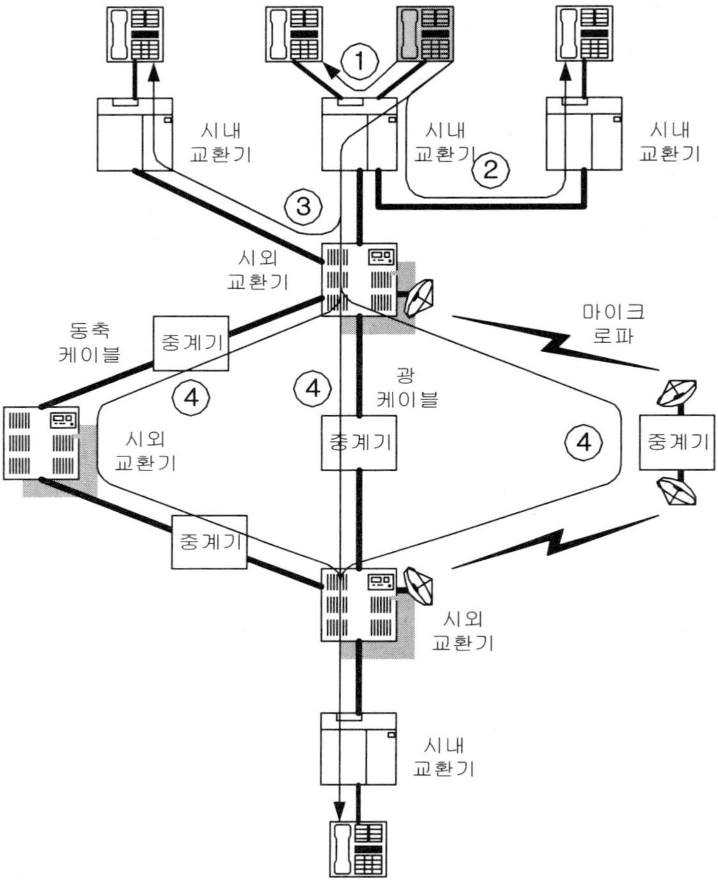


그림 5.8 전화 통화 경로

# 5.2 통신망 토폴로지 (Topology)

## 5.2.1 통신망 토폴로지 개요

그림 5.9에서 보는 바와 같이 통신망은 통신단말, 교환기, 전송로로 구성되는데, 통신단말과 교환기를 점(Node : 노드)으로, 전송로를 선(Link : 링크)으로 표시하면, 통신망의 구성형태는 다수의 노드를 다수의 링크로 연결한 모양으로 추상화하여 나타낼 수 있는데, 이를 통신망

토폴로지(Network Topology) 또는 간단히 토폴로지라고 한다. 통신망 토폴로지의 기본적인 형태로는 다음과 같은 것들이 있다.

- 그물(Mesh)형
- 성(Star)형
- 링(Ring)형
- 버스(Bus)형
- 트리(Tree)형

### (1) 그물(Mesh)형

그물형은 반드시 노드와 노드 사이에 직통 링크가 존재하기 때문에 항상 통신이 가능하다는 장점이 있지만, 통신망의 규모가 커질 경우에는 노드의 수가 증가해 링크의 수가 급격히 증가하는 단점이 있다.

따라서 그물형은 소규모의 통신망을 구축하는데 유리하며, 전화망에서는 최상위의 총괄 교환국간 통신 또는 통신량이 많은 중요한 교환국간의 통신 등에 사용되고 있다.

### (2) 성(Star)형

모든 통신망이 직접이 연결되는 그물형과는 달리, 성형은 반드시 중심 노드를 경유하여 다른 노드와 연결되는 방식이다.

성형의 장점은 통신망의 규모가 커져도 링크의 수는 노드 수에만 비례하여 증가하기 때문에, 전화망을 포함한 많은 통신망에서 널리 사용되고 있다.

### (3) 버스(Bus)형과 링(Ring)형

버스형과 링형(루프형이라고도 한다)은 둘 다 하나의 링크에 다수의 노드가 연결된다.

버스형과 링형은 구조가 간단하다는 장점 때문에 데이터 통신을 중심으로 하는 LAN(근거리 통신망)에 실제로 많이 쓰이고 있다.

### (4) 트리(Tree)형

트리형은 하나의 링크로부터 가지가 나눠지는 구조 때문에, 같은 신호를 다수의 노드로 분해하는 단방향 전송 등에 적합하다.

따라서 트리형은 CATV망과 같은 곳에 많이 활용되고 있다.

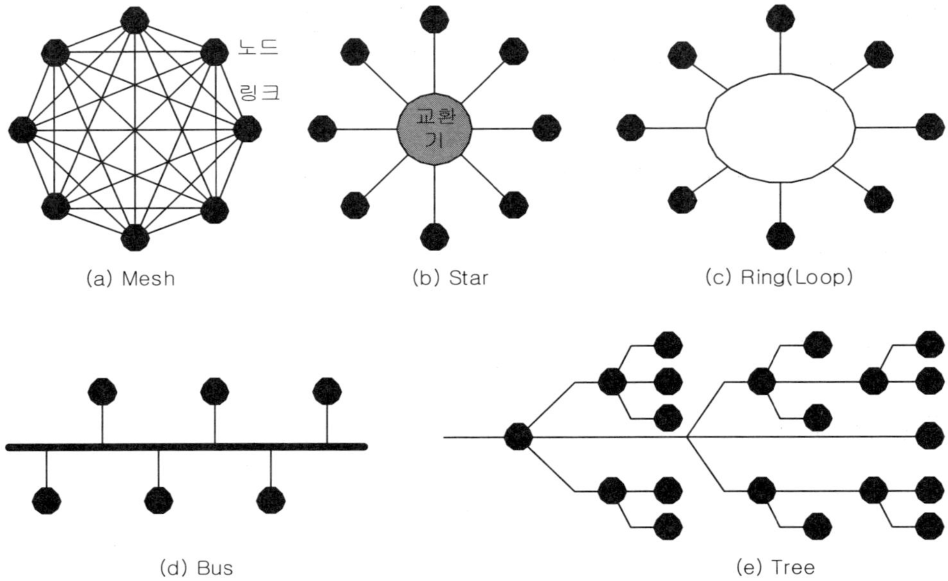


**그림 5.9 통신망 토폴로지**

실제의 통신망은 용도와 규모에 따라 여러 가지 구성형태를 취하지만, 대부분은 그림 5.9에 표시한 기본적인 토폴로지의 형태를 가지거나, 아니면 이들을 서로 조합한 형태가 된다.

따라서 어떤 형태를 취할 것인가 하는 것은 사용하려는 통신망의 경제성, 정확성, 신뢰성 및 용량과 품질 등의 필요조건을 감안하여 결정하여야 한다.

## 5.2.2 통신망의 성장

전화망과 같은 거대한 통신망도 처음에는 국지적인 작은 망에서 시작하여 오늘날과 같은 통신망으로 성장하였다.

최초의 전화망은 특정지역에 산재해 있는 가입자를 하나의 교환기로 수용한 그림 5.10(a)와 같은 구조로 시작하였다. 그러다가 인근 지역에 같은 종류의 전화국이 하나 더 생기면서 그림 5.10(b)와 같은 형태가 되고, 이들 2개의 지역의 교환기 상호간을 중계회선으로 연결함으로써 중계망을 형성하게 되었다. 그 후, 각 지역마다 전화국이 생기면서 그림 5.10(c)와 같이 교환기 상호간의 중계회선을 그물(Mesh)과 같은 모양으로 연결한 통신망이 형성된다.

하지만 교환기 수가 늘어나면서 중계회선을 그물 모양으로 연결하기 위한 선로 비용이 많이 증가하였기 때문에, 그림 5.10(d)와 같이 일부의 교환기에는 가입자도 수용하면서 다른 교환기와 중계 교환도 하는 시내외 겸용 교환기가 생기게 되었다.

그 다음, 시내외 겸용 교환기에서 중계 교환 기능을 독립시켜 중계 교환만을 전담하는 중계 교환기(TS : Toll Switch)가 생기게 되었고, 이로써 통신망은 그림 5.10(e)와 같은 형태를 가지게 된다. 그림 5.10(e)와 같은 형태가 점점 확장되면 다수의 중계 교환기가 생기게 되고, 이로써 중계 교환기 상호간을 중계회선으로 연결한 통신망이 그림 5.10(f)와 같은 형태가 된다.

그림 5.10(f)와 같은 형태의 통신망은 시내 교환기와 중계(시외) 교환기의 2단계 구조를 가지는 통신망이다. 따라서 통신망의 이와 같은 형태를 망의 계층구조라고 하고, 시내 교환기 단계, 중계 교환기 단계와 같이 망의 각 단계를 국 계위라고 한다.

그림 5.10(f)는 국 계위가 두 개이기 때문에 2계위 망이지만, 중계 교환기의 수가 더 증가하게 되면 중계 교환기 위에 또 다른 중계 교환기를 두어 하위 중계 교환기와 통신을 하게 되는데, 이와 같은 구조를 3계위 망이라고 한다.

현재 우리나라의 전화망은 3계위 망으로 되어 있지만, 통신망의 디지털화에 따른 대용량 교환기의 도입으로 다시 2계위 망으로 변화되어 가고 있다.

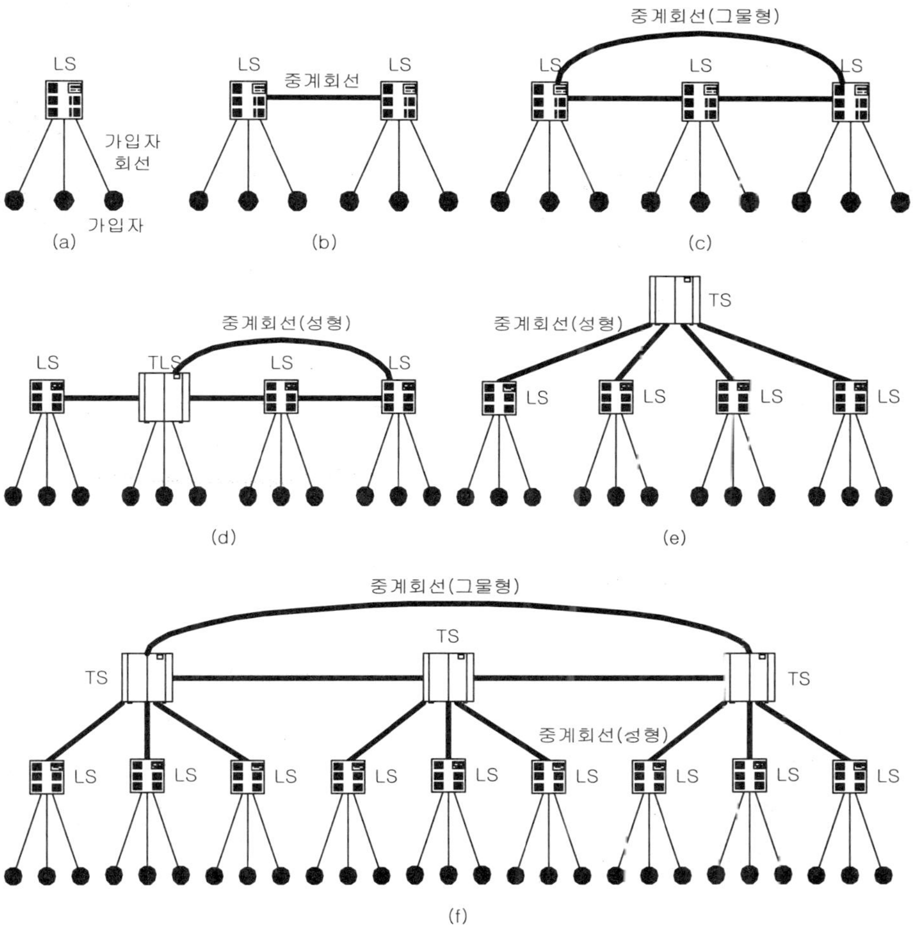


**그림 5.10 통신망의 성장과정**

## 5.3 아날로그 통신망과 디지털 통신망

통신망은 크게 전화망이나 방송망과 같은 아날로그 통신망과, 데이터 통신망이나 종합정보통신망(ISDN)과 같은 디지털 통신망으로 분류할 수 있다.

이것을 아날로그/디지털과 같은 정보의 종류에 따라 구분하는 것으로 이해해서는 안 된다. 왜냐하면 실제적으로 아날로그 통신망인 전화망의 경우 입력되는 신호는 음성신호인 아날로그 정보이지만, 전화망 내부에서 처리되는 데이터는 모두 디지털이고, 디지털망인 ISDN의 경우도 아날로그인 전화 음성을 전송하기 때문이다.

아날로그 통신망을 이용하여 디지털 정보를 보낼 때에는 모뎀(Modem)을 사용하여 일단 디지털 정보를 아날로그 신호로 변환한 뒤 전송한다. 대표적인 예는 컴퓨터 데이터(PC 통신)나 팩시밀리 데이터를 전화망을 통해 전송하는 경우로서 대개는 효율이 나쁘다.

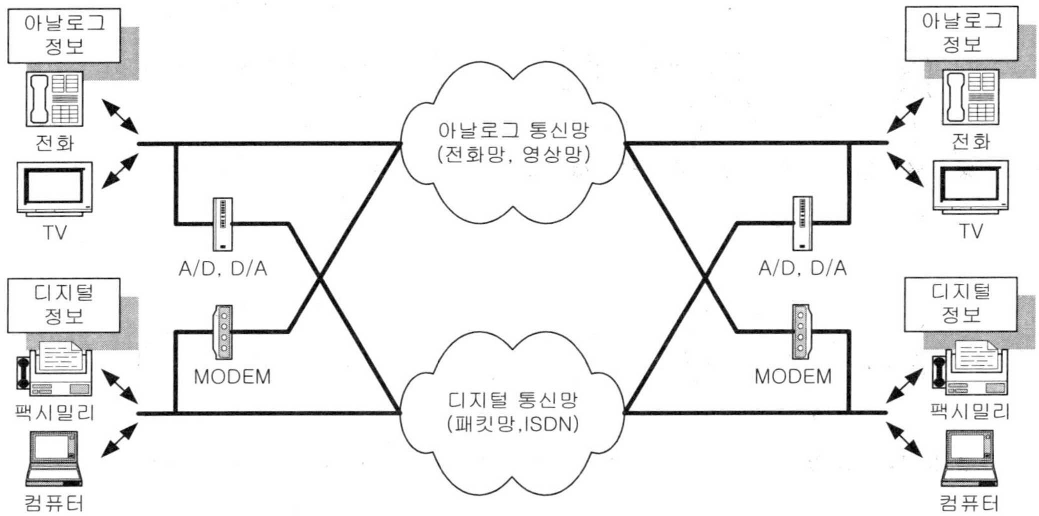


**그림 5.11 아날로그 통신망과 디지털 통신망**

반대로, 디지털 통신망을 이용하여 아날로그 정보를 보낼 때에는 A/D(아날로그/디지털) 변환기로 아날로그 정보를 디지털 신호로 변환한 뒤 전송한다. 이 경우에는 디지털 신호처리 기술을 사용함으로 인해 효율적인 전송이 가능하므로, 최근에는 아날로그 정보도 디지털 통신망을 이용해 전송하는 경우가 많아지고 있다. 아날로그 신호를 디지털망으로 전송하는 가장 대표적인 예는 ISDN을 이용한 전화통신이다.

## 5.4 팩시밀리 통신망

팩시밀리를 이용하여 문서를 전송하는 방법에는 기업의 전용선을 이용하는 방법, 공중 전화망을 이용하는 방법, 정보팩시밀리 통신망을 이용하는 방법, ISDN 망을 이용하는 방법이 있다.

이 중에서 가장 일반적으로 사용되는 방법은 공중 전화망에 팩시밀리 단말을 접속하여 사용하는 방법인데, 이는 가장 널리 보급되어 있는 전화망을 이용하여 손쉽게 팩시밀리 통신을 할 수 있기 때문이다.

하지만 음성전송 목적의 전화망을 이용하여 팩시밀리 통신을 하기 때문에 전송속도에 한계가 있고, 동보전송[74]과 같은 부가 서비스를 할 수 없다는 단점이 있다.

이와 같은 문제점을 해결하기 위해서는 별도의 팩시밀리 전용망으로 만들면 되겠지만, 이 경우 신규 망 설치에 따르는 비용과 기존의 팩시밀리 단말기를 신규 단말기로 교체해야 하는 등의 문제가 발생한다.

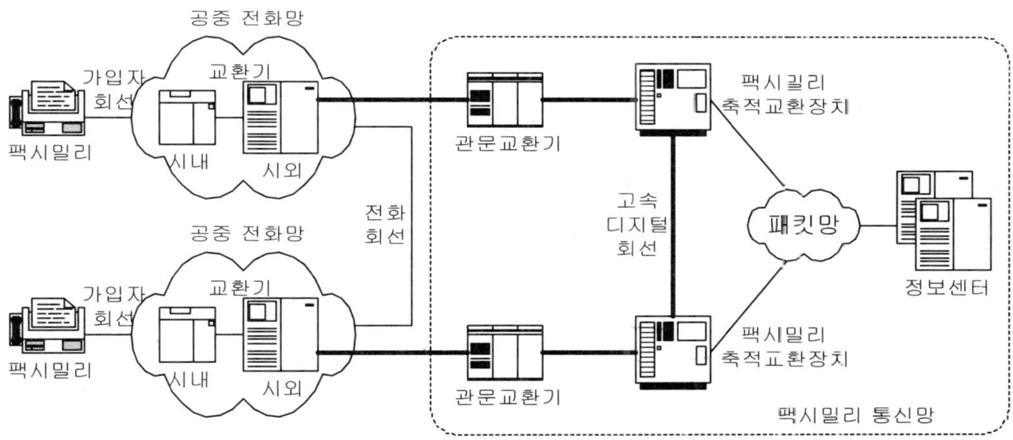


그림 5.12 팩시밀리 통신망의 구조

따라서 비용을 최소화하는 범위 내에서 팩시밀리 망을 구축하는 방법은 가입자 단말기와 교환기의 일부는 기존의 전화망을 그대로 이용하고, 대신 망 내에 팩시밀리 축적 교환 장치 등의 통신처리장치를 구축하여 다양한 서비스를 제공하도록 하는 것이다.

이것이 오늘날의 팩시밀리 통신망이고, 그림 5.12에 나타내었다.

그림 5.12에서 팩시밀리 축적 교환 장치는 팩시밀리 통신망의 핵심 장비인데, 대용량의 팩시밀리 신호를 축적하는 기능을 가지고 있고, 팩시밀리 축적 교환 장치를 이용하면 동보전송,

74) 동보전송은 전송정보를 통신망 내에 저장하여 여러 곳으로 동시에 전송해주는 서비스이다.

친전통신[75) 등의 서비스를 제공할 수 있다.

그리고 팩시밀리 축적 교환 장치 상호간은 고속 디지털 회선으로 다중화 하여 전송하기 때문에 장거리 통신비용을 절감할 수 있다. 따라서 장거리 전송의 경우, 요금은 전화망을 이용하는 것보다 싸게 보낼 수 있다.

## 5.5 비디오텍스 통신망

비디오텍스(Videotex)는 통신망을 매개로 사용자의 단말을 정보센터의 컴퓨터에 연결하여 사용자의 요구에 따라 정보센터에 저장되어 있는 문자, 도형, 그림 등의 화상정보를 제공하는 시스템으로서, 기존의 매체(예: TV, 신문)가 단방향인데 반해, 양방향 정보전달 수단을 가진 회화형 화상정보통신 시스템이다.

비디오텍스 통신망은 팩시밀리 통신망과 마찬가지로 전화망을 이용하는 것이 가장 일반적이지만, 기업 전용망, 패킷 교환 망, CATV 망, 구내 망 등도 이용되고 있으며, 사용자의 단말로는 비디오텍스 전용 단말, 디스플레이 장치(비디오텍스 어댑터가 필요), 퍼스널 컴퓨터 등이 사용되고 있다.

그림 5.13에서 보는 바와 같이 비디오텍스는 망 내에 비디오텍스 통신처리장치를 두어 정보센터와 단말기간의 교환 접속기능, 화면 변환기능, 정보 센터를 접속하는 게이트웨이(Gateway) 기능, 프로토콜(Protocol) 변환기능 등을 수행한다.

비디오텍스는 화상정보를 전송하기 때문에 화질을 높이면 화면갱신 시간이 느려진다. 따라서 망의 일부로 전화망을 이용하고 있는 비디오텍스는 전송속도가 불충분하기 때문에 화면의 해상도에 한계가 있으며, 원활한 비디오텍스 통신을 위해서는 가입자 선로가 고속화되어야 한다.

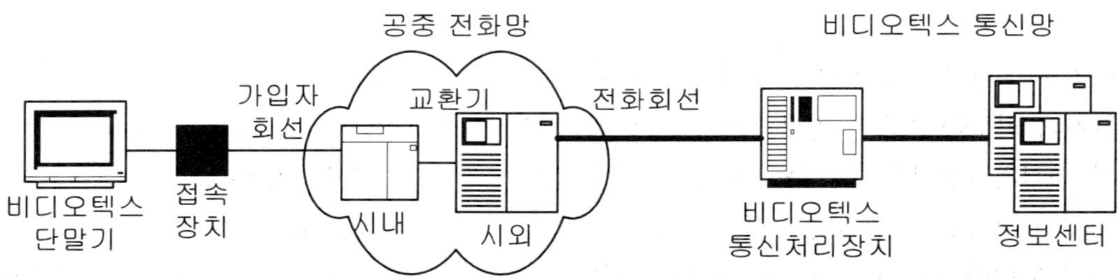


**그림 5.13 비디오텍스 통신망의 구조**

75) 친전통신은 중요한 서류 등을 보낼 때 비밀번호를 사용하여 송신할 수 있는 서비스이다.

## 5.6 CATV망

기존의 TV 매체는 불특정 다수를 대상으로 전파를 송출하는 방송인 반면에, CATV(Cable Television)는 세분된 시청자를 대상으로 전문화된 프로그램을 편성하여 문자 및 정지 화상을 포함한 영상, 음성, 음향 등을 유선 전기통신시설로 송신하는 다채널 방송이다.

1948년 미국에서 시작된 CATV는 원래 텔레비전 난시청 해소용으로 사용하기 위해 산 위에 공동 안테나를 세워두고, 무선으로 받은 TV 프로그램을 동축 케이블을 이용하여 각 가정으로 분배해 주던 것이다.

그런데 고도 정보사회로의 새로운 환경변화에 따라 현재는 단순한 방송 재송신(중계유선) 목적뿐만 아니라 전문화된 다양한 채널의 방송 서비스와 TV 쇼핑 등을 제공하고 있고, 전기/가스/수도 등의 자동 검침 시스템, 방범/방재 중앙감시 시스템, 화상전화, 인터넷 주문형 비디오(VOD), 원격교육, 홈뱅킹, 의료, 원격 방범 · 방재 등 다양한 부가 서비스 등으로 그 서비스를 확대하고 있다.

그림 5.14와 같이 케이블 TV 전송망은 정보의 전송량이 매우 큰 동축 케이블이나 광케이블을 사용하여 방송국에서 가입자 댁내까지 포설하기 때문에 무선 전파보다 많은 채널을 전송할 수 있다.

CATV에서 RF 신호를 전송하기 위해 사용 가능한 주파수 대역은 5~1750MHz인데, VHF 대역(47~300MHz), Hyper 대역(300~450MHz), UHF 대역(470~862MHz) SHF 대역(950~1750MHz)으로 구분되는 하향전송 주파수 대역이 있고, 양방향 전송을 위한 5~47MHz의 상향 전송 주파수 대역이 있다.

종래의 동축 케이블을 이용한 CATV 신호 전송은 주로 Hyper 대역을 사용하였다. 하지만 최근 양방향 통합 서비스를 제공할 수 있도록 광대역화가 요구됨에 따라 UHF 대역까지 주파수 대역을 확장하여 사용하고 있으며, 1GHz 이상을 전송할 수 있는 기술이 개발되고 있다.

그리고 상향전송 주파수 대역을 이용하면 각 가정에서 센터로 정보를 보내는 것이 가능하므로 양방향 통신을 할 수 있다. 즉, 케이블 모뎀을 이용하면 CATV 망을 통해 수십 Mbps급의 고속 데이터 통신 기능을 제공받을 수 있으므로, 이를 이용하는 서비스가 확산되고 있다.

앞으로 CATV는 단순한 방송 재송신을 위한 시스템에 머무르지 않고 지역의 기간 정보통신 하부구조로서의 역할을 담당할 것으로 예상되며, 이와 같은 CATV 망의 특징을 다음에 요약하였다.

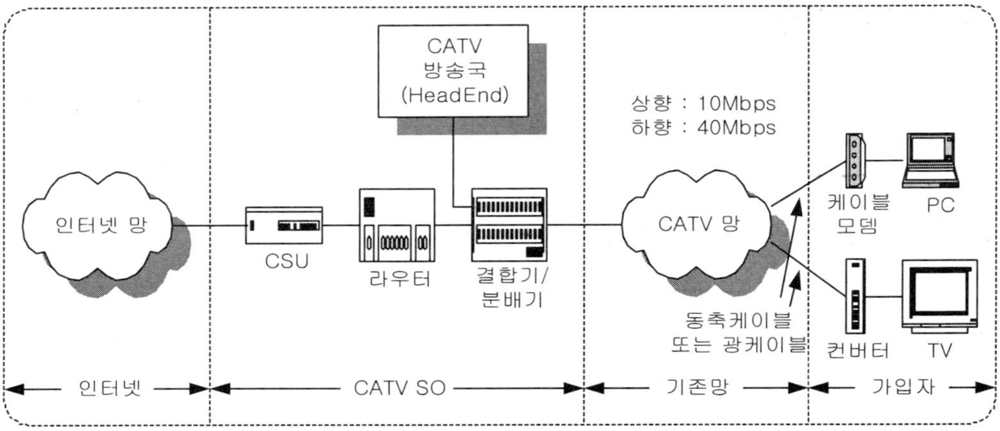


그림 5.14 CATV 통신망의 구조

**① 다채널 전문방송**

뉴스, 영화, 음악, 오락, 다큐멘터리, 스포츠, 교육, 바둑, 홈쇼핑, 지역방송 등 다양한 전문채널을 방송하고, 지상파 방송과 위성방송 등을 재분배한다.

**② 다양한 부가 서비스**

케이블 TV의 양방향 전송 시스템을 통해 화상전화, 인터넷, 원격교육, 주문형 비디오(VOD), 홈뱅킹, 의료, 원격 방범/방재 등 다양한 부가 서비스를 제공받을 수 있다.

**③ 지역 밀착 미디어**

지역뉴스 및 생활정보를 제공함으로써 지역정보 매체의 역할을 하고 있다.

**④ 선명한 화질, 깨끗한 음질**

케이블을 통해 가정에 직접 전송됨으로써 난시청의 장애가 없고, 깨끗한 화질과 음질 서비스를 제공받을 수 있다.

## 5.7 통신처리

전화망과 같은 기존의 통신망은 단순히 정보를 보내면 그대로 상대방에게 전달하는 것이 주 임무였다. 하지만 기존 망에서 컴퓨터를 활용하여 정보를 저장하거나 변환하면 보다 부가가치가 높은 통신을 할 수 있는데, 이러한 축적/변환기능을 통신처리라고 한다.

예를 들어 팩시밀리에서 동일한 데이터를 복수의 상대에게 동시에 전송하는 동보전송 서비스, 중요한 서류 등을 보낼 때 비밀번호를 사용하여 송신하고 수신자는 비밀번호를 입력하여야 메시지를 수신할 수 있는 친전통신 서비스, 시간을 지정하여 상대방에게 보내주는 예약통신 서비스, 음성을 저장해 두었다가 필요할 때 청취할 수 있는 음성사서함 서비스, 팩시밀리와 텔렉스와 같이 서로 다른 미디어끼리도 통신이 가능하도록 한 미디어 변환 서비스, PC 통신에 사용되는 전자사서함 서비스, 한국어와 외국어를 자동적으로 번역하여 주는 번역 통신 등은 모두 통신처리에 관련된 서비스들이다.

여기서 중요한 점은 통신처리는 정보의 형태가 바뀔 뿐, 정보의 내용이나 의미는 바뀌지 않는다는 점인데, 이것이 컴퓨터를 사용하여 정보의 내용을 가공하고 정보를 생성하는 정보처리와 다른 점이다. 따라서 이와 같은 통신처리를 이용한 서비스를 고도 서비스라 하며, 주로 부가가치(VAN : Value Added Network) 사업자가 제공하는 서비스에서 많이 볼 수 있다.

VAN은 공중 통신 사업자로부터 회선을 임대받아 고도의 통신처리 기능으로 부가 가치를 높여 서비스를 제공하는 통신망으로서, 본래 의미는 데이터 통신망에 전화 또는 텔렉스 통신 서비스의 기능을 첨가한 것을 지칭하는 개념이었으나, 오늘날의 VAN의 개념은 프로토콜, 부호, 형태, 미디어, 속도 등의 변환을 데이터 전송에 부가하여 전송하는 통신처리 서비스까지 포함하고 있다.

이러한 VAN 서비스는 컴퓨터의 발달과 함께 서비스가 다양화되고 이용이 증가하고 있다.

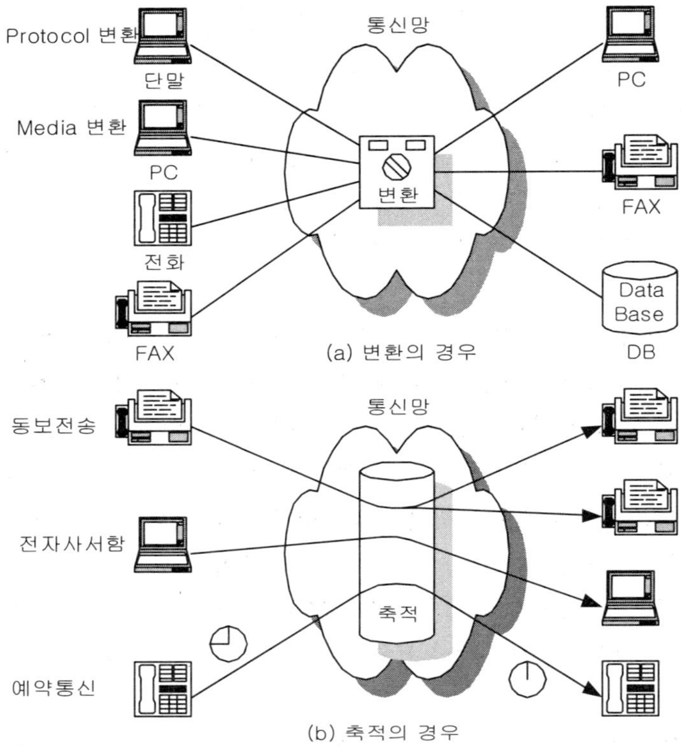


**그림 5.15 통신처리의 예**

# 연습문제

5.1 공중 통신망의 전송 시스템에 대해 설명해 보시오.

5.2 국내 교환기의 신호기술의 근간이 되는 R2 방식에 대해 조사해 보시오.

5.3 공통선 신호 방식이란 무엇인가?

5.4 국내 교환기의 종류를 조사해 보고 각각의 특징을 설명해 보시오. 아울러 다른 나라의 교환기에 대해서도 조사해 보고 특징을 설명해 보시오.

5.5 전화통화가 이루어지는 과정에 대해 설명해 보시오.

5.6 교환기의 구성에 대해 설명해 보시오.

5.7 통신망 토폴로지의 종류를 열거하고 각각에 대해 설명해 보시오.

5.8 통신망 토폴로지의 종류별로 활용 예를 조사해 보시오.

5.9 통신망의 성장과정에 대해 설명해 보시오.

5.10 국내 CATV의 현황에 대해 조사해 보시오.

5.11 팩시밀리가 전송되는 과정을 설명해 보시오.

5.12 비디오텍스 통신망에 대해 설명해 보시오.

5.13 VAN 서비스의 종류에 대해 조사해 보시오.

5.14 국내의 위성 방송 시스템에 대해 조사해 보시오.

5.15 현재 우리나라에서 시행하고 있는 부가서비스를 조사해보고 각각에 대해 설명해 보시오.

5.16 현재 우리나라에서 시행하고 있는 디지털 방송 방식에 대해 조사해 보시오.

5.17 세계 각국에서 시행하고 있는 디지털 방송 방식에 대해 조사해 보시오. 그리고 우리나라 디지털 방송과 비교해 보시오.

# 6

# 컴퓨터 통신망

## 6.1 데이터 교환 방식

통신망은 크게 양방향 통신 방식인 교환 통신망(Switched Network)과 단방향 통신 방식인 방송 통신망(Broadcast Network)으로 구분할 수 있고, 교환 통신망은 다시 회선 교환망(Circuit-Switched Network)과 패킷 교환망(Packet-Switched Network)으로 나눌 수 있다.

음성신호를 전달하는 전화망은 회선 교환망을 사용하지만, 데이터를 전달하는 컴퓨터 통신망은 회선 교환망과 패킷 교환망을 이용한다. 회선 교환망은 다량의 정보를 연속적으로 송수신하는 통신 서비스에 적합하고, 패킷 교환망은 트래픽의 특성이 간헐적이고도 버스트(Burst)한 통신 서비스에 적합하다.

컴퓨터 통신망의 데이터 교환 방식은 다음과 같이 구분할 수 있다.

- 회선 교환 (Circuit Switching)
- 메시지 교환 (Message Switching)
- 패킷 교환 (Packet Switching)
- 셀 교환 (Cell Switching) : 고속 패킷 교환

### 6.1.1 회선 교환 (Circuit Switching)

회선 교환망은 일반 전화망을 들 수 있는데, 2대의 컴퓨터 단말기 간의 정해진 통신로나 회선을 전화선을 이용하여 연결하면 전화를 끊을 때까지는 고정적으로 연결할 수 있는 통신망이다.

회선 교환(Circuit Switching) 방식은 호(Call)가 설립될 때까지 연결 설정을 위한 시간 지연이 발생할 수 있지만, 일단 회선이 연결되면 그 통신로는 하나의 트랜잭션을 위해 독점될 수 있으므로 사용자는 통신망을 통해 투명한 전송을 할 수 있고, 통신을 수행할 때마다 고속 고품질의 데이터를 교환할 수 있다.

또한 회선이 연결되어 있을 때에는 상대방 컴퓨터와 마치 전용 통신회선이 연결되어 있는 것과 같은 효과를 얻을 수 있으며, 대화형 통신이 가능할 뿐만 아니라 통신망에서의 시간 지연이 거의 없고 통신 속도는 필요에 따라 가변적으로 정할 수 있어 장시간 통신이 가능하다는 장점이 있다.

하지만 회선 교환 방식의 단점은 사용자가 데이터를 전송하지 않을 때에도 채널을 점유하고 있다는 점과 전송 설비를 구축하는데 많은 투자가 필요하다는 점이다.

음성이나 텔레비전 화상과 같은 신호는 비교적 연속적으로 보내지기 때문에 회선 교환 방식을 사용하더라도 별로 문제가 되지 않지만, 컴퓨터와 단말기 간 또는 단말기와 단말기 간의

통신을 행하는 데이터 통신의 경우는 트래픽의 특성이 간헐적이고도 버스트(Burst)한 특성이 있기 때문에 회선을 비효율적으로 사용하게 된다.

따라서 회선 교환 방식은 대량의 정보를 송신할 수 있는 팩스 전송이나 비교적 통신 밀도가 높은 데이터 통신 즉, 전송하는 데이터의 양이 많은 경우에 경제적으로 사용할 수 있다.

회선 교환 방식에서 교환기와 컴퓨터간의 접속방식은 점 대 점(Point-to-Point) 방식으로 이루어지며, 회선 설정, 데이터 전송, 회선 해제의 3단계로 통신이 이루어진다.

회선 설정은 상대방의 주소 정보(전화번호)를 이용하여 상대측과의 연결을 교환기에게 요구하는 과정으로 교환기는 경로 배정 절차에 따라 필요한 만큼의 사용링크를 할당하여 접속을 이루어준다.

전화망의 예로서 이 과정을 설명하면 다음과 같다. 사용자가 수화기를 들고 상대방의 전화번호를 돌리면, 교환기가 상대방 전화번호에 해당하는 경로를 설정하고, 벨을 울려서 상대방이 수화기를 들게 되는데, 여기까지가 회선 설정단계이다. 그 다음, 접속이 이루어지면 데이터 전송 단계로서 아날로그 또는 디지털 데이터를 송수신 한다.

그리고 회선 해제단계는 데이터의 전송이 완료되면 양쪽 중 한쪽에서 연결 해제를 요청하게 되고, 교환기는 각 채널별로 해제 신호를 전달하여 회선을 해제한다.

통신망 관점에서 회선 교환 방식을 사용하는 컴퓨터 통신망을 회선 교환 데이터 통신망(CSDN : Circuit Switched Data Network)이라고 하는데, CSDN은 전화망처럼 음성 전송을 위한 것이 아니라 데이터 전송에 적합하도록 망을 구성하고, 디지털 팩스, 텔레텍스 서비스 등의 비 음성 교환 서비스를 제공하는 망이다.

또 이와 같은 데이터 통신망을 공중망으로 구축한 것을 회선 교환 공중 데이터 통신망(CSPDN : Circuit Switched Public Data Network)이라고 한다.

### 6.1.2 메시지 교환(Message Switching)

메시지 교환 방식(Message Switching)은 송수신 장치간의 직접 전기적인 연결은 없으며, 메시지마다 전송경로를 달리하여 데이터를 전송할 수 있는 방식으로 디지털 데이터의 교환에 적합한 방법이다.

메시지 교환 방식에서 교환기는 컴퓨터이고, 교환은 메시지(Message)라는 논리적인 데이터 단위로 이루어지며, 송신측에서 메시지를 보내면 이를 교환기 컴퓨터가 저장하였다가 수신측으로 보내는 방식이다. 즉, 한 단말기에서 상대방 단말기로 메시지를 보내려고 할 때, 통신하고자 하는 양 단말기 사이에서 통신할 그 당시에는 회선을 연결할 필요는 없고, 단지 메시지에 상대방 주소를 첨부하여 전송한다.

그러면 교환기는 보내려는 메시지를 저장하였다가 상대방이 수신이 가능할 때 전달하는데, 이와 같은 방식을 저장 후 전송(Store-and-Forward)이라고 하고, 이와 같은 시스템을 축적형 메시지 교환 시스템(Store-and-Forward Message System)이라고도 한다.

메시지 교환 시스템의 특징은 다음과 같다.

① 메시지를 저장하였다가 회선이 사용 가능할 때 전송하므로 전송로를 효율적으로 사용할 수 있으며, 같은 양의 데이터를 전송할 경우 회선 교환 방식보다 적은 비용으로 전송할 수 있다.
② 송신측과 수신측이 동시에 사용 가능한 상태에 있지 않아도 된다. 수신측이 다른 단말기와 통신 중이거나 고장 등의 상태로 메시지를 수신할 수 없을 때에는 메시지를 교환기에 저장하여 두었다가 수신이 가능한 상태가 되면 전송한다.
③ 같은 내용의 메시지를 여러 목적지로 보낼 수 있다. 메시지를 복사하여 각각의 요청된 목적지로 전송할 수 있다.
④ 메시지에 우선순위를 설정할 수 있다. 교환기가 대기 상태에서 전송할 많은 메시지를 가지고 있다면, 우선순위가 높은 메시지를 먼저 전송할 수 있다.
⑤ 메시지의 손실을 방지하기 위해 번호 또는 전송시간을 메시지에 기록하여 두면 오류 발생 시 메시지를 재전송 할 수 있다.
⑥ 사용 부호와 전송속도가 다른 단말기끼리도 메시지 교환을 할 수 있다. 이 때 교환기가 부호 변환과 속도변환을 해 준다.

메시지 교환 방식은 상대방이 통화중일 때에도 교환기 컴퓨터가 메시지를 저장하였다가 전송할 수 있어 유리하나, 전송 지연시간이 아주 길어질 수 있고 응답시간이 느리므로 채팅과 같은 실시간(Real Time) 통신에는 부적합하고, 주로 저장 후 전송과 같은 용도인 전자사서함이나 전자 메일(e-mail) 서버, 방송이나 동시에 여러 곳에 데이터를 전송하는 곳 등에 사용한다.

### 6.1.3 패킷 교환(Packet Switching)

컴퓨터 통신에서 주로 사용하는 패킷 교환 방식은 그림 6.1과 같이 데이터를 패킷이라고 부르는 일정단위로 끊어 상대편 컴퓨터에 전달하는 방식으로, 메시지 교환 방식과 마찬가지로 직접 전기적인 연결은 없으나, 가상 채널(Virtual Channel)이라고 부르는 일정한 경로가 구성되어 통신이 이루어지는 방식이다. 따라서 패킷 교환은 메시지 교환과 회선 교환의 장점은 최대화하고, 단점은 최소화한 방식이라고 할 수 있다.

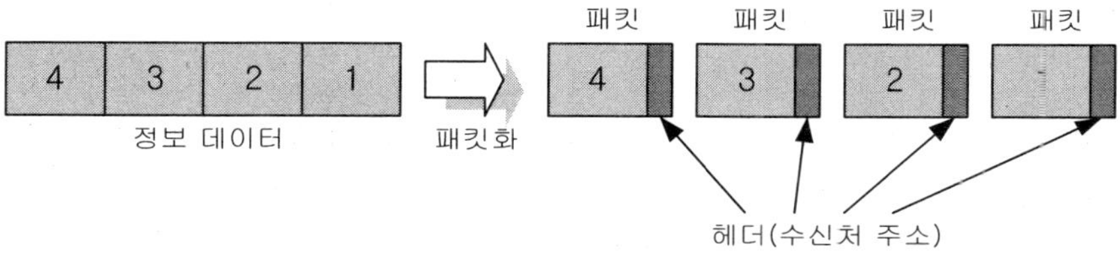


**그림 6.1 메시지의 패킷화**

메시지 교환 방식과 패킷 교환 방식과의 차이점은 한 번에 전송할 수 있는 데이터의 전송 크기인데, 패킷 교환 방식은 메시지 대신 메시지를 일정한 크기의 데이터로 자른 패킷(Packet)이라고 하는 것을 정해진 형식에 따라 전송한다. 즉, 패킷 교환은 송신하려는 메시지를 일정한 길이로 분할한 패킷이라는 형태의 데이터를 패킷 교환기가 목적지 주소에 따라 적당한 통신 경로를 선택하여 전송하는 교환 방식이다.(그림 6.2 참조)

하나의 패킷에는 데이터와 목적지 주소가 포함되어 있지만, 패킷의 크기와 그 형식이 결정되어 있는 것은 아니다.

패킷 교환 방식은 컴퓨터가 교환기 역할을 수행하는 점과 데이터를 저장하였다가 전송한다는 점에서 메시지 교환과 비슷하지만, 메시지 교환은 메시지를 저장하였다가 전송하고, 패킷 교환은 패킷을 저장하였다가 전송한다는 점이 다르다. 따라서 패킷 교환은 메시지 교환처럼 전송 시 오류가 나면 메시지 전체를 재전송할 수는 없고, 패킷 단위로만 재전송이 가능하다.

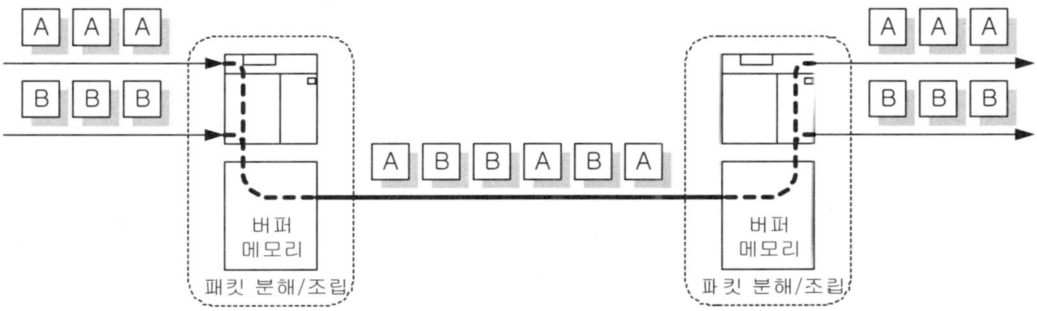


**그림 6.2 패킷통신의 개념**

패킷 교환 방식과 회선 교환 방식과의 차이점은 회선 교환 방식은 하나의 물리적 회선(Physical Link)을 점유하는 반면에, 패킷 교환은 하나의 물리적 회선을 다수의 논리적 회선(Logical Link)으로 나누어 다중화하여 사용한다. 따라서 빈 시간에는 다른 사용자의 정보를 전송할 수 있으므로, 전송 효율을 높일 수 있다.

결국 짧은 메시지를 빈번하게 전송하는 데에는 패킷 교환이 유리하고, 긴 메시지를 전송하는 데에는 회선 교환이 유리하다.

패킷 교환 방식은 메시지 교환 방식과는 달리 접속 및 전송 지연시간이 매우 짧아 실시간 데이터 전달이 가능하므로, 대화형 통신을 할 수 있다. 그리고 속도 변환이나 코드 변환을 네트워크에서 유동적으로 할 수 있을 뿐만 아니라, 통신 프로토콜(통신을 행하기 위한 절차 등의 규약)을 이용하여 패킷의 변질, 소실, 왜곡을 방지하여 주므로 신뢰성 높은 통신을 행할 수 있다.

패킷 교환 방식은 이기종간 통신이 가능할 뿐만 아니라 비교적 작은 컴퓨터로도 교환시설을 구축할 수 있기 때문에 컴퓨터 통신망 구축이 용이하고, 통신 프로토콜(ITU-T X.25 Protocol)의 안정화 및 국제화로 인해 호환성이 높아져 개방형 컴퓨터 통신망의 구축이 가능하다.

따라서 최근 대부분의 컴퓨터 통신은 패킷 교환 방식을 이용한 패킷 통신망을 이용하고 있으며, 이와 같은 패킷 교환 방식은 다음과 같은 특징을 가지고 있다.

① 전송경로를 적절히 선택할 수 있으므로, 신뢰성이 높은 통신을 제공한다.
② 패킷 단위로 오류를 제어할 수 있으므로, 전송 품질이 좋다.
③ 패킷의 다중화를 통해 전송로의 사용효율을 높일 수 있다.
④ 상호 통신하고 있는 단말장치의 특성이 같을 필요가 없다.
⑤ 데이터 정보를 한 번 축적한 후에 전송하기 때문에 속도변환, 부호변환, 동보통신 등의 통신처리 서비스를 하기 쉽다.

데이터를 송신하는 측과 수신하는 측 사이에서 패킷 단위로 데이터를 전송하고 교환하는 컴퓨터 통신망을 패킷 교환 데이터 통신망(PSDN : Packet Switched Data Network)이라고 하고, 이것을 공중망으로 구축한 것을 패킷 교환 공중 데이터 통신망(PSPDN : Packet Switched Public Data Network)이라고 한다.

그리고 회선 교환 공중 데이터 통신망(CSPDN)과 패킷 교환 공중 데이터 통신망(PSPDN)을 묶어 공중 교환 데이터 통신망(PSDN : Public Switched Data Network, 패킷 교환 데이터 통신망과 약자가 같지만 의미가 다르다)이라고 한다.

참고로 음성을 전달하는 전화망은 공중 교환 전화 통신망(PSTN : Public Switched Telephone Network)이라고 한다.

### 6.1.4 고속 패킷 교환(셀 교환)

패킷을 데이터의 교환단위로 한다는 점은 일반 패킷 교환이나 고속 패킷 교환이나 동일하다. 그리고 일반 패킷 교환에서는 전송하는 데이터의 신뢰성을 높이기 위해 복잡한 오류제어와 흐름제어를 사용하고 있는데, 이것은 많은 데이터의 처리시간을 요구해 전송속도에 제약을 주고 있다.

하지만 고속 패킷 교환은 처리하는 패킷의 길이를 작게 하면서 53바이트로 고정하여 패킷 전송 시 요구되는 데이터의 처리량을 줄였고, 일반 패킷 교환에서 오버헤드가 큰 부분인 오류제어를 삭제함으로써 전송속도를 높였다. 따라서 고속 패킷 교환은 패킷 교환의 장점을 그대로 살리면서도 전송속도를 높일 수 있기 때문에 회선 교환에서만 가능하였던 음성이나 비디오 등의 실시간 데이터까지도 전송이 가능하다.

고속 패킷 교환에서 사용되는 패킷을 셀(Cell)이라고 한다. 하나의 셀은 53바이트의 크기를 가지며, 5바이트의 헤더와 48바이트의 데이터로 구성된다. 고속 패킷 교환은 셀 단위로 교환을 수행하므로 셀 교환이라고도 하며, 셀 교환은 현재 광대역 종합정보통신망의 교환 방식으로 활용되고 있다.

### 6.1.5 교환 방식의 비교

그림 6.3에 각 교환 방식에 대한 사건의 순서를 시간의 흐름에 따라 나타내었고, 표 6.1에는 각 교환 방식에 대해 항목별로 비교하여 나타내었다.

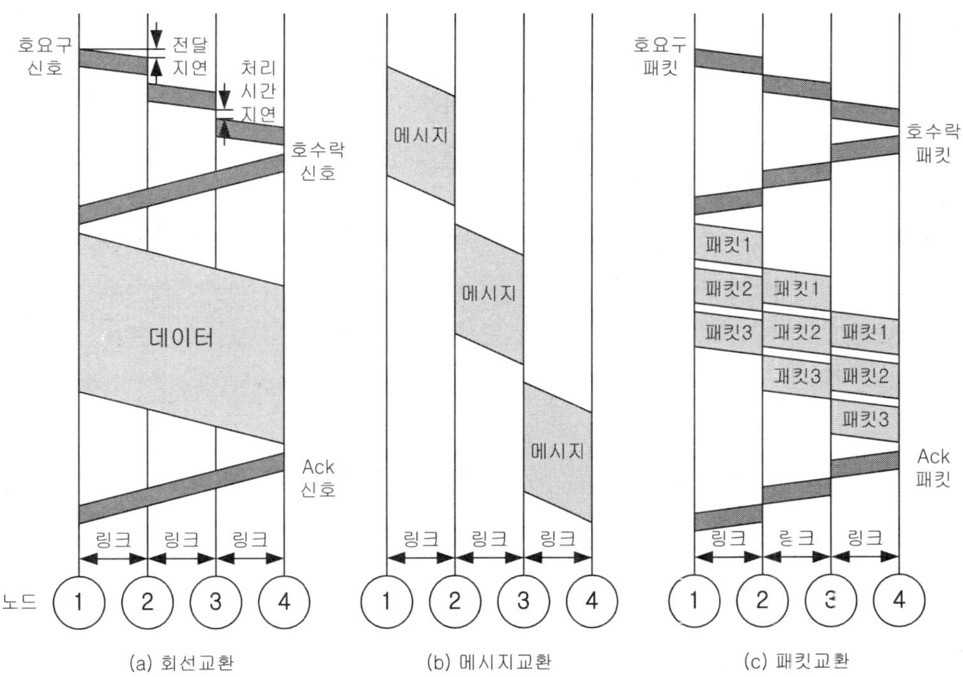


**그림 6.3 회선 교환, 메시지 교환, 패킷 교환의 비교**

그림 6.3에서 보는 바와 같이 데이터를 전송할 때 지연(Delay)이 발생하는데, 한 노드에서 다른 노드로 데이터가 전송되는데 걸리는 시간을 전파지연(Propagation Delay) 또는 전달지연이라고 하고, 한 노드가 데이터를 교환하기 위해 필요한 처리를 수행하는데 걸리는 시간을 노드지연(Node Delay)이라고 한다. 그리고 수신된 블록의 목적지 주소를 인식하고 경로를 설정하는데 걸리는 시간을 처리지연(Processing delay)이라고 한다.

따라서 송신기로부터 수신기까지 데이터의 한 블록을 보내는데 걸리는 시간, 즉 전파지연, 노드지연, 처리지연을 모두 더한 시간을 전송시간(Transmission Time)이라고 한다. 여기에서 전파지연은 일반적으로 매우 짧으므로, 일반적으로 무시한다.

**표 6.1 회선 교환, 메시지 교환, 패킷 교환의 비교**

| 구분 | 회선 교환 | 메시지 교환 | 가상회선 패킷 교환 |
|---|---|---|---|
| 전용 전송로 | 있음 | 없음 | 없음 |
| 전송단위 | 연속 데이터 | 메시지 | 패킷 |
| 대화형 가능여부 | 가능 | 불가 | 가능 |
| 전송 프레임 저장 유무 | 저장하지 않음 | 전송오류 정정을 위해 메시지를 파일로 저장함 | 전송오류 정정을 위해 패킷을 저장함 |
| 경로 | 전체 전송을 위한 경로 설립 | 각 메시지마다 경로 설립 | 전체 전송을 위한 경로 설립 |
| 지연 | 호출설정지연 | 메시지 전송지연 | 호출설정지연 + 패킷전송지연 |
| 통화 중 신호 발생여부 | 호출된 상대방이 통화중이면 Busy신호 송출 | Busy신호 없음 | 연결 거부 시 송신자에게 통지함 |
| 과부하에 따른 지연 | 과부하가 호출설정을 중단시킬 수 있으므로, 전송지연은 없음 | 과부하가 메시지의 전송지연을 증가시킴 | 과부하가 호출설정을 중단시킬 수 있으므로, 패킷의 전송지연을 증가시킴 |
| 교환기 | 전전자식 교환기 | 파일저장 기능을 가진 메시지 교환센터 | 소규모 컴퓨터 교환기 |
| 메시지 분실확인 | 사용자가 책임을 짐 | 네트워크가 메시지를 책임짐 | 네트워크가 패킷을 책임짐 |
| 속도/코드 변환 유무 | 없음 | 있음 | 있음 |
| 대역폭 | 정적 대역폭 | 동적 대역폭 | 동적 대역폭 |
| 오버헤드 비트 | 오버헤드 비트가 없음 | 각 메시지마다 오버헤드 비트가 있음 | 각 패킷마다 오버헤드 비트가 있음 |

# 6.2 패킷 통신망

회선 교환 방식은 비교적 통신시간이 길고 통신밀도가 높은 데이터 통신이나 팩시밀리 통신 등과 같은 곳에 적합한 방식이지만, 패킷 교환 방식은 비교적 통신시간이 짧고 통신밀도가 낮은 데이터 통신에 적합한 방식이다.

또한 패킷 통신망은 단말에서 단말까지 완전히 디지털화 된 데이터통신 전용 통신망으로서, 전화망을 이용한 데이터 통신보다 전송속도가 매우 높고 전송품질도 우수하며, 속도변환, 부호변환, 축적 등 회선 교환망에서는 제공할 수 없었던 새로운 서비스를 제공할 수 있다는 장점도 있다. 특히 패킷 교환 서비스 이용요금은 시내외의 차이가 없어서 장거리 통신에 유리하다.

## 6.2.1 패킷 통신망의 개요

패킷 교환망(PSDN : Packet Switched Data Network)은 데이터를 전송할 때 데이터의 시간 지연은 크게 문제가 되지 않지만, 데이터의 오류 발생은 억제되어야 하는 통신 서비스를 제공하기 위하여 만들어진 네트워크로서 주로 데이터를 전송할 때 사용한다. 이에 반해, 회선 교환망(PSTN : Public Switched Telephone Network)은 약간의 데이터 오류는 허용되지만 시간 지연은 억제되어야 하는 네트워크로서 주로 음성 서비스를 제공하는 곳에 사용되고 있다.

회선 교환망(PSTN)에서는 시간 지연을 줄이기 위해 네트워크 내에서 데이터가 거쳐야 하는 경로를 미리 설정해 두고, 이 설정된 경로를 통해 데이터를 전달하며, 이때 네트워크 내에서는 어떠한 처리도 하지 않고 단지 수신한 데이터를 전달하는 기능만을 수행하여 시간 지연을 최소화한다.

하지만 패킷 교환망(PSDN)에서는 데이터 오류를 최소화하여야 하므로, 단말장치와 교환 장치 혹은 교환 장치와 교환 장치 간에 데이터를 수신하면 즉시 인접 장치로 전달하지 않고 일단 저장한 후 전달(Store and Forward)하는 방식을 사용한다. 이 때 수신한 데이터에 오류가 발생했는지를 검사하고 오류가 검출되면 오류를 복구한 후 인접 장치로 전달하는데, 이렇게 함으로서 PSDN의 지연은 불가피하지만 오류 발생은 최소로 할 수 있다.

따라서 각 네트워크는 각각이 목표로 하는 서비스를 달성하기 위해 사용하는 스위칭 방식을 달리하고 있는데, PSTN에서는 회선 교환(Circuit Switching) 방식을 적용하고 있고, PSDN에서는 패킷 교환(Packet Switching) 방식을 적용하고 있다.

패킷 교환망은 PC 등의 단말기를 보유한 사용자와 지역적으로 떨어져 있는 다른 사용자 또는 정보 제공자(IP : Information Provider)와의 연결을 실현해 주는 통신망으로써, 사용 프로토콜이나 사용 속도 등이 서로 다르더라도 이를 상호 접속하여 데이터 통신이 가능하도록 교환 서비스를 제공한다.

그리고 패킷 교환망도 다른 통신망과 마찬가지로 노드, 노드와 노드를 연결하는 링크, 가입자를 연결하는 가입자 링크로 표현된다. 따라서 패킷 교환망은 다수의 노드와 이를 관리 감독하는 망 감독 센터로 구성되며, 데이터 교환기능, 접속기능, 트래픽 제어기능, 오류 제어기능, 경로배정, 주소 관리, 상태 관리 등의 망 기능을 수행한다.

한편 위에서 설명한 사용자, 정보통신망, 정보 제공자를 정보통신의 3대 요소라고도 한다.

패킷 통신망의 장점은 앞 절의 패킷 교환에서 설명한 사항 외에도 국제 전화망처럼 전 세계적으로 연결되어 있기 때문에 전 세계 어느 나라의 서비스라도 이용이 가능하다는 점이다.

### 6.2.2 패킷 교환망의 구성

그림 6.4와 같이 패킷 교환망도 다른 통신망과 마찬가지로 노드(Node), 노드들을 서로 연결하는 링크(Link), 그리고 노드와 가입자를 연결하는 가입자 접속 링크로 구성되어 있다.

노드는 패킷 데이터의 교환 기능을 수행하는 시스템으로서 패킷 교환기(PSE : Packet Switching Exchange) 또는 단순히 노드 프로세서(Node Processor)라고 한다.

그리고 링크는 패킷 데이터를 양방향으로 전송하기 위해 전이중 통신선로를 사용하는데, 노드와 노드를 연결하는 국간 링크와 가입자와 노드를 연결하는 가입자 접속 링크로 구분된다.

그림 6.4에서는 X.25 네트워크의 구성 및 관련 표준안을 함께 표시하였다. 그림 6.4에서 X.25 단말(X.25 Terminal)은 X.25 네트워크에 단말장치가 접속될 때, 패킷 모드 서비스를 제공할 수 있도록 X.25 프로토콜이 탑재된 단말장치를 말하며, 비 X.25 단말(Non X.25 Terminal)은 X.25 프로토콜을 갖고 있지 않은 단말장치를 말한다.

X.25는 패킷이라는 특정한 데이터 블록을 통하여 정보를 전송하는데 DTE는 X.25를 통하여 정보를 전송하는 경우, 전송할 정보를 패킷으로 분할하여 전송하게 된다.

하지만 패킷을 생성할 수 없는 시스템인 경우, 즉 X.25 인터페이스 기능을 가지고 있지 않은 비 X.25 단말장치를 X.25 네트워크에 접속하기 위해서는 X.25 프로토콜 기능을 가지고 있는 패킷 조립 분해기(PAD : Packet Assembly and Disassembly)와 접속한 후 X.25 네트워크에 연결한다. 여기에서 PAD는 RS232C/V.24와 같은 비동기 인터페이스를 갖는 장치를 X.25 네트워크에 접속하기 위한 장치이다.

PAD와의 상호동작을 위한 표준은 X.3, X.28, X.29로 각각 정의되어 있는데, X.3은 PAD 자체의 내부 파라미터를 규정한 권고안이고, X.28은 비 X.25 단말장치와 PAD간의 접속을 규정한 접속 규격이며, X.29는 PAD와 원격 X.25 호스트 혹은 원격 PAD간의 접속을 규정한 접속규격이다.

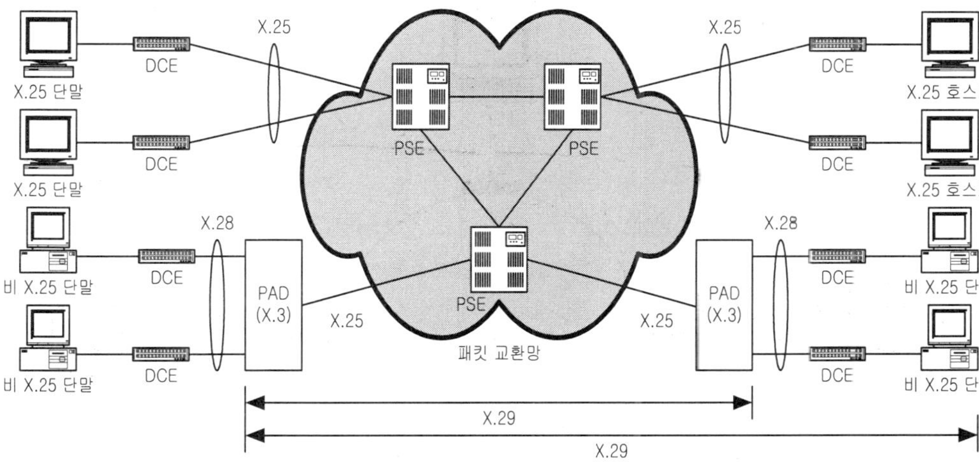


**그림 6.4 패킷 교환망의 구조**

## 6.2.3 X.25 프로토콜

### (1) X.25 프로토콜 개요

1960년대 말 고전적인 데이터 통신망에서는 패킷 교환이라는 새로운 기술을 적용한 ALPA (Advanced Research Project Agency) 망이 등장하였으나 초기의 컴퓨터 통신망은 전화망을 이용하는 것이 일반적이었다. 하지만 기존의 전화망만 가지고는 컴퓨터를 이용한 원거리의 고품질 데이터 서비스를 제공하기에는 다소 무리가 있었으므로, 고품질의 데이터 서비스를 제공하기 위한 TELENET(1975), TYMNET(1977)과 같은 패킷 통신망이 1970년대에 들어오면서 설치되기 시작하였다.

이와 같은 패킷 통신망들은 사용자에게 성공적인 네트워크 서비스를 제공하였으나, 서로 독립적으로 개발되고 설치되었기 때문에 장비들 간의 호환성 문제가 대두되었다. 이를 위해 전화 회사들은 표준 프로토콜 제정을 서두르게 되었고, 그 중에서 국제적으로 가장 널리 알려진 프로토콜이 ITU-T의 X.25 프로토콜이며, 1976년에 처음 발표된 이래 4년마다 그 내용이 개정되고 있다.

X.25 권고안은 그림 6.5과 같이 이용자 단말기를 DTE(Data Terminal Equipment), 패킷 교환망의 회선 종단장치를 DCE(Data Circuit Terminal Equipment)로 정의하고 있고, 패킷형 단말기가 패킷 교환망에 점대점 인터페이스 방식으로 접속하기 위한 접속 규격을 정의하고 하고 있다. 여기에서 DTE는 DCE를 경유하여 패킷 교환망에 접속되고, 패킷 교환망은 양측 DTE를 접속하고 있는 두 DCE간의 통신을 제공하며, DCE는 DTE를 제어한다.

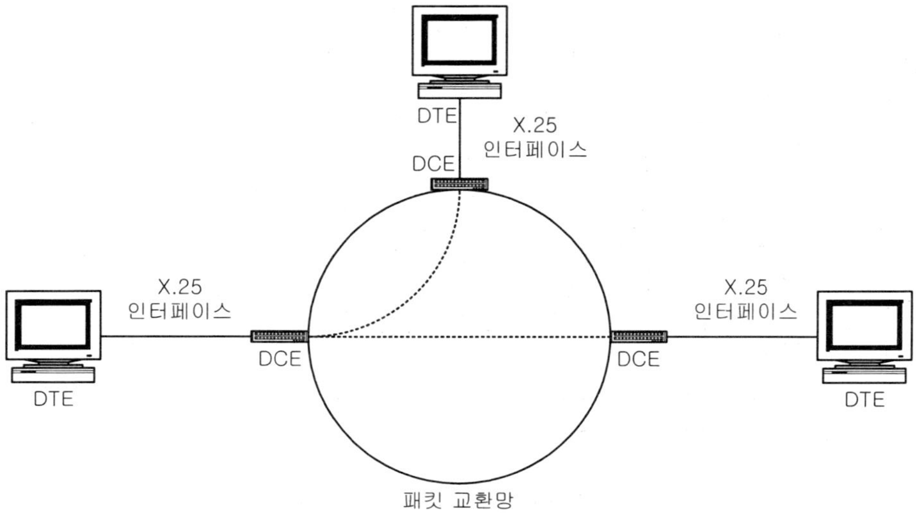


**그림 6.5 X.25의 개념**

X.25 권고안은 DCE와 DTE간의 상호접속에 대해서만 규정하고 있으며, DCE간의 네트워크 내부접속에 대한 사항은 규정하지 않는다. 따라서 패킷 교환망 내부의 통신절차는 패킷 교환망마다 다를 수 있으나, DTE가 패킷 교환망으로부터 제공받는 패킷 교환 서비스는 X.25 권고안에 의해 모두 동일한 서비스를 받을 수 있다. 즉 X.25는 네트워크의 구조라기보다는 DCE와 DTE 간의 통신절차를 규정한 계층화된 프로토콜이라고 할 수 있다.

X.25는 70년대와 80년대를 거치면서 주요 기간망으로서의 그 역할을 훌륭히 수행해 왔다. 하지만 X.25는 프로토콜 자체가 신뢰성이 낮은 네트워크 환경을 위해 고안된 프로토콜이기 때문에 오류제어나 흐름제어 기능 등이 복잡한 관계로 많은 성능상의 오버헤드를 가지고 있다.

그리고 또 X.25는 멀티미디어 데이터보다는 일반 데이터를 위해 네트워크가 설계되어 있기 때문에, 오늘날 멀티미디어와 같은 고속의 네트워크를 요구하고 있는 추세를 감안할 때 전송속도나 서비스의 질 등의 면에서 사용자 요구사항을 모두 수용하기에는 다소 무리가 있다.

따라서 X.25는 프레임 릴레이나 ISDN, ATM 등 고속의 신뢰성 있는 네트워크로 대체되고 있는 추세이며, 이는 사용자들이 네트워크에 접속하는 비율이 높을수록 가속화될 것이다.

### (2) X.25 프로토콜 구조

X.25는 앞에서 설명한 바와 같이 패킷 교환망의 구성 및 내부 접속 등의 전체적인 표준이 아니고, 사용자와 망간의 접속 표준 프로토콜로서 그림 6.6에 나타낸 바와 같이 물리 계층, 데이터 링크 계층, 패킷 계층으로 구분되어 있다. 물리 계층, 데이터 링크 계층, 패킷 계층은 각각 OSI 참조 모델의 계층 1에서 계층 3까지를 담당하고 있다.

그림 6.6에서 보는 바와 같이 상위 계층의 사용자 데이터는 패킷 계층에서 패킷화 될 수 있다.

먼저 상위계층에서 사용자 데이터는 일정한 크기로 잘리며, 이를 UPDU(Upper PDU)라고 한다. 그런 다음 UPDU는 패킷계층으로 전달되고, 패킷계층에서는 UPDU에 헤더를 붙여 PDU(Protocol Data Unit)를 만드는데, 이를 패킷(Packet)이라고 한다.

패킷은 데이터 링크 계층으로 전달되고, 이 패킷에 여러 가지 제어정보를 붙여 PDU를 만드는데, 데이터 링크 계층의 PDU를 프레임(Frame)이라 한다.

그리고 물리 계층에서는 데이터가 비트 열로 송신되므로 비트 스트림(Bit Stream)이라고 한다.

한편 X.25의 패킷 계층에서는 원격지 사용자와의 경로제어를 위한 주소체계로서 X.121을 사용하고 있고, 데이터 링크 계층에서는 양자 간의 정보를 정확히 전달하기 위한 전송오류 기능 및 데이터의 수신능력을 고려한 흐름제어 기능 등을 수행하는 프로토콜로서 LAP-B(Link Access Procedure, Balanced)를 사용하고 있다. 그리고 물리 계층에서는 양자 간 접속에 필요한 물리적 회선에 대한 다양한 접속방식의 프로토콜로서 X.21 및 X.21bis를 사용한다.

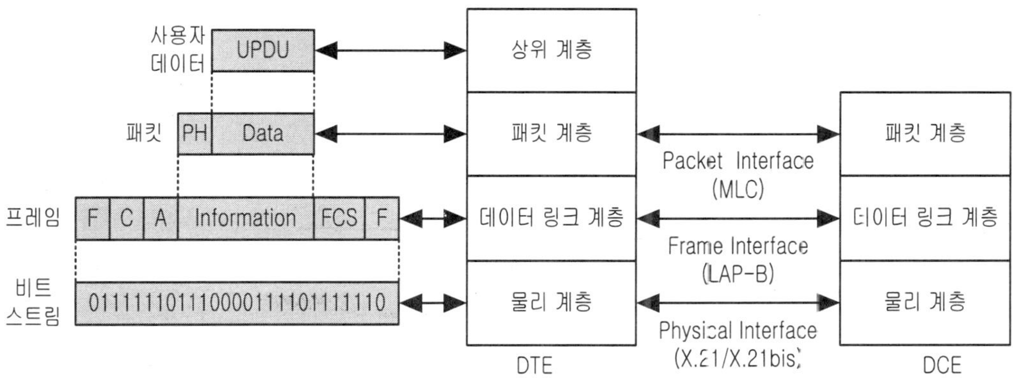


**그림 6.6 X.25 프로토콜의 계층 구조**

## (3) X.25의 회선 접속 방식

패킷 교환망에서는 네트워크에 접속된 양 단말 간의 연결방법으로 가상회선(Virtual Circuit) 방식과 데이터그램(Datagram)방식 등 두 가지 방식을 사용하고 있다.

하지만 X.25는 양단간의 연결 지향형(Connection Oriented) 전송을 위해 가상회선 방식은 제공하지만 데이터그램 방식은 제공하지 않고 있으며, 데이터그램 방식 대신 신속설정(Fast Select) 방식을 제공하고 있다.

### ① 가상회선(Virtual Circuit) 방식

가상회선(Virtual Circuit) 방식은 회선 교환 방식처럼 호 설립 단계, 데이터 전송 단계, 호 해제 단계를 통해 데이터 교환을 수행하지만, 물리적 회선을 어느 한 사용자가 독점하여 사용하는 것이 아니고, 여러 사용자가 공유할 수 있게 하는 방식이다.

즉, 하나의 회선을 여러 명이 공유하지만, 사용자에게는 마치 자기 혼자 회선을 사용하는 것처럼 느끼게 해주는 방식이다. 그리고 또 가상회선 방식은 연결 설정 과정을 거쳐야 하므로 적은 양의 데이터를 전달하는 경우에는 적합하지 않으며, 설정된 연결을 통해 패킷이 전달되므로 네트워크상에서 패킷의 순서(Sequence)가 유지된다.

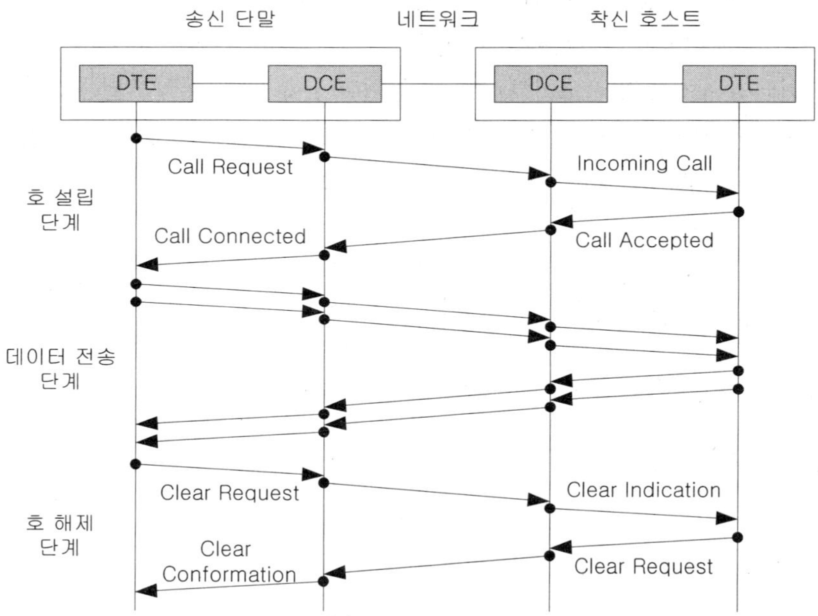


(a) X.25 교환 가상회선

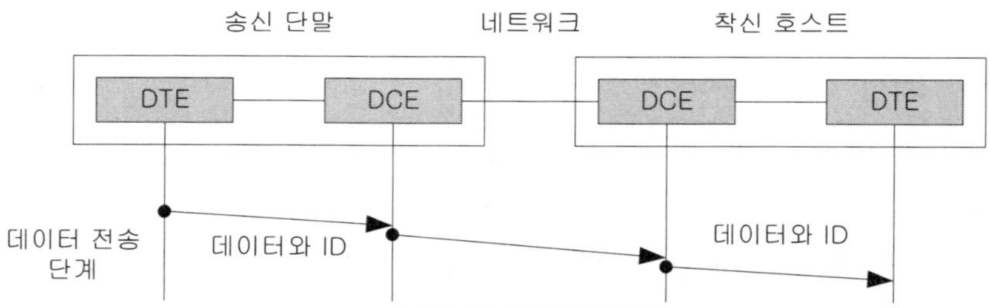


(b) X.25 영구 가상회선

**그림 6.7 SVC와 PVC에 의한 접속 흐름도**

X.25의 가상회선 방식 통신절차는 다음과 같다.

㉠ 호 설립 단계 : 발신자가 수신자에게 연결요청 패킷, 즉 호 요구(Call Request) 패킷을 전송한다. 연결요청을 받은 수신자는 호 요구(Call Request) 패킷을 받아들이거나 거부할 수 있다. 만약 이 요청을 받아들이게 되면, 호 수락(Call Accepted) 패킷을 회신하고 이로서 회선이 확립된다. 가상회선은 호 요구(Call Request) 패킷과 호 수락(Call Accepted) 패킷이 오고 간 경로를 따라 형성된다.

㉡ 데이터 전송 단계 : 호의 설립이 이루어지면, 호 설립과정에서 정해진 경로를 따라 패킷이 전송된다. 두 시스템은 전이중모드로 정보를 전송한다.

㉢ 호 해제 단계 : 연결의 종료는 송수신자 구분 없이 해제 요구(Clear Request) 패킷을 전송함으로써 통신 당사자 간에 의해 종료될 수 있다. 연결이 종료되면 가상회선은 다른 사용자를 위해 반납된다.

이와 같은 가상회선 방식은 그림 6.7과 같이 데이터를 전송하기 전에 먼저 상대를 선택하기 위한 회선 설립과정이 필요한 방식이 있고, 전용회선처럼 회선설립 과정이 필요 없는 경우가 있는데, 전자를 교환 가상회선(SVC : Switched Virtual Circuit)이라고 하고, 후자를 영구 가상회선(PVC : Permanent Virtual Circuit)이라고 한다.

참고로 PVC에서는 호 설립 과정과 호 해제 과정이 생략되며, 통신경로는 물리적 경로가 아니므로 데이터를 전송하고 있지 않을 때에는 대역폭을 차지하지 않는다.

### ② 신속설정(Fast Select) 방식

가상회선 방식에서 호 설립 요청을 하여 회선을 설립한 후 짧은 메시지 하나만을 송신하고 호를 해제한다면 오버헤드만 많고 전송 지연이 많이 발생해 효율적으로 사용하지 못하게 된다. 따라서 짧은 데이터를 긴급히 목적지로 전달하는데 유효한 전송 방식으로서 신속설정(Fast Select) 방식이 제안되었다.

신속설정 방식은 호 설정 과정을 완료한 후 데이터 전달 단계에서 데이터를 전달하는 것이 아니라 호 설정을 하면서 데이터를 전달하는 방식이다. X.25에서 호 설정을 위한 호 요구(Call Request) 패킷은 128 바이트의 데이터를 전송할 수 있는데, 신속설정 방식은 여기에 데이터를 실어 전송한다. 이때 이 패킷을 수신한 착신 호스트는 계속적으로 통신하고자 한다면 호 수락(Call Accept) 패킷으로 응답하고, 그렇지 않은 경우에는 해제 확인(Clear Confirmation) 패킷으로 응답한다. 물론, 호 수락(Call Accept) 패킷도 128 바이트의 데이터를 전달할 수 있으며 필요한 경우 사용될 수 있다.

신속설정 방식은 신용카드 조회, 현금 이체, POS(Point-of-Sale) 등과 같이 한 두 개의 데이터 교환을 다루는 응용분야에 활용되고 있다.

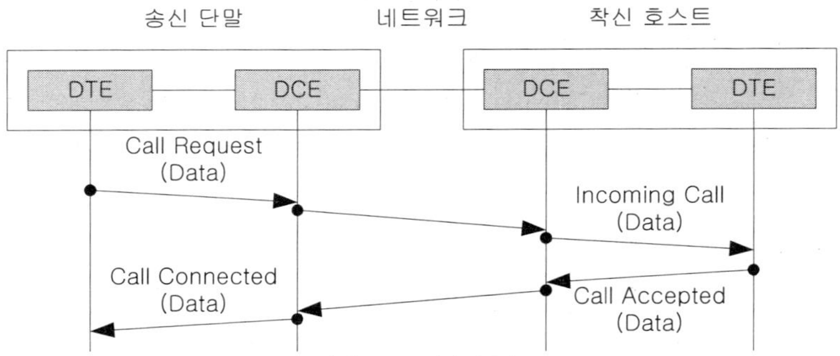


(a) X.25 신속설정

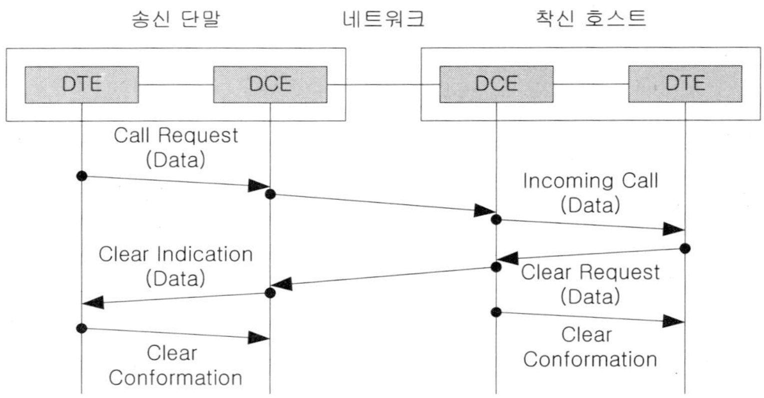


(b) X.25 신속설정 즉시해제

**그림 6.8 신속설정에 의한 접속 흐름도**

## 6.2.4 전화망과 패킷망의 연결

패킷 교환망은 전화 교환망과 독립된 망이지만, 그림 6.9와 같이 망간접속을 이용하여 대부분 공중전화망과 연결되어 있으며 또한 다수의 정보 서비스 컴퓨터와도 연결이 되어 있다.

따라서 전화망에만 가입되어 있는 가입자라고 하더라도, 전화망을 거쳐 패킷 통신망에 연결되어 있는 정보 제공자 호스트 컴퓨터의 정보 서비스를 제공받을 수 있는데, 이를 패킷 교환 서비스(Packet Dial-up Service)라고 한다.

이와 같이 일반 전화망을 이용해 패킷 통신망을 연결하고, 패킷 통신망을 통해 정보 제공자 호스트 컴퓨터의 정보 서비스를 받을 수 있는 것은 통신 프로토콜(규약) 때문에 가능한데, 패킷 통신망을 지원하는 통신 프로토콜로는 ITU-T X.25가 있고, 이것은 국제적으로 표준화되어 있기 때문에, 컴퓨터간의 상호접속(interconnection)을 용이하게 하고 있다.

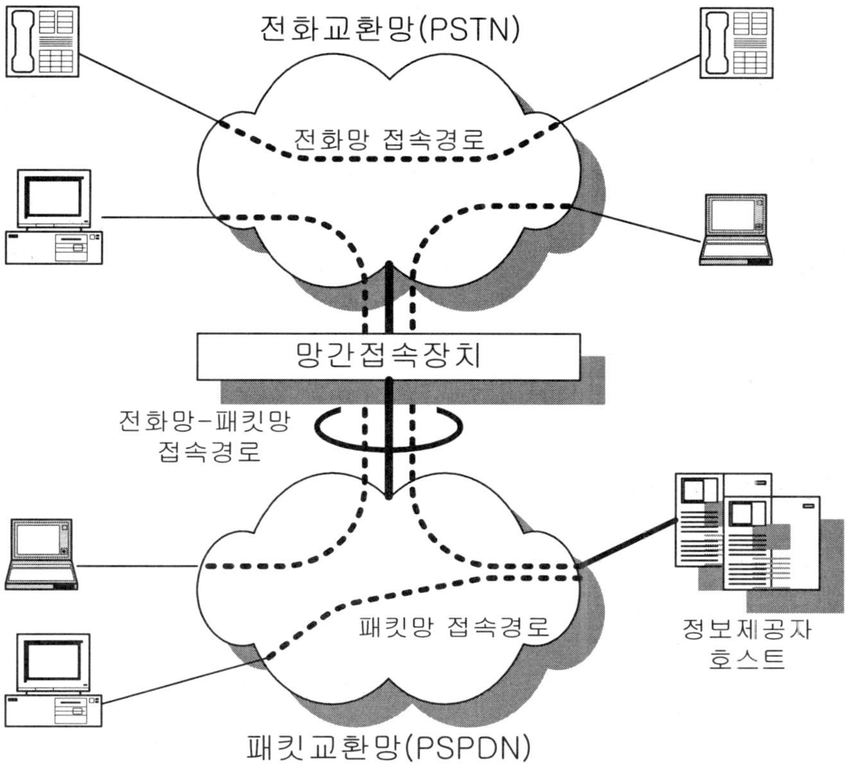


**그림 6.9 전화망을 통한 패킷망의 접속**

그림 6.10에 현재 국내에서 사용하고 있는 전화망과 패킷망의 연결의 예를 나타내었다. 사용자가 정보 제공자 호스트 컴퓨터에 있는 정보 서비스를 받는 방법은 크게 2가지가 있다. 첫 번째 방법은 모뎀을 이용하여 공중전화망을 통해 직접 정보 제공자 호스트 컴퓨터에 접속하여 정보 서비스를 받는 방법이고, 두 번째는 방법은 패킷 교환망을 통해 정보 제공자 호스트 컴퓨터의 정보 서비스를 받는 방법이다.

이때, 공중전화망과 패킷 교환망을 연결해 주는 것이 PAD(Packet Assembly and Disassembly)인데 PAD는 데이터를 패킷으로 분해하고, 분해된 패킷을 데이터로 결합시켜 주는 기능을 수행한다. 그리고 PAD와 패킷 교환망간의 연결, 패킷 고환망과 정보 제공자 호스트 컴퓨터간의 연결은 X.25 프로토콜을 사용한다.

패킷 교환망을 통해 접속할 때, 서울의 사용자나 지방의 사용자나 모두 동일한 01410이나 01411의 대표전화를 이용해 PAD를 연결하므로, 거리에 관계없이 모두 시내전화 요금체계를 적용 받는다.

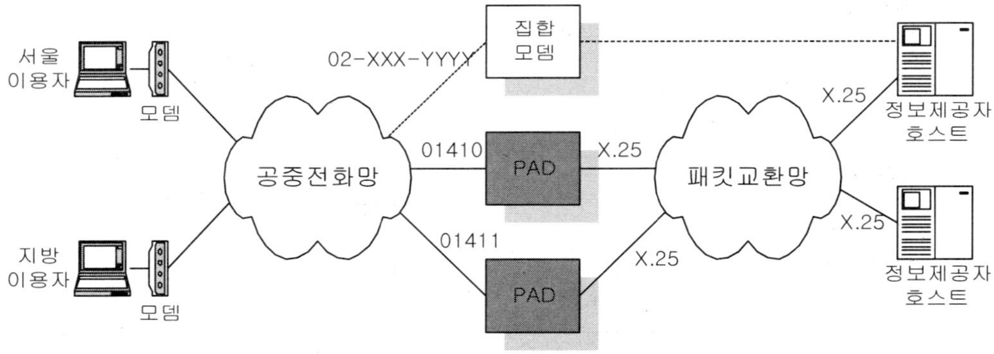


**그림 6.10 전화망과 패킷망의 연결**

## 6.2.5 패킷망과 패킷망의 연결

패킷 통신망과 패킷 통신망간의 상호접속은 그림 6.11과 같이 ITU-T X.75 프로토콜에 의해 가능하다. 예를 들어, 국내의 가입자가 외국의 정보 서비스를 이용하고자 하는 경우, 국내의 가입자는 전화망을 이용하여 국내의 패킷망에 연결하고, 그 다음 국내의 패킷망에서 외국의 패킷망으로는 망간 접속 프로토콜인 X.75를 이용하여 접속된다.

따라서 국내의 가입자는 외국의 패킷망을 경유하여 외국의 정보 서비스 컴퓨터의 정보 서비스를 받을 수 있다.

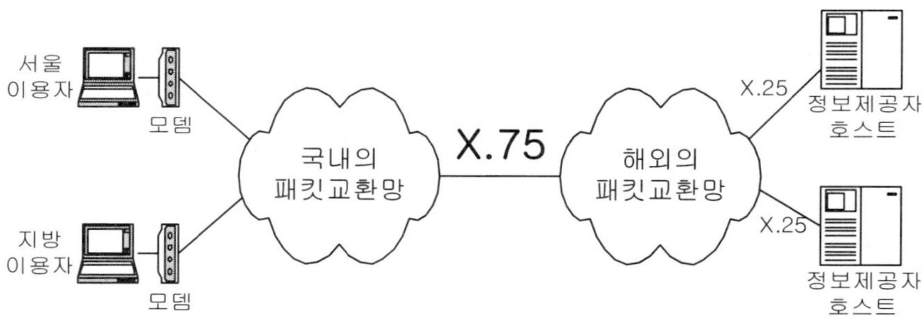


**그림 6.11 패킷망과 패킷망의 연결**

## 6.2.6 패킷 통신망의 서비스

전화망의 통화중 대기, 3자 통화와 같이 부가 서비스가 있는 것처럼 패킷 교환망에서도 이와 유사한 부가 서비스가 제공되고 있으며, 대표적인 몇 가지 부가 서비스를 기술하였다.

### (1) 폐쇄 가입자그룹 서비스(CUG : Closed User Group)

폐쇄 가입자그룹 서비스는 한 회사의 본사 및 지사와 같이 특정 사용자들을 그룹으로 형성하여 그룹 내의 자유로운 통신을 제공하면서, 타 가입자와의 통신을 제한함으로써 마치 사설정보통신망처럼 이용할 수 있는 서비스이다. 대부분 기업에서 사용하는 있는 컴퓨터 통신망들은 이 서비스를 이용하고 있다.

### (2) 수신자 비용부담 서비스

수신자 비용부담 서비스는 전화의 수신자 부담 통화(Collect Call)과 유사한 서비스이다.

### (3) 고정 접속 서비스(PVC : Permanent Virtual Circuit)

일반적으로 패킷망에서의 전송경로는 가변적으로 설정되는데, 이를 가상호출(Virtual Call 또는 Switched Virtual Circuit)이라고 한다. 이와 같이 가상 경로를 이용하게 되면 접속할 때마다 가상회로를 설정해야 하므로, 시간이 많이 걸리고 전송지연이 발생되게 된다.

따라서 고정 접속 서비스는 가상경로를 설정하지 않고, 전화망의 전용회선과 같이 고정적으로 채널을 사용할 수 있는 서비스이다.

# 6.3 컴퓨터 통신망

컴퓨터와 컴퓨터 또는 컴퓨터와 단말을 연결하는 통신망을 컴퓨터 통신망(Computer Network)이라고 하고, 컴퓨터 통신망이 다루는 정보는 전부 데이터이므로 컴퓨터 통신망의 통신회선은 데이터 통신회선이다.

## 6.3.1 컴퓨터 통신망

컴퓨터는 처음에는 단독으로 사용되었기 때문에 통신망과 무관하였다. 하지만, 컴퓨터가 대형화되고, 컴퓨터간의 정보전달 필요성 때문에 그림 6.12의 (a)와 같은 하나의 호스트 컴퓨터에 통신회선을 매개로 하여 복수의 단말을 연결하는 방법을 사용하였는데, 이것이 컴퓨터 통신망의 시작이다.

그 후 단말기의 수와 종류가 증가하고 컴퓨터 기능도 고도화 및 다양화함에 따라 그림 6.12(b)와 같이 복수의 단말로부터 회선을 모아 중계하여 연결하고, 복수의 호스트 컴퓨터를 데이터 통신회선으로 상호 연결하는 형태로 발전하였다.

오늘날의 컴퓨터 통신망은 데이터 통신망과 같은 공중 데이터 통신망을 이용하여 그림

6.12(b)와 같은 통신망을 공중 데이터 통신망에 연결하고, 또 LAN으로 연결된 것을 외부와 통신할 수 있도록 공중 데이터 통신망에 연결하는 그림 6.12(c)와 같은 형태로 변모하였다.

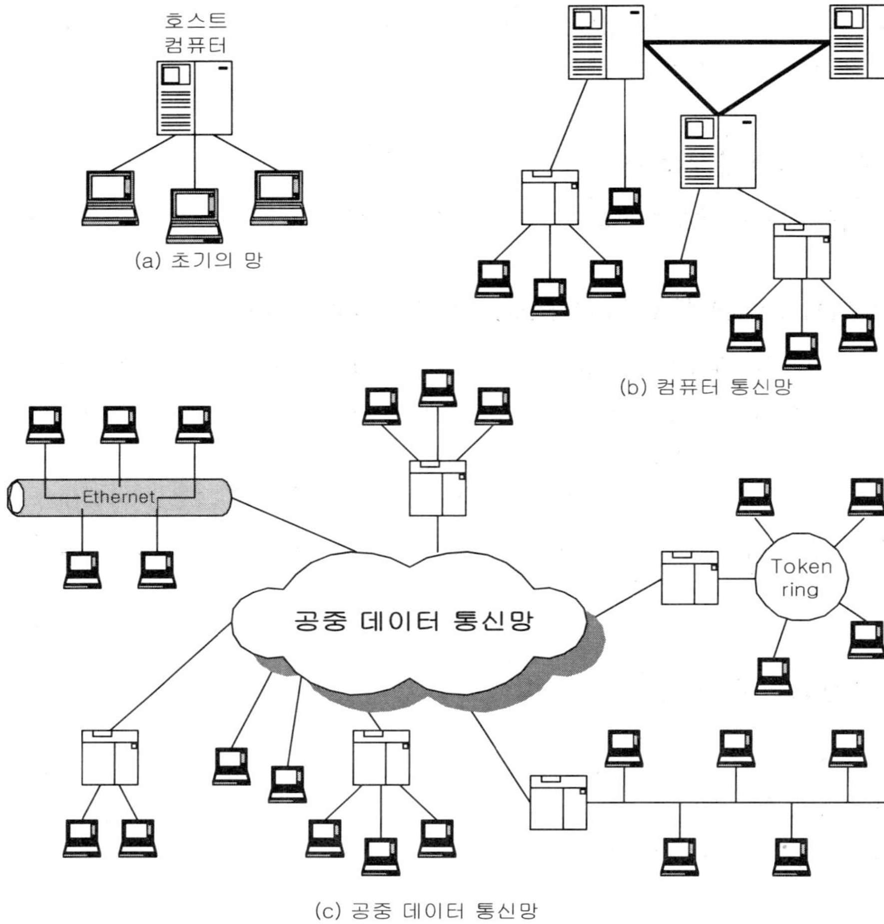


**그림 6.12 컴퓨터 통신망의 발달과정**

컴퓨터 통신망은 처음부터 불특정 다수의 사용자를 대상으로 만든 공중 통신망(예: 전화망)과는 달리, 특정 회사나 관공서가 특정 업무를 위하여 독립적으로 구축한 것이 일반적이므로, 각 컴퓨터 통신망마다 프로토콜이 서로 다른 경우가 많았다.

따라서 업무제휴나 회사의 통폐합 등으로 복수의 망을 하나의 큰 망으로 연결할 때, 프로토콜을 변환해 주는 게이트웨이(Gateway)를 두어 두개의 망을 연결하여 주지만 많은 장애가 있었다. 따라서 오늘날에는 표준 프로토콜을 사용하여 상호접속을 쉽게 할 수 있는 추세로 나아가고 있다.

## 6.3.2 기업 통신망

은행, 관공서, 학교, 회사 등의 온라인 시스템은 우리가 주위에서 볼 수 있는 가장 대표적인 컴퓨터 통신망인데, 이 중에서 회사 내의 통신망인 기업 통신망에 대해 좀 더 상세히 알아보기로 하자.

그림 6.13과 같은 기업 통신망은 정보통신 시스템의 경제성 및 편리성을 추구할 목적으로, 구내교환기, 정보처리장치, 데이터베이스 등의 정보통신 시스템을 회선을 이용하여 유기적으로 결합시킨 기업 내 또는 기업 간 통신망으로서, 주로 전용서비스의 성격을 가진다.

기업 통신망의 주요 목적은 고도의 다양한 통신기술 활용, 신기술 조기도입, 업무의 효율화 등을 통해 새로운 서비스를 창출하고, 기업의 경쟁력을 강화함으로써 경제성을 실현하는 것이라고 할 수 있다. 그리고 기업 통신망은 자사 전용망을 구축하여 사용할 수도 있고, 고속 디지털회선을 이용하여 사내 전화망과 컴퓨터 망을 통합하여 구축할 수도 있으며, 또 밀접한 회사끼리 공동의 네트워크를 구축할 수도 있다.

초기 기업통신 시스템은 전화망, 데이터 통신망, 정보통신 시스템 등이 각각 독립적으로 형성되어 있었다. 하지만, 기업 내에서 정보량이 급속히 증가하고, 기업 활동 거점이 광역화 및 분산화 되고 회사구조가 다양화해짐에 따라 통신비용이 증가하고 정보의 분산화가 발생하였다. 따라서 기업 내에서 소요되는 통신비용을 절감하고 분산되어 있는 정보를 효율적으로 이용하고자 하는 요구가 생김으로써, 다양한 고도의 통신기술을 적극 활용할 수 있는 기업 통신망의 구축이 점차 중요한 자리를 차지하게 되었다.

결국, 기업 통신망을 통한 통신비용의 절감 및 분산된 정보의 효율적 이용은 신제품 개발능력을 강화하고, 기업이 급변하는 경쟁시장에서 유연하게 대처할 수 있도록 함에 따라 기업 통신망은 기업의 성패를 좌우하는 요인이 되었다.

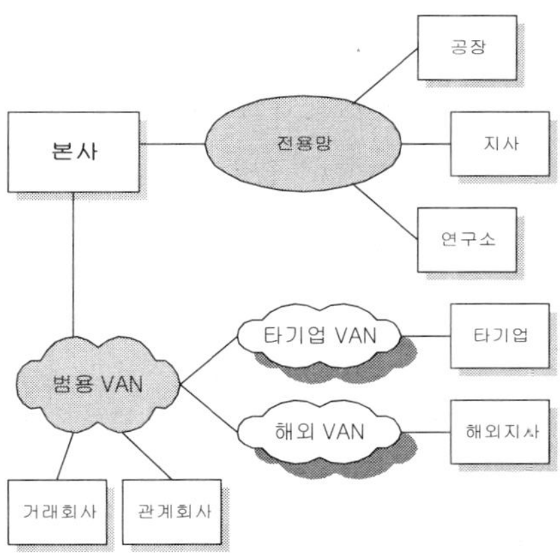


**그림 6.13 기업 통신망**

## 6.4 통신 프로토콜

### 6.4.1 프로토콜(Protocol) 이란?

어떤 시스템(단말 컴퓨터, 통신망 등)이 다른 시스템과 통신회선을 이용하여 데이터의 전송이나 통신을 할 때 정확한 통신이 이루어지도록 일정한 규칙(약속)이나 절차를 정의해 놓은 규약을 통신 프로토콜(Communication Protocol) 혹은 줄여서 단순히 프로토콜(통신절차라고도 한다)이라고 한다.

우리가 전화를 걸 때, 우선 송수화기를 들고 '삐' 하는 소리를 확인한 다음 상대방 번호를 하나씩 다이얼 한다. 상대방이 나오면 "누구십니까?", "그렇습니다." 라는 식으로 서로를 확인한 후 이야기를 시작한다. 만약 이때 이 순서가 어긋나면 통화가 제대로 되지 않는다.

이렇게 전화는 그나마 인간이 이용하기 때문에 융통성이 있지만, 컴퓨터 간에 통신이 이루어질 때는 기계가 직접 이러한 절차를 수행하면서 통신을 해야 하므로, 정확한 프로토콜이 요구된다.

예를 들어, 데이터 통신에는 송신측의 PC가 우선 상대방 컴퓨터를 불러내어 "지금부터 메시지를 보낼 텐데 준비는 되었는가?" 라는 부호를 보낸다. 상대방 컴퓨터가 "준비완료!" 라는 부호를 보내오면 PC는 메시지를 송신하기 시작한다. 긴 메시지는 몇 개의 블록으로 분할하여 보내고, 수신측에서는 블록마다 오류유무를 점검하며, 만약 오류가 발생하였다면 재송신 요구를 송신측에 보낸다. 그러면, 송신측은 이를 받아 그 블록을 다시 한 번 보낸다. 이로써 모든 메시지의 송신이 완료되면 "송신종료!" 라는 확인 부호를 주고받고, 모든 절차를 끝낸다.

참고로 전화에서 사용되는 프로토콜을 신호방식(Signaling)이라고 하는 반면, 컴퓨터에서 사용되는 프로토콜은 전송제어 절차라고 한다.

### 6.4.2 OSI 7계층의 구조

컴퓨터간의 통신 프로토콜은 그림 6.14에 나타낸 바와 같이 ISO(International Standard Organization : 국제 표준화 기구)가 1977년에 규정한 OSI(Open System Interconnection : 개방형 시스템 간 상호접속) 7계층 참조 모델(OSI 7-Layer Reference Model)을 표준으로 하고 있다.

국제 통신 표준 규약인 OSI 7계층 구조는 특정 정보 처리 기기의 하드웨어 또는 소프트웨어가 네트워크의 구조에 의존하지 않도록 논리적이고도 보편적인 7개의 계층화된 모델로 망 모델을 분해한 지침서이다. 따라서 이 모델을 이용하면 네트워크의 하드웨어와 소프트웨어가 서로 어떻게 연관되어 작동하는지를 쉽게 이해할 수 있다.

OSI 7계층 구조는 하위 계층부터 물리 계층, 데이터 링크 계층, 네트워크 계층, 전송 계층,

세션 계층, 표현 계층, 응용 계층이라고 한다.

이 7계층 중 하위 4층은 주로 전송 처리를 담당하는 규정으로 정의되어 있고, 상위 3층은 주로 정보 처리를 담당하는 규정으로 정의되어 있는데, 이는 하위 계층의 기능을 서브 세트화 함으로써 전송 형태에 영향을 받지 않으면서도 상위 계층으로 전송 서비스를 제공할 수 있도록 하기 위해서이다.

그림 6.14에서 보는 바와 같이 OSI 7계층에서는 데이터를 전송할 때, 전송 회선상의 불완전성을 극복하기 위해 하위 계층으로 내려갈수록, 실제 데이터에 부가적인 정보(Header)를 추가하여 전송하는데, 이것을 캡슐화(Capsulation)라고 하고, 상대편에서는 전달된 정보의 캡슐을 벗겨(Decapsulation) 상위 계층으로 전달한다.

이것은 우편 전달체계를 생각해 보면 쉽게 이해를 할 수 있다. 예를 들어, 실제 전송할 데이터를 편지라고 할 때, 편지를 봉투를 넣어 우표를 붙이고 우체통에 넣으면, 우체국(송신측)에서 배낭을 통해 상대방 우체국(수신측)으로 전달된다. 이것은 다시 수신인에게 전달되고 수신인은 이를 다시 뜯어 편지내용을 보게 되는데, 이 절차와 똑같다고 볼 수 있다.

편지의 우송에도 이러한 우편전달 체계가 있듯이 데이터를 보내는 네트워크의 구조에도 똑같은 데이터 전달 체계가 표준으로 만들어져 있는데, 이것이 OSI 7계층 참조 모델이다.

OSI 참조 모델의 각 계층의 기능을 알아보자.

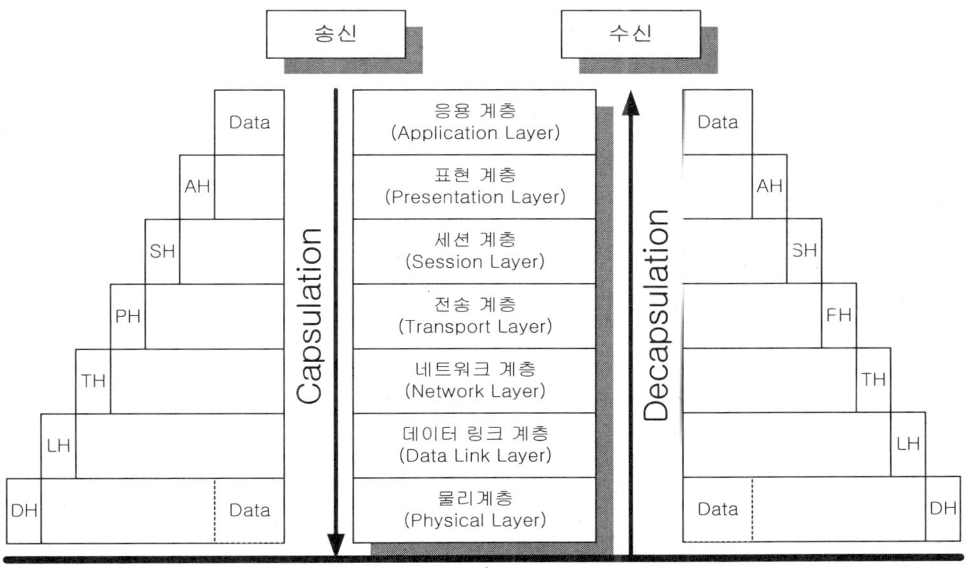


그림 6.14 OSI 7계층 참조 모델

### 6.4.3 OSI 7계층의 기능

#### (1) 물리 계층(Physical Layer)

OSI 7계층 구조 중 최하위 계층인 물리 계층은 전송 매체를 통하여 서로 다른 장치간의 물리적인 연결을 활성, 유지, 비활성하면서, 데이터의 비트를 전송하는 역할을 한다.

이를 위해 물리 계층에서는 커넥터의 핀 배열과 같은 기계적인 사양, 신호의 레벨이나 임피던스와 같은 전기적인 사양, 각 핀의 기능과 같은 기능적 사양, 프레임 포맷이나 제어정보와 같은 순서적 사양 등 데이터 비트를 전송하는데 필요한 하드웨어의 규격을 정의하고 있다.

물리 계층에서의 전송방식으로 반이중 또는 전이중 방식을 선택할 수 있고, 전송 모드로는 동기식 전송 또는 비동기식 전송을 선택할 수 있다. 물리 계층 프로토콜의 대표적인 예로는 EIA의 RS-232C, RS-422와 ITU-T의 V.24(상호 접속 회로), V.28(전기적 특성), X.21(디지털 인터페이스), I.430(ISDN 기본 인터페이스) 등이 있다.

물리 계층 프로토콜을 보통 사람들이 인터페이스(Interface)라고 하는데, OSI의 정의에 의하면 인터페이스는 상위 계층과 하위 계층 간의 통신 규약을 의미하므로 혼동하지 말아야 한다.

그리고 물리 계층에서 사용되는 장비로는 허브(Hub)나 리피터(Repeater)가 있다.

#### (2) 데이터 링크 계층(Data Link Layer)

물리 계층은 데이터를 비트로 전송하는데 반해 데이터 링크 계층은 물리 계층으로부터 수신된 데이터, 즉 수신된 비트를 데이터의 프레임(Frame)으로 전환하는 역할을 담당하고 있다.

따라서 물리 계층 간의 전송은 데이터의 비트 열의 전송이지만, 데이터 링크간의 전송은 데이터 프레임간의 전송이라고 할 수 있다. 여기에서 데이터 프레임은 비트 데이터를 배치하는 조직화된 논리구조를 의미한다.

데이터 링크 계층은 한 프레임을 전송한 다음 수신 컴퓨터로부터의 확인 신호를 기다리는데, 수신 컴퓨터의 데이터 링크계층은 그 프레임에 전송 과정 동안 이상이 생기지 않았는지를 조사하고, 이 때 전송 중 이상이 없으면 확인 신호를 보내주고, 전송 중 이상이 생긴 프레임의 경우에는 알고리즘에 따라 재전송을 요구하거나 아니면 그 프레임은 버린다.

이와 같이 데이터 링크 계층은 물리 계층 내에서 발생하는 오류를 검출하고 정정하여 신뢰성을 확보할 뿐만 아니라 프레임의 순서(순서 제어) 및 흐름(흐름 제어)을 제어하여 링크의 효율을 향상시키므로, 시스템 간에 접속되어 있는 물리적인 링크를 통해 신뢰성 있는 정보를 전송할 수 있도록 한다. 데이터 링크 계층 간의 연결은 물리적인 주소 값을 할당 받아 사용하는데, 이때 사용되는 주소를 맥 주소(MAC address : 네트워크 카드마다 고유하게 부여되는 주소)라고 한다. 데이터 링크 계층 프로토콜의 대표적인 예로는 ISO의 HDLC(High Level Data Link Control), ITU-T X.25의 LAPB(Link Access Procedure Balanced), IEEE 802.3/802.5 등이 있다.

### (3) 네트워크 계층(Network Layer)

네트워크 계층은 상위계층인 전송 계층의 개체들이 투명한(Transparent) 데이터 전송을 할 수 있도록 경로 선택(Routing) 기능과 중계기능을 수행하고, 그 과정에서 전송 계층이 요구하는 서비스 품질(QoS : Quality of Service)을 제공하기 위한 기능적, 절차적 수단을 제공한다.

즉, 네트워크 계층은 패킷(Packet)이 어떻게 네트워크상에서 경로 배정(Route)이 되는지를 정의하고, 또 네트워크상의 노드(Node)를 통해 전송되는 패킷의 흐름을 통제하여 메시지가 네트워크상에서 어떤 노드를 통해 전송되는지를 정의한다.

좀 더 쉽게 설명하면, 네트워크 계층은 메시지의 주소를 담당하는 계층으로서 논리적인 주소와 이름을 물리적인 주소로 전환하는 역할을 한다. 이는 우편배달부가 주소를 확인하고 어떤 경로를 통해 우편물을 배달할 것인가 생각하는 것과 같은 것이다.

따라서 이 계층의 주된 작업은 패킷을 교환 노드를 통하여 전달하는 순서 및 전달방법, 즉, 연결 전송 및 비연결 전송 등을 통하여 두 스테이션간의 가상 경로를 설립하는 것이다. 여기에서 연결 전송은 두 노드사이에 데이터를 전송하기 전에 논리적인 접속을 하는 것으로서 회선 교환 방식이 여기에 해당하고, 비연결 접속은 두 노드사이에 논리적인 접속을 하지 않고 전송하는 것으로 메시지 교환 방식이 여기에 해당한다.

대표적인 네트워크 계층의 프로토콜로는 패킷 교환망의 접속을 위한 데이터 단말장치/데이터 회선 종단 장치(DTE/DCE) 접속 프로토콜을 정의한 X.25의 PLP(Packet Level Protocol)와 인터넷에서 사용하는 IP(Internet Protocol) 등이 있다. 그리고 회선 교환망에서는 네트워크 계층의 프로토콜이 표준화되어 있지 않으나, 일반적으로 X.21의 접속 절차를 사용한다.

네트워크 계층에서 사용되는 장비로는 라우터(Router)가 있으며, 라우터는 패킷의 위치를 추출하여 그 위치에 대한 최상의 경로를 지정하고, 이 경로를 따라 데이터 패킷을 다음 장치로 전달하는 장치이다.

### (4) 전송 계층(Transport Layer)

전송 계층은 네트워크 계층 내에서의 라우팅이나 중계 기능에는 무관하게 데이터가 오류 없이 순서에 맞게 그리고 중복되거나 유실되는 일이 없도록 관리(이것은 네트워크 계층 보완하는 역할을 함)하여 상위의 세션 계층에게 투명한 데이터 전송을 제공하는 기능을 한다. 즉, 네트워크 계층으로부터 제공되는 서비스를 보완하고, 네트워크 계층과 상위 계층인 세션 계층과의 사이에서 망의 경로와 서비스 품질을 고려하지 않아도 되도록 하기 위해 통신 경로 및 통신 수단으로서 복수의 논리적 통신로를 설정하는 것이다.

이를 실현하기 위하여 전송 계층은 하위 네트워크 계층이 제공하는 서비스로부터 최적인 것을 사용한다. 전송 계층의 프로토콜은 네트워크 계층의 품질에 따라 몇 가지 클래스(클래스

0~클래스 4)를 두고 있는데, 하위 계층의 서비스가 신뢰성이 있으면 전송 계층의 부담은 그만큼 줄어들고, 반대로 신뢰성이 없으면 전송 계층의 부담은 그만큼 늘어나 프로토콜 구조가 복잡해진다.

전송 계층의 가장 대표적인 예는 TCP(Transmission Control Protocol)이며, 근거리 통신망이나 인트라넷, 인터넷에 연결된 컴퓨터에서 실행되는 프로그램 간에 일련의 옥텟을 안정적으로, 순서대로, 오류 없이 교환할 수 있게 해 준다.

### (5) 세션 계층 (Session Layer)

세션 계층은 사용자 위주의 연결 서비스를 제공하는 것으로서, 통신 연결의 접속 확립 또는 종료에 관한 규정을 관리하는 계층이다. 따라서 상위 계층의 개체간의 대화를 맞추고 데이터 교환을 관리하는 방법을 제공하며, 반이중 방식(half-duplex), 전이중 방식(Full Duplex)의 통신과 함께 유휴, 종료, 다시 시작 등의 과정을 수행한다.

세션 계층부터는 네트워크를 통한 연결 설정이나 데이터의 전송에 목적이 있는 것이 아니라, 전송 데이터의 확인이나 사용자가 안전하게 대화하기 위한 서비스와 같은 부가적인 기능을 제공한다.

세션 계층의 기능은 크게 세션 연결의 확립/해제, 대화 관리, 데이터 전송 제어, 동기(Synchronization) 등이 있다. 세션 계층의 예로 만약 통신장애가 생기면 정상 접속이 확립될 때까지 전송 데이터를 보관하거나 접속을 종료하는 것을 생각할 수 있다.

### (6) 표현 계층 (Presentation Layer)

표현 계층은 상위 계층인 응용 계층의 다양한 표현 양식을 일반적인 전송 방식으로 변환하고, 암호화하고, 압축하는 기능을 수행한다.

이 기능의 예로 컴퓨터로 입력한 데이터를 ASCII 코드나 한글로 변환하는 기능, 데이터의 압축 기능, 터미널 모드 지정 기능 등이 있다.

### (7) 응용 계층 (Application Layer)

응용 계층은 OSI 참조 모델의 최 상위 계층으로서 사용자가 직접 접하는 부분이다. 사용자는 응용 계층 이하의 하위계층에 대해서 아무런 지식 없이 서비스를 사용하면 된다.

응용 계층에 속하는 서비스나 프로토콜로는 전자우편, 원격작업 입력, 파일 전송(FTP), Teletext, Videotex, 원격 데이터베이스 액세스 등이 있다.

### 6.4.4 프로토콜의 기능

#### (1) 분해 조립 기능 (SAR : Segmentation and Reassembly)

네트워크를 통해서 전송할 수 있는 최대 전송 단위(MTU : Maximum Transmission Unit)를 초과하면 쪼개어 전송한다. 예를 들어 비동기 전송 방식(ATM)에서는 사용자 정보를 ATM 셀로 분해하는 기능과 수신한 ATM 셀을 사용자 정보로 조립하는 기능을 제공하기 위해 SAR라는 부계층을 두고 있다.

#### (2) 캡슐화 (Capsulation)

상위 계층의 통신 규약 정보를 하위 계층의 통신 규약 프레임 정보 영역에 내장시켜 전송하는 기술로서 복수의 프로토콜 층에서 정보를 하나로 종합해서 통신망에 보내는 프로세스라고 할 수 있다. 즉, 상위계층의 정보에 헤더(Header)를 붙여 하위 계층으로 내려 보내는 작업이다.

#### (3) 접속제어 (Connection Control)

두 호스트(Host) 간의 접속 및 연결 등의 제어를 수행하는 것으로서 제도와 운용상의 필요에 따라 호의 접속 범위를 제한한다. 일반적으로 서비스 등급에 따라서 호를 접속할 수 있는 회선과 장치를 정하는데, 예를 들어 구내전화 교환기에서의 국선과 전용선의 접속 규제는 제도상의 규제이며 시내 발신, 시외 발신, 특수 서비스 등의 접속 규제는 운용상의 규제이다.

#### (4) 흐름제어 (Flow Control)

데이터 패킷을 전송할 때 수신 한도를 넘는 과잉 패킷의 입력으로 패킷 분실이나 로크업(Lock Up)이 일어나지 않도록 패킷 흐름의 양을 조절한다. 특히, 패킷 교환망에서는 송수신 단말의 속도 차나 교환망의 트래픽 상황 등에 의해 발생하는 정체를 피하기 위해 망에 유입되는 패킷을 제어하는데, 여기에서 제어는 노드(교환기)와 단말 간 및 노드 상호 간에 이루어진다. 보통 망 내에 정체되고 있는 모든 패킷 수를 일정 이하로 하는 방식과 망 내에 유입하는 패킷 수를 발신국에서 제어하는 방식 등이 있다.

#### (5) 오류제어 (Error Control)

전송 도중에 발생한 부호의 오류를 검출하고, 정확한 정보를 재현하기 위해 오류제어를 수행한다.

오류제어 기술로는 오류정정 부호를 이용하여 발생된 오류에 대해 수신기에서 오류를 정정하는 FEC(Forward Error Correction, 순방향 오류정정) 기술과 오류검출 부호를 사용하여 오류가 발생한 패킷을 재전송을 요구하는 ARQ(Automatic Repeat and Request, 자동 재전송 요구) 기술 등이 있다.

### (6) 동기화 (Synchronization)

디지털 통신 방식에서는 수신측에서 오류 없이 신호를 추출하기 위해 송신측과 수신 측 간의 클록 주파수를 맞추어 줄 필요가 있는데, 이를 동기화라고 한다.

예를 들어 1회의 디지털 변복조 과정만으로 전송, 교환을 하는 디지털 종합정보통신망에서는 망 전체를 하나의 동기계로 하는 망 동기를 수행한다.

### (7) 주소 지정 (Addressing)

네트워크의 각 노드는 유일한 주소를 가져야 한다. 예를 들어 인터넷상의 IP 주소 등이 있다.

## 6.4.5 프로토콜의 종류

인터넷상에서 어떤 자료를 전송하기 위해서 해당 업무에 맞는 적당한 프로토콜을 사용해야 한다. 예를 들어 전자메일이나 화상정보를 전송한다면 UDP(User Datagram Protocol)를, 특정한 Text를 전송한다면 TCP(Transmission Control Protocol)를, 그리고 웹 전화(Web Phone)의 경우는 RTP(Real-time Transport Protocol)를 사용하면 가장 효율적으로 전송할 수 있다.

그림 6.15에서는 이와 같은 프로토콜을 TCP-IP의 예를 들어 계층별로 구분하여 나타내었으며, OSI 7계층과 비교하기 위하여 그림의 왼쪽에 OSI 7계층을 함께 나타내었다.

<table>
<tr><td>응용 계층</td><td colspan="7">Telnet, FTP, SMTP, SNMP, POP3, HTTP</td></tr>
<tr><td>전송 계층<br>(4계층)</td><td colspan="4">TCP</td><td colspan="3">UDP</td></tr>
<tr><td>네트워크 계층<br>(3계층)</td><td colspan="2">ICMP</td><td colspan="3">IP</td><td colspan="2">GMP</td></tr>
<tr><td rowspan="2">데이터 링크 계층<br>(2계층)</td><td colspan="4">ARP, RARP</td><td colspan="2">X.25</td><td rowspan="2">PPP,<br>SLIP</td></tr>
<tr><td colspan="4">LLC<br>(IEEE802.2)</td><td colspan="2">HDLC(LAPB)</td></tr>
<tr><td rowspan="2">물리계층<br>(1계층)</td><td>IEEE802.3</td><td colspan="2">IEEE802.4</td><td>IEEE802.5</td><td colspan="2" rowspan="2">V.24<br>X.21</td><td rowspan="2">RS-232C<br>RS-232D</td></tr>
<tr><td colspan="4">10Base-2, 5, T, F<br>100Base-X, T</td></tr>
</table>

**그림 6.15 계층별 프로토콜 종류**

여기서는 각각의 프로토콜의 종류 및 가장 표준적으로 사용되는 프로토콜에 대해서 간략하게 살펴보기로 한다.

## (1) 단순 전자우편 전송 프로토콜(SMTP)

단순 전자우편 전송 프로토콜(SMTP : Simple Mail Transfer Protocol)은 TCP/IP의 상위 계층인 응용 프로토콜의 하나로, 컴퓨터 간의 전자 우편을 전송하기 위한 프로토콜이다. 표준은 RFC 821로 규정되어 있다.

2개의 전자 우편 시스템 간에 어떻게 대화하는지를 지정하고, 전자 우편을 전송하기 위하여 교환하는 제어 메시지의 형식을 규정하고 있다.

인터넷에서 전자 우편 기능을 실현하는 프로토콜로 널리 사용되고 있다.

## (2) 파일 전송 프로토콜(FTP : File Transfer Protocol)

인터넷을 통하여 어떤 한 컴퓨터에서 다른 컴퓨터로 파일을 송수신할 수 있도록 지원하는 표준 프로토콜이다.

용량이 큰 파일도 빠르게 송수신할 수 있는 특징이 있으며, 파일을 송수신할 때에는 정당한 자격, 즉 원격 호스트 컴퓨터를 이용할 수 있는 사용자 ID와 패스워드(password)가 있어야 원하는 원격 호스트 컴퓨터에 접속할 수 있다.

그러나 인터넷상에는 패스워드가 없어도 접속할 수 있는 공개 FTP 호스트가 있는데, 이러한 FTP 호스트를 익명 FTP(Anonymous FTP)라고 한다. 이와 같은 익명 FTP는 사용자로 등록하지 않고서도 ID에 anonymous, 패스워드에 자신의 전자메일(E-mail) 주소를 입력하면 원격지 호스트에 접속하여 파일을 쉽게 송수신할 수 있다.

### (3) HTTP (Hypertext Transfer Protocol)

하이퍼텍스트 전송 프로토콜(HTTP : Hyper Text Transfer Protocol)은 인터넷의 월드 와이드 웹(WWW : World Wide Web) 서버와 WWW 브라우저가 파일 등의 정보를 송수신하는데 사용되는 클라이언트/서버 규약으로, HTML(Hyper Text Markup Language)이라고 하는 스크립트 언어를 이용하여 그래픽 문서를 보여주는 프로토콜이다.

HTTP를 사용하기 위해서는 인터넷에 접속한 후 WWW 브라우저(Browser)의 화면상에서 URL(Uniform Resource Locator)로 'http://' 를 지정하여 주어야 하는데, 예를 들어 'http://www.naver.com' 과 같이 'http://' 로 시작되는 URL을 지정하면, 여기에 있는 데이터를 하이퍼텍스트 전송 규약(HTTP)을 사용하여 서버에서 브라우저로 전송한다.

참고적으로 HTTP를 사용하기 위해 반드시 WWW 브라우저가 있어야 하는 것은 아닌데, 예를 들어 WWW 브라우저가 없는 사람은 Telnet으로 접속을 할 수 있다. 이 경우 Telnet에서 'GET /' 라는 명령을 사용하면 된다.

### (4) 간이망 관리 프로토콜 (SNMP)

TCP/IP의 네트워크 관리 프로토콜인 간이 네트워크 관리 프로토콜(SNMP : Simple Network Management Protocol)은 라우터나 허브 등 망기기(Network Agent)의 네트워크 관리 정보를 네트워크 관리 시스템에 보내는데 사용되는 표준 통신 규약으로서 TCP/IP의 게이트웨이 관리 프로토콜(SGMP : Simple Gateway Management Protocol)을 바탕으로 개발되었다.

SNMP는 OSI의 네트워크 공통 관리 정보 프로토콜 (CMIP : Common Management Information Protocol)[76)]에 대응하는 프로토콜로서, 1988년에 RFC 1157로 표준이 발표되었고 1991년에 개정판인 SNMP2가 개발되었다.

SNMP는 일반적으로 이더넷, FDDI, X.25, ATM 등의 망 종속 프로토콜 위에 IP, UDP를 구현하고 그 위에 SNMP를 구현하며, 요구와 응답의 2가지 기능을 사용하여 망 관리 정보를 수집, 관리한다.

76) CMIP는 조직적이고 규모가 큰 망 관리를 위한 프로토콜로서, TCP/IP 기반의 중소규모의 망 관리를 위한 SNMP와는 달리, OSI 프로토콜 스택(stack)상에서 동작하는 대규모의 통일화된 망 관리 프로토콜을 말한다.

## (5) 포스트 오피스 프로토콜(POP3 : Post office Protocol version 3)

POP3은 전자 우편을 내려 받기 위해 사용되는 포스트 오피스 프로토콜(POP)의 세 번째 버전으로서 SMTP와 동일하게 동작하며, 인터넷 메일 클라이언트가 메일 서버로부터 메일을 꺼내기 위한 규약이다.

우리가 메일을 수신하기 위해서는 항상 컴퓨터가 동작하고 있어야 SMTP가 동작하는데, 이러한 것을 대신 처리해 주는 서버가 POP3이다. POP3은 인터넷에서 사실상 표준(De Facto Standard)[77]로 되어 있다.

## (6) 실시간 전송 프로토콜(RTP : Real-time Transport Protocol)

실시간 전송 프로토콜(RTP)은 실시간으로 음성이나 동화상을 송수신하기 위한 전송 계층(Transport Layer)의 통신 규약으로서 RTCP(RTP Control Protocol)와 함께 RFC. 1889에 규정되어 있다.

RTP는 보통 사용자 데이터그램 프로토콜(UDP)의 상위 계층의 통신 규약으로 이용되며, 라우터 등의 통신망 기기에 의지하지 않고, 단말기기 간에 실행되는 것이 특징이다.

이를 위해 우선, 송신측에서는 타임스탬프(Time Stamp)를 근거로 재생 동기를 취해 지연이 큰 패킷을 전송할 것인지 포기할 것인지를 결정할 수 있으며, 또 수신측에서는 전송 지연이나 대역폭 등을 점검해 부호화 속도 등의 조정을 하여 서비스 품질(QoS)을 제어할 수 있다. 이 때 이와 같은 상황을 수신측에서는 RTCP를 사용해 송신측의 상위 계층 애플리케이션에 통지하여 준다.

RTP는 LAN/인터넷 환경에서의 비디오 회의 시스템인 ITU-T 권고 H.323에 채용되어 있으며, 또 미국 마이크로소프트사(Microsoft)의 비디오 회의용 소프트웨어인 NetMeeting 등에 탑재되어 있다.

## (7) 전송 제어 프로토콜(TCP : Transmission Control Protocol)

OSI 기본 참조 모델의 전송 계층에 해당되는 프로토콜로서 IP(Internet Protocol)과 함께 TCP/IP를 구성한다.

신뢰성을 가지고 바이트 스트림의 연결에서 연결된 데이터를 배달하는 서비스를 제공하며, 패킷의 도착 순서대로 배열이나 오류 수정 등을 수행하므로 전송 제어 프로토콜(TCP)보다 상위 계층에서 보았을 때는 2대의 컴퓨터가 신뢰성이 높은 전용선으로 연결된 것 같이 보인다.

TCP는 일반적으로 신뢰성이 요구되는 텍스트 전송 등에 사용된다.

---

77) 공식적 표준과 반대되는 말로, 보통 기업 간 치열한 경쟁을 통해 시장에서 결정되는 비공식적 표준을 사실상 표준이라고 한다.

## (8) 사용자 데이터그램 프로토콜(UDP : User Datagram Protocol)

사용자 데이터그램 프로토콜(UDP)은 인터넷의 표준 프로토콜인 TCP와 함께 인터넷의 기반이 되는 프로토콜 중의 하나이다.

인터넷에서는 망 계층 프로토콜인 IP와 함께 전송 계층 프로토콜인 전송 제어 프로토콜(TCP) 또는 사용자 데이터그램 프로토콜(UDP)의 어느 하나와 조합하여 데이터를 주고받는다.

TCP와 UDP의 차이점은 TCP는 세션(접속)을 설정한 후에 통신을 개시(Connection Oriented)하지만, UDP에서는 세션을 설정하지 않고 데이터를 상대의 주소로 송출(Connectionless Oriented)한다. 따라서 UDP는 프로토콜 처리가 고속이라는 장점이 있지만, TCP처럼 오류 정정이나 재송신 기능을 수행하지 않으므로 신뢰성은 떨어진다.

UDP는 주로 신뢰성보다도 고속성이 요구되는 전자메일이나 멀티미디어 응용, 인터넷 방송, 인터넷 전화 등에 사용한다.

## (9) 인터넷 프로토콜(IP : Internet Protocol)

OSI 참조 모델을 기준으로 제3계층(네트워크 계층)에 해당되는 프로토콜로서 TCP/IP의 일부로 사용되며, 인터넷의 가장 중요한 프로토콜로 사용되고 있다.

IP 주소에 따라 서로 다른 네트워크 간의 패킷을 전송하는 역할을 수행한다. 즉, IP는 경로제어를 위한 규약으로서 서로 다른 네트워크 간의 데이터 전송을 가능하게 하는 것이다. 그러나 패킷이 발신된 순서대로 도착하는 것은 보증하지 않는다.

전송 제어 프로토콜(TCP) 또는 사용자 데이터그램 프로토콜(UDP)과 함께 사용한다.

## (10) 인터넷 제어 메시지 프로토콜(ICMP)

인터넷 제어 메시지 프로토콜(ICMP : Internet Control Message Protocol)은 TCP/IP 기반의 인터넷 통신 서비스에서 인터넷 프로토콜(IP)의 서브모듈로 동작하면서 IP와 조합하여 IP가 효과적으로 잘 라우팅할 수 있도록 도와주는 기능을 수행한다. 여기에서 도와준다는 것의 의미는 ICMP가 호스트의 상태를 IP에게 보고하거나 패킷의 전달상태를 IP에게 알려주어 IP가 효과적으로 라우트하게 한다는 것을 의미한다.

ICMP는 통신 중에 발생하는 오류의 처리와 전송 경로 변경 등을 위한 제어 메시지를 취급하는 무 연결 전송(Connectionless Transmission)용 프로토콜이며, OSI 참조 모델의 네트워크 계층에 해당하고, 표준은 RFC. 792로 규정되어 있다.

참고로 ICMP의 기능 중에는 Echo나 Reply와 같은 기능이 있는데, 이를 이용한 응용 프로그램이 ping 또는 Tracert(Trace Route)이다. ping은 호스트가 죽었는지 살아 있는지 또는 전달한 패킷이 얼마 만에 되돌아오는지를 알려주는 프로그램이며, Tracert는 패킷이 어느 경로를 통해 전달되는지 또는 각 경로에 얼마만큼의 지연이 있는지 등을 알려주는 프로그램이다.

이 두 프로그램을 실습하는 방법은 윈도우의 명령 창에서 "ping 호스트 이름" 또는 "tracert 호스트 이름"을 치면 된다. 실습해보기 바란다.

### (11) 인터넷 그룹 관리 프로토콜(IGMP)

인터넷 그룹 관리 프로토콜(IGMP : Internet Group Management Protocol)은 인터넷에서 방송을 하기 위한 프로토콜 즉, IP 멀티캐스트(1 대 다 통신)를 실현하기 위한 통신 규약이다.

IGMP는 구내 정보 통신망(LAN)상에서 라우터가 멀티캐스트 통신 기능을 구비한 PC에 대하여 멀티캐스트 패킷을 분배하는 경우, 또는 특정 PC가 멀티캐스트로 통신할 수 있다는 것을 라우터에 통지하는 경우에 사용된다. 한편 멀티캐스트 패킷을 수신한 라우터는 IGMP로 수신을 선언한 PC가 있는 경우에만 패킷을 LAN을 통해 송출한다.

이 프로토콜은 RIP와 함께 라우터(Router)에서 사용되며, 표준은 RFC 1112로 규정되어 있다.

### (12) 주소 결정 프로토콜(ARP : Address Resolution Protocol)

모든 PC나 하드웨어는 고유의 주소를 가지고 표현하며, 이를 표현하는 방법으로 2가지의 주소를 사용하는데, 그 중 하나는 MAC 주소(6바이트)이고 또 다른 하나는 IP(4바이트)이다. 전자인 MAC 주소는 어떤 한정된 지역을 찾아가기 위한 주소이고, IP는 망과 망을 찾아가기 위한 주소이다.

특정 디바이스를 찾아가기 위해서는 MAC 주소를 알아야 하는데, 일반적으로는 IP 주소를 알고 있고 MAC 주소를 알지 못한다. 따라서 어떤 특정 망에서 특정 디바이스를 찾기 위해 특정 망에 ARP Request(즉, IP 주소를 실어 보내면)를 한다. 만약 그 망 안에 그 IP 주소를 가진 디바이스가 존재한다면 응답하게 되는데, 이때 디바이스는 MAC 주소를 상대방에게 전송하며, 이로서 특정 디바이스와의 통신을 수행할 수 있다.

결론적으로 주소 결정 프로토콜(ARP : Address Resolution Protocol)은 인터넷 환경에서 IP를 이용하여 MAC 주소를 찾을 때 사용되는 프로토콜이다. 일반적으로 호스트 상호 간의 통신에서는 망 내에 있는 호스트 주소로 IP 주소가 사용되지만, ARP는 상대방 호스트의 데이터 링크(Link Layer) 주소를 필요에 따라 역동적으로 얻기 위한 절차를 제공한다.

예로 ARP는 32비트의 IP주소를 48비트의 이더넷 주소(Ethernet Address)로 변환해 이더넷 드라이버(Ethernet Drive)와 연결하는데, 여기에서 이더넷 드라이버가 무엇인지는 관여하지 않는다. 이로써 인터넷 환경에서는 호스트 상호 간의 데이터 링크 주소의 구성 정보는 불필요하게 되었는데, 이것은 인터넷의 확장성과 접속의 용이성을 증대시키는 역할을 한다. ARP의 표준은 RFC. 826으로 규정되어 있다.

## (13) 역순 주소 결정 프로토콜(RARP)

역순 주소 결정 프로토콜(RARP : Reverse Address Resolution Protocol)은 ARP의 반대의 기능을 수행하는 프로토콜로서 상대방 호스트의 데이터 링크 주소로부터 IP 주소를 얻기 위한 절차를 제공하는 프로토콜이다.

RARP의 표준은 REC. 903으로 규정되어 있다.

## (14) 직렬회선 인터넷 프로토콜(SLIP)

직렬 회선 인터넷 프로토콜(SLIP : Serial Line Internet Protocol)은 전화 회선, RS-232 등의 직렬 인터페이스를 이용하여 인터넷에 접속하는 다이얼 업(Dial-up) 사용자가 네트워크를 사용할 수 있도록 하는 프로토콜로서 1980년대 초기에 개발된 업계 표준이다.

SLIP은 모뎀과 전화선을 이용해서 직렬 링크를 설정하여 사용하기 때문에 LAN 환경에서는 이용할 수 없다. 따라서 복수 프로토콜에 대응한 원격지와의 접속용 규약으로 점대점 통신 프로토콜(PPP : Point-to-Point Protocol)이 RFC. 1171로 표준화되었다.

SLIP은 PPP에 비해 오류 검출 기능 및 링크 설정/절단 기능이 없고 IP 이외의 프로토콜과는 대응되지 않는 등의 문제점으로 자연스럽게 PPP로 전이되어 현재는 PPP가 주류가 되었다.

## (15) 점대점 통신 프로토콜(PPP : Point-to-Point Protocol)

점대점 통신 프로토콜(PPP : Point-to-Point Protocol)은 두 점 간을 접속하여 데이터 통신을 할 때 이용하는 광역 통신망(WAN)용 통신 규약으로서 SLIP와 같이 직렬링크 통신을 수행한다.

PPP는 OSI 참조 모델의 데이터 링크 계층(제2계층)에 해당하는 프로토콜로서 LAN 접속 장치의 라우터는 대부분이 이 프로토콜을 지원하고 있다.

PPP는 다수의 프로토콜을 지원할 수 있도록 프로토콜의 필드를 설정하는 기능을 가지고 있고, CRC(Cyclic Redundancy Check)를 사용하여 오류를 검사하는 기능, 데이터 패킷의 헤더 부분만을 압축하는 기능을 가지고 있으며, 비밀 번호 인증 규약(PAP, Password Authentication Protocol)[78], 챌린지-핸드셰이크 인증 규약(CHAP, Challenge Handshake Authentication Protocol)[79] 등의 인증 규약을 포함하고 있어서 접속 설정 시 이들 기능을 이용할 수 있다.

또 원격 LAN 접속 시에 서버가 클라이언트에게 자동적으로 IP 주소를 할당하는 인터넷 프로토콜 제어 프로토콜(IPCP)의 기능도 가지고 있다. 따라서 일반 전화망이나 종합 정보

---

78) PAP는 PPP 등에서 사용하는 인증용 프로토콜 중의 하나로서, 제한된 네트워크에서 ID와 암호를 이용하여 인증하는 매우 단순한 프로토콜이다. PAP는 RFC 1334로 표준화 되어 있다.

79) CHAP는 기존 PAP 방식의 보안상 취약점(평문으로 ID와 암호를 그대로 전송)을 개선한 방식으로서 쌍방이 이미 알고 있는 암호를 그대로 전송 하지 않고, 매회 그 내용이 바꾸어 전송한다.

통신망(ISDN) 등 공중망을 통하여 인터넷 정보 제공자(ISP : Internet Service Provider)의 서버에 접속하는 다이얼 업 IP 접속에서는 일반적으로 PPP 접속으로 IPCP를 이용하기 때문에, 사용자는 IP 주소를 취득하지 않아도 된다.

PPP는 다이얼 업 IP 접속을 위한 대표적인 통신 규약으로 표준은 RFC. 1171에 규정되어 있다.

# 6.5 지능망

## 6.5.1 지능망의 개념

컴퓨터의 S/W에 의해 제어되는 전자교환기와 디지털 교환기를 이용하면 단지 상대방과 연결만 할 수 있었던 종래의 통신형태에서 단축 다이얼, 3자 회의, 착신전화, 자동신용전화 등의 새로운 통신서비스(고도전화 서비스)가 가능하게 된다.

통신망에 새로운 서비스를 도입하기 위해서는 교환기를 제어하는 컴퓨터 S/W의 일부를 개조하여 새로운 서비스를 제어하는 기능을 추가하기만 하면 되지만, 실제적으로는 관계되는 모든 교환기의 S/W를 변경해야 하기 때문에 대단히 어려운 일이다.

그래서 교환기에서 신규 서비스 제어와 관계되는 기능을 분리한 다음, 전용 컴퓨터를 마련해 여기에 신규 서비스 제어와 관련된 기능을 모아 놓으면 S/W의 변경 및 추가가 용이하게 될 뿐만 아니라 보다 복잡한 고도의 제어도 할 수 있게 된다.

이와 같이 통신망에 설치된 컴퓨터를 이용하여 고도의 통신을 제어하거나 처리함으로써 보다 편리하고 나은 통신 서비스를 제공할 수 있도록 한 것을 지능망(IN : Intelligent Network)이라고 한다.

즉, 지능망이란 통신망 내에 산재해 있는 교환기나 서비스 제어 노드, 그리고 망 내에 존재하는 제어용 데이터베이스 등을 공통선 신호망 또는 데이터 망을 매개로 하여 유기적으로 통합하고, 컴퓨터를 이용하여 다양한 통신 서비스를 유연하게 제공할 수 있으면서도 유지 보수를 용이하게 할 수 있도록 한 새로운 개념의 망 구조를 의미한다.

따라서 지능망 컴퓨터에는 그림 6.16과 같이 서비스 제어용 데이터베이스를 두고, 이를 활용하여 여러 가지 새로운 통신망 서비스를 제공하고 있다.

지능망(IN)은 IN/I, IN/1+, IN/2의 계열이 있는데, 이것은 1984년 미국의 지역 전화 회사의 하나인 아메리테크(Ameritech)사가 제안한 것을 벨코어(Bellcore)사가 개발하여 발표하였다. 그리고 또 벨코어사는 1989년에 지능망(IN)의 개정판인 AIN(Advanced Intelligent Networks)을 발표하였다.

지능망의 표준화 작업은 미국에서는 MVI(Multi Vendor Interaction Forum)라는 업계 단체가 표준화를 진행하고 있고, 또 국제적 차원에서는 국제 전기 통신 연합(ITU-T)에서 표준화를 진행하고 있다. 현재 지능망은 차세대 통신인 범세계 개인 통신(UPT)을 실현할 수 있는 중요한 서비스의 하나로 꼽고 있다.

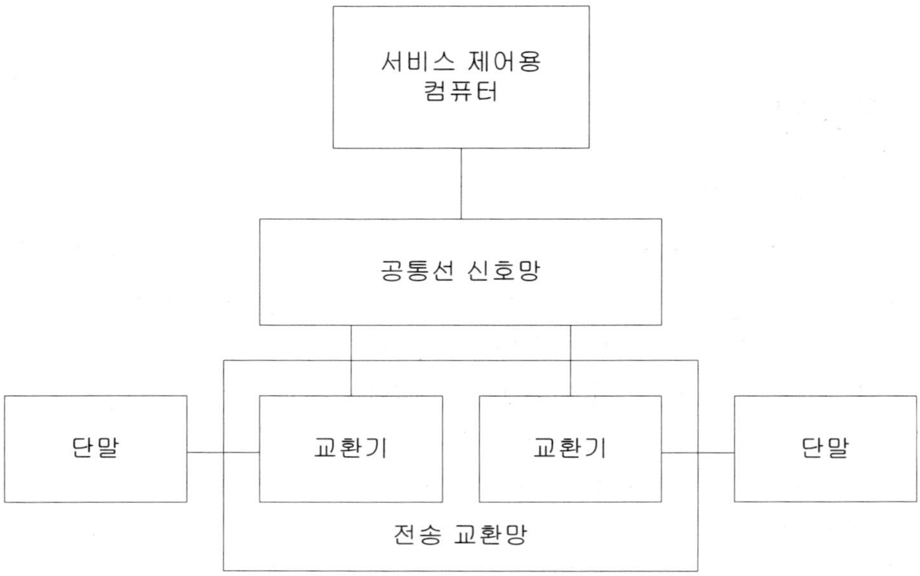


**그림 6.16 지능망 시스템의 구조**

지능망 서비스의 대표적인 예로는 착신과금 서비스가 있는데, 착신과금할 서비스의 번호를 통신망내의 데이터베이스에서 검색해 일반 전화번호로 변환해 주면, 기존 교환기는 통상과 같은 동작을 하여 착신자에게 과금을 한다.

착신과금 서비스 이외에도 연결 상대를 한정하는 폐쇄 이용자 그룹 서비스, 공중망을 이용하면서 마치 사설 통신망 같이 사용할 수 있는 가상사설망(VPN)서비스 등 여러 가지 응용서비스가 있다.

## 6.5.2 지능망의 구조 및 장치

지능망 서비스를 제공하기 위해서는 여러 가지 망 구성 요소가 상호 논리적으로 접속되어야 하는데, 이와 같은 망 구성 요소는 세 가지 계층, 즉 전달망 계층, 신호망 계층, 서비스망 계층으로 구성되어 있다.

전달망 계층(Transport Network Layer)은 음성 정보를 실제로 교환 전송하는 계층이고,

전달망을 구성하는 장치로는 서비스 수행 교환기(SSP : Service Switching Point)가 있다.

신호망 계층(Signaling Network Layer)은 통신망 요소 상호간의 신호 전달을 위한 계층으로서 일반적으로 No.7 공통선 신호망으로 구현되며, 하위의 전달망 계층과 상위의 서비스망 계층을 연결하는 역할을 한다. 신호망을 구성하는 장치로는 신호 중계 교환기(STP : Signaling Transfer Point)와 신호 교환 관리 시스템(SEAS : Signaling Exchange Administration System)이 있다.

서비스망 계층(Service Network Layer)은 전달망 계층의 교환기에게 호 처리 제어 명령을 내리는 기능을 갖는 계층으로서 호 처리 로직과 가입자 데이터베이스를 보유하고 있다. 서비스망을 구성하는 장치로는 서비스 제어 시스템(SCP : Signaling Transfer Pont)과 서비스 관리 시스템(SMS : Service Management System)이 있다.

그림 6.17에 지능망 서비스의 계층적 서비스 구성도를 나타내었다.

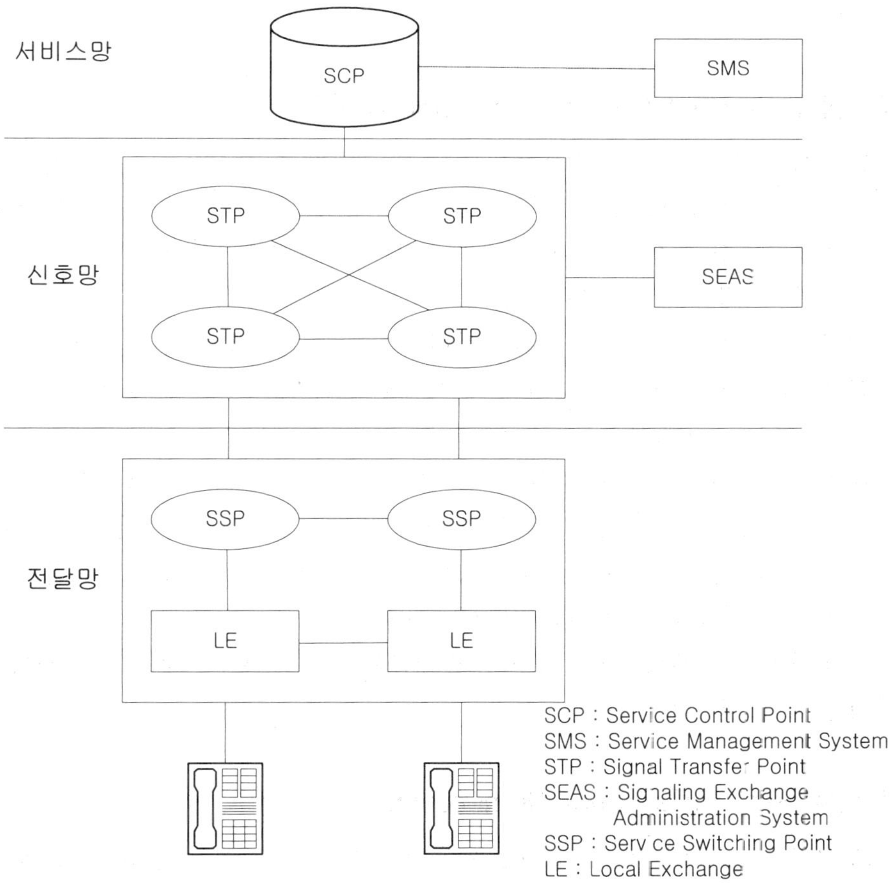


**그림 6.17 지능망 서비스의 계층적 서비스 구성도**

### 6.5.3 지능망 서비스의 종류

#### (1) 착신과금 서비스(Free Phone) 서비스

착신과금 서비스는 공공기관, 금융기관, 운수회사, 통신회사, 제조업체, 관광업체, 유통업체 등의 서비스 업체에서 전화에 의한 고객의 주문, 예약, 각종 업무 상담 시 고객의 전화요금을 기업이 대신 부담함으로써 판촉 및 광고 효과 등을 얻을 수 있는 서비스이다.

우리나라에서 제공하고 있는 대표적인 착신과금 서비스는 080 서비스가 있으며, 이 서비스는 사용자가 '080+서비스번호(7자리)'를 눌러 호출하여 사용한다.

#### (2) 신용통화 서비스

이 서비스는 이용자가 현금을 사용하지 않고 전화를 사용할 수 있는 서비스인데, 자신이 사용한 통화요금을 발신 전화번호 대신 서비스 가입자가 지정한 실제 전화번호로 요금을 부과하는 서비스이다.

#### (3) 가상 사설망(Virtual Private Network) 서비스

가상 사설망 서비스는 가입자가 전화망이나 ISDN과 같은 공중 통신망을 마치 자신의 사설망처럼 사용할 수 있는 서비스로서, 지역적으로 분산된 지점들을 가지고 있는 회사가 구내 교환장비를 이용하여 연결할 경우 망 구성에 따른 비용 부담과 지점 및 구내회선의 추가 또는 변경 시 망을 재구성해야 하는 부담이 있다.

따라서 지리적으로 분산되어 있는 사설망장비(PBX, 전화 등)를 실제로는 공중 통신망을 이용하여 연결하되, 다이얼링 방식은 회사 내의 전용 사설망을 이용하는 것과 같은 효과를 얻을 수 있도록 하는 서비스이다.

가상 사설망 서비스에서 이와 같은 서비스가 가능한 것은 전화번호를 임의로 결정하여 사용할 수 있는 기능이 있기 때문인데, 접속할 상대방 전화번호를 서비스 관리 시스템(SMS)에 등록하면 네트워크에서는 서비스 제어 시스템(SCP)이 사설 전화번호를 일반 전화번호로 바꾸어 일반전화와 같이 상대방을 접속시키기 때문이다.

따라서 기업 등은 내선번호로 전국의 지점에 전화를 걸 수 있으며, 일반 사설망과는 달리 자신이 설비를 가질 필요는 없다.

#### (4) 개인 번호 서비스(Personal Numbering)

개인 번호 서비스(Personal Numbering)는 사람마다 평생 변하지 않는 전화번호를 부여받아 가정이나 사무실 또는 자신이 이동한 지역의 일반전화, 무선호출, 이동전화로 전환하여 통화할 수 있는 서비스로서 평생번호 서비스라고도 한다.

이제까지의 통신은 전화기와 전화기의 통신이었으나 개인 번호 서비스는 사람과 사람간의 통신이기 때문에 퍼스널 통신이라고 부르며, 각 개인이 개인 번호를 가지고 전국 어디를 가더라도 개인 번호를 다이얼하면 직접 본인과 연결될 수 있다.

이 서비스는 일반전화 가입자가 이동할 때 통화가 이루어지지 못하는 불편을 없애기 위해 서비스 가입자에게 가상적인 개인 번호를 부여하고, 상대방이 이 전화번호에 전화를 걸면 데이터베이스에 미리 입력된 실제 위치의 전화번호에 연결되어 장소에 관계없이 통화가 가능하도록 하는 서비스이다.

### (5) 전화투표 서비스

전화투표 서비스는 여론 조사기관 등이 어떤 특정한 사안에 대해 전화를 통하여 투표 또는 의사 결정을 하고자 하는 경우, 통신 사업자는 투표 참가자로부터 걸려온 투표 호를 집계하고, 그 결과를 고객(여론조사 기관 등)에게 제공하는 서비스이다.

### (6) 발신번호 서비스

발신번호 서비스는 누구에게 걸려온 전화인지 확인하고 싶다 또는 상대방에 따라 전화 응대를 하고 싶다 등의 고객의 요구에 부응하여 개발된 서비스로서 발신자의 전화번호를 응답 전 착신자에게 제공하는 서비스이다.

### (7) 전국대표번호 서비스

전국대표번호 서비스(SN : Single Number)는 전국에 산재된 각 사업장의 각기 다른 번호를 기업을 대표하는 하나의 전화번호로 수용하여 제공하는 서비스이다. 이 서비스는 예를 들어 어떤 기업의 전국에 있는 A/S 센터 전화번호를 하나의 대표번호로 서비스하는 방법이다. 현재 국내에서는 이 서비스의 식별번호로 '1588' 을 할당하고 있다.

## 연 습 문 제

6.1 회선 교환의 장단점을 설명하시오.

6.2 메시지 교환의 특징에 대해 설명하시오.

6.3 패킷 교환의 특징을 회선 교환 및 메시지 교환과 비교하여 설명하시오.

6.4 셀 교환에 대해 인터넷을 통해 조사해 보고 특징을 설명해 보시오.

6.5 전화통화가 이루어지는 과정에 대해 설명해 보시오.

6.6 패킷 교환망의 구성에 대해 설명해 보시오.

6.7 X.25 프로토콜에 대해 설명해 보시오.

6.8 국내의 패킷 통신망의 현황을 조사해 보시오.

6.9 가상회선(Virtual Circuit) 방식에 대해 설명해 보시오.

6.10 전화망과 패킷망의 연결 방법에 대해 설명해 보시오.

6.11 패킷망간의 연결 방법에 대해 설명해 보시오.

6.12 컴퓨터 통신망의 성장 과정에 대해 설명해 보시오. 그리고 향후 컴퓨터 통신망은 어떠한 형태로 발전해 나갈 것인가 생각해 보시오.

6.13 기업 통신망에 대해 설명해 보시오.

6.14 OSI 참조 모델의 계층별 종류를 열거하고 각각의 기능에 대해 설명해 보시오.

6.15 통신 프로토콜의 종류를 열거하고, 각각의 기능에 대해 설명해 보시오.

6.16 SMTP 프로토콜에 대해 설명하고, 활용 예를 들어 보시오.

6.17 FTP프로토콜에 대해 설명하고, 활용 예를 들어 보시오.

6.18 HTTP프로토콜에 대해 설명하고, 활용 예를 들어 보시오.

6.19 RTP 프로토콜에 대해 설명하고, 활용 예를 들어 보시오.

6.20 TCP와 UDP에 대해 비교하여 설명해 보시오.

6.21 지능망의 구조에 대해 설명하시오.

6.22 국내의 지능망의 현황에 대해 조사해 보시오.

6.23 국내에서 제공하고 있는 지능망의 서비스 종류에 대해 조사해 보시오.

6.24 PC에서 네이버 홈페이지까지 얼마만큼의 지연이 있는지, 어느 경로를 통해 네이버와 접속되는지를 알기위해 ping 명령과 tracert 명령을 실습해 보고, 그 결과를 확인해 보시오(윈도우의 명령 창에서 다음과 같이 입력).

c:〉ping www.naver.com Enter↵

c:〉tracert www.naver.com Enter↵

# 7

# 근거리 통신망 (LAN)

## 7.1 LAN의 개요

하드웨어적인 이유건 소프트웨어적인 이유건 간에 통신망을 구축하면 이로 인해 얻을 수 있는 장점이 훨씬 많아진다. 예를 들어 전자우편을 이용해 네트워크 내의 다른 사용자에게 편지나 파일을 전송할 수 있고, 전자결재 제도를 이용하면 출력한 문서를 사용하지 않고서도 결재를 대신할 수 있으며, 개인 정보관리 프로그램(Personal Information Management System)과 전자우편을 하나로 연계하여 그룹 스케줄을 관리할 수도 있다.

이와 같이 네트워크(Network)란 두 대 이상의 컴퓨터가 데이터를 공유할 목적으로 케이블을 통해 연결되어있는 것을 말하며, 네트워킹(Networking)은 데이터를 시기적절하게 공유하는 방법을 의미한다.

따라서 현대와 같이 전문 인력에 의한 개별 조직이 모여 운영되는 기업 문화에서는 네트워크를 잘 운영할수록 비용과 시간을 단축할 수 있고, 정보 관리를 통해 업무와 정보의 효율성을 높일 수 있다.

### 7.1.1 LAN의 정의

근거리 통신망(LAN : Local Area Network)은 전자, 통신, 반도체 기술과 컴퓨터 산업의 발전과 더불어 정보의 공유 및 분산처리의 필요성을 느끼게 되어, 이에 한정된 지역 내에서 필요한 정보를 상호 교환하고 공유할 수 있는 통신망을 설치한다면 그 지역 내에 있는 여러 단체, 기업, 학교 등의 생산성과 효율성을 극대화 할 수 있을 것이라는 개념에서 출발하여 발전하기 시작하였다.

그리고 개인용 컴퓨터가 대량 보급되면서 모든 부서에 컴퓨터를 설치하게 되었고, 사무실, 공장, 실험실 등에서는 다양한 정보처리의 수요가 폭발하여 설치되어 있는 컴퓨터, 주변기기, 그리고 사무자동화 기기들 간에 통신처리의 필요성이 증대되었다. 따라서 이와 같은 것들이 LAN을 확산시키는 계기를 마련하였고, 오늘날 정보통신 분야에서 가장 빠르게 발전하고 있는 분야 중의 하나가 되었다.

LAN은 그 규모가 학교, 공장, 사무실, 기업 등과 같이 비교적 가까운 지역에 한정되어 있는 각종 컴퓨터와 프린터 등의 정보통신 단말기를 전용의 통신회선으로 연결하여 각종 정보를 교환할 수 있는 구내(Local Area) 통신망으로써, 근거리 통신망 또는 구내 정보 통신망이라고도 하며, 한 기업의 관할 하에 기업 내부에서 운용되는 망이라는 의미에서 기업 내 정보 통신망이라고도 한다.

LAN에 연결되는 장치로는 서버, 워크스테이션, PC 등 각종 컴퓨터 장치뿐만 아니라, 레이저 프린터, 대형 하드디스크 등과 같은 공유 자원도 포함되며, 단일 LAN으로 사용할 수도 있고 분산된 복수의 LAN을 상호 연결하여 대형 네트워크를 형성할 수도 있다.

복수의 LAN을 상호 연결할 때 같거나 유사한 종류의 LAN은 브리지(Bridge)를 사용하여 연결하고, 서로 다른 종류의 LAN은 게이트웨이(Gateway)를 사용하여 연결한다.

## (1) 통신망의 유형

기존의 LAN에서는 수십 Mbps 정도의 전송속도가 가능했지만, 최근에는 전송속도가 수백 Mbps 정도까지 빨라지고 있으며, 앞으로는 Gbps급 이상까지 높아질 것이다.

한편, 지금까지 LAN은 컴퓨터의 데이터를 전송하기 위해 주로 사용하였지만, 지금은 음성, 영상뿐만 아니라 멀티미디어 데이터까지도 전송하는 등 고속화, 광대역화 되고 있다.

따라서 LAN은 사무자동화(OA : Office Automation) 및 공장자동화(FA : Factory Automation) 그리고 지능형(Intelligent Building) 빌딩 등의 핵심 요소가 되고 있다.

이와 같은 통신망은 크게 두 가지로 유형 즉, 피어 투 피어(Peer to Peer) 방식과 서버-클라이언트(Server-Client) 방식으로 구분할 수 있다.

### ① 피어 투 피어(Peer to Peer) 방식

피어 투 피어(Peer to Peer) 방식은 모든 컴퓨터가 동등한 관계로 연결되어 있는 방식으로 소규모의 네트워크에 적당하며, 모든 컴퓨터가 서버와 클라이언트의 역할을 동시 수행한다. 또 이 방식은 보통 10대 이하의 컴퓨터를 연결할 때 주로 사용하는 방식이기 때문에 워크 그룹(Work Group)이라고도 하며, 저렴한 비용으로 구현할 수 있다.

하지만 보안성과 확장성이 중요시되는 네트워크에서는 다소 적절하지 못한 방식이 된다.

### ② 서버-클라이언트(Server-Client) 방식

서버-클라이언트(Server-Client) 방식은 모든 컴퓨터가 서버와 클라이언트의 역할을 동시에 수행하는 것이 아니라, 서버는 클라이언트의 요청에 대해 신속히 처리하고 디렉토리의 보안을 유지하는 등의 전용 서버기능을 수행하며, 클라이언트는 서버에게 정보를 요청하여 서비스를 받는 역할을 한다. 이런 서버들의 종류로는 각자의 역할에 따라 애플리케이션 서버, 프린트 서버, 메일 서버, 팩스 서버, 통신 서버, 디렉토리 서버, 파일 서버 등이 있다.

서버-클라이언트(Server-Client) 방식은 사용자에 대한 보안기능이 뛰어나고, 모든 컴퓨터를 중앙에서 관리 및 통제할 수 있다는 장점이 있으나, 피어 투 피어(Peer to Peer) 방식보다 구현이 복잡하고 비용이 많이 든다는 단점이 있다. 따라서 최근에는 피어 투 피어(Peer to Peer) 방식과 서버-클라이언트(Server-Client) 방식을 적절히 혼합한 방식이 많이 채택되고 있다.

### 7.1.2 LAN의 도입효과

LAN을 이용하여 네트워크를 구축하면 다음과 같은 효과를 얻을 수 있다.

먼저, 프린터, 모뎀 등의 각종 주변장치는 물론 대용량의 하드디스크와 같은 보조 기억장치를 별다른 조작 없이 설치만 하면 쉽게 공유할 수 있다. 그리고 각종 프로그램을 각 개인의 PC에 설치하지 않더라도, 네트워크용 S/W를 사용하여 공동의 PC에 설치하면 상호 공유할 수 있을 뿐만 아니라 개인용으로 작성된 데이터 파일도 상호 공유할 수 있으므로 효율적으로 관리할 수 있다.

다음, 중요한 자료는 네트워크를 이용하여 파일서버(File Server)에 저장 해 두고 각 자료별로 보안 단계를 설정하면, 외부로부터의 침입을 막을 수 있으므로 체계적인 통제 관리를 할 수 있다.

한편, 네트워크 환경에서 효율을 가장 극대화할 수 있는 분야 중의 하나는 데이터베이스의 공유인데, 각각 개인별로 구축되어야 하는 데이터베이스를 네트워크를 이용하여 하나의 공동의 데이터베이스로 구축하면, 하드웨어의 낭비를 줄일 수 있을 뿐만 아니라 동시에 여러 명의 사용자가 열람할 수 있다.

따라서 LAN을 이용하면 하드웨어 및 주변장치를 공유할 수 있을 뿐만 아니라 이 장치를 이용하는 프로그램 및 파일, 그리고 데이터베이스를 공유할 수 있어 효율적인 정보 관리를 달성할 수 있고, 보안을 체계적으로 할 수 있다

### 7.1.3 LAN의 특징

1978년부터 개념이 도입되어 연구가 시작된, 근거리 통신망은 다음과 같은 특징을 가지고 있다.

① 네트워크를 필요로 하는 하나의 기관이나 기업이 자체적으로 설치하고 운영하는 사설 통신망(Private Data Network)이다.

② 적용거리가 수 Km 이내로 한정되어 있고, 사무실, 빌딩, 공장, 대학 등의 규모 단위로 설치된다.

③ 사무실, 빌딩, 공장, 대학 등의 구내에 분산 설치되어 있는 정보통신기기들을 상호 연결함으로써 자원을 공유할 수 있어 비용 절감의 효과가 있다.

④ 공중 통신망(Public Network)에 비해 비교적 단거리에서 동작하고, 광대역 전송 매체를 사용하기 때문에 고속 통신이 가능하며, 수백 Kbps에서 수백 Mbps의 데이터의 전송속도를 가진다. 하지만 운용 및 관리기능은 공중 통신망에 비해 취약하다는 단점이 있다.

⑤ 확장성과 연결성이 우수하기 때문에 한 지역의 LAN을 쉽게 다른 지역의 LAN과 연결할

수 있다.

⑥ 전송거리가 제한되어 있기 때문에 전송 오류가 적고, 높은 신뢰도를 얻을 수 있다.

⑦ 데이터, 음성, 영상 등 다양한 데이터 처리능력을 가진다.

⑧ 네트워크내의 어떤 정보통신기기간에도 전송이 가능하다.

### 7.1.4 LAN의 표준화

LAN 또한 통신망이므로 다른 컴퓨터 시스템과 접속을 하기 위해서는 프로토콜이 필요하다. 이와 같은 LAN의 표준화 작업은 미국 전기 전자 학회(IEEE : Institute of Electrical and Electronics Engineers)의 IEEE 802 위원회와 미국 표준협회(ANSI : American National Standards Institute)의 X3T 9.5 위원회를 중심으로 진행되고 있다.

표 7.1에서 보는 바와 같이 IEEE 802.3에서는 이더넷(Ethernet) 방식의 LAN에 대한 표준을, IEEE 802.5에서는 토큰 링(Token ring) 방식의 LAN에 대한 표준을, 그리고, ANSI X3T 9.5에서는 FDDI(Fiber Distributed Data Interface) 방식의 LAN에 대한 표준을 진행하고 있고, 여기에서 제정된 표준이 ISO 8802 계열 및 ISO 9314 계열의 국제 표준으로 채택되어 사용되고 있다.

**표 7.1 IEEE 802 위원회**

| 소위원회(WG) | 소위원회/기술자문그룹의 명칭 | 추진상황 |
|---|---|---|
| IEEE 802.1 | 상위계층 LAN 프로토콜 | 진행 중 |
| IEEE 802.2 | 논리 링크 제어(LLC) | 해산 |
| IEEE 802.3 | Ethernet(CDMA/CD 방식 LAN) | 진행 중 |
| IEEE 802.4 | 토큰 버스(Token Bus) 방식 LAN | 해산 |
| IEEE 802.5 | 토큰 링(Token Ring) 방식 MAC 계층 | 해산 |
| IEEE 802.6 | 도시권 통신망(MAN) | 해산 |
| IEEE 802.7 | 동축케이블을 사용하는 광대역(Broadband) LAN | 해산 |
| IEEE 802.8 | 광케이블 기술자문그룹(TAG) | 해산 |
| IEEE 802.9 | 통합 서비스 LAN(ISLAN) | 해산 |
| IEEE 802.10 | 상호연동 가능한 LAN의 보안(Security) | 해산 |
| IEEE 802.11 | 무선 LAN(Wireless LAN) | 진행 중 |
| IEEE 802.12 | 100BaseVG LAN | 해산 |
| IEEE 802.14 | 케이블 모뎀 | 해산 |
| IEEE 802.15 | 무선 PAN(Wireless Personal Area Network) | 진행 중 |
| IEEE 802.16 | 광대역 무선 접속(WiMAX 인증) | 진행 중 |
| IEEE 802.17 | RPR(Resilient Packet Ring) | 해산 |
| IEEE 802.18 | 무선 규제 기술자문그룹(TAG) | 진행 중 |
| IEEE 802.19 | 무선 공존 기술자문그룹(TAG) | 진행 중 |
| IEEE 802.20 | MBWA(Mobile Broadband Wireless Access) | 휴지 중 |
| IEEE 802.21 | MIH(Media Independent Handoff) | 진행 중 |
| IEEE 802.22 | WRAN(Wireless Regional Area Network(WRAN) | 진행 중 |
| IEEE 802.23 | 응급 서비스 | 해산 |
| IEEE 802.24 | 스마트 그리드 및 IoT 기술자문그룹(TAG) | 진행 중 |

한편, LAN의 표준은 2계층, 즉 물리 계층과 데이터 링크 계층까지 만을 표준으로 제정하고, 그 이상의 계층은 OSI의 프로토콜을 따르도록 되어 있다.

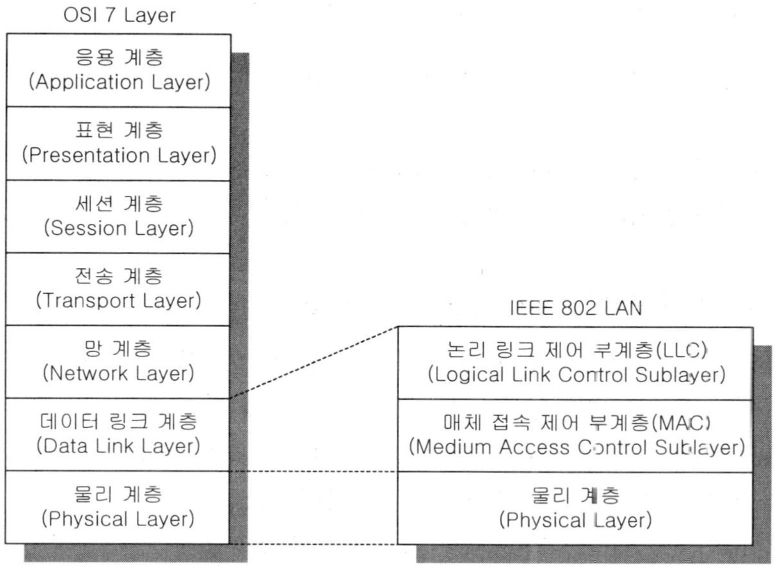


**그림 7.1 OSI 7계층과 LAN 프로토콜과의 관계**

### (1) 물리 계층(Physical Layer)

물리적인 매체에서 비트 신호를 연속적으로 송수신하기 위해 전송신호의 부호화, 프리엠블의 발생 및 제거, 비트 신호의 송수신, 데이터 링크 계층과의 인터페이스 등을 담당한다.

### (2) 데이터 링크 계층(Data Link Layer)

#### ① 매체 접속 제어(MAC : Media Access Control) 부계층

MAC 프로토콜은 LAN 상의 스테이션이 공유된 LAN 매체를 액세스하는 방법을 결정한다. 즉, CSMA/CD, 토큰 링, 토큰 버스 등의 접속 방법에서 전송 매체에 의존하지 않고 데이터를 전송하기 위한 논리적인 서비스 규정으로서, 논리 링크 제어 부계층과 물리 계층 사이의 인터페이스 역할을 한다.

#### ② 논리 링크 제어(LLC : Logical Link Control) 부계층

여러 가지 매체 접속 제어(MAC) 방법에 공통적으로 사용되는 오류제어(Error Control) 서비스와 상위 계층과의 인터페이스를 제공한다.

### 7.1.5 WAN과 MAN

근거리 통신망(LAN)과 대별되는 통신망으로 다음과 같은 통신망이 있다.

- 원거리 통신망 (WAN : Wide Area Network)
- 도시권 통신망 (MAN : Metropolitan Area Network)

#### (1) 원거리 통신망 (WAN : Wide Area Network)

원거리 통신망 또는 광역 통신망이라고도 하는 WAN은 일반적으로 공중 통신 사업자가 제공하는 전용선, 패킷 교환망, 종합 정보 통신망(ISDN) 등의 통신 회선 서비스를 이용하여 근거리 통신망(LAN)이나 도시권 통신망(MAN)을 포함한 광범위한 지역에 분산 배치된 통신망들을 상호 접속하여 형성한 대규모 통신망을 의미하며, 그 규모는 한 국가 단위일 수도 있고, 전 세계적인 망을 형성할 수도 있다. 대표적인 광역 통신망으로서는 미 국방성에서 구축한 ARPANET, 컴퓨터 과학 분야의 CSNET, 대학 간의 전산망인 BITNET, 유닉스 사용자들 간의 네트워크인 USENET 등이 있다.

원거리 통신망은 세계적인 규모의 통신망이기 때문에, 이질적인 컴퓨터 시스템간의 상호 연결기술, 복잡한 네트워크 구조의 효과적인 관리기술, 그리고 장거리 통신을 위한 통신 시스템 기술 및 위성 통신이나 해저 케이블 이용 기술 등의 고급 기술이 필요한 분야이지만, 데이터 통신의 초기부터 이 분야에 대한 많은 관심을 두고, 기술개발 및 연구를 지속하였기 때문에 현재는 비교적 많이 안정화가 되어 있는 분야이다.

#### (2) 도시권 통신망 (MAN : Metropolitan Area Network)

근거리 통신망(LAN)과 광역 통신망(WAN)의 중간 정도의 지역을 망라하는 정보 통신망을 도시권 통신망(MAN)이라고 한다.

일반적으로 LAN은 1개 기업의 구내 또는 1개 빌딩 내를 연결하는 정보 통신망인데 반해, MAN은 LAN을 1개 도시권 규모로 확장한 것으로서, 대략 50Km 정도의 범위를 커버할 수 있도록 하며, 데이터, 음성, 화상을 종합적으로 전송할 수 있는 통신망이다.

MAN의 표준화는 1982년부터 LAN의 표준화를 추진하고 있는 미국 전기 전자 학회(IEEE)의 여러 분과 위원회 중 하나인 IEEE 802.6에서 진행하고 있는데, MAN은 광대역 종합 정보 통신망(B-ISDN)의 접속 망으로 사용할 수 있도록 하기 위해 B-ISDN을 고려하여 표준을 추가하고 있다. 예를 들면 전송 매체로 광섬유를 채용한다던가, 비동기 전송 모드(ATM)와의 호환성을 위해 ATM 셀과 같은 53바이트의 고정 길이의 패킷을 사용한다던가 하는 점이다.

MAN의 전송 속도는 현재, 1.544Mbps에서부터 155Mbps까지의 규격이 표준화되고 있다.

## 7.2 LAN의 분류

정보 통신망은 데이터를 전달하는 방식과 구조에 따라 교환 통신망과 방송 통신망으로 구분하는데, 교환기를 통해 정보를 교환하는 교환 통신망과는 달리 방송 통신망은 중간에 교환 노드 없이 데이터를 송수신하는 방식이고, 이 방식 중에 대표적인 방법이 LAN으로서, 이더넷, 토큰 링, FDDI(Fiber Distributed Data Interface) 등이 있다.

이와 같이 방송 통신망은 통신매체를 공유하기 때문에 통신로 상에 존재하는 여러 개의 전송 데이터 중에서 자기 자신의 데이터를 찾아 선택하여 수신하여야 한다.

따라서 LAN은 공유 매체에 대한 접근 방법에 따라 CSMA/CD, 토큰 버스, 토큰 링 등과 같은 공유 매체 접근제어 방식을 사용한다.

### 7.2.1 전송 매체에 따른 분류

LAN에 연결되는 장치를 노드(Node)라고 하며, 노드들을 연결하는 케이블로는 꼬임선 케이블, 동축 케이블, 광케이블 등의 3종류가 사용된다.

꼬임선 케이블은 전송 속도가 낮은 곳에서 주로 이용하며, 일반적으로 사용자 컴퓨터를 LAN에 연결할 때 사용한다. 동축 케이블은 주로 1~10Mbps 전도의 전송속도에 사용하고, 그 이상에서는 광케이블을 사용한다.

컴퓨터가 신호선상의 신호를 송수신할 수 있도록 컴퓨터를 신호선에 접속시키거나, 장차 증설을 고려해 필요한 수만큼의 케이블 탭(Tab)을 꺼내 두는 것을 탭핑(Tapping)이라고 하는데, 꼬임선 케이블과 동축 케이블은 탭핑이 용이한데 반해, 광케이블은 탭핑이 어렵다.

따라서 꼬임선 케이블과 동축 케이블은 탭핑을 쉽게 할 수 있으므로 버스형 접속에 많이 사용하고, 광케이블은 버스형 접속보다는 점대점(Point-to-Point)접속을 할 수 있는 링 형상의 LAN에 많이 사용한다.

전송 매체에 관해서는 4장에서 상세히 설명하였다. 따라서 여기에서 설명하지 않은 각 매체의 특징에 관해서는 4장을 참조하기 바란다.

### 7.2.2 토폴로지에 따른 분류

일반적인 토폴로지의 특징에 관해서도 5.2절에서 설명한 바 있다. 따라서 일반적인 특징에 관해서는 5.2절을 참조하기로 하고, 여기서는 LAN에 국한하여 설명하기로 한다.

컴퓨터와 주변기기를 통신망으로서 상호 접속하는 형태를 토폴로지라고 하는데, 이 토폴로지는 다음 절에서 설명할 매체 접속 제어 방식과도 긴밀한 관계가 있다.

LAN에서 사용되는 기본적인 망 구성 형태는 일반적으로 다음과 같은 3가지 종류다.

- 버스(Bus)형
- 링(Ring)형
- 성(Star)형

## (1) 버스형 LAN

버스형 LAN은 그림 7.2와 같이 모든 노드들이 하나의 버스를 공유하면서 탭을 통하여 T자형으로 접속되는 멀티포인트(Multi-point) 형태를 취하며, 버스와 각 노드의 연결은 탭(Tab)을 통하여 이루어지고, 버스에는 종단기(Terminator)를 둔다.

종단기는 패킷을 흡수함으로써 데이터를 제거하는 장치인데, 버스형에서는 케이블의 양끝에 부착한다.

많은 노드들이 하나의 전송 매체로 연결되어 있지만, 한 번에 단지 하나의 노드만이 데이터를 전송할 수 있기 때문에 노드 간에는 전송할 순서를 결정하여야 한다. 이와 같이 전송할 순서를 결정하는 것을 매체 접근 제어(MAC) 프로토콜이라고 하는데, 버스형 LAN에서는 일반적으로 CSMA/CD 방식을 가장 많이 사용하고 있고, 아울러 토큰 버스 방식도 사용하고 있다.

버스형 LAN 방식의 특징은 통신망 내에서 어느 한 노드가 고장이 나더라도 통신망의 다른 부분에는 전혀 영향을 미치지 않으므로, 통신망의 구축 및 확장성이 용이하고, 신뢰성 또한 우수하다.

그리고 주로 꼬임선 케이블이나 동축 케이블을 사용하여 케이블링을 하기 때문에 통신 인터페이스 비용이 저렴하고, 케이블링에 소요되는 비용을 최소로 할 수 있으며, 초기 투자비도 적게 할 수 있는 장점이 있다. 한편, 기저대역(Baseband) 전송 방식을 사용하기 때문에 먼 거리를 전송할 때에는 일정 거리마다 리피터(Repeater)를 달아 주어야 하는데, 이 때문에 음성과 같은 연속적인 데이터를 전송하는 데에는 어려움이 따른다.

버스형 LAN 방식은 우리 주위에서 가장 흔히 볼 수 있는 방식으로서, 가장 대표적인 방식은 이더넷(Ethernet)이고, 사무 자동화나 공장 자동화 등의 통신망으로 주로 활용되고 있다.

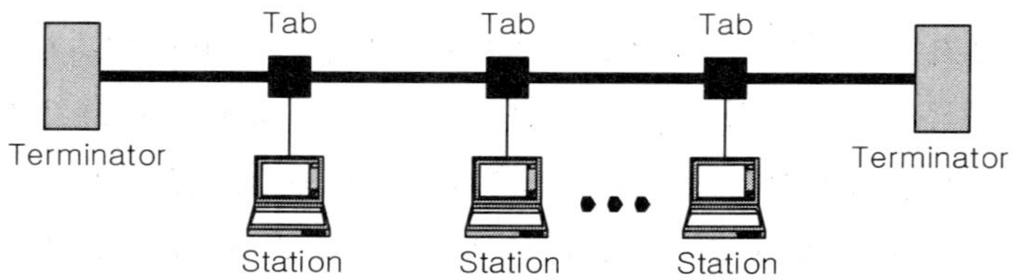


**그림 7.2 버스형 LAN 구조**

## (2) 링형 LAN

링형 LAN은 그림 7.3과 같이 모든 노드들이 리피터(Repeater)를 통해 폐쇄된 하나의 원의 형태로 연결되어 있고, 각 노드는 인접한 두 노드와 직접 연결되어 있다.

여기에서 리피터는 한쪽 링크에서 수신한 데이터를 다른 링크로 전송해 주는 기능을 수행하는데, 링형 LAN에서는 일반적으로 리피터가 버퍼를 가지고 있지 않기 때문에, 데이터를 수신하자마자 바로 다른 링크로 전송한다.

링형 LAN에서 데이터는 양방향으로 전송할 수 있지만, 리피터가 시계 방향 또는 반시계 방향의 한 방향으로만 데이터를 전송하기 때문에, 결국 단방향 형태의 점대점 연결 형태를 가지게 된다.

링형 LAN 방식은 각 노드의 리피터에서 신호를 재생하여 주므로, 전송 오류를 감소시킬 수 있다. 따라서 버스형 LAN 보다 잡음에 강하고, 변조방식에 제약을 적게 받기 때문에 장거리 통신망을 구축하는데 유리하다.

그리고 링형 LAN은 리피터를 통하여 노드간의 점대점 연결을 하기 때문에 버스형 LAN보다 광케이블로 연결하는 것이 유리하고, 유지보수를 용이하게 할 수 있지만, 노드의 변경이나 추가, 삭제가 비교적 어렵다.

따라서 버스형 LAN에서는 한 노드가 장애가 발생하더라도 통신망 전체에 큰 영향을 끼치지 않지만, 링형 LAN에서 한 노드가 고장나면 통신망 전체에 심각한 영향을 미치게 되므로, 링형 LAN에서는 이에 대한 관리 기능이 반드시 필요하다.

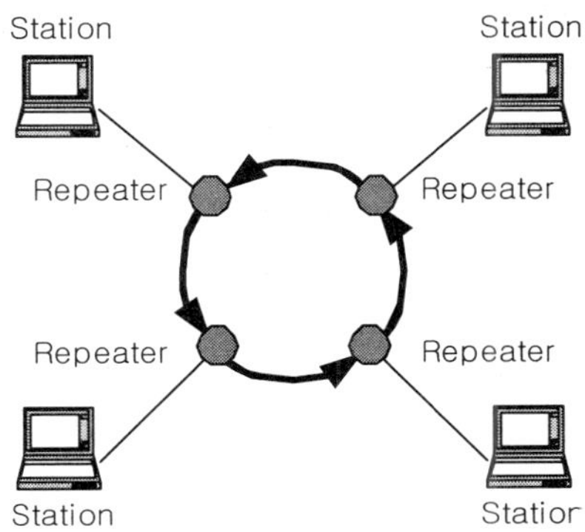


그림 7.3 링형 LAN 구조

### (3) 성형 LAN

성형 LAN은 그림 7.4와 같이 중앙의 제어노드(교환기)를 중심으로 모든 노드들이 이것과 점대점 형식으로 접속되고, 두 노드간의 연결은 중앙의 제어노드의 회선교환에 의해 연결된다. 따라서 중앙 제어노드의 부하가 과대해지고, 구조도 복잡할 뿐만 아니라, 중앙의 제어노드에 문제가 발생해 고장이 나게 되면, 전체 통신망의 운영 불능 상태를 초래할 수 있다.

하지만, 이 방식의 장점은 모든 노드가 중앙의 제어노드와 점대점 형태로 연결되어 있기 때문에, 시스템의 일괄변경 및 데이터베이스의 관리가 쉽고, 고장의 발견 및 수리가 용이하며, 하나의 노드의 고장은 전체 통신망에 영향을 미치지 않는 장점이 있다.

성형 LAN 방식은 초기에 LAN을 구축할 때 많이 사용하였고, 오늘날 네트워크 구축 시에는 거의 사용하지 않으며, IEEE의 표준화 대상에도 포함되지 않고 있다.

따라서 오늘날 이 방식은 그림 7.4와 같이 교환기를 중심으로 하는 전화망 등에서 주로 사용하고 있다. 그리고 또 소규모 사무실 등과 같은 곳에서 구현이 쉽고, 중앙 관리가 용이하다는 이점 때문에 허브라는 중앙 장비를 통해 컴퓨터를 연결할 때 주로 사용되고 있다.

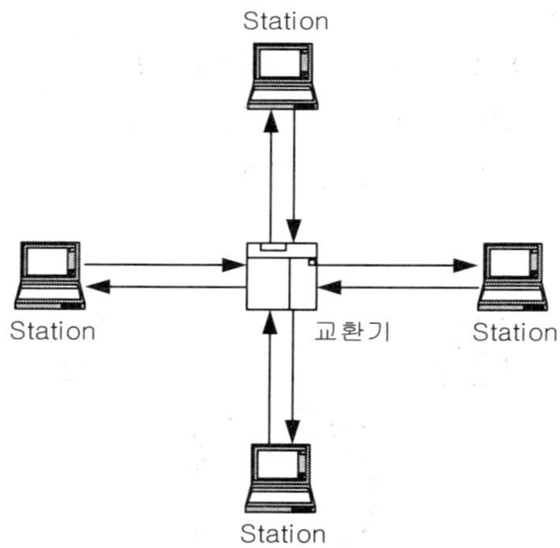


그림 7.4 성형 LAN 구조

## 7.3 LAN의 종류

LAN에서 2개 이상의 노드가 동시에 송신을 시도할 때, 공유 매체에서 2 노드 상호간에 충돌이 발생할 수 있는데, 공유 매체에서 충돌을 방지하고 트래픽을 조절하는 방법을 매체 접속 제어(MAC)라고 한다.

이와 같은 공유 매체의 접속 제어 방법으로 CSMA/CD(Carrier Sense Multiple Access with Collision Detection), 토큰 버스(Token Bus), 토큰 링(Token Ring) 등이 있다.

### 7.3.1 CSMA/CD (반송파 감지 다중 접속/충돌 검출)

CSMA/CD(Carrier Sense Multiple Access with Collision Detection) 방식은 랜덤 액세스(Random Access) 방식의 일종이다.

랜덤 액세스 방식은 노드마다 보낼 데이터가 있는 경우, 일단 무조건 전송한 후 충돌이 발생하면 재전송하고, 충돌이 발생하지 않으면 다음 데이터를 보내는 방식이다.

하지만, CSMA/CD 방식은 송신을 원하는 사용자가 데이터를 전송할 때, 우선 다른 사용자가 채널을 사용하고 있는지를 확인한 후 사용하는 방법으로 경쟁에 의해 채널 사용권을 얻는다. 즉, CSMA/CD에서 반송파 감지(Carrier Sense)의 의미는 채널을 사용하기에 앞서 다른 노드가 현재 채널을 사용 중인지를 확인하는 것이고, 이 때 채널이 비어(Channel Idle)있으면 각 노드 중 데이터 전송을 원하는 노드는 누구라도 채널을 사용(즉, 경쟁에 의한 채널 획득)할 수 있는데, 이를 다중접속(Multiple Access)이라고 한다.

그리고 각 노드는 데이터를 보낸 직후 충돌 여부를 항상 확인하는데, 이를 충돌 검출(Collision Detection)이라고 한다. 이 과정을 그림 7.5에 나타내었다.

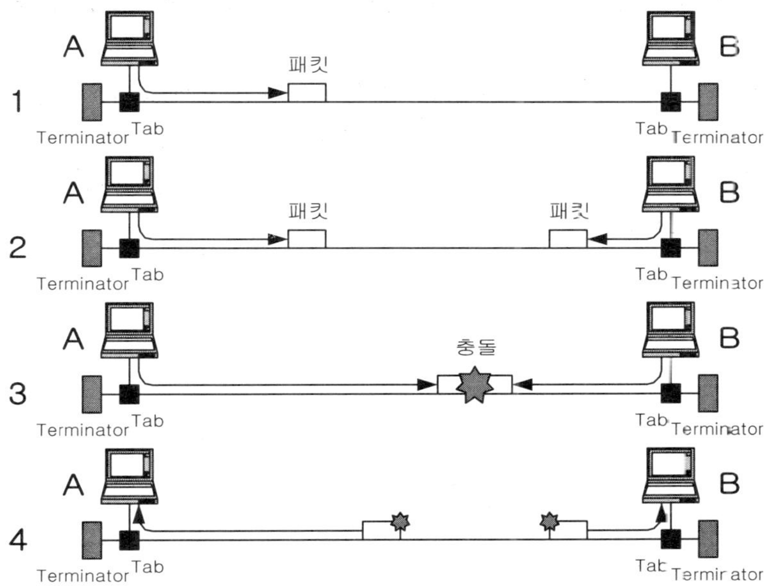


그림 7.5 CSMA/CD의 원리

만약 충돌이 발생하면 즉각 전송을 중지하고, 잼(Jam) 신호를 보낸 후 일정시간 기다렸다가 재전송 상태로 들어간다. 여기에서 잼 신호를 보낸 후 일정 시간을 기다리는 것은 충돌 재발을 방지하기 위함이고, 이것은 IEEE 802.3의 대기(waiting) 프로토콜에 의해 결정된다.

이상의 CSMA/CD 알고리즘을 정리하면 다음과 같고, 그림 7.6에는 흐름도로 나타내었다.

① 송신을 원하는 노드는 송신하기 전에 다른 노드가 채널을 사용하고 있는 지를 조사한다.
② 만일 채널이 빈 상태(Channel Free)이면 전송을 시작하고, 채널이 사용 중(Channel Busy)이면 ①의 상태로 되돌아간다. 즉, 계속 감시하고 있다가 채널이 빈 상태가 감지되면 전송한다.
③ 전송하는 동안 계속 채널을 감시한다. 그러면서 전송 중인 데이터가 다른 데이터와 충돌하는지의 여부를 조사한다.
④ 만일 충돌이 감지되면 전송은 즉각 중지되고 충돌을 알리는 잼(Jam) 신호를 전송한다. 그리고 잼 신호를 보낸 후 일정 시간을 기다렸다가 ①의 상태로 되돌아가 재전송을 시도한다.

이와 같은 CSMA/CD 방식의 MAC 프로토콜은 IEEE 802.3에서 표준화되어 있고, 주로 버스형 LAN에서 많이 사용하고 있다. 그리고 이 방식의 프로토콜은 부하가 작고, 노드의 수가 작을 때 최적의 성능 발휘하며, 부하가 일정수준 이상으로 증가하게 되면 성능이 급격히 떨어지는 단점이 있다.

이 방식은 낮은 가격으로 구현이 용이하기 때문에 현재 사무실 등에서 가장 많이 사용하고 있으며, 대표적인 상품으로는 제록스(Xerox)사의 이더넷(Ethernet)이 있다.

이더넷은 꼬임선(UTP, STP) 케이블나 동축 케이블을 사용하며 100Mbps정도의 전송속도를 가지는 버스형 LAN이다.

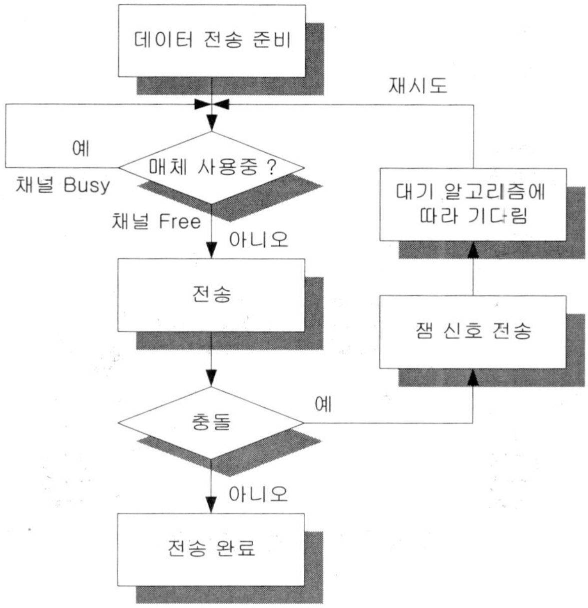


**그림 7.6 CSMA/CD 전송방식의 흐름도**

### 7.3.2 토큰 링(Token Ring) / 토큰 버스(Token Bus)

토큰 링 방식은 그림 7.7과 같이 링 형태의 통신망에 접속되어 있는 노드와 노드 사이를 토큰(Token)이라고 하는 패킷이 순환하고 있는데, 데이터를 전송하고자 하는 사용자는 이 토큰을 취득하여 데이터를 전송하고, 전송이 완료되면, 토큰을 반납하는 형식을 취하고 있다. 따라서 토큰 링 방식은 채널에서의 충돌 현상을 방지하고, 채널의 사용권을 균등하게 분배하기 위해 채널의 사용권을 의미하는 토큰을 차례로 전달해 나가는 방식이다.

토큰 버스 방식도 버스형태로 되어 있을 뿐 방법에는 거의 차이가 없다.

토큰 링 방식의 원리를 이해하기 위해 그림 7.7에서 노드 A로부터 노드 C로 데이터를 전송하는 경우를 생각해 보자.

먼저 A는 링을 순회하고 있는 토큰(token)을 수신하여 송신 권한을 갖는다. 이 때 모든 노드가 어떠한 프레임도 송신하고 있지 않을 때의 토큰을 빈 토큰(Free Token)이라 하는데, A가 송신권한을 가지려면, 빈 토큰을 수신한 다음, 토큰의 비트 패턴을 변경하여 사용 중 토큰(Busy Token)으로 만들어 주어야 한다.

그런 다음, 전송할 데이터를 프레임으로 구성하여 송신한다. 링을 다라 순회하는 데이터 프레임은 B를 거쳐 목적지 C에 도달하게 되는데, 여기에서 일단 데이터 프레임을 복사한 후, 계속 링을 따라 순회하여 송신한 A에 도달하게 된다.

그러면 A는 데이터 프레임을 제거하고, 토큰의 비트 패턴을 변경하여 빈 토큰(Free Token)으로 만들어 주어 토큰을 반납한다.

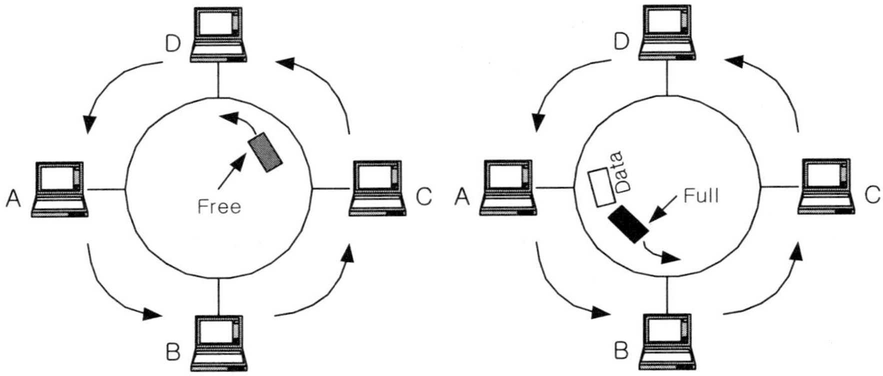


**그림 7.7 토큰 링의 원리**

토큰 링 방식은 CSMA/CD와 같이 경쟁에 의해 채널을 취득하는 방식에서 발생되는 충돌 현상은 발생되지 않지만, 토큰이 자신에게 올 때까지 기다려야 하고, 만약 토큰이 중간에서 유실되었을 때는 노드들이 무한히 기다려야 하는 단점을 가지고 있다.

그리고 물리적으로는 버스 구조를 가지지만, 논리적으로는 링 형태의 구조를 가지는 특징이 있으며, 부하의 증가에 따른 영향력이 작은 장점이 있다.

토큰 링 방식은 최초 IBM에 의해 개발되었고, 표준화는 IEEE 802.4(토큰 버스 방식)와 IEEE 802.5(토큰 링 방식)에서 진행되었으며, 대표적인 방식으로는 IBM의 Ring LAN이 있다. 토큰 링 방식의 전송속도는 4~16Mbps 정도이다.

## 7.3.3 FDDI (Fiber Distributed Data Interface)

FDDI는 미국의 ANSI에서 표준화된 LAN 방식으로서 광케이블을 전송 매체로 사용하는 고속 LAN이다. FDDI 방식은 IEEE 802.5의 토큰 링 접속방식을 기본으로 하고 있으며, 그림 7.8과 같이 이중의 링 구조를 채택하고 있는데, 이와 같은 이중 링 구조는 하나의 링이 손상을 입었을 경우, 다른 링을 백업(Backup)용으로 사용할 수 있도록 하기 위해서이다.

광케이블을 사용하는 FDDI는 현재 LAN과 LAN을 상호 연결하여 기간 통신망(Backborn Network)을 구축하는 곳에 많이 사용하고 있으며, 전송속도는 100Mbps 이상의 고속 통신을 할 수 있다.

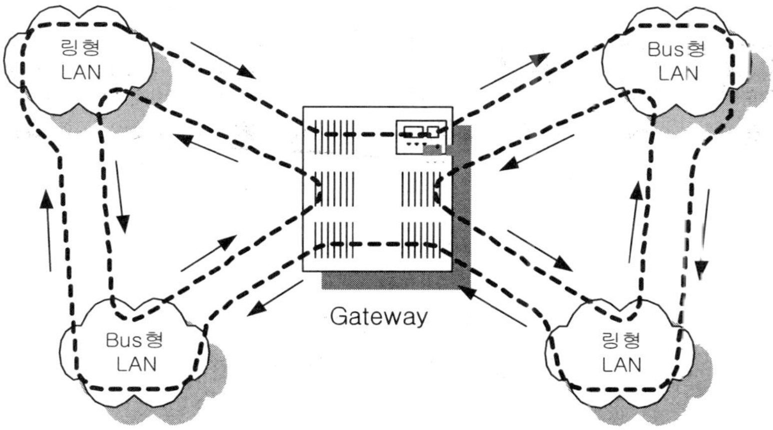

그림 7.8 이중링 구조의 FDDI

## 7.4 LAN의 연결 장비

LAN을 접속하는 장치로는 다음과 같은 것들이 있다.

- 리피터 (Repeater) / 허브 (Hub)
- 브리지 (Bridge)
- 라우터 (Router)
- 게이트웨이 (Gateway)

### 7.4.1 리피터 (Repeater)

리피터(Repeater)는 네트워크 선로를 통해 전송되는 신호가 전송 거리로 인해 미약해진 경우, 이 신호를 재생(Regeneration)하거나 중계하는 장치로써, 동일한 전송 매체로 구성된 LAN의 거리를 연장하거나 두 개 이상의 LAN을 상호 연결하기 위해, 혹은 배선의 자유도를 높이기 위해 사용한다.

따라서 리피터를 이용하면 전송 거리를 연장할 수 있어 LAN의 영역을 확장할 수 있으며, 보통 이더넷에서는 최대 4개까지의 리피터를 사용한다.

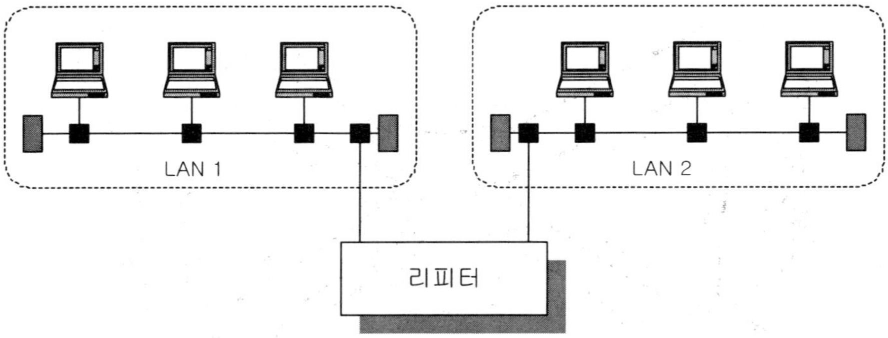


**그림 7.9 리피터에 의한 상호 연결**

리피터는 OSI의 물리 계층(Physical Layer)에서 접속 기능을 수행하는 장치이기 때문에 리피터 자신은 데이터를 인식하지 않으며, 그림 7.9와 같이 두개의 네트워크를 리피터로 연결한 경우, 이것은 단일 네트워크로 간주된다.

## 7.4.2 허브 (Hub)

허브(Hub)는 컴퓨터간의 네트워크 연결, 라우터(Router)와 같은 네트워크 장비와의 연결, 네트워크의 상태 점검(모니터링 기능), 신호 증폭 기능(리피터의 역할) 등을 역할을 수행하며, 모든 트래픽이 허브를 통해 통신되도록 리피터를 변형한 네트워크 장비이다.

일반적으로 허브는 한 사무실이나 가까운 거리의 컴퓨터들을 UTP 케이블을 이용하여 연결할 때 사용하며, 하나의 전송선로를 이용하여 다수의 노드를 스타 토폴로지 형태로 구성할 수 있다.

허브는 크게 더미 허브(Dummy Hub)와 스위칭 허브(Switching Hub)로 분류할 수 있다.

더미 허브(Dummy Hub)는 1계층 장비로서, 단순히 중계기의 역할만을 수행하는 허브이다. 즉, 입력된 인터넷 회선을 여러 개의 해당 출력 포트로 나누어 주고, 모든 출력 포트가 입력된 인터넷 회선을 공유하여 사용하도록 하는 장비이다.

예를 들어 입력된 인터넷 회선의 속도가 100Mbps의 속도를 가지고 있고, 출력 포트에 2대의 장비가 연결되어 있다면, 각 장비는 1/2의 속도인 50Mbps의 속도로 사용할 수 있다. 따라서 더미허브는 포트 수를 증가시킬 때, 포트에 연결된 장비의 속도가 1/n로 감소하므로, 트래픽 문제가 발생하는 단점이 있다.

한편, 스위칭 허브는 2계층 장비로, 더미 허브보다 더 나은 기능을 제공한다. 스위칭 허브는 각각의 포트마다 100Mbps의 속도를 할당하여 사용하기 때문에 사용자가 증가하더라도 빠른 속도로 데이터를 전송할 수 있는 장점이 있다.

따라서 스위칭 허브는 화상통신이나 데이터베이스와 같이 빈번하게 액서스하는 경우에 적합하며, 주로 인터넷 서버에 연결하는 허브로 사용된다.

허브를 사용할 때의 장점은 다음과 같다.

- 네트워크 관리가 용이해진다.
- 네트워크의 오류를 검출해 내기 쉽다.
- 병목 현상을 줄일 수 있다.
- 다른 네트워크와 네트워크 장비에 연결할 수 있어 확장이 용이하다.
- 신호를 증폭해 준다.

하지만 허브가 고장이 나거나 전원이 끊기면 허브에 연결된 모든 통신망이 단절된다는 단점이 있다.

### 7.4.3 브리지 (Bridge)

브리지는 데이터 링크 계층(Data Link Layer : 2계층)에서 LAN을 상호 접속하는 장치로서 데이터 링크 계층의 프레임을 저장하고 중계하는 장치이다. 좀 더 정확하게는 데이터 링크 계층의 MAC(Medium Access Control) 부계층에서 중계하므로, MAC 브리지라고 한다.

따라서 브리지는 단순히 물리적으로 거리를 확장시켜 주는 리피터와는 달리, 물리적으로 서로 다른 전송 매체로 구성된 네트워크를 상호 연결할 수 있고, 매체 접속 제어 방식(MAC)이 서로 다른 네트워크를 상호 연결할 수도 있다.

브리지는 단말의 주소를 식별하여 특정 데이터만을 별도의 전송로로 통과시키는 주소 필터링(Address Filtering) 기능을 가지고 있는데, 이것은 전송되어 온 프레임의 주소를 보고 그 프레임을 어느 통신망으로 보내야 할 것인지를 판단할 수 있는 기능이다. 따라서 불필요한 트래픽이 유입되지 않을 뿐만 아니라, 각 LAN의 내부 트래픽이 다른 LAN으로 전달되는 현상이 발생되지 않는다.

브리지는 주소 필터링 기능과 함께, 트래픽 양을 조절하는 흐름 제어(Flow Control) 및 오류 제어(Error Control) 기능도 수행한다.

브리지의 종류에는 전송로를 직접 접속하는 로컬 브리지(Local Bridge)와 회선 경유하여 전송로를 접속하는 리모트 브리지(Remote Bridge)가 있다. 브리지의 특징은 다음과 같다.

- 동일한 프로토콜을 사용하거나 다른 프로토콜을 사용하는 LAN을 상호 연결할 수 있어 물리적인 제한(최대 길이, 최대 연결 컴퓨터 수 등)을 극복할 수 있다.

- 물리 계층 및 데이터 링크 계층(MAC 계층)의 연결기능을 제공하며, 상위 계층 프로토콜과는 무관하다.
- 네트워크를 분리하는 기능을 담당한다.
- 네트워크를 일정한 규칙에 따라 분리하여 검사 대상을 줄일 수 있으므로, 네트워크 관리가 용이하다.
- 백본(Backbone)망이 구축된 상태에서 주로 사용하며, 설치가 용이하고, 환경설정은 불필요하다.
- 리피트보다 지능적이며 리피트의 기능을 모두 갖고 있다.
- 다양한 전송속도를 사용할 수 있다.

하지만 브리지는 다양한 경로의 선택이 어렵기 때문에, 적절하지 않은 경로가 선택될 수 있어 전송지연을 유발할 수 있고, 장애가 발생하면 대처하기가 어렵기 때문에 응용에 제한이 있는 등의 단점을 가지고 있다.

### 7.4.4 라우터 (Router)

라우터(Router)는 네트워크 계층(Network Layer : 3계층) 레벨에서 프로토콜 처리 능력을 갖는 LAN간 접속 장치로서, 브리지처럼 데이터 링크 계층 이하가 다른 둘 이상의 네트워크를 하나의 네트워크로 통합할 수 있다.

즉, 물리적으로 서로 다른 전송 매체를 사용하는 네트워크도 연결할 수 있고, 서로 다른 데이터 링크 계층을 사용하는 네트워크도 연결할 수 있다.

라우터는 물리적인 장치의 주소(MAC Address)를 기반으로 트래픽을 전송하는 브리지와는 달리, 패킷(Packet)에서 가리키는 목적지 주소(IP Address)를 기초로 하여 트래픽을 전송한다. 이 때 발신지로부터 수신지까지 몇 개의 경로가 있으면, 그 중에서 속도나 신뢰성을 고려하여 최적의 경로를 선택할 필요가 있는데, 여기에서 최적의 경로를 선택하는 것을 라우팅(Routing)이라고 한다.

라우팅의 기능은 브리지와 라우터가 매우 유사하면서도 기능상의 차이를 확연하게 구분해주는 것인데, 예를 들어, A 사용자가 B 사용자에게 데이터를 전송할 때, 브리지를 사용하면 A 사용자의 컴퓨터는 B 사용자의 네트워크상의 위치와 어느 경로를 통해 전송되는지를 알지 못하지만, 라우터를 사용하면 라우팅의 기능을 수행함으로서 B 사용자의 존재(위치, 경로)를 알게 된다. 따라서 라우터는 브리지에 라우팅 기능을 추가한 것이라고 이해하면 편리할 것이다.

라우터는 여러 네트워크를 상호 접속하는 경우, 네트워크의 물리적인 형태(Topology)에 관계없이 효율적인 경로를 설정하는 라우팅 기능과 이상 패킷을 폐기할 수 있는 기능을 갖고 있으므로, 장해 발생 시 발생 위치를 국지화 할 수 있다.

따라서 라우터는 일반적으로 복잡한 환경이나, 대규모 네트워크 즉, LAN과 WAN을 연결하는 곳에 많이 사용하며, 네트워크의 보안을 위해 방화벽(Firewall) 기능을 가지고 있는 기종도 있다.

라우터의 종류로는 정적 라우터(Static Router)와 동적 라우터(Dynamic Router)가 있다.

정적 라우터는 네트워크 관리자가 패킷에 대한 전송 경로를 어떻게 선택할 것인가를 결정해 주어야 하는 라우터로서 라우터 관리가 어려운 반면, 동적 라우터는 정적 라우터에 비해 지능적이며, 모든 인터페이스를 검사하여 최적경로를 찾을 수 있는 테이블을 스스로 만들어 사용하는 라우터이다.

한편, 브리지와 라우터의 기능을 겸비한 장비도 있는데, 이를 Bridging Router 또는 Routing Bridge라고 하며, 그냥 간단히 줄여 브라우터(Brouter)라고 한다.

### 7.4.5 게이트웨이 (Gateway)

게이트웨이(Gateway)는 OSI 참조 모델의 전송 계층(Transport Layer : 4계층) 이상의 계층에서 동작하는 장치로, 전혀 다른 프로토콜의 네트워크 시스템을 상호 접속할 수 있으며, 서로 다른 구조를 가지는 네트워크간의 정보를 변화해 주거나 서로 다른 데이터 포맷을 가지는 정보를 변환해 주는 역할을 한다.

예를 들어 IBM의 SNA(System Network Architecture) 참조 모델을 사용하는 네트워크와 OSI 참조 모델을 사용하는 네트워크를 상호 결합하는 경우, TCP/IP를 사용하는 네트워크가 SNA 참조 모델을 사용하는 메인 프레임의 시스템을 연결하여 통신하는 경우, 마이크로소프트의 메일을 SMTP(Simple Mail Transfer Protocol)로 변환해 주는 경우 등도 게이트웨이가 제공하는 기능이다.

따라서 LAN을 상호 접속하는 경우, OSI의 참조 모델에 따라 물리 계층끼리의 접속은 리피터, 데이터 링크 계층까지의 접속은 브리지, 네트워크 계층끼리의 접속은 라우터, 그 이상의 계층끼리의 접속, 혹은 전체 계층의 접속은 게이트웨이로 접속한다.

그러나 어떤 네트워크로부터 다른 네트워크로 정보를 전송하는 장치를 막연히 게이트웨이라고 하기도 하는데, 예를 들어, 인터넷(Internet)에서는 네트워크 간을 연결하는 IP 라우터를 게이트웨이라고 부르고 있다.

# 7.5 무선 LAN (Wireless LAN)

오늘날 무선 인터넷(Data Service)을 위해 가장 많이 사용하고 있는 무선 랜(Wireless LAN)은 IEEE 802.11 표준에 기반하고 있으며, 현재 주로 쓰이는 유선 LAN 형태인 이더넷(Ethernet)의 단점을 보완하기 위해 개발된 기술이다.

## 7.5.1 무선 LAN의 개요

무선 랜은 이더넷 네트워크의 말단에 위치해, 이용자가 근거리 지역 내에서 이동하면서도 지속적으로 네트워크에 접근할 수 있도록, 두 대 이상의 장치를 무선 신호를 이용하여 상호 연결하는 기술이다. 따라서 단말 추가에 따르는 배선 작업이 필요 없으며, 유지관리 비용 또한 최소화할 수 있다.

무선 랜은 일반적으로 하나의 사무실과 같이 폐쇄되지 않은 넓은 공간에 하나의 핫스팟(Hot Spot)을 설치하며, 핫스팟 내에 있는 각 사무실의 컴퓨터는 핫스팟으로부터 무선으로 연결된다. 그리고 각각의 사무실의 핫스팟은 이더넷 네트워크로 연결되며, 외부의 장치와 무선 인터넷을 할 수 있도록 한다.

무선 랜(Wireless LAN)은 와이파이(Wi-Fi)라고도 하는데 이는 동일한 의미이며, 단지 표준 기관인 IEEE 802 위원회와 인증기관인 Wi-Fi 연맹(Wi-Fi Alliance)에서 부르는 호칭의 차이이다. IEEE 802 위원회의 소위원회(Working Group)인 IEEE 802.11에서는 무선 랜의 무선 구간인 MAC 계층과 PHY 계층에 대한 표준을 개발하고 있는데, 여기에서 무선 랜(Wireless LAN)이라는 용어를 사용하고 있다.

그리고 무선 랜의 제조사 및 통신 사업자를 중심으로 결성된 비영리 단체인 Wi-Fi 연맹은 IEEE 802.11의 무선 기술을 이용하여 사용자에게 Wi-Fi 서비스를 제공할 수 있도록, 네트워크에 대한 구조 정의 및 개발된 장비에 인증 등의 업무를 하고 있는데, 여기에서 Wi-Fi란 용어를 사용하고 있다.

따라서 Wi-Fi는 무선 랜에 대한 마케팅 이름이라고 볼 수 있다.

## 7.5.2 무선 LAN의 사용 주파수

무선 LAN의 사용 주파수는 크게 2.4GHz 대역과 5GHz 대역의 주파수를 사용한다.

2.4GHz 대역의 주파수는 2.4~2.4835 GHz의 ISM 대역[80]에서 채널 당 20MHz인 14개의 중첩된 채널을 사용할 수 있으며, 802.11b, 802.11g, 802.11n의 시스템이 이 주파수를 사용한

---

80) ISM(Industry-Science-Medical) 대역은 국제 전기 통신 연합 (ITU)가 지정한 무선 통신 이외의 산업, 과학, 의료에 사용하기 위해 지정된 주파수 대역이다.

다. 그리고 5GHz 대역은 5.15~5.825 GHz의 대역에서 채널 당 20MHz인 24개의 비 중첩된 채널을 사용할 수 있으며, 802.11a, 802.11n, 802.11ac의 시스템이 이 주파수를 사용한다.

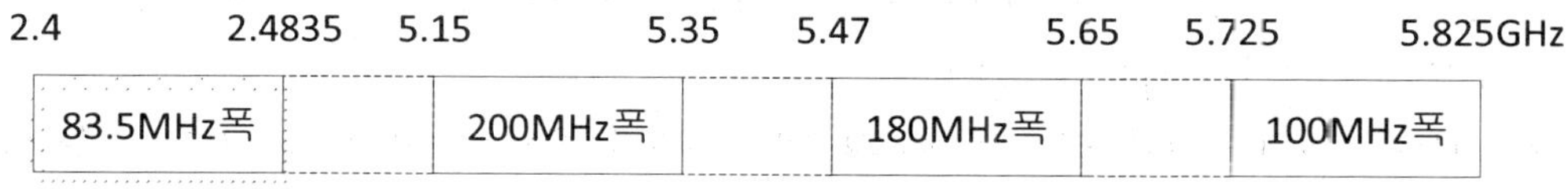


**그림 7.10 무선 LAN의 국내 주파수 할당 현황**

### 7.5.3 무선 LAN의 표준

802.11의 초기 버전은 최고속도가 2Mbps로써, 적외선 신호나 ISM 대역인 2.4GHz 대역을 사용해 데이터를 주고받았으며, CSMA/CA 기술을 사용하였다.

하지만 규격이 엄격하게 정해지지 않아, 서로 다른 회사 제품끼리는 호환성이 부족하였으며, 속도 또한 느려 널리 사용되지는 않았다.

#### ① 802.11b

802.11b는 2.4GHz 대역의 전파를 사용하는 규격으로, 802.11 초기 버전에 비해 최고 전송속도 11Mbps의 현실적인 속도를 지원함으로써, 기업이나 가정 등에서 유선 네트워크를 대체하기 위한 목적으로 폭넓게 보급된 표준이다.

802.11b는 표준이 확정되자마자 시장에서는 다양한 관련 제품이 등장하였고, 공공장소 등에서는 유무상 서비스를 제공하기도 하였지만, 실제로는 CSMA/CA 기술의 구현 과정에서 6-7Mbps 정도의 효율을 나타내 최고 속도에는 많이 미치지 못하였다.

#### ② 802.11a

802.11a는 5GHz 대역의 전파를 사용하는 규격으로, OFDM 기술을 사용해 최고 54Mbps까지의 전송 속도를 지원하였으며, 802.11 시리즈 중에서는 세 번째로 등장한 방식이다.

5GHz 대역은 2.4GHz 대역에 비해 다른 통신기기(무선 전화기, 블루투스 기기 등)와의 간섭이 적고, 더 넓은 전파 대역을 사용할 수 있다는 장점이 있지만, 신호의 특성상 장애물이나 도심 건물 등 주변 환경의 영향을 쉽게 받고, 2.4GHz 대역에서 54Mbps 속도를 지원하는 802.11g 규격이 등장하면서 현재는 널리 쓰이지 않고 있다.

#### ③ 802.11g

802.11g 규격은 802.11a 규격과 전송 속도가 같지만, 2.4GHz 대역 전파를 사용한다는 점이

다르며, 또 동일 주파수를 사용하는 802.11b 규격과 쉽게 호환되어 널리 사용되고 있다.

### ④ 802.11n

802.11n은 기존 표준인 802.11a(5GHz 시스템)와 802.11g(2.4GHz 시스템)의 대역폭과 전송속도를 향상시키기 위한 규격이다.

802.11n은 2.4GHz 대역과 5GHz 대역의 2개의 주파수 대역을 사용할 수 있고, 5GHz 대역에서는 40MHz 채널 대역폭을 사용할 수 있도록 하였다. 이것은 기존의 802.11a/g가 사용하던 20 MHz 채널 대역폭보다 두 배 넓어진 것으로써, 이를 통해 데이터 전송률을 두 배로 높일 수 있다.

또한, 802.11n은 여러 개의 안테나를 사용하는 다중 안테나 기술인 MIMO(Multiple-Input Multiple-Output)[81]를 적용함으로써, 하나의 안테나를 사용하는 것보다 더 많은 정보를 송수신 할 수 있도록 하였다. 따라서, 두 배로 넓은 채널 대역폭과 MIMO를 활용하여 802.11n은 54Mbps의 802.11a/g의 최고속도를 600Mbps[82]로 향상시켰다.

### ⑤ 802.11ac

IEEE 802.11ac는 5GHz 주파수를 사용하며, 20MHz에서부터 160MHz(20, 40, 80, 160MHz)까지 매우 넓은 주파수 대역을 지원하는 규격이며, 20MHz와 40MHz는 기존의 동일한 5GHz의 주파수 대역을 사용하는 802.11n과의 호환성 지원을 위해 사용한다.

IEEE 802.11ac는 802.11n에 비해 160 MHz로 더 넓어진 대역폭, 8×8까지 더 많아진 다중안테나 방식의 MIMO, 그리고 256 QAM의 더 높은 밀도의 변조 방식 등, 802.11n의 무선 인터페이스의 개념을 확장함으로써 최대 전송속도를 3.4Gbps로 증가시켰다.

IEEE 802.11ac는 2011년 1월, ac를 위한 Task Group인 IEEE 802.11 TGac에 의해 초기 기술 사양인 Draft 0.1이 확정되었으며, 2013년 12월에 표준이 최종 승인되었다.

81) MIMO는 하나의 안테나를 사용하는 것보다 더 많은 정보를 송수신 할 수 있도록, 여러 개의 안테나를 사용하는 기술이다.
82) 처음 표준이 확정되었을 때, 우리나라는 주파수의 점유대역폭 문제 때문에, 최대 150Mbps 이하의 속도로 제한되었으나, 2007년 10월 17일 전파연구소의 기술기준 고시로 300Mbps 이상까지 사용할 수 있게 되었다.

표 7.2 IEEE 802.11 표준의 종류

| 종류 | 표준 년월 | 사용 주파수 (GHz) | 채널 대역폭 (MHz) | 최대 전송속도 (Mbps) | 최대 MIMO | 변조 방식 |
|---|---|---|---|---|---|---|
| 802.11 | 1997. 06 | 2.4 | 20 | 2 | | DSSS / FHSS |
| 802.11a | 1999. 09 | 5 | 20 | 54 | | OFDM |
| 802.11b | 1999. 09 | 2.4 | 22 | 11 | | DSSS |
| 802.11g | 2003. 06 | 2.4 | 20 | 54 | | DSSS / OFDM |
| 802.11n | 2009. 10 | 2.4 | 20 | 288.8 | 4×4 | OFDM |
| | | 5 | 40 | 600.0 | | |
| 802.11ac | 2013. 12 | 5 | 20 | 346.8 | 최대 8×8 | |
| | | | 40 | 800.0 | | |
| | | | 80 | 1,733.2 | | |
| | | | 160 | 3,466 8 | | |

## 7.5.4 무선 LAN의 구성 요소

무선 LAN은 물리적인 장치로 단말기와 무선 접속 포인트인 AP가 있다.

### (1) STA (Station)

IEEE 802.11에서는 Wi-Fi 인터페이스를 가진 단말을 STA(Station)이라고 한다. 즉, STA는 무선 클라이언트로서 Wi-Fi에 접속 할 수 있는 Wi-Fi 단말 또는 무선 사용자 단말을 의미하며, 핸드폰, 노트북 등이 여기에 해당한다.

### (2) AP (Access Point)

AP(Access Point)는 다른 말로 핫스팟(Hot Spot)이라고 불리며, Wi-Fi 단말이 무선을 통해 접속할 수 있도록 해 주는 장비이다.

AP는 이더넷 허브와 비슷한 역할을 하는 장비로, 802.11 무선 LAN 인터페이스와 802.3 이더넷 인터페이스를 가진 장비이다. 즉, Wi-Fi 단말이 보낸 데이터를 무선으로 받아 이더넷 포트(Ethernet Port)를 통해 유선망으로 전달 해 주는 장비이다. 따라서 AP는 AP 내에 위치한 Wi-Fi 단말들을 하나의 네트워크로 묶어 서로 통신할 수 있게 해 주며, 또 AP에 연결된 이더넷 회선을 통해 다른 AP, 네트워크 백본, WAN 망으로 연결할 수 있도록 해준다.

### (3) AAA (Authentication & Account & Authorization Server)

AAA(Authentication & Account & Authorization Server)는 사용자의 인증 정보(예: 사용자의 ID 및 PW)를 이용하여 Wi-Fi 단말을 인증해 주는 서버이다.

즉, Wi-Fi 망의 AP에 접속하는 가입자에 대한 인증(Authentication)을 통해 가입자에게 주어진 권한을 검증(Authorization)하고, 가입자의 사용량을 AP로부터 전달받아 과금(Accounting)하는 기능을 수행한다.

## 7.5.5 무선 LAN의 보안

무선 LAN에서 Wi-Fi 단말과 AP 사이는 EAP(Extensible Authentication Protocol)[83] 프로토콜을 사용하여 인증하고, AP와 AAA 사이는 RADIUS(Remote Authentication Dial In User Service)[84] 프로토콜을 사용하여 인증한다.

여기에서 EAP 프로토콜과 RADIUS 프로토콜은 유선 랜을 위한 인증 프로토콜이기 때문에, 무선 LAN에서의 인증은 유선 LAN의 인증 방식을 사용한다는 것을 알 수 있다.

그리고 Wi-Fi의 무선 구간에 대한 암호화 방식은 IEEE 802.1x에서 정의하고 있는 WEP(Wired Equivalent Privacy) 방식과 IEEE 802.11i에서 정의하고 있는 WPA(Wi-Fi Protected Access) 방식, WPA2 방식이 있다.

여기에서 WEP 암호화 방식은 유선 네트워크와 비슷한 데이터 보안성을 제공하기 위해 만들어졌기 때문에, 보안에 매우 취약한 문제가 있어, 무선 LAN에서는 그 대안으로 WPA 또는 WPA2 암호화 방식을 사용한다.

WPA 암호화 방식은 TKIP(Temporal Key Integrity Protocol, 임시키 무결성 프로토콜)를 사용하여 WEP의 약점을 해결하였다. 여기에서 TKIP은 IEEE 802.11i의 암호화 표준의 일부이며, 해싱 알고리즘을 사용하여 데이터 암호화의 성능을 개선한 보안 프로토콜이다. 하지만 무선 LAN 보안 관련 표준인 IEEE 802.11i는 최종적인 무선 LAN의 보안을 위해 TKIP가 아닌 CCMP를 채택하였고, 이것을 채택하여 발표된 보안 표준이 WPA2 암호화 방식이다.

CCMP(CCM[85] mode Protocol)는 WPA 및 WPA2의 필수 프로토콜인 TKIP를 대체하기 위해 만들어진 IEEE 802.11i의 암호화 프로토콜이다. 그리고 CCMP는 WPA2 표준의 필수 요소이고,

---

83) EAP(Extensible Authentication Protocol)는 복수의 인증 프로토콜을 캡슐화하여, 다양한 인증방식을 선택가능하도록 하는 범용 인증 프레임워크로서, 원래는 모뎀을 통한 다이얼업 통신(PPP)을 위해 개발되었으나, 지금은 LAN이나 무선 LAN 연결 등에서 많이 활용하고 있다.

84) RADIUS(Remote Authentication Dial In User Service)는 사용자가 네트워크에 연결하고 네트워크 서비스를 받기위한 중앙 집중화된 AAA 관리를 제공하는 네트워킹 프로토콜이다.

85) CCM은 Counter with CBC-MAC의 약어이고, 여기에서 CBC-MAC(Cipher Block Chaining Message Authentication Code)는 블록 암호(Block Cipher)를 사용하여 메시지 인증 코드를 구성하는 기법이다.

WPA 표준에서는 선택적 요소이며, 고급 암호화 표준인 AES(Advanced Encryption Standard) 알고리즘을 사용한다.

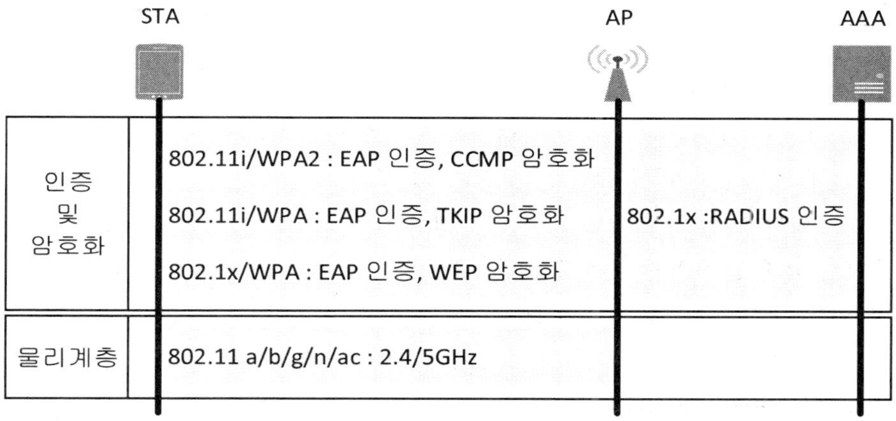


그림 7.11 무선랜의 인증 및 보안

## 7.5.6 무선 LAN의 토폴로지 (Topology)

무선 단말끼리 서로 통신하는 망 구성의 형태를 무선 LAN의 토폴로지(Topology)라고 한다. 무선 LAN의 토폴로지에는 2가지 방법, 즉 애드 혹 모드(Ad-hoc Mode)와 인프라 모드(Infrastructure Mode)가 있다.

### (1) 애드 혹 모드 (Ad-hoc Mode)

애드 혹 모드(Ad-hoc Mode)는 AP를 사용하지 않고, 외부 네트워크와는 별도로 무선 단말기끼리만 통신하는 방법이다. 예를 들어 PC들 간에 AP를 사용하지 않고 통신하는 방법이나 회사 내부에서 무선 프린터를 공유하는 방법 등이다.

이와 같이 구성한 네트워크를 독립된 기본 서비스 셋(IBSS, Independent Basic Service Set) 또는 애드 혹 네트워크(Ad-hoc Network)라고 한다.

애드 혹 네트워크는 AP 없이 내부 단말기로만 구성된 형태이기 때문에, 외부 네트워크와 통신은 할 수 없다. 하지만, 외부 네트워크와 통신을 하기 위해서는 하나의 단말을 AP처럼 사용하여야 한다.

### (2) 인프라 모드 (Infrastructure Mode)

인프라 모드(Infrastructure Mode)는 반드시 AP를 사용하여야 한다. 즉, 외부(유선망 등)의 네트워크와 연동된 하나의 AP에 의해 집중적으로 제어되며, AP를 통해 여러 이동 단말에게 무선 LAN의 서비스를 하는 방법이다.

각 AP에는 SSID(Service Set IDentifier)를 부여할 수 있으며, 여기에서 SSID는 동일한 무선 LAN 내에서 오가는 각 패킷들의 헤드에 붙여지는 고유한 식별자로서, AP의 이름이라고 생각하면 쉽다.

SSID는 대문자와 소문자로 구별하여 작성하며, 32자까지 사용할 수 있다. 우리가 단말기에서 Wi-Fi 접속을 누르면 핸드폰에 리스트가 나오는데 이게 바로 SSID이며, SSID를 선택함으로써 Wi-Fi 단말이 특정한 AP에 연결될 수 있도록 해 준다.

인프라 모드에서 AP는 브리지의 기능을 수행하며, 하나의 AP는 장애물이 없는 지역에서 최대 100미터, 최대 20여대 정도까지의 네트워크를 구성할 수 있다. 여기에서 AP를 포함한 모든 단말들로 구성한 네트워크를 기본 서비스 셋, 즉 BSS(Basic Service Set)라고 한다.

각각의 BSS는 BSS를 구분하는 48비트의 BSSID(BSS IDentifier)를 가지며, BSSID는 단말이 AP까지 찾아가는 위치지정 ID로서, 해당 BSS를 관리하는 AP의 MAC 주소이다.

확장 서비스 셋 즉, ESS(Extended Service Set)는 여러 BSS들을 논리적으로 묶어 하나의 네트워크로 구성된 형태이다.

ESS는 한 대의 AP로 커버할 수 없는 넓거나 길이가 긴 지역을 커버 할 때 사용할 수도 있고, 또 접속되는 단말이 너무 많아 한 대의 AP로 커버하기에는 용량이 부족할 때에도 사용할 수 있다.

ESS의 경우, 여러 개의 AP를 이용하여 하나의 네트워크를 구성하기 때문에 각각의 AP는 동일한 SSID를 가져야 하며, 또 서로 다른 주파수로 구성해 주어야 한다.

결론적으로 네트워크가 BSS만으로 구성될 때에는 SSID와 BSS가 동일한 의미이고, 네트워크가 ESS로 구성될 때에는 SSID와 ESS가 동일한 의미이며, 각각의 BSS는 BSSID, 즉 AP의 MAC 주소로 구분한다.

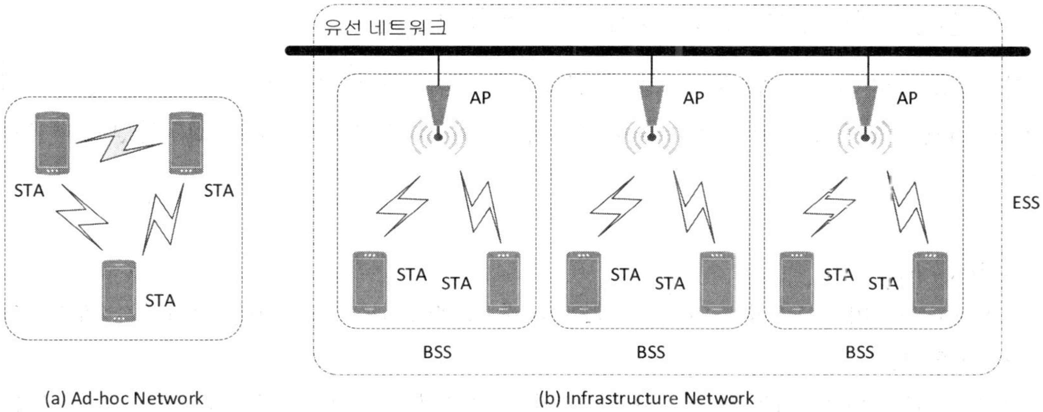


**그림 7.12 애드 혹 네트워크와 기반 네트워크**

## 7.6 블루투스 (Bluetooth)

블루투스는 1994년 에릭슨이 최초 개발을 시작하였고, 그 후 1998년 에릭슨을 포함한 5개 회사(인텔, IBM, 노키아, 도시바)[86]가 블루투스 SIG(Bluetooth Special Interest Group)라는 단체를 결성하여 본격적인 개발에 들어갔으며, 1999년 7월 블루투스 버전 1.0을 발표하였다.

블루투스(Bluetooth)는 수 m~수십 m 정도의 거리를 둔 짧은 거리의 디지털 통신 기기 사이에서, 전파를 이용하여 간단한 정보를 교환할 수 있는 개인 근거리 네트워크(PAN, Personal Area Network)의 산업 표준이며, IEEE에서는 IEEE 802.15.1로 표준화되고 있고, 이 표준은 블루투스 SIG에 의해 관리되고 있다.

블루투스 SIG에는 3만개 이상의 전기통신, 컴퓨터, 네트워크, 가전 분야의 기업들이 멤버로 가입되어 있으며, 규격 개발의 감시, 규격 인증 프로그램 관리, 트레이드마크 보호 등을 관장하고 있기 때문에, 장비 제조사가 블루투스 장비를 인증을 받기 위해서는 SIG에서 제정한 표준 규격을 만족하여야 한다.

UHF 전파를 이용하여 전자 장비 간 짧은 거리의 데이터 통신을 규정하는 블루투스는 ISM 대역인 2.4GHz~2.4835GHz의 주파수에서 동작하기 때문에, 2.4GHz 대역폭을 사용하는 Wi-Fi와 동일한 주파수를 사용하며, 개인용 컴퓨터에 이용되는 마우스, 키보드를 비롯해 휴대전화, 스마트폰, 태블릿, 스피커 등에서 문자 정보 및 음성 정보를 단거리, 저전력, 저비용, 그리고 비교적 낮은 속도로 무선통신을 통해 주고 받는 용도로 사용하고 있다.

---

86) 현재는 마이크로소프트, 모토로라, 애플, 노르딕 반도체 등 4개의 회사가 추가되어 총 9개 회사가 프로모터 기업으로 참가하고 있다.

### 7.6.1 블루투스 규격(Bluetooth Specification)

블루투스 규격은 1994년부터 꾸준히 진화되어 왔다. 가장 최근의 블루투스 규격은 버전 5이며, 현재 광범위하게 사용되고 있다. 블루투스 규격의 버전별 변천 과정과 특징은 다음과 같다.

#### ① 버전 1.x

초기 버전인 버전 1.0과 1.0B는 프로토콜 및 스펙에 대한 표준화를 준비하는 과정으로 볼 수 있다.

버전 1.0과 1.0B는 다양한 제조사 간의 상호 호환성을 가지게 하는 데에 어려움을 겪는 등 많은 문제점을 가지고 있었다. 하지만 버전 1.1과 버전 1.2를 거치면서 버전 1.0B에 대한 많은 문제점들을 수정하였고, 각각은 2002년 및 2005년에 IEEE 802.15.1의 표준으로 승인되었다.

버전 1.2는 지금보다 매우 제한적인 기능만 포함하고 있었지만 버전 1.x에서 가장 안정된 버전이었고, 전송속도는 723.1Kbps, 전송거리는 10m 정도였다.

#### ② 버전 2.1+EDR(Enhanced Data Rate)

버전 2.0이 소개되고, 추후 버전 2.0+EDR이 소개되었다. 버전 2.0+EDR에서는 전송속도를 향상시킨 EDR(Enhanced Data Rate)을 지원하였고, 이론상으로 3.0Mbps의 전송 속도를 지원하였다. 하지만 실질적인 전송 속도는 2.1Mbps였다.

버전 2.1+EDR에서는 저 전력 모드에서, 3배에서 최대 10배까지 배터리의 수명을 증가시킬 수 있는 절전모드(Sniff Subrating) 기술을 적용하였다. 이 기술은 전송속도가 2Mbps인 저성능 마이크로 컨트롤러에 블루투스를 유용하게 적용할 수 있다.

#### ③ 버전 3.0+HS(High Speed)

버전 3.0+HS에서는 버전 2.x의 3Mbps 전송속도보다 8배 빠른 24Mbps로 최대 전송속도를 향상시켰다. 여기에서 HS는 High Speed를 의미하며, 이로서 블루투스 기기 간에 대용량의 그림, 동영상, 파일 등을 주고받을 수 있게 되었다.

하지만 이 전송속도는 실제로 Wi-Fi를 통해서 연결하여야만 가능하고, 블루투스는 단지 장치와 장치간의 연결과 연결 관리만을 위해 사용되었으며, 버전 3.0+HS에서 실질적인 전송 속도는 여전히 버전 2.x와 동일한 3Mbps로 제한되어 있었다.

### ④ 버전 4.0+LE (Low Energy)

블루투스 버전 4.0은 클래식(Classic), HS(High Speed), LE(Low Energy)의 3가지의 카테고리로 나눌 수 있다. 여기에서 클래식(Classic)과 HS(High Speed)는 각각 버전 2.1+EDR과 버전 3.0+HS에 대응되고, 실질적인 버전 4.0은 버전 4.0+LE라고 할 수 있다.

버전 4.0+LE(Low Energy)는 종래의 버전 3.0+HS와 달리, 소비전력을 대폭 낮춘 저전력(Low Energy) 버전이고, 이를 통해 버튼형 전지 1개만으로 블루투스 장치를 수년간 동작할 수 있도록 하였다.

버전 4.0+LE는 가전제품 등에 탑재된 센서(Sensor)와 같이 빠른 전송 속드와 연결의 지속성을 요구하지 않는 주변 장치와의 데이터 통신을 염두에 두고 만들어진 사양이기 때문에, 전송 속도는 1Mbps로 매우 느리지만, 스마트 워치, 스마트 번드, 각종 휴대용 장치 등에 광범위하게 사용되고 있다.

따라서 버전 4.0+LE는 버전 3.0+HS와 방향성을 달리하고 있기 때문에, 제품 제작자는 저전력이냐, 고속이냐는 목적에 맞춰 버전 3.0+HS 또는 버전 4.0+LE를 별도로 채용할 수 있다.

### ⑤ 버전 4.2와 버전 5

버전 4.2와 버전 5는 새롭게 부상하고 있는 사물인터넷(IoT, Internet of Thing)에 초점을 맞추어 개발하고 있으며, 데이터 전송 속도는 LE에 비해 2배의 전송속도인 2Mbps를 지원하고 있다.

**표 7.3 블루투스 규격의 종류**

| 발표년월 | 버전 | 전송속도 |
|---|---|---|
| 1999.07 | 버전 1.0 발표 | |
| 2003.11 | 버전 1.2 발표 | 723.1Kbps |
| 2004.11 | 버전 2.0 + EDR 발표 | 3.0Mbps |
| 2009.04 | 버전 3.0 + HS 발표 | 24Mbps |
| 2009.12 | 버전 4.0 + LE 발표 | 1Mbps |
| 2016.12 | 버전 5.0 발표 | 2Mbps |

## 7.6.2 블루투스 프로파일(Bluetooth Profile)

블루투스는 여러 종류의 장비와 통신을 하는 관계로, 장비의 종류에 따라 별도의 프로토콜이 존재하며, 각각 규정된 이들 프로토콜의 사용법을 프로파일(Profile)이라고 한다. 즉, 블루투스 프로파일은 블루투스의 기본 규격위에 더해진 프로토콜이다.

블루투스 규격은 블루투스가 어떻게 동작하는지를 설명하는 표준이고, 블루투스 프로파일은 어떻게 사용되는지를 설명하는 표준이다. 따라서 블루투스 장치는 통신하고자 하는 장비 간에 동일한 프로파일을 가지고 있어야만, 그 프로파일을 이용한 통신이 가능하다.

표 7.4에 블루투스의 대표적인 프로파일을 나타내었다.

**표 7.4 블루투스 프로파일의 종류**

| 이름 | 의미 | 설명 |
|---|---|---|
| GAP | Generic Access Profile | 블루투스 장비의 접속/인증/암호화를 규정하는 프로파일 |
| SDAP | Service Discovery Application Profile | 다른 블루투스 장비가 제공하는 프로파일을 참조하는 프로파일 |
| DUN | Dial-up Networking Profile | 휴대전화 등을 통해 인터넷에 다이얼 업 접속을 하기 위한 프로파일 |
| SPP | Serial Port Profile | 직렬통신 인터페이스(예: RS-232)를 무선으로 대체하여 사용하는 프로파일 |
| FTP | File Transfer Profile | 컴퓨터와 데이터 통신을 하기 위한 프로파일 |
| HID | Human Interface Device Profile | 마우스, 키보드, 조이스틱, USB 등의 입력 장치와 통신하기 위한 프로파일 |
| HSP | Headset Profile | 블루투스를 내장한 헤드셋과 통신하기 위한 프로파일, 모노음성 송수신, 양방향 |
| HFP | Hands-Free Profile | 자동차에서 헤드셋을 이용하여 핸즈프리 통화를 하기 위한 프로파일, 모노음성 송수신+착발신 기능, 양방향 |
| A2DP | Advanced Audio Distribution Profile | 블루투스를 내장한 헤드폰(또는 이어폰)으로 오디오를 전송하는 프로파일, 스테레오 고음질 음성 지원, 단방향 |
| AVRCP | Audio/Video Remote Control Profile | AV 기기의 리모콘 기능을 구현하는 프로파일 |

## 7.6.3 블루투스의 동작원리

블루투스는 2.4GHz 무선 링크를 통해 데이터를 주고받기위한 표준으로서, 특히 단거리(〈100m)에서 저전력, 저비용으로 무선 장치들을 연결할 수 있도록 해주며, 상대적으로 작은 데이터를 주고받는데 최적의 프로토콜이다.

ISM 대역인 2.4GHz 주파수 대역은 블루투스뿐만 아니라 Wi-Fi, ZigBee 등도 사용하는 RF 대역이기 때문에, 블루투스는 다른 프로토콜들과 분리되어 동작할 수 있도록 표준이 만들어져 있다.

근래에 많은 장치들이 무선으로 연결되고 있으며, 이 중에서 블루투스가 큰 부분을 차지하고 있다. 그리고 블루투스는 유선 통신인 시리얼 통신 인터페이스(RS-232, USB 등)를 무선으로 대체하는 등의 순기능을 가지고 있다.

## (1) 마스터 (Master), 슬레이브 (Slave), 피코넷 (Piconet)

한 사람의 범위 내에서 개인의 주위를 커버하는 휴대 통신 기기들(휴대폰, PDA, 스피커 등의 프로세서를 가진 모든 기기)간의 통신을 위한 네트워크를 개인 통신망(PAN : Personal Area Network)이라고 한다.

PAN은 일반적으로 유선 연결은 USB, IEEE1394, HDMI 등의 인터페이스를 통하여 연결하고, 무선 연결은 Bluetooth, Wi-Fi, ZigBee, IrDA 등의 무선 네트워크 기술을 이용하여 연결한다.

하지만, 보통 PAN은 모바일 컴퓨팅(Mobile Computing)이나 웨어러블 컴퓨팅(Wearable Computing)적인 성격이 강하기 때문에, 특히 블루투스나 UWB(Ultra WideBand)[87] 등과 같은 무선 연결 기술을 이용하여 개인 휴대 기기 사이에서 구성된 무선 연결망을 의미한다.

블루투스에서는 PAN을 피코넷(Piconet)이라고 부르며, 피코넷은 그 구성원을 마스터(Master) 장치와 슬레이브(Slave) 장치로 구분한다.

피코넷에서 마스터 장치는 그림 7.12처럼 오직 하나만 존재한다.

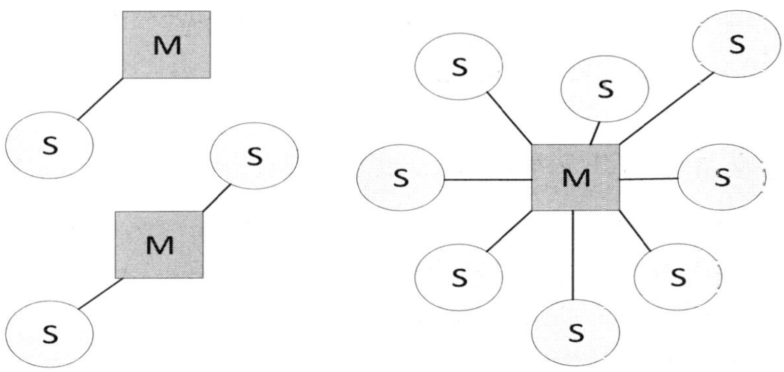


그림 7.12 피코넷에서 마스트 슬레이브 연결

87) UWB(Ultra WideBand)는 기존의 장치가 사용하는 주파수 대역보다 매우 넓은 대역에 걸쳐 낮은 전력으로 대용량의 정보를 전송하는 무선통신 기술이다.

하나의 마스터 장치는 피코넷을 통해 통신을 제어하는 역할을 하며, 최대 7대까지의 슬레이브 장치를 연결할 수 있고, 피코넷에 연결되는 슬레이브 장치는 오직 하나의 마스터 장치에만 연결할 수 있다.

마스터 장치는 연결된 어떤 슬레이브 장치와도 데이터를 전송할 수 있고, 요청을 보낼 수도 있다.

그리고 슬레이브 장치는 마스터 장치와 데이터를 교환할 수 있고, 마스터 장치를 통해 다른 슬레이브 장치와 통신을 할 수도 있지만, 슬레이브 장치끼리 직접 통신을 할 수는 없다.

### (2) 블루투스 장치 주소(Bluetooth Device Address)와 장치 이름

블루투스 장치는 1개 이상의 고유한 주소를 가지고 있는데, 이를 블루투스 장치주소(Bluetooth Device Address)라고 하고, 약어로는 BD_ADDR이라고 한다. BD_ADDR은 IEEE의 MAC 주소 결정 방법에 준용하여 만들어지며, 48비트의 고유한 주소로서 항상 12자리의 16진수 값으로 표시한다.

BD_ADDR의 상위 절반(24 비트)은 블루투스 장치를 개발한 제작사를 표시하는 주소, 즉 OUI(Organization Unique Identifier)이고, 하위 절반(24 비트)은 제조업체에서 지정하는 블루투스 장치의 고유한 주소이다.

따라서 블루투스 장치를 검색하면 항상 이 주소를 볼 수 있는데, 예를 들어 어떤 블루투스 장치의 "MAC NO." 항목이 "111222123456" 로 표시되어 있다면, 상위의 6자리 "111222" 는 OUI 주소이고, 하위의 6자리 "123456" 은 장치의 고유한 주소이다.

블루투스 장치는 사용자가 이해하기 쉽도록 고유 주소인 BD_ADDR 대신 장치이름을 제공할 수 있는데, 블루투스 장치를 검색을 하면 보이는 것이 바로 장치이름이다.

장치이름은 248Byte까지 가능하며, 서로 다른 장치가 같은 이름을 사용할 수도 있기 때문에, 장치이름에는 장치주소를 함께 나타내기도 한다.

### (3) 블루투스 장치의 연결 과정(Connection Process)

블루투스는 페어링(Pairing)이라는 과정을 통해 연결된다. 즉, 페어링은 두 장치를 하나의 쌍으로 묶는 단계를 말하며, 두 장치는 페어링 될 때 서로 장치주소, 장치이름, 비밀번호(Secret Key), 프로파일(Profiles)을 교환하고 저장해둔다.

페어링은 사용자가 원하는 장치에만 연결이 될 수 있도록 인증 과정을 요구할 수도 있다.

페어링된 두 장치는 연결된 후 결합(Bonding) 상태를 만들며, 결합(Bonding)된 장치들은 서로 가까운 거리를 유지할 때 자동으로 연결된다. 예를 들어 차량의 블루투스 장치와 휴대폰이 결합(Bonding)되면, 이후부터 차 안에서 또는 차를 탈 때마다 자동으로 연결된다.

블루투스 연결 과정은 다음과 같은 세 가지 단계를 통해 이루어진다.

### ① 질의 (Inquiry)

질의(Inquiry)는 두 개의 블루투스 장치가 서로 모르는 상태에서 서로를 찾기 위한 단계이다. 하나의 장치(예: 휴대폰)가 질의 요구(Inquiry Request)를 보내면, 상대방 장치는 이 요구(Request)에 대해 주소, 이름, 기타 필요 정보와 함께 응답(Response)한다.

### ② 호출 (Paging)

호출(Paging)은 두 장치를 상호 연결하는(Connecting) 과정이다. 연결(Connection)이 완료되기 전에 각각의 장치는 서로의 주소를 알고 있어야 한다.

### ③ 연결 (Connection)

호출(Paging) 과정이 끝나면, 두 장치는 연결(Connection) 상태가 된다. 연결된 상태에서 각각의 장치들은 표 7.5와 같은 자신의 모드(Mode)를 바꿀 수 있다.

**표 7.5 블루투스 모드의 종류**

| 종류 | 의미 | 설 명 |
|---|---|---|
| Active Mode | 일반적인 연결 상태 | 일반적인 연결 상태로, 두 장치는 데이터를 송수신할 수 있다. |
| Sniff Mode | 절전 모드 | 슬레이브는 비활동(Sleep) 상태를 유지하며, 정해진 시간 간격마다 송수신 내용이 있는지 확인한다. |
| Hold Mode | 일시적인 절전 모드 | 슬레이브는 정해진 시간동안 비활동(Sleep) 상태에 들어가며, 정해진 시간 이후 다시 Active Mode로 되돌아온다. 마스터 장치가 슬레이브 장치에게 이 모드로 들어가도록 지시할 수도 있다. |
| Park Mode | 정지 모드 | 슬레이브는 마스터에게 특별한 신호가 있을 때까지 정지모드로 들어간다는 것을 알려주고, 더 깊은 절전 모드로 들어간다. |

## (4) 전력 등급 (Power Class)

블루투스 장치의 신호 전송 강도, 신호 도달 범위는 다음과 같은 3단계의 전력 등급(Power Class)을 사용하며, 각각의 장치는 하나 혹은 복수의 전력 등급을 사용할 수 있다.

표 7.6 블루투스 장치의 전력 등급

| 등급 번호 | 최대 출력 전력 (dBm) | 최대 출력 전력 (mW) | 최대 도달범위 |
|---|---|---|---|
| Class 1 | 20dBm | 100mW | 100m |
| Class 2 | 4dBm | 2.5mW | 10m |
| Class 3 | 0dBm | 1mW | 10cm |

## 7.6.4 블루투스 특징

① 블루투스와 무선 랜(802.11b/g)은 2.4GHz대의 동일한 주파수를 사용한다. 동일한 주파수를 사용하기 때문에 동시사용에 따른 충돌이 발생할 수 있으며, 이는 피할 수 없는 문제이다. 하지만 블루투스는 주파수 도약(Frequency Hopping) 방식을 사용하기 때문에, 해당 주파수 대역에서 간섭이 일어난다 하더라도 즉시 비어있는 채널을 찾아 이동하여 데이터를 전송할 수 있다.

② 무선 랜과 블루투스 모듈 모두 가지고 있는 기기의 경우, 무선 랜과 블루투스 모두 동일한 주파수를 사용하기 때문에, 하나의 안테나를 사용하게 된다. 따라서 2 모듈이 한 번에 하나씩 사용하게 되면 문제없지만, 무선 랜과 블루투스가 동시에 사용되는 경우는 간섭을 최대한 줄이기 위하여 2 모듈이 서로 번갈아가며 데이터를 전송하는 방식을 사용한다.

③ 블루투스는 음성기기를 사용할 때 아주 잠깐의 지연현상이 발생하지만, 체감하기 어렵다. 하지만 두 기기의 거리가 1cm 이하로 근접해 있을 경우 간섭이 발생할 가능성이 있다.

## 7.6.5 무선 근거리 통신망의 비교

무선 근거리 통신망을 구축하는데 Wi-Fi를 이용하는 방법, 블루투스를 이용하는 방법, 그리고 지그비(ZigBee)를 이용하는 방법 등 다양한 방법이 있다.

Wi-Fi는 무선 근거리 통신망을 구축하는데 가장 익숙한 프로토콜이며, 고속으로 광대역 인터넷을 연결하는데 최적의 솔루션이다. 하지만 Wi-Fi는 많은 전력을 소모하는 단점이 있다.

지그비(ZigBee)는 가정 자동화(Home Automation)처럼 네트워크를 모니터링 해야 하는 경우에 좋은 답안이 된다. 이런 네트워크는 대부분 수십 개에서부터 수백 개의 무선 센서 노드가 존재하지만, 절전모드에서 대용량의 데이터를 사용하지 않기 때문이다.

블루투스는 무선 네트워크가 요구되는 모든 상황에 적합한 프로토콜은 아니지만, 일반적으로 무선 피코넷을 만드는데 유용한 프로토콜이며, 다른 프로토콜, 특히 지그비(ZigBee)에 비해 편리한 연결 과정을 제공한다.

블루투스 LE는 클래식 블루투스의 편리함과 저전력의 장점을 결합하였기 때문에, 배터리 소모량이 매우 작고, 1:1 연결에 최적화되어 있는 등의 장점이 있다. 하지단 네트워크 규모면에서는 지그비와 경쟁하긴 어렵다.

표 7.7에는 오늘날 무선 근거리 통신망을 구축하는데 많이 사용하는 Wi-Fi, 블루투스, 지그비(ZigBee)에 관해 상호 비교하여 나타내었다.

**표 7.7 무선 근거리 통신망의 비교**

| 항목 | 블루투스 Classic | 블루투스 4.0 LE | ZigBee | WiFi |
|---|---|---|---|---|
| IEEE 표준 | 802.15.1 | 802.15.1 | 802.15.4 | 802.11 a/b/g/n |
| 사용 주파수 (GHz) | 2.4 | 2.4 | 0.868, 0.915, 2.4 | 2.4, 5 |
| 최대 전송속도 (Mbps) | 1~3 | 1 | 0.25 | 11(b), 54(g), 600(n) |
| 일반 전송속도 (Mbps) | 0.7~2.1 | 0.27 | 0.2 | 7(b), 25(g), 150(n) |
| 최대 도달 거리 | Class 1 : 100m<br>Class 2 : 10m | 50m | 10~100m | 100~250m |
| 상대 소비 전력 | 중간 | 매우 낮음 | 매우 낮음 | 높음 |
| 예상 배터리 수명 | 수 일 | 몇 달~몇 년 | 몇 달~몇 년 | 수 시간 |
| 네트워크 규모 | 7 | - | 64,000+ | 255 |

## 연습문제

7.1 LAN의 정의와 특징을 설명하시오.

7.2 피어 투 피어(Peer to Peer) 방식의 통신망에 대해 설명해 보시오.

7.3 서버-클라이언트(Server-Client) 방식의 통신망에 대해 설명해 보시오.

7.4 LAN을 도입함으로써 어떤 이점이 얻어지는가?

7.5 LAN의 표준화에 관련된 홈페이지를 찾아가 LAN 표준화의 현황에 대해 조사해 보시오.

7.6 LAN과 MAN, WAN은 어떻게 다른가? 비교하여 설명해 보시오.

7.7 LAN에서 사용되는 토폴로지의 종류를 들고, 그 특징에 대해 설명해 보시오.

7.8 CSMA/CD 프로토콜에 대해 설명해 보시오.

7.9 LAN의 토큰 링 방식에 대해 설명해 보시오.

7.10 FDDI에 대해 조사해 보고, 앞으로의 발전 방향에 대해 설명해 보시오.

7.11 LAN을 연결하는 장비는 어떤 것이 있는가? 각 장비에 대해 특징을 설명해 보시오.

7.12 리피터, 브리지, 라우터, 게이트웨이에 대한 견본 장비를 인터넷에서 검색해 보고 각각의 기능을 조사해 보시오.

7.13 LAN에 대해 앞으로의 발전 방향에 대해 조사해 보시오.

7.14 무선 LAN의 사용 주파수에 대해 설명해 보시오. 그리고 무선 LAN의 사용 주파수에 대해 인터넷에서 검색해 보고 각각의 특징에 대해 말해 보시오.

7.15 무선 LAN의 표준에 대해 설명해 보시오.

7.16 무선 LAN의 구성 요소에 대해 설명해 보시오.

7.17 무선 LAN의 보안에 대해 설명해 보시오.

7.18 무선 LAN의 토폴로지에 대해 설명해 보시오.

7.19 블루투스의 규격에 대해 설명해 보시오.

7.20 블루투스 프로파일에 대해 설명해 보시오.

7.21 블루투스 마스터(Master), 슬레이브(Slave), 피코넷(Piconet)에 대해 설명해 보시오.

7.22 블루투스 장치주소(Bluetooth Device Address)와 장치 이름에 대해 설명해 보시오.

7.23 블루투스 장치의 연결 과정에 대해 설명해 보시오.

7.24 블루투스의 특징에 대해 설명해 보시오.

# 8

# 종합정보 통신망 (ISDN)

# 8.1 ISDN의 개요

## 8.1.1 ISDN의 정의

전송로와 교환기 그리고 가입자회선을 모두 디지털화하면 통신망은 디지털 전송로와 디지털 교환기, 디지털 가입자회선으로 이루어진 완전한 디지털 통신망을 구성할 수 있음을 5장의 정보 통신망의 디지털화 과정에서 설명한 바 있다.

기존의 아날로그 망에서는 음성, 데이터, 화상 등의 정보를 상대방에게 전송하려면 가능한 신호의 파형을 충실하게 전송하여야 한다. 그렇지 않으면 잡음이 누적되어 신호의 품질이 계속 나빠지게 된다. 그리고 정보간의 사용 주파수와 대역폭 등의 차이 때문에 둘 이상의 정보를 동시에 하나의 망으로 보내는 것은 통신망 시스템의 구현에 어려움이 있어 거의 불가능하다.

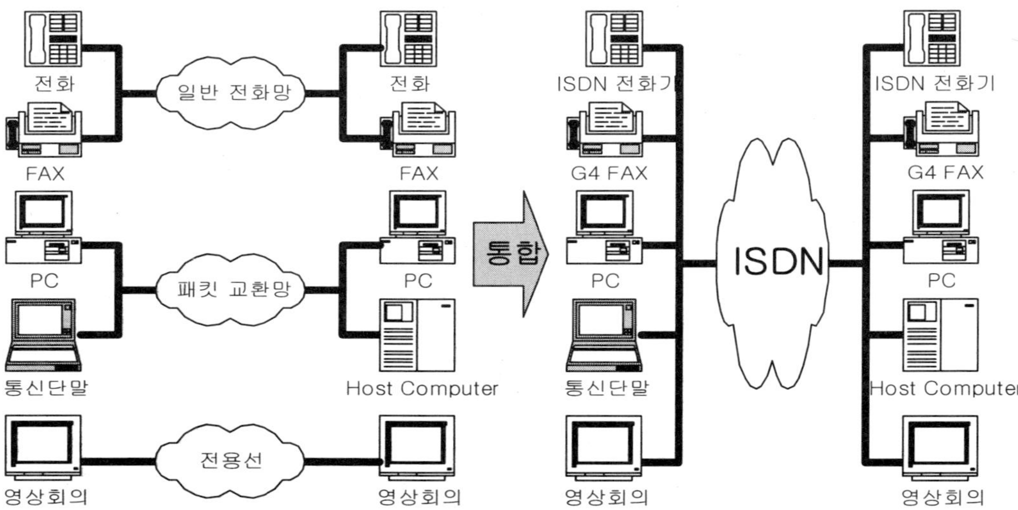


**그림 8.1 ISDN의 개념**

지금까지는 그림 8.1과 같이 전화를 걸 때 전화망을 사용하여 전화통화를 하였고, 컴퓨터를 이용하여 데이터를 주고받을 때에는 컴퓨터들 사이에 구축되어 있는 컴퓨터 통신망을 이용하여 통신하였다.

이와 같이 개별 서비스를 제공해 주는 통신망은 다양화되어 가는 추세에 부응하기 어렵고, 또 한 가입자가 여러 서비스를 제공받기 위해서는 각 서비스별로 가입하여 사용하여야 하는 번거로움이 있다.

하지만 디지털 링크로 구성된 디지털 통신망에서는 모든 정보를 디지털 형태로 표현할 수 있으므로, 여러 통신망을 통하여 제공되던 전화, 데이터, 팩시밀리, 화상 등의 모든 통신 서비스를 하나의 통신망으로 전송할 수 있는데, 이를 종합정보통신망(ISDN : Integrated Services Digital Network)이라고 한다.

즉, ISDN은 음성, 데이터, 영상 등의 서비스마다 별개로 운용되던 통신망을 하나로 통합시켜 하나의 통신망 상에서 제공하는 것을 목적으로 하는 고속, 고품질의 디지털 통신망이고, 이와 같은 ISDN 서비스를 제공하기 위해서는 전송로와 교환기, 그리고 가입자 회선을 모두 디지털화 하여야 한다.

따라서 ISDN은 사업자의 입장에서 보면 서비스별로 만들어진 통신망들을 하나로 통합할 수 있으므로 규모의 효과를 살릴 수 있고, 수요가 불확실한 서비스에도 우연하게 대응할 수 있다. 그리고 이용자 측면에서는 일일이 서비스별로 각기 다른 통신망에 가입할 필요가 없이 하나의 통신망에만 가입하면 여러 가지 서비스를 동시에 받을 수 있고, 또 이제까지 서비스별로 달리하여 사용하던 번호를 하나의 번호로 통일하여 쓸 수 있게 된다.

우리나라에서 ISDN은 1990년 시범서비스를 시작하여 1993년 12월부터 11개 도시에서 상용 서비스를 시작하였다. 하지만 개인 시장에서는 1999년부터 등장하기 시작한 ADSL 등의 초고속 인터넷 때문에 서비스 규모가 축소되었으며, 2003년 이후부터는 서비스가 중단되었고, 기업시장에서만 현재 서비스를 진행하고 있다.

### 8.1.2 ISDN의 표준화

ISDN은 사용자가 전화, 데이터, 팩시밀리, 화상 등 여러 가지 단말을 자유로이 네트워크에 접속하여 통신할 수 있다는 점이 가장 큰 특징이다.

하지만 아무리 디지털 네트워크를 구축하였다고 하더라도 단말기와 네트워크의 접속방법(인터페이스)을 통일하지 않으면 『각종 단말을 자유롭게 접속』 할 수 없다. 이것은 아무리 좋은 커피포트를 샀다고 하더라도, 커피포트의 플러그가 가정에 있는 콘센트와 맞지 않으면 사용할 수 없는 것과 마찬가지이다. 이것이 바로 인터페이스이다.

ISDN에서 여러 가지 서비스를 동시에 제공하기 위해서는 모든 단말이 공통적으로 사용할 수 있는 새로운 인터페이스를 만들 필요가 있다. 따라서 이에 관련된 인터페이스를 ITU-T에서 표준화하고 있는데, 이것을 ITU-T의 I-인터페이스라고 하며, 표 8.1에 요약하여 두었다.

ITU-T가 제정한 I계열의 권고에 따르면, 가입자 단말기를 ISDN 통신망에 접속할 때, 다음과 같은 조건을 만족하여야 한다고 되어 있다.

① 세계의 어떠한 단말이라도 자유롭게 접속할 수 있고,
② 각종 서비스 접속에 공동으로 이용할 수 있으며,
③ 호(Call)별로 서로 다른 서비스(회선 교환 또는 패킷 교환, 저속 또는 고속의 전송속도 차이 등)의 선택이 가능하고,
④ 동시에 복수 단말을 접속할 수 있고,
⑤ 통신 중에 단말을 이동할 수 있고,
⑥ 고속, 다중 서비스를 받을 수 있어야 한다.

이것을 보면 ISDN이 기존의 전화망과 얼마나 다른가를 알 수 있다.

**표 8.1 ITU-T의 ISDN 권고안의 구성**

| 권고안 | 주제 | 내용 |
|---|---|---|
| I.100 | ISDN의 전반에 관한 규정 | 권고의 구성, ISDN의 정의, 개념, 용어 정리 |
| I.200 | 서비스에 관한 규정 | 베어러 서비스와 텔레서비스의 분류, 서비스 속성 |
| I.300 | 망의 구조에 관한 규정 | ISDN 프로토콜 참조 모델, 번호 계획, 접속 형태 |
| I.400 | 사용자 - 망 접속에 관한 규정 | 가입자 접속 참조 모델, 번호 계획, 접속 형태 |
| I.500 | 망간 접속에 관한 규정 | ISDN과 ISDN, ISDN과 타망간의 연동을 위한 접속 규정 |
| I.600 | 시험과 보수에 관한 규정 | 망의 운영, 시험관련 일반 원칙 |

# 8.2 협대역 ISDN (N-ISDN : Narrowband-ISDN)

## 8.2.1 협대역 ISDN (N-ISDN)과 광대역 ISDN (B-ISDN)

ISDN은 사용하는 전송회선의 종류에 따라 구분하면, 가정의 전화선을 사용하는 협대역 ISDN(N-ISDN : Narrowband-ISDN)과 광통신망을 기반으로 하는 광대역 ISDN(B-ISDN : Broadband-ISDN)으로 구분할 수 있다.

협대역 ISDN은 기존의 전화선을 사용하기 때문에 전송속도에 한계가 있어 64Kbps를 기본 전송속도로 하고 있다. 따라서 협대역 ISDN은 64Kbps를 기본으로 하고, 최대 1.5Mbps 혹은 2Mbps까지의 정보 신호를 취급하는 디지털 통신망이라고 정의할 수 있으며, 그 이상의 전송속도를 취급하는 디지털 통신망을 광대역 ISDN이라고 정의할 수 있다.

### 8.2.2 ISDN의 기본 전송속도

ISDN에서 64Kbps를 기본 전송속도로 하는 이유는 왜일까? 그것은 맨 처음 전화망에서 전송기술을 디지털화할 때, 음성 신호의 대역폭을 4KHz로 설정하였기 때문이다. 즉, 음성 신호의 대역폭을 4KHz로 설정하면, 음성 신호의 표본화 주파수는 음성 신호 대역폭의 2배인 8KHz가 되고, 각 표본에 대해 8비트로 부호화를 하면, 전송 시스템의 전송속도는 8[KHz]×8[Bit]=64[Kbps]가 되기 때문이다. 그 후 전송 시스템의 디지털화는 교환기의 디지털화를 이끌어내게 되는데, 교환기를 디지털화할 때 기존에 이미 광범위하게 설치되어 있는 전송 시스템의 전송속도에 맞춘 것이 오늘날의 디지털 교환기이고, 이 디지털 교환기를 수용하여 디지털 통신망을 구축한 것이 협대역 ISDN이다.

64Kbps의 협대역 ISDN을 사용하면 기존의 디지털 통신망에서 사용하던 데이터 신호와 팩시밀리, 정지영상 등의 신호를 전송할 수 있고, 영상회의와 초고속 데이터 전송 등과 같은 64Kbps 이상의 전송속도를 필요로 하는 경우에는 복수개의 회선을 함께 사용하여 전송할 수 있다. 하지만, 디지털 계층의 일차군에 해당하는 1.5Mbps 혹은 2Mbps 그 이상의 데이터는 광대역 ISDN을 이용하여야 전송할 수 있다.

ISDN의 특징은 가입자가 표준화된 동일접속에 의해 하나의 통신망을 이용하여 전송하는 것이기 때문에, ISDN 통신망은 가입자가 보내온 정보 신호의 종류에 따라서 회선 교환, 고속회선 교환, 패킷 교환 중에 하나로 할당하도록 되어 있다. 하지만 사용자는 이들 3가지를 의식할 필요 없이 네트워크를 이용할 수 있다.

## 8.3 ISDN의 채널

### 8.3.1 ISDN 접속 채널 종류

데이터 통신에서 채널이란 신호가 전송될 수 있는 통로로서, 채널은 사용자의 데이터나 통신망의 신호정보를 전송하는데 사용된다. ISDN에서는 다양한 종류의 전송속도를 갖는 서비스를 제공하여야 하므로, 이를 위해 다양한 대역폭의 채널이 필요하다.

ISDN의 가입자-망 인터페이스 상에서 이루어지는 접속 채널은 용도에 따라 요구되는 용량이 다르며, ITU-T에서는 그 유형과 비트율에 따라 표 8.2와 같이 3가지를 채널을 규정하고 있다.

표 8.2 협대역 ISDN의 채널 종류와 채널별 기능

| 채널 | 전송속도 | 기능 | 비고 |
|---|---|---|---|
| B | 64Kbps | 64Kbps의 사용자 정보 전송 | 정보전송용 채널 |
| D | 16Kbps(BRI)<br>64Kbps(PRI) | 회선 교환 방식 : 신호(Signaling) 정보 전송<br>패킷 교환 방식 : 16Kbps 이하의 사용자 패킷 전송 | 신호전송용 채널 |
| H | H0 : 384Kbps<br>H11 : 1,536Kbps<br>H12 : 1,920Kbps | B 채널보다 고속의 사용자 정보 전송 | 정보전송용 채널 |

### (1) B 채널

B채널은 음성, 오디오, 비디오, 데이터 등의 사용자 정보를 전송하는 정보 채널로서, 회선 교환, 패킷 교환, 전용선 등의 3가지 통신 모드에 이용된다. 그리고 하나의 B채널은 64Kbps의 전송속도로 전송되며, ISDN에서는 B채널 단위로 교환접속을 수행하기 때문에 B채널을 기본 채널이라고 한다.

B채널(64Kbps)을 요구하는 서비스로는 전화, G4 팩시밀리, 정지영상 등이 있는데, B채널은 이와 같은 부류의 서비스를 제공하는데 사용된다.

### (2) D 채널

ISDN 장비가 서비스를 요구하기 위해 메시지들을 ISDN 망으로 보내는데, D채널은 이 때 사용되는 신호정보를 전달하기 위한 채널이다. 즉, D채널은 가입자의 단말기와 교환기 사이에서 통신을 제어하는 신호를 전송하기 위해 사용하며, 이를 D채널 신호 방식이라고 한다.

D채널의 속도는 기본 접속 인터페이스(BRI)에서는 16Kbps이고, 일차군 접속 인터페이스(PRI)에서는 64Kbps이다. 그리고 D채널은 단말기와 교환기 사이에서 다이얼 번호와 호출음, 신호변환 등의 제어신호를 패킷 형태의 신호로 전송하여 제어한다.

### (3) H 채널

H채널은 B채널과 동일한 기능을 하는 채널이지만 용량이 대용량이라는 점이 다르다. 즉, 64Kbps보다 빠른 속도를 필요로 하는 통신 서비스는 H채널에 의해 제공되며, 이것은 여러 개의 B채널을 묶은 것과 같은 크기의 대역폭을 제공한다.

64Kbps보다 상위의 비트율을 요구하는 서비스는 고속 팩시밀리, 고속 데이터, 고품질 오디오, 원격 회의, 비디오 서비스 등이 있다.

H채널의 기본 채널은 H0채널인데, 이것은 B채널 6개를 결합한 384Kbps의 전송능력을 가지

고 있고, 고품질의 오디오를 지원할 수 있는 속도이다.

H1채널은 T1 전송선로나 E1 전송선로를 채택하는 단일 사용자에게 가용할 수 있는 모든 H0채널을 제공하는 채널로서, 표 8.3과 같이 북미방식의 H11 채널과 유럽방식의 H12 채널 두 가지가 있다.

H11채널은 4개의 H0 채널, 즉, 24개의 B채널에 해당하는 1.536Mbps의 전송속도로 전송할 수 있고, H12채널은 5개의 H0채널, 즉, 30개의 B채널에 해당하는 1.920Mbs의 전송속도로 전송할 수 있다. H1채널은 비디오 화상회의나 고품질의 고속 팩스 서비스를 지원할 수 있다.

H2도 H1과 마찬가지 개념으로 정의되는데, 북미방식의 H21채널과 유럽방식의 H22채널 두 가지가 있으며, 이들을 표 8.3에 나타내었다.

**표 8.3 H 채널의 형태와 용도**

| 채널의 종류 | 전송속도(Kbps) | H0채널 개수 | B채널 개수 | 용도 |
|---|---|---|---|---|
| H0 | 384 | 1 | 6 | 고품질오디오 |
| H11<br>H12 | 1,536<br>1,920 | 4<br>5 | 24<br>30 | 화상회의 |
| H21<br>H22 | 32,768<br>44,160 | -<br>115 | 512<br>690 | 영상전송 |
| H4 | 135,168 | 352 | 2112 | HDTV |

## 8.3.2 ISDN 채널의 전송구조

ITU-T I 계열 권고에서 규정하고 있는 채널의 종류로는, 전화, G4 팩시밀리, 정지영상 등에 활용하는 B채널(64Kbps), 초고속 데이터와 간단한 동영상에 활용할 수 있는 H채널(384Kbps, 1536Kbps), 다이얼 번호와 호출음, 신호변환 등의 제어신호 전송에 활용되는 D채널(16Kbps, 64Kbps) 등 세 가지 종류가 있다.

그리고 ISDN에서 가입자에게 서비스할 때에는 이들 채널 단독으로 제공되는 것이 아니라 실질적으로는 이들 채널을 조합한 형태로 제공되는데, 가입자 접속 방식에 따라 다음과 같이 2가지로 구분한다.

- 기본 접속 인터페이스(BRI : Basic Rate Access Interface) : 144Kbps
- 일차군 접속 인터페이스(PRI : Primary Rate Access Interface) : 1.536Mbps

### (1) 기본 접속 인터페이스(BRI : Basic Rate Access Interface)

기본 접속 인터페이스는 그림 8.2와 같이 64Kbps B채널 2개와 16Kbps D채널 1개로 구성되므로 일반적으로 2B+D라고도 하는데, B채널은 정보용 채널이고 D채널은 제어신호용 채널이다. 그리고 두 개의 B채널과 한 개의 D채널은 시분할 다중(TDM)화 하여 전송되므로, 최대 전송속도는 64+64+16=144Kbps가 되고, 이것은 이미 설치되어 있는 전화회선을 사용하여 디지털 전송을 할 수 있는 최대 한계 값이다.

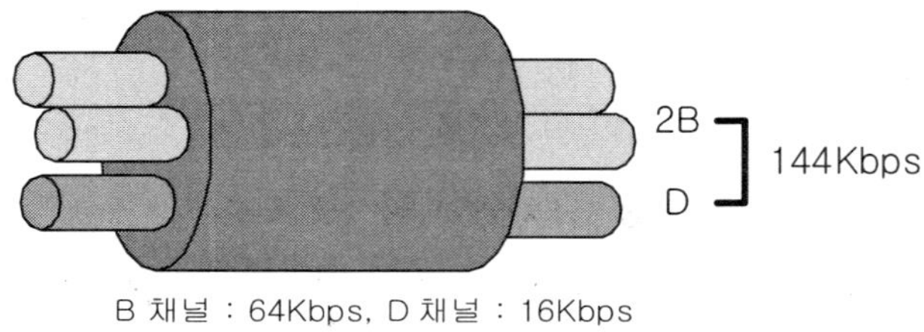


그림 8.2 기본 접속 인터페이스(BRI)

ISDN을 사용할 때 전화와 PC 통신을 동시에 할 수 있는 것은 두 개의 B채널 중 하나는 전화에 연결하고, 다른 하나는 PC에 연결하여 사용할 수 있기 때문이다. 따라서 전화와 PC 통신을 동시에 할 때에는 PC 통신의 데이터 전송속도를 최대 64Kbps까지 사용할 수 있고, PC 통신만 할 경우에는 두 개의 B채널을 동시에 사용할 수 있으므로, 최대 128Kbps까지 전송할 수 있다.

또 ISDN은 전화와 PC통신만 동시에 할 수 있는 것은 아니고, 현재 연결해 놓은 장비에 따라 전화 2대를 동시에 사용할 수도 있고 전화와 팩스를 동시에 사용할 수도 있다. 전자는 '1가구 2전화' 라는 시대의 요구에 부응할 수 있고, 후자는 전화와 팩시밀리를 따로 가입할 필요 없이 하나의 전화번호를 사용할 수 있기 때문에 편리하다.

D채널은 다이얼 신호와 벨을 울리는 호출신호, 통화 중에 또 다른 전화가 왔음을 알려주는 통화중 대기신호 등의 각종 제어신호를 보내는 전용채널로서, 두 개의 B채널에 공통적으로 사용된다.

기존의 전화는 통화 채널을 사용해 제어신호를 보내기 때문에, 통화 중에 제어신호를 보내면 음성 신호에 방해를 주어 복잡한 제어신호를 보낼 수 없었다. 하지만, ISDN에서는 통화 채널과는 별도의 D채널을 사용하여 제어신호를 전송하므로, 이 같은 제약이 없어 여러 가지 다양한 서비스를 제공할 수 있다. 예를 들어, 교환기가 D채널을 이용해 보내오는 상대방의 번호를 표시해 주는 발신자 번호 표시 기능 등이다.

제어신호는 정보 신호처럼 연속적으로 한꺼번에 보내지는 것이 아니고, 수시로 그리고 산발적으로 전송된다. 따라서 D채널이 제어신호를 주고받지 않는 빈 시간을 이용해 PC나 신용카드 조회기, POS(Point Of Sales) 등의 패킷 데이터를 보낼 수도 있는데 이를 D채널 패킷이라고 한다. 이렇게 되면 사용자는 두 개의 B채널과 함께 3개의 회선을 동시에 사용할 수 있게 된다.

기본 접속 인터페이스는 주로 일반 가정의 사용자가 사용하며, 일반 가정에서부터 업무용(주로 SOHO)까지 널리 사용되고 있다.

### (2) 일차군 접속 인터페이스 (PRI : Primary Rate Access Interface)

일차군 접속 인터페이스(PRI)는 BRI보다 훨씬 큰 대역폭을 제공하는 인터페이스로서, 그림 8.3과 같이 23B+D(1.536Mbps) 또는 30B+D의 인터페이스 구조를 가지는 고속 데이터 전송용 인터페이스이다.

여기에서, 북미방식은 64Kbps B채널 23개와 64Kbps D채널 1개를 T1 전송선로에 실어 전송하고, 유럽방식은 64Kbps B 채널 30개와 64Kbps D채널 1개, 그리고 프레임 동기 채널 1개를 E1 전송선로에 실어 전송한다. 국내에서 제공되는 PRI 회선은 유럽방식인 E1이다.

PRI의 B채널은 BRI와 마찬가지로 64Kbps이지만, D채널은 BRI가 16Kbps인데 반해 PRI는 64Kbps로 BRI의 4배이다. 이것은 64Kbps D채널 하나로 24개 또는 30개의 B채널을 모두 제어하기 위함이다.

따라서 일차군 접속 인터페이스는 통화량이 집중되고 이용자가 많은 본사나 ISP (Information Service Provider), 사설 교환기(PBX), LAN, 통신 서비스 업체 등이 주로 사용하는 서비스로서 주로 업무용으로 사용되고 있다.

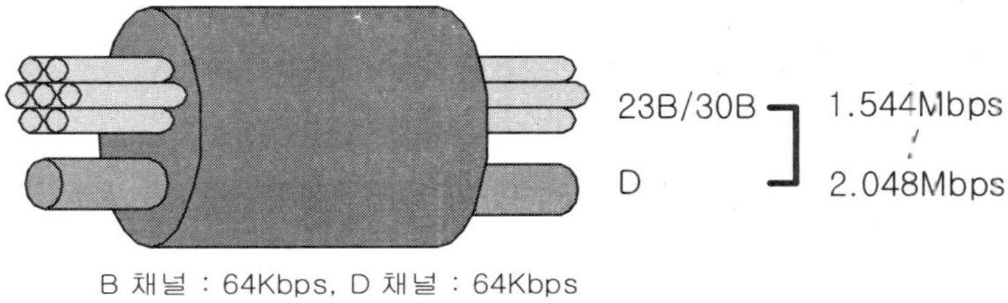


**그림 8.3 일차군 접속 인터페이스 (PRI)**

# 8.4 ISDN의 가입자-망간 접속

기존의 단말은 통신망에 접속하기 위한 조건과 규격이 단말기별로 다른 데 반해, ISDN에서는 하나의 단말기로 여러 가지의 서비스를 제공하므로 이를 단일화 할 필요가 있다. ITU-T에서는 이와 같은 가입자의 단말기와 네트워크간의 접속방법으로서 ISDN 가입자-망간 접속(UNI : User-Network Interface)이라는 국제표준이 제정되어 있는데, 그림 8.4에 보는 바와 같이 기능 그룹과 참조점으로 분리하여 정의하고 있다.

그림 8.5에는 이들 기능 그룹과 참조점을 고려하여 ISDN망의 구성도를 나타내었다.

## 8.4.1 기능 그룹

기능 그룹이란 교환기와 단말기 사이에서 정보 전송을 위해 기능에 따라 통합하여 하나의 그룹으로 나타낸 것이다.

기능 그룹은 논리적인 구분이고, 실제 물리적인 장치가 반드시 이것과 일치할 필요는 없다. 그림 8.4에서 TE1, TE2, TA, NT1, NT2가 기능 그룹이다.

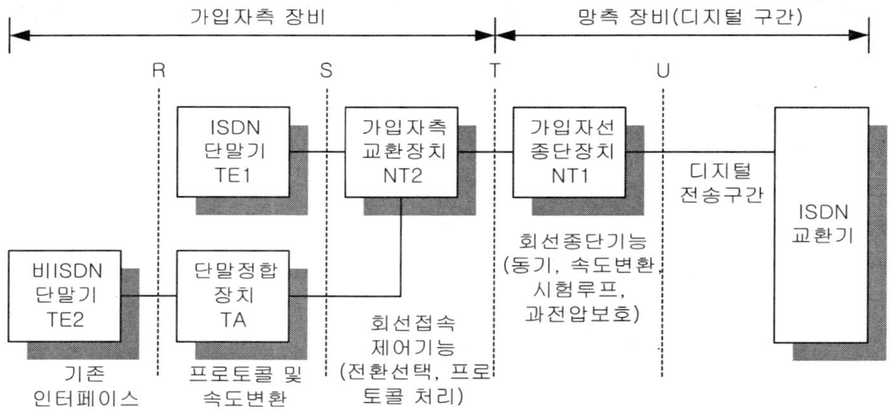


**그림 8.4 가입자 망 인터페이스**

### (1) NT1 (Network Terminator 1)

NT1은 ISDN 망의 교환기와 가입자의 ISDN 단말기를 상호 접속시켜 주는 장비이다.

이 장비의 주요 목적은 전화국에서 설치장소까지 들어오는 선로의 종단을 알려주는 것이며, 전화국에서 오는 U 인터페이스를 S/T 인터페이스로 바꿔주는 역할을 한다. ISDN을 데이터용으로 사용하든 음성용으로 사용하든 이 장치는 반드시 필요하다.

NT1은 8대까지 ISDN 전화기를 연결시켜주는 확장 기능과 ISDN 전화기에 전원을 공급하는 기능도 수행한다.

### (2) NT2 (Network Terminator 2)

NT2는 가입자 지역에서 회선 교환과 집선(Concentration)기능을 수행하는 기능블록이다. 이 기능을 수행하는 장비의 예는 ISDN용 사설 교환기(PBX : Private Branch eXchanges), LAN의 PRI 라우터 등이 있다.

따라서 일반 가정에서 사용하는 BRI의 경우에는 이 기능은 수행되지 않는다.

### (3) TE1 (Terminal Equipment 1)

TE1은 ISDN 표준 인터페이스를 가지는 단말 장비로서 실제로 사용자가 사용하는 장비이다. TE1의 대표적인 예는 ISDN 전화기, G4 FAX, ISDN 화상 단말기 등이 있다.

ISDN 전화기는 ISDN 회선에 연결하여 전화통화를 할 수 있는 디지털 전화기로서, 디지털 방식이기 때문에 음질과 통화감도가 매우 좋다. 그리고 ISDN 전화기는 내브에 TA 기능을 포함하고 있기 때문에, 일반 전화기나 일반 FAX를 연결하여 사용할 수도 있고 모뎀을 연결하여 PC 통신을 할 수 있으며, 아울러 각종 부가 서비스도 사용할 수 있다.

G4 FAX는 ISDN 전용 디지털 팩시밀리이고, 칼라전송이 가능하며, 고속 고품질의 출력을 얻을 수 있다.

### (4) TE2 (Terminal Equipment 2)

TE2는 기존의 비 ISDN 계열 단말기로서, 일반전화기, G3 FAX, 아날로그 모뎀 등을 말하며, 이와 같은 장비를 이용하여 ISDN망에 접속하려면 TE2 자체로는 접속할 수 없고, TA를 통해야만 접속할 수 있다.

### (5) TA (Terminal Adapter)

TA는 ISDN 접속기능이 없는 일반 아날로그 방식의 통신장비, 즉 TE2를 ISDN 망에 접속할 수 있도록 프로토콜을 변환해 주는 단말 정합 장치이다.

TA는 사용하는 단말과 접속조건에 따라 일반 전화기나 G3 팩시밀리 등의 아날로그 단말을 접속하기 위한 TA, 데이터 단말 등의 회선 교환용 디지털 통신단말을 접속하기 위한 TA, 패킷 통신용 단말을 접속하기 위한 TA 등 크게 세 종류로 구분할 수 있다.

TA의 주요 기능으로는 여러 통신 속도를 가지는 기존 단말의 전송속도를 ISDN B채널의 전송속도인 64Kbps로 맞추어 주는 속도 정합 기능, 정보 신호와 함께 들어오는 기존 단말의 제어신호를 D채널 신호 방식의 형태로 변환하는 신호변환 기능, 그리고 아날로그 정보를 디지털 정보로 변환하는 디지털화 기능 등이 있다.

**표 8.4 ISDN 기능 그룹의 기능**

| 기능 그룹 | 기능 | 사용 예 |
|---|---|---|
| TE1 | ■ ISDN 접속 기능을 가진 단말기 | ISDN 전화기, G4 Fax |
| TE2 | ■ ISDN 접속 기능을 가지지 않는 기존의 단말기 | 기존의 아날로그 전화기 |
| TA | ■ TE2 단말장치에 ISDN 접속 기능 제공<br>■ 신호 변환 기능<br>■ 속도 정합 기능<br>■ 아날로그 정보의 디지털화 | ISDN 정합장치 |
| NT2 | ■ 가입자 구내 교환장치<br>■ 계층 2, 3 프로토콜 처리<br>■ 계층 2, 3 다중화 기능<br>■ 교환 기능<br>■ 집선 기능<br>■ 유지보수 기능 | ISDN 구내 교환기 |
| NT1 | ■ 회선 종단장치<br>■ 계층 1 선로 유지보수 및 성능 감시<br>■ 계층 1의 다중화<br>■ 비트 타이밍<br>■ 가입자 구내망 접속 종단 | 아파트 관리실의 MDF<br>(Main Distribution frame) |
| LE | ■ ISDN 교환기능<br>■ UNI, NNI 신호 기능<br>■ 패킷 처리<br>■ 프레임 릴레이 패킷 처리 | ISDN 교환기 |

### 8.4.2 참조점(Reference Point)

ISDN은 ISDN 단말기와 비 ISDN 단말기를 ISDN 망에 연결하기 위해 참조점(Reference Point)을 정해두고 있는데, 참조점은 각 기능 그룹을 분리하거나 결합하기 위해 기준이 되는 지점으로서, 전송선로에서 가까운 곳으로부터 U, T, S, R로 정의되어 있다.

그림 8.5에 이와 같은 기능 그룹과 참조점을 고려하여 ISDN 망의 구성도를 나타내었다.

#### (1) U 참조점

U참조점은 전화국의 ISDN 교환기와 NT1 사이, 즉, 양방향으로 디지털 정보를 송수신할

수 있는 ISDN의 전화선을 U점이라고 한다.

### (2) T 참조점과 S 참조점

T참조점은 NT2와 NT1을 분리시키는 지점으로서 가입자 장치와 네트워크 장비의 경계점을 나타내고, S참조점은 ISDN 단말기들에게 제공되는 인터페이스 중에서 사용자 단말기와 망 종단 장치의 경계점을 나타낸다.

그런데 NT2는 가정에서 사용하는 BRI에는 해당사항이 없으므로, S참조점과 T참조점을 합쳐 S/T참조점이라고 한다. S/T참조점에는 TE1에 해당하는 ISDN 응용 단말기가 붙는다.

### (3) R 참조점

R참조점은 비 ISDN 단말기와 TA 장치간의 접속점을 나타낸다. 따라서 R참조점에는 TE2에 해당하는 일반 아날로그 단말기들이 붙는다.

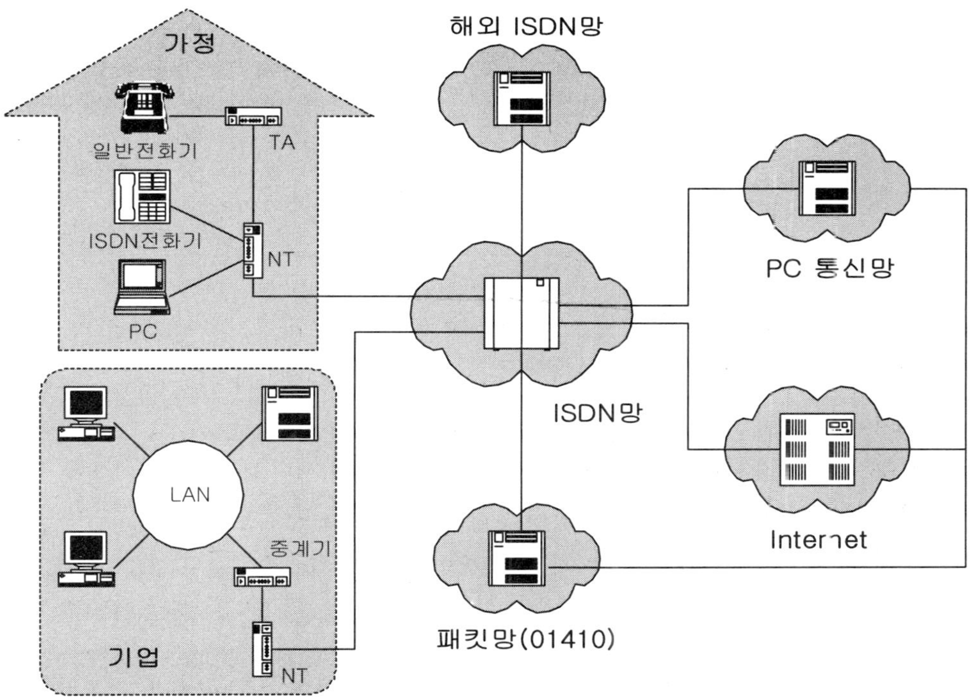


그림 8.5 ISDN 망의 구성

## 8.5 ISDN의 서비스

ISDN에서는 여러 가지 통신 서비스를 하나의 사용자-망 인터페이스(UNI)를 이용하여 사용자에게 제공하고 있고, 음성 및 비음성의 각종 통신 서비스를 동일 네트워크에서 제공함으로써 종합화를 이루고 있다.

ISDN에서 제공하는 서비스는 ITU-T I.120 권고안에서 ISDN 서비스의 전체특성을 제시하고 있고, 이들 서비스에 대한 구체적인 규정은 ITU-T I.200 시리즈의 권고안에서 제시하고 있다.

### 8.5.1 ISDN 서비스의 분류

ISDN에서 제공하는 서비스는 표 8.5에 나타낸 바와 같이 크게 기본 서비스(Basic Service)와 부가 서비스(Supplementary Service)로 구분되며, 기본 서비스는 다시 베어러 서비스(Bearer Service), 텔레서비스(Teleservice)로 구분된다.

**표 8.5 ISDN 서비스의 분류**

| ISDN 통신 서비스 | | | |
|---|---|---|---|
| 베어러 서비스 | | 텔레서비스 | |
| 기본 베어러 서비스 | 기본 베어러 서비스<br>+<br>부가 서비스 | 기본 텔레서비스 | 기본 텔레서비스<br>+<br>부가 서비스 |

베어러 서비스는 OSI 참조 모델 계층 1부터 계층 3까지의 하위계층을 이용하여 주로 정보전달 기능의 서비스를 제공하고, 텔레서비스는 OSI 참조 모델 계층 4부터 계층 7까지의 상위계층을 이용하여 서비스 응용기능의 서비스를 제공한다.

그리고 부가 서비스는 통신기능 서비스와는 별도로 베어러 서비스나 텔레서비스에 부속하여 그 기능을 향상시키는 서비스를 제공한다.

이와 같은 ISDN 서비스의 구분을 그림 8.6에 나타내었다.

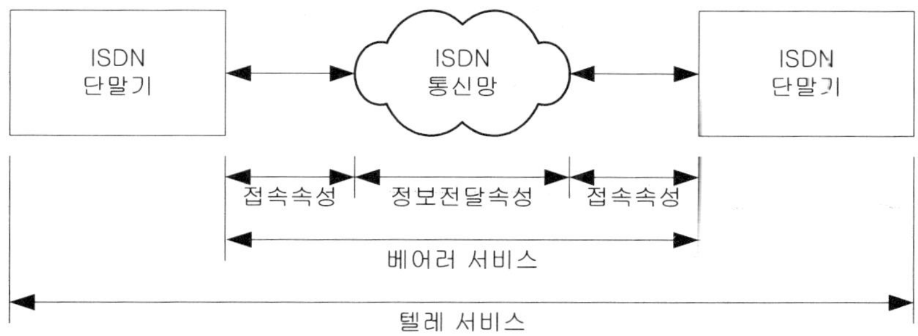


그림 8.6 ISDN 서비스 구분

## 8.5.2 베어러 서비스(Bearer Service)

ITU-T I.210과 I.230에 규정된 ISDN 베어러 서비스(Bearer Service)는 OSI 계층 구조상의 1~3 계층에 해당하는 하위 계층의 기능만으로 정보 전달 기능을 제공하는 서비스로서, 망 접속 기능을 정의하는 하위 3계층만이 표준화되어 있고, 단말의 기능과 상위 계층에 대한 정의는 포함되어 있지 않은 서비스를 말한다.

즉, ISDN 베어러 서비스에서는 음성, 데이터, 동화상 등의 정보를 실시간으로 전송할 수 있는 기능과 종단 사용자간의 단순 데이터 전송 기능은 제공하지만, 상위 계층의 프로토콜에 관련된 것은 제공하지 않으므로 사용자가 상위 계층의 기능을 결정해야 한다.

ISDN에서는 다양한 종류의 베어러 서비스가 존재하지만 이들을 각각 기술하지는 않고 단지 서비스를 특징짓는 속성(Attribute)으로만 분류하는데, 이와 같이 하는 이유는 서비스를 정확히 기술할 수 있고, 또 다른 서비스와 명확히 구분할 수 있기 때문이다.

베어러 서비스를 정의하는 속성에는 정보전달 속성, 가입자 접속 속성, 일반속성이 있으며, 이들 각 속성에 대해 선택한 값들의 조합이 베어러 서비스로 정의된다.

### (1) 정보전달 속성

정보전달 속성은 ISDN을 통한 양 단말 사이의 접속 특성을 나타내는 속성으로, 표 8.6에 나타낸 바와 같이 정보의 전달형태, 정보의 전달속도, 정보의 전달능력, 정보의 전송 구조, 회선의 설립방법, 회선의 대칭성, 통신 구성방법 등 7가지의 정보전달 속성이 있다.

**표 8.6 베어러 서비스의 정보전달 속성**

| 속성 | 속성 값 | | | | | | |
|---|---|---|---|---|---|---|---|
| 1. 전달형태 | 회선 교환 | | | | | | 패킷 교환 |
| 2. 정보전달속도 | 64 Kbps | 2×64 Kbps | 384 Kbps | 1,536 Kbps | 1,920 Kbps | FFS | FFS[88] |
| 3. 정보전달능력 | 비제한 | 음성 | 3.1KHz 오디오 | 7KHz 오디오 | 15KHz 오디오 | 비디오 | FFS |
| 4. 구조 | 8KHz 구조 | 서비스데이터 구조 | TSSI[89] | RDTD[90] | 비구조 | | |
| 5. 회선의 설립 | 요구(Demand) | 예약접속(Reserved) | 영구접속(Permanent) | | | | |
| 6. 대칭성 | 단방향 | 양방향 대칭 | 양방향 비대칭 | | | | |
| 7. 통신구성 | Point-to-Point | Multipoint | Broadcast | | | | |

**표 8.7 베어러 서비스의 가입자 접속 속성**

| Access attributes | 속성 값 | | | | | | | |
|---|---|---|---|---|---|---|---|---|
| 8. 접속 채널 및 속도 | D (16Kbps) | | D (64Kbps) | | B | H0 | H11 | H12 |
| 9.1 신호접속 프로토콜 1계층 | I.430/ I.431 | I.461 | I.462 | I.463 | V.120 (I.465) | | FFS | |
| 9.2 신호접속 프로토콜 2계층 | I.440/ I.441 | I.462 | X.25 (LAPB) | Q.922 (LAPF) | FFS | | | |
| 9.3 신호접속 프로토콜 3계층 | I.450/ I.451 | I.461 | I.462 | X.25 | I.463 Q.933 | | FFS | |
| 9.4 정보접속 프로토콜 1계층 | I.430/ I.431 | I.460 | I.461 | I.462 | I.463 | I.465 (V.120) | G.711 | G.722 |
| 9.5 정보접속 프로토콜 2계층 | HDLC LAPB | I.440/ I.441 | X.25 | I.462 | Q.922 (LAPB) | | FFS | |
| 9.6 정보접속 프로토콜 3계층 | T.70-3 | X.25 | I.462 | FFS | | | | |

88) FFS(For Futher Study) : 추후 연구 과제

89) TSSI(Time Slot Sequence Integrity) : 타임슬롯 순서 무결성

90) RDTD(Restricted Differential Time Delay) : 제한된 차동 시간 지연

### (2) 가입자 접속 속성

가입자 접속 속성은 사용자-망 인터페이스의 특성을 나타내는 속성으로 사용자가 통신망 서비스에 접속하는데 사용하는 프로토콜과 채널 유형에 대한 정보를 제공하데 사용한다. 가입자 접속 속성에 대한 사항은 표 8.7에 나타내었다.

가입자 접속 속성은 통신망이 사용자 정보를 어떻게 전달하는지와 양단간 접속이 어떻게 성립되는지에 대해서는 설명하지 않는다. 따라서 가입자 접속 속성은 발신측에서 사용하는 접속 속성과 착신측에서 사용하는 접속특성이 같아야 할 필요는 없다. 이 경우 상이한 부분에 대해서는 ISDN 교환기 내부에서 변환하여 정합하므로, 가입자 접속 속성은 상대측과 독립적으로 사용할 수 있다.

### (3) 일반 속성

일반속성은 베어러 서비스에 대해서 부가 서비스, 서비스 품질, 망 연동 능력, 그리고 운영 및 상업화 관련사항 등의 사항을 구체화하기 위한 것이지만 대부분 추후 연구사항으로 남겨져 있다.

## 8.5.3 텔레서비스 (Teleservice)

ITU-T I.240 시리즈의 권고안은 하위계층 뿐만 아니라 상위 계층의 프로토콜도 기술되어 있는데, 텔레서비스는 상위 계층의 프로토콜로 규정되어 있는 서비스로서, 단말기에 구현된 상위 계층의 기능을 이용하여 서비스를 제공한다.

참고로 ISDN 네트워크에는 상위 계층이 구현되지 않는다. 따라서 텔레서비스는 이용자가 단말기와 통신망 모두의 기능으로부터 제공받는 서비스로 정의할 수 있으며, 각 텔레서비스의 특성에 따라 적절한 베어러 서비스를 이용한다.

텔레서비스는 사용자와 사용자 사이에서 규정된 단말장치를 통하여 단말기에서 직접 제공되는 단말기 제공 서비스, 통신망 내에서 정보를 저장, 처리 및 변환하여 이루어지는 부가가치 서비스, 그리고 원격감시, 측정, 조정등과 같이 특수목적에 사용하기 위하여 고신뢰도, 고품질, 고속전송 등의 까다로운 전송조건이 요구되는 특수서비스 등으로 나누어 볼 수 있다.

텔레서비스도 베어러 서비스와 마찬가지로 속성으로 표현되는데, 속성은 하위계층 속성, 상위 계층 속성, 그리고 기타 운용 및 상업적인 사항을 위한 속성으로 나눠진다.

하위계층 속성은 베어러 서비스의 속성을 의미하기 때문에 앞에서 설명한 베어러 속성을 참조하면 된다. 그리고 상위 계층의 속성은 사용자 정보 유형 속성과 계층 4, 5, 6, 7의 프로토콜 속성이 있다.

텔레서비스에서 상위 계층의 속성은 다음과 같다.

- 사용자 정보 유형 : 음성(전화), 텔레텍스(Teletex), G4 팩시밀리, 혼합모드(Mixed Mode) 텍스트 팩시밀리, 비디오텍스(Videotex), 비디오전화(Video Telephony)와 전화회의(Teleconference), 대화형 텍스트(텔렉스)
- 계층 4 프로토콜 : ISO 참조모델의 전달 계층 프로토콜
- 계층 5 프로토콜 : ISO 참조모델의 세션 계층 프로토콜
- 계층 6 프로토콜 : ISO 참조모델의 프레젠테이션 계층 프로토콜
- 계층 7 프로토콜 : ISO 참조모델의 응용 계층 프로토콜

### 8.5.4 부가 서비스(Supplementary Service)

부가 서비스는 음성, 데이터, 텍스트, 영상 등의 베어러 서비스에 추가되어 베어러 서비스와 텔레서비스의 응용성과 편리성을 향상시키는데 보조적인 역할을 하는 서비스로서, 부가 서비스 자체로는 독립적인 서비스를 제공할 수 없다.

부가 서비스는 ITU-T I.250에 규정되어 있으며, 표 8.8에 부가 서비스의 종류와 내용을 나타내었다.

표 8.8 ISDN 부가 서비스의 종류

| 서비스 명칭 | 서비스 내용 | 서비스의 종류 |
|---|---|---|
| 번호 식별<br>부가 서비스 | 발신자 번호를 수신자에게<br>나타내는 서비스 | ■ DDI(Direct Dialing In)<br>■ 복수 가입자 번호 지정<br>■ 발신자 번호 표시<br>■ 발신자 번호 표시 제한<br>■ 수신자 번호 표시<br>■ 수신자 번호 표시 제한<br>■ 악의 호 식별<br>■ 부주소법(Subaddressing) |
| 호 제공(Call Offering)<br>부가 서비스 | 호의 접속과 라우팅에 영향을<br>미치는 서비스 | ■ 호 전환<br>■ 통화중 착신 전환<br>■ 무응답 착신 전환<br>■ 무조건 착신 전환<br>■ 호 선택 착신 전환<br>■ 대표 전화 |
| 호 연결 완료<br>부가 서비스 | 수신신호 설정 종료에 영향을<br>미치는 서비스 | ■ 통화 대기<br>■ 통화 보류<br>■ 통화중 재호출 |
| 다자 통화<br>부가 서비스 | 두 사람 이상의 통신을<br>허용하는 서비스 | ■ 회의 통화<br>■ 3자 통화 |
| 가상 사설망<br>부가 서비스 | 공공의 ISDN 서비스에서<br>사설통신망을 위한 서비스 | ■ 폐쇄 사용자 그룹(CUG)<br>■ 사설번호 계획(PNP)<br>■ 다단계 우선순위와 선점 서비스<br>■ 우선순위 서비스<br>■ 발신호 금지 |
| 과금<br>부가 서비스 | 통신 요금에 대한 정보를<br>제공하는 서비스 | ■ 신용카드 통화<br>■ 과금정보 통지<br>■ 착신자 과금 |
| 추가 정보 전송<br>부가 서비스 | 사용자간의 추가적인<br>정보교환을 허용하는 서비스 | ■ 사용자간 신호 채널 전송 |

# 8.6 광대역 ISDN

## 8.6.1 B-ISDN의 개요

광대역 ISDN(B-ISDN)은 협대역 ISDN을 광대역 서비스로 확장시킨 것으로서, 유무선 광대역 전송 방식과 교환 방식을 통해 각종 서비스를 통합하여 제공하는 디지털 통신망이고, 협대역 ISDN(N-ISDN)과 구분하기 위해 B(Broadband)를 붙여 사용한다.

B-ISDN은 155.52Mbps를 기본 접속속도로 채택하고, 이용자-망간 접속(UNI)을 기존의 동선(전화선) 대신 광케이블을 사용하여 622.08Mbps까지 전송할 수 있게 함으로써 고품질의 영상 신호를 디지털로 전송할 수 있다.

그리고 협대역 ISDN은 회선 교환과 패킷 교환에 별도의 교환기를 사용하고 있지만, B-ISDN은 이를 기존의 회선 교환기 및 패킷 교환기와 전혀 다른 새로운 비동기 전송모드(ATM : Asynchronous Transfer Mode) 교환기로 통합함으로써 회선 교환형 정보(음성, 화상 등)와 패킷 교환형 정보(데이터 등)를 모두 수용할 수 있도록 하였다.

따라서 협대역 ISDN의 문제점이었던 전송속도(최고 전송속도 : 2Mbps)를 광케이블 전송과 ATM 교환기로 해결하여 광대역의 영상 정보나 초고속 데이터의 전송을 가능하게 하였다. 하지만, B-ISDN 가입자에게 제공할 수 있는 기본 대역폭(155Mbps 또는 622Mbps)을 모든 가입자가 다 사용할 필요는 없으므로, 분기 장치 등을 이용해 동화상 서비스에 지장이 없을 정도의 속도로 각 가입자에게 제공한다.

한편, B-ISDN망의 구축 방법은 ATM 교환기와 광케이블로 공중망을 구축하고, 공중망에서 가입자 단말기까지는 FTTC(Fiber to the Cube), FTTB(Fiber to the Building), FTTO(Fiber to the Office), FTTH(Fiber to the Home) 등 광 케이블로 연결하거나 CATV망 또는 xDSL로도 접속할 수 있도록 하고 있다. 여기에서 FTTC는 일정 지역이나 구역까지, FTTB는 건물까지, FTTO는 사무실까지, FTTH는 각 가정까지, 광케이블로 가입자망을 포설하는 것을 의미한다.

그림 8.7에 나타낸 바와 같이, 서비스 측면에서 광대역 ISDN은 전화, 데이터, 원격검침, 팩시밀리 등의 협대역 서비스로부터, 대역폭이 넓은 만큼 멀티미디어 정보통신을 위한 영상전화, 고속 데이터 전송, 영상 회의, 고해상도 영상 전송, 영상 감시, HDTV 등의 광대역 서비스를 포함하는 다양한 응용 서비스를 사용할 수도 있다.

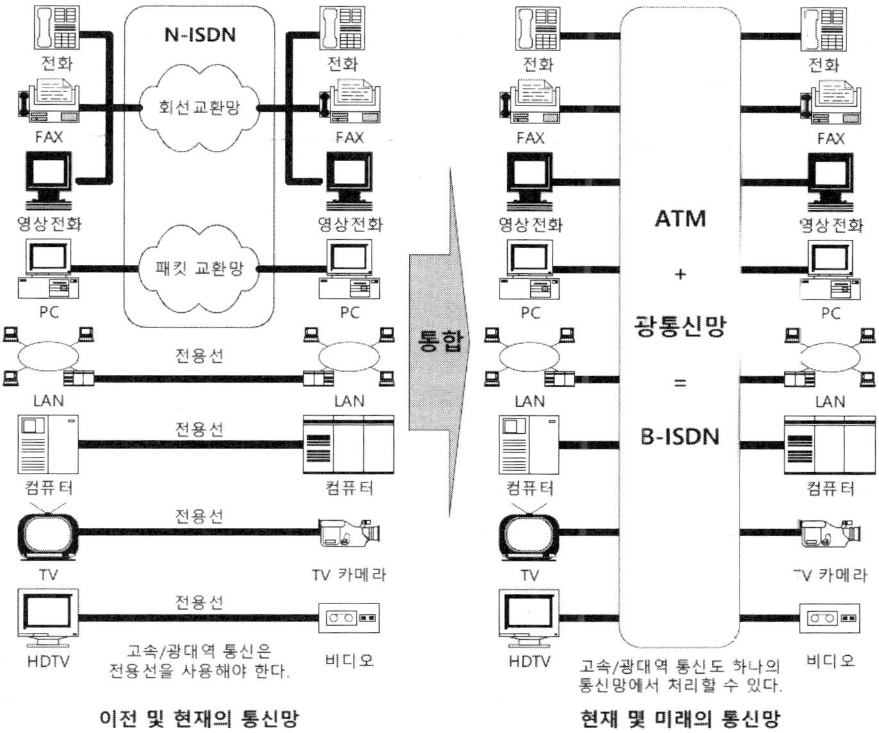


그림 8.7 B-ISDN의 개요

## 8.6.2 B-ISDN의 핵심기술

광대역 정보통신 시스템은 B-ISDN을 중심으로 하여 고속 광대역 서비스들을 통합적으로 제공하는 통신시스템이다.

하지만 이를 실제로 구현하기 위해서는 단순히 ATM 교환기를 개발하고 광케이블로 ATM 교환기에 연결한다고 해서 되는 것만은 아니고 여러 가지의 많은 기술과 주변 기술들이 확보되어야 가능한데, 광대역 ISDN을 위해 필요한 기술로는 다음과 같이 크게 5가지 정도로 구분할 수 있다.

① 광케이블 구현기술
② 광대역 전송기술
③ ATM 통신기술
④ 고속 데이터 통신망기술
⑤ 광대역 영상 통신기술

먼저, 광대역 전송을 가능하게 하기 위해서는 광 전송 시스템 기술이 필수적이다. 이것은 광 매체를 확보하기 위한 광케이블 구현기술과, 광 매체 위에 전송 시스템을 구축하는 광 전송기술이 선행되어야 가능하다.

다음, 광대역 교환을 가능하게 하기 위해서는 고속 교환기술이 필요한데, 고속교환을 하기 위해서는 ATM 교환기술이 필요하다. 이를 위해서는 ATM 교환기 내부에서 트래픽을 제어하는 트래픽 제어 기술과 고속 패킷 통신 서비스들을 효과적으로 처리하기 위한 프로토콜 기술 등이 필요하다.

그리고 광대역 영상 신호를 전송하기 위해서는 광대역 영상 신호의 압축 및 복원 기술이 필요한데, 이것은 넓은 대역폭이 요구되는 영상 신호를 압축하여 전송하면 전송선로를 효율적으로 사용할 수 있기 때문이다. 따라서 광대역 영상 통신기술은 방대한 양의 영상 정보를 압축하는 부호화 기술, 압축된 영상 정보를 효율적으로 전송하기 위한 전송기술, 압축된 영상 정보를 복원하는 복호화 기술, 그리고 이 세 가지를 종합하는 단말 기술 등이 선행되어야 한다. 그리고 이외에도 많은 주변기술들이 필요한데, 그림 8.8에 광대역 정보통신을 위한 필요 기술과 각 기술의 발전단계를 나타내었으니 참조하기 바란다.

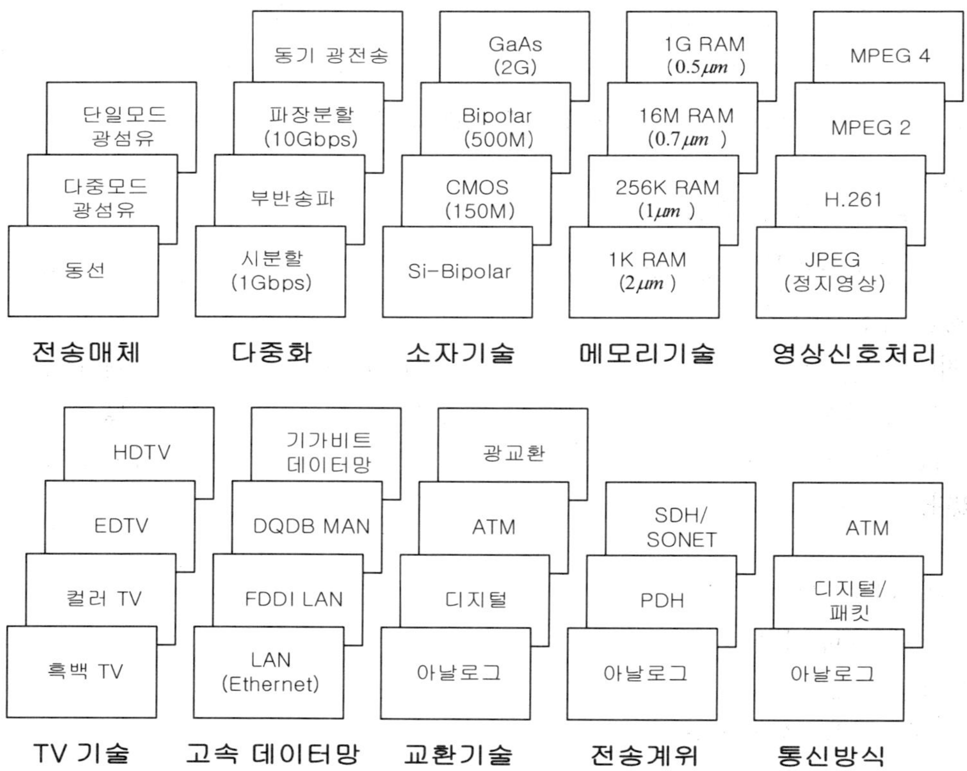


**그림 8.8 B-ISDN을 위한 기술적 환경**

### 8.6.3 ATM 기술의 등장배경

지금까지의 통신 서비스는 서비스별로 서로 다른 네트워크를 이용하여 서비스하였고, 또 네트워크마다 단말장치를 접속하는 인터페이스가 정해져 있어 서비스별로 단말장치가 필요했다. 예를 들어, 음성의 경우는 회선 교환 방식을 사용하는 전화망을 이용하였고, 데이터인 경우는 용도에 따라 데이터 망, 팩시밀리 망, 텔렉스 망 등 전용망을 이용하여 서비스하였다. 하지만 1970년대부터 음성, 영상, 데이터 등 서로 다른 특성을 갖는 서비스를 하나의 통합된 네트워크를 통하여 수용하는 이른바 "통합 네트워크" 구성에 대한 요구가 증가하였다.

이를 위한 해결책으로 우선 아날로그 방식의 정보서비스는 디지털 방식으로 전환하고, 그 다음 디지털 방식으로 전환된 모든 정보서비스는 하나의 통합된 네트워크, 즉 종합정보통신망(ISDN : Integrated Services Digital Network)을 통하여 서비스한다는 개념이 1980년 ITU 표준으로 발표되었다.

ISDN에 대한 표준은 ITU-T 권고 G.705로 그 기본 개념이 발표되었다. 그리고 이에 따르는 세부 기술사항은 1984년, 1988년, 1990년에 I 계열 권고로 표준안이 작성되었는데, 이를 종합정보통신망(ISDN), 특히 협대역 종합정보통신망(N-ISDN : Narrow band-ISDN)이라고 한다. 여기에서 협대역이라는 용어는 나중에 나온 광대역 종합정보통신망(B-ISDN : Broadband-ISDN)과 구분하기 위해 사용하는 이름이며, 일반적으로 ISDN이라고 하면 협대역 ISDN을 지칭한다.

협대역 ISDN은 기본 접속 144Kbps, 일차군 접속 1.544Mbps의 두 가지 인터페이스를 이용하여 서비스를 제공하는 방식으로서, 음성과 같이 실시간이 요구되는 서비스는 대역폭이 고정된 회선 교환 방식으로 처리하고, 데이터 통신과 같이 실시간이 요구되지 않는 서비스는 시간지연은 있지만 대역폭의 유연성이 뛰어난 패킷 교환 방식으로 처리한다.

하지만 협대역 ISDN은 이와 같은 표준이 아무리 잘 구현된다고 하더라도 여전히 LAN의 전송속도(이더넷의 전송속도는 10/100Mbps이다.)에는 미치지 못하였고, 또 기본 전송속도인 64Kbps로는 고속의 통신 서비스 및 다양한 멀티미디어 서비스를 제공하는 것은 어려울뿐더러 1980년대 중반 디지털 통신 장비가 여러 곳에서 채택되자 공중 통신망 회사들은 데이터 통신의 중요성을 인식하고, N-ISDN보다 더 큰 전송 대역폭을 필요로 하는 서비스를 요구하였다.

따라서 이와 같은 문제점을 보완하기 위하여 협대역 ISDN의 개념을 확장한 새로운 개념의 광대역 종합정보통신망(B-ISDN)이 ITU-T에서 제안되었다. 제안된 B-ISDN의 가장 기본적인 목적은 기간 공중 통신망을 보다 근본적이고도 궁극적인 것으로 대치하고, 여러 가지 형태의 트래픽을 하나의 네트워크를 통해 실어 보내며, 데이터 트래픽이 급속하게 증가하는 현실을 반영하여 현재의 기술의 한계를 뛰어 넘는 새로운 개념의 기술을 정의하는 것이었다.

이와 같은 차세대 네트워크에 대한 요구 조건에는 다음과 같은 사항이 있었다.

- 고속성 : CPU, 네트워크, 운영체제, 인터페이스 등의 고성능화에 부합되는 고속전송
- 확장성 : 실제 전송속도를 유지하면서 네트워크 노드의 증설 가능
- 유연성 : 각 노드에 대한 가변 전송 속도 제공
- 멀티미디어 서비스 : 전송 데이터의 실시간, 연속성을 보장

이와 같은 기술이 실현되면 통신 제조업체는 각 종류별 트래픽 형태에 맞는 장비들을 각각 따로 개발할 필요가 없어지고, 또 공중 전화망 회사들은 전송선이나 스위칭 장비, 그리고 다중화 장비 등을 한 단계 향상시킬 수 있어 보다 쉽게 디지털 네트워크로 이전할 수 있다.

ITU-T는 이와 같은 목적을 만족하는 기술을 찾기 위해 많은 연구를 하였다. STM (Synchronous Transfer Mode)과 고속 패킷 스위칭 기술 등 많은 TDM의 변형 기술들을 연구하였다. 하지만 결국, ITU는 광대역 ISDN의 실현방법으로 비동기 패킷 교환 방식인 ATM (Asynchronous Transfer Mode)을 B-ISDN에서 필요한 교환기술로 채택하였다. 현재 많은 경우 ATM은 B-ISDN과 동의어로 사용되고 있는데, B-ISDN은 ATM을 사용하는 서비스들 중 하나라는 점에 유의하여야 한다.

한편, ATM 기술은 1980년대 중반 음성과 데이터를 모두 패킷을 이용하여 전송하기 위한 기술로 AT&T의 벨연구소와 프랑스 텔레콤(France Telecom)에 의해 처음 소개되었다. 그런데, 이와 같은 기술은 1초에 약 백만 개 이상의 패킷을 처리하면서도 최소한의 지연시간(Delay Time)을 가지도록 설계하여야 하기 때문에, 그 당시 교환기의 스위칭 기술로는 불가능한 일이었다.

하지만 오늘날 ATM 기술은 멀티미디어 환경에 적용하기 위한 초고속정보통신망의 핵심기술로 자리 잡고 있다. 그 이유는 첫째, 전자회로 집적 기술이 발전하면서 VLSI 기술을 ATM 설계 기술에 적용하였기 때문이고, 그 다음은 프레임 릴레이(Frame Relay)처럼 오류제어 기능이나 흐름제어 기능을 상위 프로토콜에 일임시켜 스위칭 속도를 높였기 때문이며, 마지막으로 패킷 교환 방식에서는 패킷의 크기가 128~4,096Byte인데 반해 지연 시간 및 버퍼 사용을 쉽게 할 수 있도록 하기 위해 패킷을 작고 고정된 길이(53Byte의 길이를 가지며, ATM에서는 이를 셀(Cell)이라고 한다.)를 가지도록 하였기 때문이다.

### 8.6.4 ATM 포럼

ITU의 초기의 권고안은 ATM이나 B-ISDN이 본격적으로 공중 통신망에 적용되는 시기를 2010년에서 2020년 정도로 추정하고 있다. 하지만 ATM에 대한 관심이 고조되면서 ATM의

표준화와 개발에 관심을 가지고 있는 사람들은 공중 통신망 업계뿐만이 아니라, 사설 통신망 업계에서도 미래를 대비하는 해결책으로서 ATM 네트워크에 대한 관심을 가지게 되었다. 이와 같이 각계의 관심이 커지자 1991년 Adaptive, Cisco Systems, Northren Telecom, US Sprint 등 4개의 전화 및 컴퓨터 업체를 중심으로 ATM 포럼(Forum)이 설립되었다.

ATM 포럼의 당초 목적은 사설 통신망과 공중 통신망간의 정합을 ATM으로 구현하는 방법을 확정하는 것이었다. 그리고 ATM 포럼은 공식적으로는 "제작자들의 합의체"이므로 표준안은 만들지 않고, 단지 표준안을 받아들여 그 사양을 확정함으로써 장비와 서비스의 조기보급을 가능하게 하려는 목적이었다.

그러나 지금의 ATM 포럼은 사설 통신망에서의 호환성을 갖는 ATM 장비를 조기에 개발할 수 있게 하는 기본 표준안을 마련하는 기구로 변모하였다. 즉, ATM의 공식 표준은 ITU에 의해 진행되고 있으나 ATM 표준안의 주 작성자로서 ITU의 임무를 대신하고 있다. 예로, ATM 포럼은 설립 후 10개월이 지난 1992년 6월 ATM 사용자 네트워크 인터페이스(UNI : User Network Interface) 표준안을 확정하였다. ATM 포럼에서 이렇게 빨리 표준을 작성할 수 있었던 이유는 기존의 표준 작성 방법은 "만장일치"의 의결 방법에 따라 표준을 작성하는데 반해 ATM 포럼에서는 "다수의 원칙"에 따라 포럼의 표준을 확정하기 때문이다.

ATM 포럼은 그동안 많은 성장을 하여 주요 공중 통신망 업체, 사설 통신망 업체, 네트워크 업체, 컴퓨터 업체 등 통신 및 컴퓨터 전 분야로 확장되어 현재 참여업체 수는 150 멤버 회사(Member Company)를 갖고 있으며 ATM의 기술 발전의 급속한 진전 및 보급을 위해 노력하고 있다.

### 8.6.5 ATM의 원리

ATM(Asynchronous Transfer Mode)은 기존의 N-ISDN에서 사용하는 동기식 시분할 다중화 방식의 동기전송모드(STM : Synchronous Transfer Mode)와 대별되는 개념으로서, 비동기식 시분할 다중화(TDM) 방식을 사용하여 대역폭의 이용효율을 높인 방식이다. 또한 ATM은 초고속 셀 교환을 위해 각종 제어기능과 시간동기 기능을 망 내부(교환기)에서 종단 시스템(단말기)으로 이전함으로써 망의 기능을 대폭 단순화한 방식이다.

ATM은 기본적으로는 연결 지향형 서비스(Connection Oriented Service)를 원칙으로 하고 있지만, 비 연결형 서비스를 포함한 모든 정보의 송수신 전달방식을 비동기 방식으로 전송하며, 음성, 영상과 데이터 등과 같은 이질적인 모든 정보 신호를 셀(Cell)이라고 하는 일정한 길이의 블록으로 분할하여 셀 단위로 통신을 수행한다.

즉, 전달하여야 할 정보의 종류(예: 음성, 영상, 데이터)에 관계없이 전달하여야 할 전체 데이터를 일정크기로 분할한 고정크기의 셀을 사용하여 주기적으로 전송한다.

ATM에서 전송의 기본단위로 사용되는 셀은 그림 8.9와 같이 53바이트의 크기를 갖고 있으며 5바이트의 셀 헤더(Header)와 48바이트의 데이터부(Payload)로 구성된다.

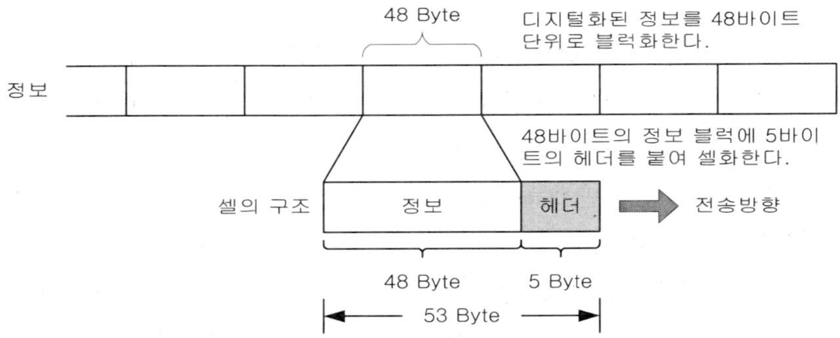


**그림 8.9 ATM 셀의 구조**

5바이트의 셀 헤더에는 데이터 전송에 필요한 제어 정보 및 전송 경로를 나타내는 주소 정보인 채널 식별자 정보가 기록되어 있으며, ATM 교환기에서는 이 헤더를 분석하여 목적지를 결정하고 다중화 및 교환을 한다. 그리고 데이터부는 전송할 데이터를 실어 보내는데 이용한다.

셀 헤더에 기록되는 주소정보는 실제 물리적인 주소가 아니라 ATM 주소를 근거로 설정한 목적지까지의 셀 전달경로를 나타내는 정보이다. ATM은 이 경로정보를 이용하여 하드웨어에 의한 고속의 셀 교환 기능을 구현한다. 그리고 셀 헤더의 형식은 UNI(User Network Interface : 가입자 장비와 ATM 스위치간의 인터페이스)와 NNI(Network Network Interface : ATM 스위치와 ATM 스위치간의 인터페이스)에 따라 달라진다.

ATM 방식에서는 경로정보에 표시된 가상회선(Virtual Circuit)이라는 가상의 네트워크 경로를 따라 셀은 전송하는데, 가상회선 방식이란 셀이 존재할 때만 링크를 점유하는 방식을 의미한다. 즉, 송수신 노드사이의 경로는 회선 교환 방식과 같이 송신국과 수신국 사이에 영구경로가 설정되는 것이 아니라 필요에 따라 경로를 설정하여 사용하는 형태이다. 이러한 개념은 X.25 패킷 전송 방식 기술에서 파생된 것이다.

ATM 방식에는 영구 가상회선(PVC : Permanent Virtual Circuit)과 교환 가상회선(SVC : Switched Virtual Circuit)이라는 두 가지 가상회선이 존재한다. PVC는 송신단말과 수신단말 간에 마치 전용회선을 갖는 것 같이 PVC가 실행되면 항상 경로가 설정되는 것을 의미하고, SVC는 송신국과 수신국 사이에 필요시마다 호 설정을 요구하여 경로를 설정하는 것을 의미한다.

### 8.6.6 ATM과 STM의 비교

ATM의 기본 개념을 이해하기 위해서는 기존의 TDM을 사용하는 STM과 비교하는 것이 도움이 된다.

기존의 전화망 또는 N-ISDN과 같이 시분할 동기 다중화 방식을 사용하는 동기 전송 모드(STM)에서는 각 사용자에게 고정적으로 타임 슬롯을 할당하여 자기에게 할당된 슬롯에만 데이터를 보낼 수 있기 때문에 각 채널의 전송속도는 그림 8.10(a)와 같이 항상 같거나 64Kbps의 정수배를 가져야만 다중화하여 전송할 수 있다.

따라서 STM은 통신망의 전송속도와 항상 동기를 시켜줄 필요가 있다. 그리고 또 STM의 경우에는 사용자에게 할당하는 채널의 대역폭의 합이 물리회선의 대역폭을 초과하여 사용할 수는 없다. 그러나 비동기 전송모드(ATM)에서는 그림 8.10(b)와 같이 셀의 수를 전송속도에 맞추어 다중화하여 전송하면 되기 때문에 각 채널의 전송속도는 반드시 같을 필요는 없다.

데이터와 같이 간헐적으로 발생하는 셀도 마찬가지 방법으로 다중화하여 전송할 수 있으므로, 회선의 효율을 높일 수 있는 장점이 있지만, 셀의 수를 전송속도에 맞추기 위해 셀을 일단 메모리에 저장해 두었다가, 시간을 조정하여 전송하므로 전송시간 지연이 발생하는 단점이 있다.

여기에서 발생되는 전송지연은 고속의 전달속도(155Mbps 이상)와 가변길이의 프레임을 사용하는 대신에 짧고 고정된 길이의 셀을 사용하기 때문에 시간 지연 특성을 개선할 수 있으며, 이로서 ATM은 음성과 같은 지연에 민감한 서비스에도 적용시킬 수 있다.

그리고 또 ATM은 빈 슬롯이 있을 경우 이 슬롯에 데이터를 동적으로 할당하여 전송할 수 있고, 사용자에게 할당하는 대역폭의 합이 물리회선의 대역폭을 초과하여 전송하는 것이 가능하다. 이 경우, 실제로 대역폭을 초과하는 것은 아니고 ATM 교환기가 적당한 버퍼기능을 유지하고 있어서 사용자에게는 대역폭을 초과하는 것처럼 보이는 것이다. 즉, 1,024Kbps의 대역폭을 가지고 있다면 ATM에서는 사용자에게 512Kbps의 가상회선을 2개 이상 할당하는 것이 가능하다.

따라서 회선 교환과 패킷 교환의 중간적 성질을 가지고 있는 비동기 전송모드는 전송속도를 저속에서 고속으로 다양하게 조정할 수 있고, 셀 단위로 전송하기 때문에 네트워크의 전송속도와 정보 신호의 전송속도를 동기화하지 않아도 되며, 또, 정보가 있을 때에만 전송하기 때문에 전송로를 효율적으로 사용할 수 있어, 여러 가지 종류의 정보에 유연하게 대응할 수 있는 특징이 있다. 그리고 ATM 교환기는 하드웨어로 구성되어 있기 때문에 고속 전송이 가능한 특징도 있다.

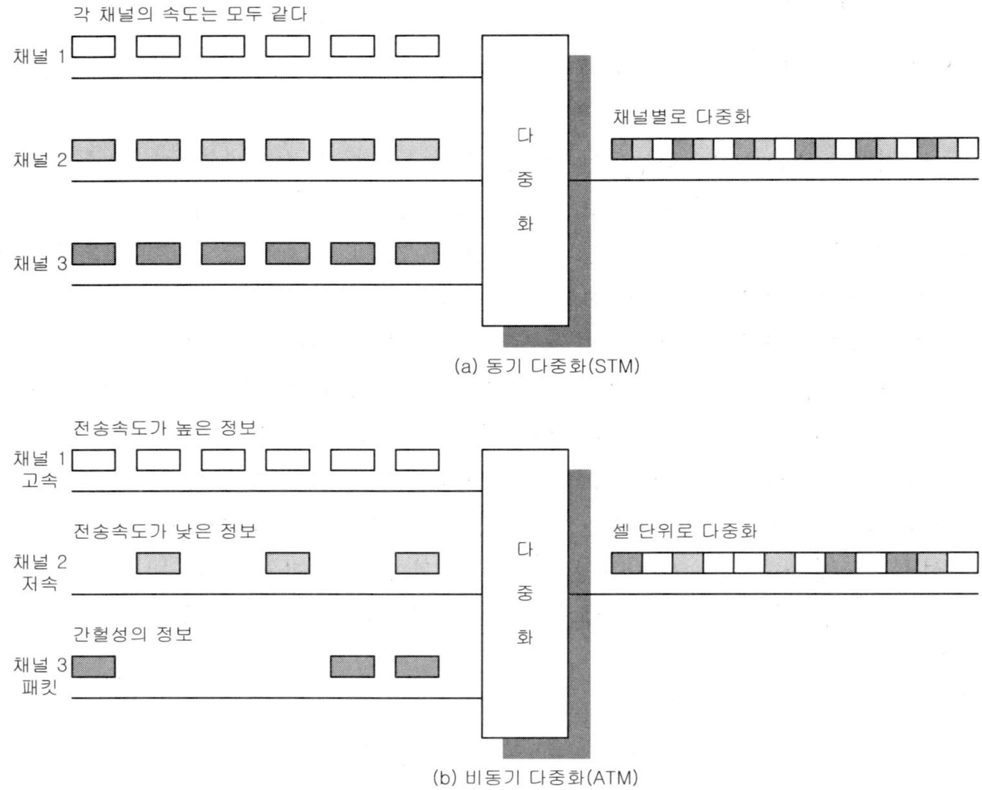


그림 8.10 ATM 다중화와 STM 다중화

# 8.7 ATM 교환

## 8.7.1 ATM 교환기

ATM 교환기의 구성은 일반적으로 그림 8.11과 같이 ATM 가입자 정합장치, ATM 스위치 네트워크, ATM 중계선 정합장치 등과 이들을 제어하는 제어부로 구성된다.

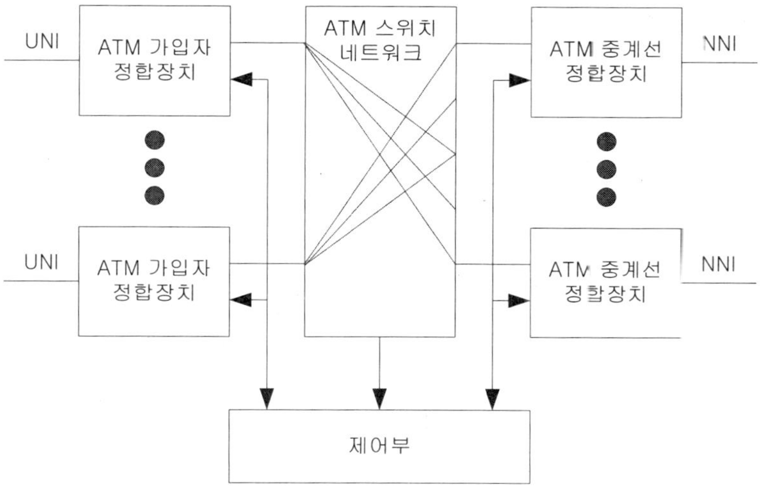


**그림 8.11 ATM 교환기의 구성**

ATM 가입자 정합장치는 UNI 물리 계층 정합, ATM 계층 처리, 신호 셀 및 사용자 정보 셀의 분리 전달, 헤더 변환(HCV : Header Converter), OAM(Operation Administration and Maintenance)처리, UPC(Usage Parameter Control) 트래픽 제어 기능 등을 수행한다. UPC 트래픽 제어 모듈에서는 사용자의 트래픽이 규정치대로 송출되어 교환기로 들어오고 있는지를 감시하고 제어하는 기능을 수행한다.

다음 OAM 모듈은 전송로나 교환기가 정상적으로 동작하고 있는지를 검색하고, 셀 손실 혹은 동작 오류 여부 등의 성능을 감시하는 기능을 수행한다. 즉, 전송로, 셀 손실, 동작오류 등의 성능을 감시하는 운용 유지 보수 기능을 수행한다.

그리고 HCV 모듈은 입력되는 VPI/VCI를 스위치 및 출력 전송로에서 이용할 VPI/VCI로 변환하는 역할을 수행한다.

ATM 가입자 정합장치에서 송신측의 사용자의 데이터가 수신측에 도달하기까지의 경로는 다음과 같은 순서를 거쳐 처리된다.

송신측 데이터 입력 → 전송로 → UPC → OAM → HCV → ATM 스위치→
OAM → 출력 버퍼 메모리 → 전송로 → 수신측 데이터 출력

ATM 가입자 정합장치는 ATM 가입자뿐만 아니라 기존 가입자의 서비스를 위한 중저속 가입자 정합 기능도 수행한다.

ATM 스위치 네트워크는 셀 헤더의 정보를 바탕으로 입력 셀을 특정 포트로 전달(교환)하는

기능을 수행하며, 수백~수천 Mbps의 고속 스위칭이 가능한 단위 스위치들을 여러 단으로 구성하여 실현한다.

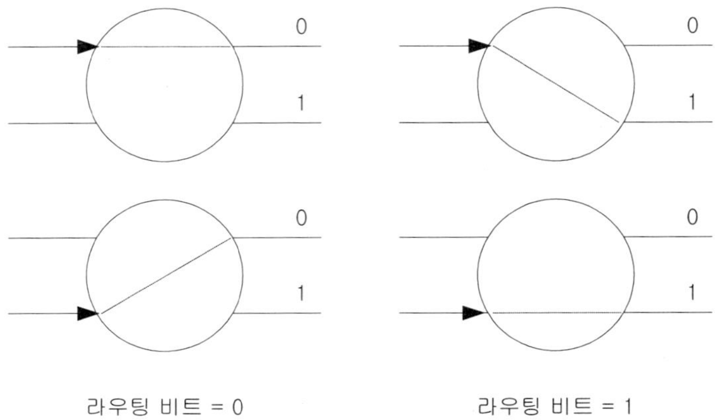


**그림 8.12 ATM 스위치의 동작 원리**

ATM 스위치는 일반적으로 ATM 셀프 라우팅 스위치(Self Routing Switch)로 구성하며, 가장 대표적인 방식으로는 반얀(Banyan) 스위치가 있다. 반얀 스위치는 2×2(입력 2, 출력 2) 스위치의 조합으로 0 또는 1의 라우팅 비트(VCI)를 통해 출력 포트를 표현하는데, 그림 8.12와 같이 라우팅 비트가 0인 경우 위쪽 포트, 1인 경우 아래쪽 포트로 스위칭한다. 예를 들어, 셀 헤더 내의 라우팅 비트가 101인 경우 각 비트를 순서대로 읽어 아래쪽 포트, 위쪽 포트, 아래쪽 포트 순으로 스위칭하여 출력 포트까지 전달한다.

ATM 셀프 라우팅 스위치는 실제적으로 여러 개의 셀이 동시에 입력 단자로 들어올 경우 스위칭 도중에 충돌이 발생될 수 있으며, 이러한 충돌을 제어하기 위해 셀을 일시적으로 버퍼에 축적 하였다가 출력시키는 기술이 적용되는데, 이 버퍼의 배치 및 구성 형태에 따라 ATM 스위치는 입력 버퍼 방식, 출력 버퍼 방식, 입출력 버퍼 방식, 공통 메모리 방식, 공통 버스 방식, 크로스 포인트 스위치 방식 등으로 분류된다.

ATM 중계선 정합장치는 NNI(Network-Network Interface) 인터페이스의 물리 계층, ATM 계층, OAM 처리 기능 등을 수행하며 각 기능 블록의 트래픽 제어 기능들은 스위치 네트워크와 연동하여 동작된다.

그리고 또 ATM 중계선 정합장치는 기존 공중 전화망, N-ISDN, 패킷망, 프레임 릴레이 망, SMDS(Switched Multi-Megabit Data Service)등과 같은 타망과의 연계 기능도 수행한다.

마지막으로 제어부는 기존의 공중통신망의 교환기와 마찬가지로 멀티프로세서(MultiProcessor) 형태로 구성되며, 각 프로세서간의 통신은 IPC(Inter-Processor Communication) 통신을 이용한다. 제어부는 가입자 및 중계선 정합장치, 스위치 네트워크 등의 하드웨어를 제어하며, 또 신호 프로토콜 처리, 호 처리, 데이터베이스 관리, M&A 등의 소프트웨어 처리 기능도 수행한다.

## 8.7.2 ATM 교환 원리

ATM에서 셀의 교환은 프레임 릴레이나 X.25와 같이 하나의 물리적 선로를 통해 다수의 논리적 연결(Logical Connection)을 설정하여 다중화하는 기능을 제공한다.

각각의 논리적 연결에서 정보의 흐름은 53바이트의 고정된 길이를 갖는 셀(Cell)을 통해 이루어지며, 고속의 데이터 전송을 위해 전송에 관련된 기본적인 기능만을 제공하고 부가적인 기능, 즉 링크간의 오류 제어나 흐름제어 기능은 수행하지 않는다.

그리고 하나의 메시지를 다수의 셀로 분할하여 논리적 연결을 통해 전송하는 경우, 모든 셀들은 목적지에 이를 때까지 모두 동일한 경로를 따라 전송되며, 본래의 전송순서도 또한 유지되는데, 이와 같이 하는 이유는 서로 다른 경로와 서로 다른 전송순서로 전달되면 예측할 수 없는 지연과 전송 순서의 변화가 발생될 수 있으므로 이와 같은 예측할 수 없는 지연을 제거하기 위함이다.

ATM에서 논리적 연결은 가상회선(Virtual Circuit)과 가상경로(Virtual Path)가 있다.

### (1) 가상회선 (Virtual Circuit)

ATM에서는 모든 정보 신호를 셀로 분할하고 송신하는 경우, 회선의 이용 효율을 높이기 위해 하나의 물리적 회선을 이용하여 다수의 정보원으로부터 발생되는 정보를 다중화하여 전송하고, 수신할 때에는 역 다중화하여 수신한 후 셀을 다시 조립하여 메시지로 구성한다.

이와 같이 하면 셀을 송신하는 곳으로부터 수신하는 곳까지 물리적인 전용 회선이 연결되어 사용되는 경우와 동일한 효과를 가지므로 이를 가상 채널(VC : Virtual Channel)이라고 한다.

ATM에서는 하나의 회선을 통해 복수의 통신이 이루어지므로 각 연결에 속한 셀을 상호 구별하는 방법이 필요하다. 이를 위해 ATM에서는 셀 헤더에 가상 채널 식별자(VCI : Virtual Channel Identifier)를 사용한다. 가상 채널 식별자(VCI)는 X.25의 LCN과 프레임 릴레이의 DLCI와 동일한 개념이다.

그림 8.13에 이와 같은 가상회선의 개념을 나타내었다.

그림 8.13 VP와 VC와의 관계

## (2) 가상경로 (Virtual Path)

단말과 단말간에는 일반적으로 하나의 가상회선(VC)이 설정되는 것이 보통이지만, 네트워크 내의 국과 국간에는 일반적으로 다수의 가상회선(VC)이 설정된다. 따라서 이와 같은 구간에서는 각각의 VC에 대해 서로 다른 VCI를 이용하여 전송하는 것보다 여러 개의 VC를 묶어서 전송하는 방식이 더 효율적인데, 이와 같은 가상 채널의 묶음을 가상경로(VP : Virtual Path)라고 하며, 그림 8.13에 가상 채널과 가상경로의 관계를 나타내었다.

ATM에서는 가상경로(VP)를 구별하기 위해 셀의 헤더에 가상경로 식별자(VPI : Virtual Path Identifier)를 사용한다.

ATM의 셀의 헤더에는 VCI와 VPI가 있고, 셀의 가상회선은 VPI와 VCI의 조합에 의해 식별한다. 그리고 각각의 통신마다 설정된 VC와 VP를 이용하여 상대방 단말까지 전송하는데, ATM에서 VC의 경로를 VCI에 의해 절체하는 스위치를 ATM 교환기라고 하고, VP의 경로를 VPI에 의해 절체하는 스위치를 ATM 크로스 커넥터(Cross Connector)라고 한다.

ATM 셀의 헤더에서 VCI는 16비트가 할당되므로 하나의 VP에 216=65,536개의 VC를 다중화하여 전송하여 있고, VPI는 사용자-망 인터페이스(UNI)에서는 8비트가 할당되고, 네트워크-네트워크 인터페이스(NNI)에서는 12비트가 할당된다.

## (3) 셀 교환 방식

그림 8.14에 일반적인 셀 교환 네트워크를 나타내었다. 그림 8.14에서 교환기 A부터 F까지는 ATM 교환기를 나타내며, 편의상 이 교환기는 셀 교환과 크로스 커넥터의 기능을 겸한다고 가정한다.

각각의 교환기는 1, 2, 3, …과 같이 번호가 매겨진 여러 개의 포트(인터페이스)를 가지고 있다. 그리고 그림 8.14에서 단말 1이 단말 5에게 영상, 음성, 문자로 구성되는 멀티미디어 데이터를 전송한다고 할 때 각 셀은 여러 경로를 통해 전송될 수 있으나, 교환기 A, 교환기 F, 교환기 B, 교환기 C를 통해 전송된다고 가정한다. 이 때 VPI/VCI 할당과 각 장치에서의 VPI/VCI 변환 과정을 알아보기로 하자.

단말 1에서 단말 5로 영상, 음성, 문자 데이터를 전달하기 위해서는 단말 1에서 각 데이터는 서로 상이한 VPI/VCI를 갖는 셀로 구성한다. 예를 들어, 영상에는 VPI=5, VCI=10, 음성에는 VPI=5, VCI=11, 문자에는 VPI=5, VCI=12를 할당한다. 이와 같은 셀들은 3개의 논리적인 연결을 이용하여 설정되었지만, 실제로는 하나의 물리적인 선로를 통해 셀들이 전송된다.

다음, 교환기 A에서는 포트 1로 수신된 단말 1의 셀들을 교환기 F로 전달하여야 하는데, ATM에서는 새로운 연결이 설정 되면 새로운 VPI/VCI를 할당한다. 이를 위해 각 ATM 교환기는 표 8.9와 같은 변환 테이블을 운용한다.

교환기 A에는 단말 1뿐만 아니라 단말 2, 교환기 E, 교환기 F, 교환기 B도 함께 연결되어 있는데, 단말 1과 서로 다른 물리적인 연결을 가지고 있는 단말 2, 교환기 E, 교환기 F, 교환기 B는 단말 1과 서로 상이한 선로에 접속되어 있으므로 단말 1이 사용하고 있는 VPI/VCI를 사용해도 무방하다.

이와 같은 이유는 ATM 교환기는 입력 포트를 이용하여 상이한 입력 포트의 셀에 동일한 VPI/VCI를 할당하더라도 구별할 수 있으며, 교환기가 입력된 셀을 그대로 교환 장치로 전송하지 않고 표 8.9와 같은 변환 테이블을 이용하여 VPI/VCPI 값을 변환하여 전송하기 때문이다.

**표 8.9 VPI / VCI 변환 테이블**

| 입력 포트 | 입력 VPI / VCI | 출력 VPI / VCI |
|---|---|---|
| 1 | 5 / 10 | 4 / 44 |
| 1 | 5 / 11 | 4 / 45 |
| 1 | 5 / 12 | 4 / 46 |
| 2 | 5 / 10 | 4 / 80 |
| 2 | 5 / 12 | 4 / 81 |

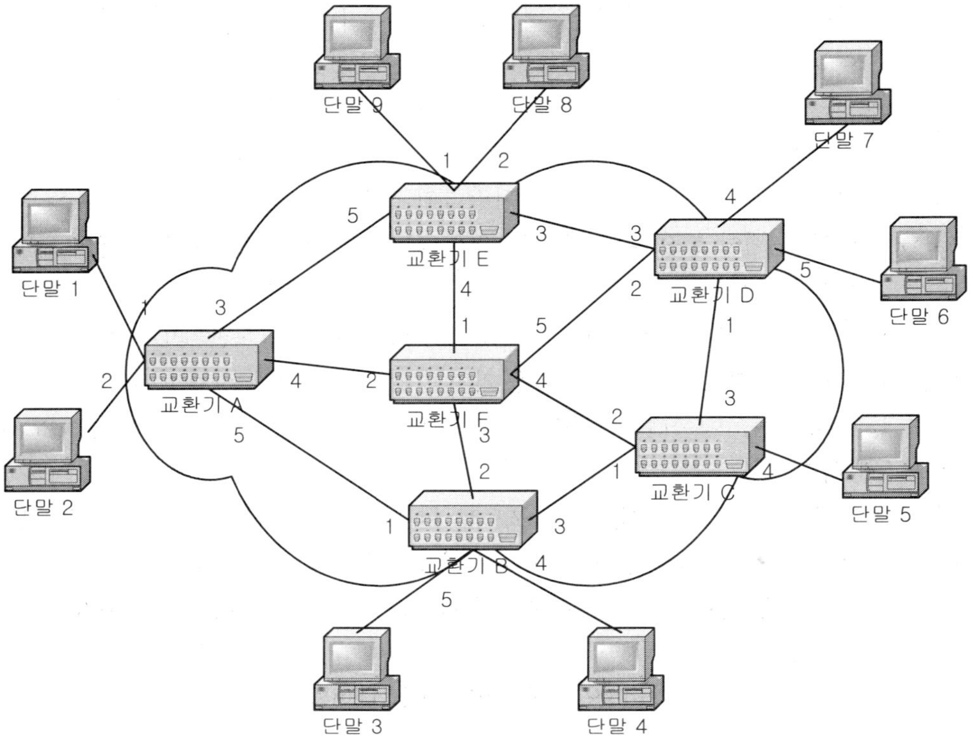


그림 8.14 셀 교환 네트워크

만약, VPI/VCPI 값을 변환하지 않고 그대로 전송된다면 입력 포트 1의 5/10을 가지는 셀과 입력 포트 2의 5/10을 가지는 셀이 동일한 VPI/VCI 값을 가지게 되므로 이 경우에는 정확한 통신이 이루어지지 않는다.

다른 교환 장치도 마찬가지로 입력된 셀을 다른 교환 장치로 전송할 때 변환 기능을 수행하여 최종적으로 단말 5로 전송되게 된다. 그림 8.15에 각 교환 장치에서 VCI/VPI 변환의 예를 나타내었다.

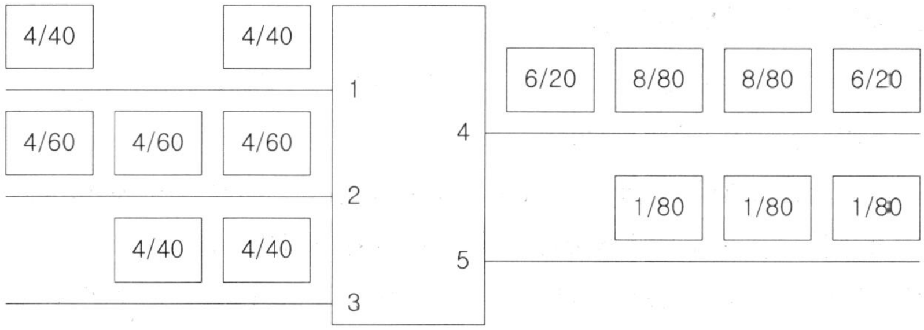


| 입력포트 | VPI/VCI | 출력포트 | VPI/VCI |
|---|---|---|---|
| 1 | 4/40 | 4 | 6/20 |
| 2 | 4/60 | 5 | 1/80 |
| 3 | 4/40 | 4 | 8/80 |

**그림 8.15 교환장치에서 VPI/VCI 변환**

## 8.7.3 ATM의 트래픽 제어 기술

ATM에서는 먼저 송신측에서 목적지 정보나 대역폭(Bandwidth) 등의 정보를 담은 신호 셀(Signaling Cell)을 전송하고, 이 정보를 바탕으로 교환기는 송신 경로를 결정하며, 전송할 데이터의 대역폭이 있으면 각 경로마다 VCI를 부여하여 전송한다.

그리고 송신 중에는 그 대역이 정상인지 등을 네트워크가 감시하고 폭주 시에는 폭주 통보 및 폭주 제어 동작이 이루어진다. 따라서 네트워크에서 라우팅에 의한 트러블 발생이 유도되기도 하지만, 무엇보다 중요한 것은 네트워크 품질과 직결되는 트래픽 제어라고 할 수 있다. ATM 교환기에서 트래픽 제어와 관련된 기술을 알아보도록 하자.

### (1) 연결 접수 제어(CAC)

연결 접수 제어(CAC : Connection Admission Control)는 송신측에서 수신측까지 송신측에서 요구한 연결(Connection)의 품질, 대역폭 등을 네트워크가 수용할 수 있는지를 판독하여 연결을 허가하거나 거부하는 동작을 한다.

이 때 목적지에 차례차례로 제어용 셀을 전송하여 모든 VCI가 요구된 서비스 조건으로 셀이 통과할 수 있는지를 확인하여 통신이 가능하면 CAC는 연결을 허락한다. 허용된 트래픽은 VCI를 부여하여 실제 전송하게 된다.

### (2) 사용량 파라미터 제어 (UPC)

ATM 교환의 CAC가 회선 교환이나 패킷 교환과 다른 점은 통신에 필요한 전송용량이나 품질 등의 파라미터를 신고하는 것이다.

ATM에서는 버스트 트래픽(Bursty Traffic)[91]의 유입이 허용되기 때문에 버스트적인 트래픽에 대해서도 망 설비의 효율적인 활용을 위하여 전체 용량을 관리하고 있다.

따라서 특정의 호가 계약된 양을 초과하여 셀을 전송하게 되면 망 전체의 품질을 열화시킬 수 있으므로, 호를 접수한 통신망은 그 입구에서 전송용량의 신고치와 실제 셀의 유입량이 일치하는지를 감시한다.

사용량 파라미터 제어(UPC : Usage Parameter Control)는 이와 같은 실제 전송되고 있는 트래픽을 모니터링 하는 기능을 수행한다. 모니터링 도중 최초 요구된 대역폭을 초과하는 트래픽에 대해서는 다음과 같은 조치를 하게 된다.

- 초과된 트래픽을 특정 경고 없이 바로 폐기하는 방법
- 초과된 트래픽에 대해 과부하 표시(Violation Tag)를 헤더에 붙이는 방법. 이 경우는 네트워크가 폭주 상태일 때 이 태그가 붙은 셀을 우선적으로 폐기한다.
- 초과된 트래픽 부분에 지연(Delay)을 주어 평균화(Smoothing)하는 방법

위의 세 가지 방식 외에 실제적으로 많이 사용되는 방법으로는 리키 버킷 알고리즘(Leakey Bucket Algorithm)이 있는데, 이는 버퍼를 이용해 일정한 양의 트래픽만을 흘려보내도록 하여 항상 송신측에서 신고한 대역폭의 평균치를 유지하도록 하는 방식이다.

셀이 일시적으로 많이 도착하면 버퍼가 넘치는 점을 이용하여 초과 트래픽을 감시하며, 버퍼의 크기나 출력의 대역폭은 송신측에서 신고한 최대 대역폭의 크기와 동일한 크기를 갖는다.

따라서 트래픽양이 많아지면 이 크기를 초과하게 되고, 초과된 셀은 위반으로 간주되어 위에서 설명한 세 가지 방법으로 조치된다.

### (3) 폭주 제어 (Congestion Control)

트래픽이 폭주하였을 때, 네트워크는 각종 폭주 제어를 행하여 폭주로부터 벗어나거나 다른 연결(Connection) 경로에 미치는 영향을 최소화하기 위해 노력한다.

이를 위해 CAC는 새로운 연결 접수를 중지하고, 우선 제어에 의해 가능한 한 중요한 셀의 보호를 위해 노력한다. 또한 라우팅 경로를 변경하여 폭주 상태에 있는 경로를 우회하도록

91) 버스트 트래픽(Bursty Traffic)은 단기간에 상대적으로 높은 용량의 트래픽(전송 데이터)이 발생하는 것을 말한다.

하며, 송신측에게는 폭주 상태를 통지(FECN, BECN)하여 폭주 상태에 있는 경로의 사용을 피하도록 유도한다.

여기에서 FECN(Forward Explicit Congestion Votification), BECN(Backward Explicit Congestion Notification) 메시지는 프레임 릴레이에서 사용되는 폭주 제어 방법으로서 프레임 진행방향, 또는 진행 반대 방향으로 사용 자제를 요구하는 비트를 프레임 헤더에 포함해 전달하는 방식이다. 하지만 최악의 경우에는 UPC 등을 이용한 트래픽의 규제나 절단을 통해 네트워크를 회복시킨다.

### 8.7.4 ATM 교환 방식과 타 교환 방식과의 비교

ATM 통신 방식은 기존의 디지털 회선 교환 통신 방식과 패킷 교환 통신 방식을 통합한 방식으로서 회선 교환과 패킷 교환의 장점만을 흡수한 방식이라고 할 수 있다.

여기에서는 지금까지의 교환 방식과 ATM 교환 방식간의 차이점을 알아보기로 한다.

#### (1) 회선 교환과 ATM 교환의 차이점

지금까지 가장 오래되었으면서도 가장 많이 사용되고 있는 회선 교환 방식은 회선의 연결, 전송, 해제의 과정을 통해 정보가 전송되며, 일단 회선이 연결되면 정보량이 많든 적든 간에 고정 속도로 전송하기 때문에 연속성이 요구되는 데이터의 전송이나 실시간성이 요구되는 음성통신 등에 적합한 방식이다.

하지만 회선 교환 방식은 한번 점유된 회선은 전송이 끝날 때까지 다른 노드에 의해 접속이 불가능하고, 사용되는 타임 슬롯의 위치가 고정되어 있기 때문에 정보량이 적은 경우 빈 타임슬롯이 발생되는 등 회선의 효율성이 떨어지는 문제점이 있다. 그리고 64Kbps, 128Kbps와 같은 타임 슬롯(하나의 타임 슬롯의 크기는 64Kbps임)의 정수배인 프레임은 전송이 가능하지만, 타임 슬롯의 정수배가 아닌 0.5배, 2.5배인 프레임은 1 타임 슬롯, 3 타임 슬롯의 프레임으로 전송하여야 하기 때문에 미세한 속도의 가변성은 얻을 수 없다.

한편, ATM 교환의 경우 셀 간의 순서가 바뀌더라도 셀 내의 헤더 정보를 이용하여 자유자재로 전송이 가능하고, 또 셀을 필요할 때 필요한 만큼 보낼 수 있어 회선이 효율성을 높일 수 있다. 그리고 전송 속도도 64Kbps, 128Kbps와 같은 타임 슬롯의 정수배로 전송하는 것이 아니라 53byte의 정수배로 전송하기 때문에 미세한 속도의 가변성을 얻을 수 있으며, 송신 중에도 속도를 변화시킬 수 있는 장점이 있다.

하지만 ATM 교환의 경우 셀을 분할함으로 인해 수반되는 연결 설정, 신호 처리, 전송, 교환 등의 여러 가지 새로운 문제들이 제기된다.

### (2) 패킷 교환과 ATM 교환의 차이점

패킷 교환 방식은 정보를 적당한 크기로 잘라 목적지 주소와 제어정보가 들어 있는 헤더를 부가하여 전송하는 방식으로서, 회선이 비어 있지 않더라도 축적 후 전송(Store and Forward)하기 때문에 회선의 효율성을 강조한 방식이라고 할 수 있다.

그리고 패킷의 크기는 128~4,096Byte 범위의 유연성을 가지기 때문에 정보의 속성에 따라 패킷의 크기를 임의로 설정할 수 있는 장점이 있다.

하지만, 패킷 교환 방식은 각각의 패킷을 교환기의 소프트웨어를 이용하여 처리하기 때문에 전송되는 패킷의 상당량이 교환기의 버퍼에 머물러있게 되어 지연 시간(Delay Time)이 발생하게 되고, 특히 데이터 폭주 시 전송 시간의 변동이 커지는 문제점이 있어 고속 전송에는 적합하지 않다.

한편, ATM 교환 방식은 셀의 크기를 53byte로 고정하였기 때문에 셀의 제어를 단순화할 수 있고, 또 교환기의 CPU에서 소프트웨어에 의해 라우팅하는 패킷 교환에 비해 ATM 교환은 교환기의 HCV(Header Converter) 모듈에서 VPI(Virtual Path Identifier) / VCI(Virtual Channel Identifier)의 변환을 통해 하드웨어적으로 라우팅하기 때문에 고속전송을 할 수 있다는 장점이 있다.

즉, ATM 통신 방식은 ATM 셀을 기본 전송수단으로 사용하기 때문에 패킷 교환 통신 방식과 유사하다. 하지만 패킷 교환 통신 방식은 실시간 신호를 처리하는데 어려움이 있고, 주로 LAN과 같이 제한된 지역에서 사용하는 반면, ATM 통신 방식은 실시간 신호까지도 동등하게 취급하면서 거대한 공중망에서 사용한다.

따라서 ATM 통신 방식은 번지부여, 접속 및 흐름 제어, 교환, 전송 등에 있어서 패킷 교환 통신 방식보다 어려움이 따른다.

# 8.8 ATM 프로토콜 참조 모델

## 8.8.1 ATM 프로토콜 참조 모델

ATM 프로토콜 참조모델은 ITU-T I.121에서 정의한 B-ISDN 참조 모델을 따르고 있으며, 그림 8.16에 나타낸 바와 같이 상위 계층, ATM 적응 계층(AAL : ATM Adaptation Layer), ATM 계층, 물리 계층 등 총 4개의 계층으로 구성되어 있다. 일반적으로 ATM 적응 계층, ATM 계층, 물리 계층은 하위계층이라고 한다.

그리고 ATM 프로토콜 참조모델을 OSI 7계층 참조모델에 대응하여 보면, ATM 물리 계층은 OSI 참조모델의 물리 계층에 대응되고, ATM 계층과 ATM 적응 계층은 OSI 참조모델의 데이터 링크 계층에 대응되며, 상위 계층은 OSI 참조모델의 트랜스포트 계층 및 응용 계층에 대응된다.

ATM 프로토콜 참조모델은 OSI 참조모델과 유사한 계층화 개념과 원리를 사용하고 있지만, B-ISDN의 추가 요구사항을 모델링하기 위해 평면(Plane)으로 분리하여 적용하고 있다.

즉, 그림 8.16에 나타낸 바와 같이 B-ISDN 프로토콜 참조 모델은 크게 사용자 평면(User Plane) 프로토콜, 제어 평면(Control Plane) 프로토콜, 관리 평면(Management Plane) 프로토콜로 나누어 구성하고 있다.

사용자 평면(User Plane) 프로토콜은 물리 계층, ATM 계층, ATM 적응 계층, 상위 계층의 계층적 구조를 가지고 있으며, 종단 간(End-to-End) 사용자 정보의 전송, 흐름제어, 오류제어 등의 기능을 수행한다.

또한 제어 평면(Control Plane) 프로토콜도 물리 계층, ATM 계층, ATM 적응 계층, 상위 계층의 계층적 구조를 가지고 있으며, 모든 호의 설정, 감시, 해제 등에 필요한 시그널링(Signaling)을 취급한다.

관리 평면(Management Plane) 프로토콜은 계층 관리와 평면 관리의 2가지 기능을 수행하며, 계층적 구조는 가지지 않는다. 계층 관리(Layer Management)는 각 프로토콜 계층 내에 존재하는 파라미터와 자원에 대한 관리 기능을 제공하고, 특정 계층에 대한 운용 및 유지보수 정보를 처리하는 기능을 수행하며, 평면 관리(Plane Management)는 시스템 전반에 걸친 관리 기능을 수행하고 평면간의 조정기능을 수행한다.

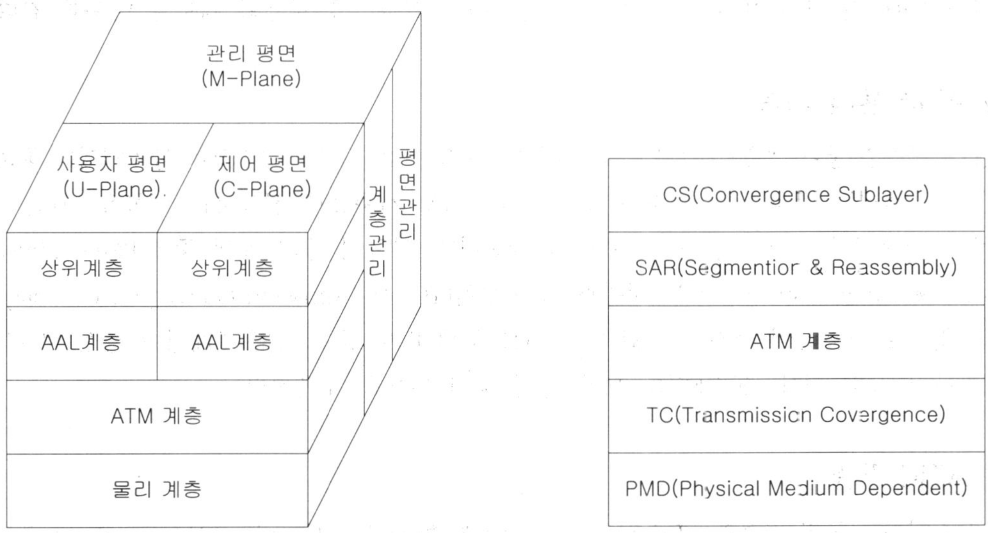


그림 8.16 ATM 참조모델

표 8.10 ATM 계층 및 부계층의 기능

| 계층 | 세부계층 | 기능 |
|---|---|---|
| 상위 계층 | | ■ 연결 기능 |
| ATM 적응 계층 | CS(Convergence Sublayer) | ■ 변환 기능 |
| | SAR(Segmentation and Reassembly Sublayer) | ■ 셀 분해 및 재조립 기능 |
| ATM 계층 | | ■ 일반적인 흐름 제어(GFC) 기능<br>■ 셀 헤더의 생성 및 제거 기능<br>■ 셀의 VPI/VCI 번역 기능<br>■ 셀의 다중화 및 역다중화 기능 |
| 물리 계층 | TC (Transmission Convergence Sublayer) | ■ 셀의 전송속도 조절 기능<br>■ HEC 생성 및 검증 기능<br>■ 셀 경계 식별 기능(셀 동기 기능)<br>■ 전송프레임의 적응 기능<br>■ 전송프레임의 생성 및 복구 |
| | PMD (Physical Media Dependant Sublayer) | ■ 비트 동기화 기능<br>■ 물리 매체 관련 기능 |

## 8.8.2 ATM 부계층의 기능

표 8.10에 각 계층 및 부 계층의 기능을 나타내었다. 각 계층의 기능은 다음과 같다.

### (1) ATM 물리 계층

물리 계층은 상위 계층인 ATM 계층으로부터 내려온 ATM 셀을 수집하여 물리매체를 통하여 전송하고, 물리매체를 통해 전송된 ATM 셀을 ATM 계층으로 전달하는 역할을 한다.

물리 계층에서는 오류 없는 셀 전송을 실현하기 위하여 물리 매체 종속(PMD, Physical Media Dependant Sublayer) 부 계층과 전송 수렴(TC, Transmission Convergence Sublayer) 부 계층으로 구분하여 규정하고 있으며, 이를 통해 비트 동기, 전송프레임의 생성 및 복구, 셀 흐름의 속도 정합, 셀 헤더의 오류 정정 등의 기능을 수행한다.

### (2) ATM 계층

ATM 계층은 물리 계층과 ATM 적응 계층사이에 존재하는 계층으로, ATM 셀 헤더에 관련된 모든 처리(HFC 필드는 물리 계층에서 처리하므로 제외됨)를 하는 계층이다.

그리고 또 ATM 계층은 셀을 전송하기 위해 셀의 다중화 및 역다중화, 가상 채널 및 가상경로 설정, 셀 헤더 생성 및 삭제 등의 기능을 수행한다. ATM 계층은 물리적인 계층과 독립적으로 셀을 처리함으로써 ATM 통신을 실현하기 위한 계층이다.

### (3) AAL 계층

ATM 적응 계층(AAL : ATM Adaptation Layer)은 ATM 계층과 상위 계층의 중간에 위치하며, ATM 계층이 ATM 네트워크를 이용하는 모든 애플리케이션에 대해 공통의 플랫폼을 제공하도록 설계되어 있다면, AAL 계층은 서비스 의존형 계층으로서 모든 애플리케이션에 대해 특정 전송 서비스를 제공하도록 설계되어 있다.

AAL 계층의 주요 기능으로는 ATM 셀의 분해 및 재결합, AAL 계층의 데이터 전송에 대한 오류처리, 체증에 의한 셀 손실 처리, 부정 삽입 셀에 대한 처리, ATM 계층의 고유의 동작을 상위 계층으로부터 숨기는 은폐기능, 그리고 오디오와 비디오와 같은 실시간성을 요구하는 매체를 위한 타이밍 정보 제어 등의 기능을 수행한다.

# 연 습 문 제

8.1 ISDN의 정의와 특징을 설명하시오.

8.2 ISDN을 도입함으로써 어떤 이점을 얻을 수 있는가?

8.3 ISDN의 표준화에 관련된 홈페이지를 찾아가 ISDN 표준화의 현황을 조사해 보시오.

8.4 N-ISDN과 B-ISDN의 차이점을 설명해 보시오.

8.5 ISDN의 기본 전송 속도에 대해 설명해 보시오.

8.6 ISDN의 채널의 종류를 열거하고 각각의 채널에 대해 설명해 보시오.

8.7 기본 접속 인터페이스(BRI)에 대해 설명해 보시오.

8.8 일차군 접속 인터페이스(PRI)에 대해 설명해 보시오.

8.9 ISDN의 가입자-망간 접속에서 논리적인 기능 그룹을 열거하고 각각을 설명해 보시오.

8.10 ISDN의 가입자-망간 접속에서 각 참조점을 열거하고 각각에 대해 설명해 보시오.

8.11 ISDN 베어러 서비스에 대해 설명해 보시오.

8.12 ISDN 텔레서비스에 대해 설명해 보시오.

8.13 ISDN 부가 서비스의 종류를 들고, 현재 시행되고 있는 예를 인터넷에서 조사해 보시오.

8.14 광대역 ISDN에 대해 설명해 보시오.

8.15 광대역 ISDN의 핵심기술은 무엇인가? 인터넷을 통해 조사해 보시오.

8.16 ATM 통신 방식의 원리를 설명해 보시오.

8.17 ATM 포럼의 홈페이지를 찾아가 현재의 진행사항을 조사해 보시오.

8.18 ATM과 STM을 비교하여 설명해 보시오.

8.19 ATM 교환기의 구성에 대해 설명해 보고, ATM 스위치의 동작 원리를 설명해 보시오.

8.20 ATM에서 VP와 VC를 비교하여 설명해 보시오.

8.21 ATM에서 트래픽 제어 기술에 대해 설명해 보시오.

8.22 ATM 교환 방식과 회선 교환 그리고 패킷 교환을 비교하여 설명해 보시오.

8.23 ATM 참조 모델에서 각 평면의 구조를 설명하고, 각 평면의 기능에 대해 설명해 보시오.

8.24 ATM에서 물리 계층의 기능을 설명해 보시오.

8.25 ATM에서 ATM 계층의 기능을 설명해 보시오.

8.26 ATM에서 ATM 적응 계층의 기능을 설명해 보시오.

# 9

# 이동정보통신망

## 9.1 이동통신의 개요

인간은 본래 움직이며 생활하기 때문에 장소에 구애받지 않고 자유롭게 이동하며 통신하기를 원한다. 따라서 이동통신 서비스는 인간의 가장 기본적인 욕구를 실현하는 통신형태라고 할 수 있다.

또한 현재의 사회는 이동통신의 글로벌(Global)화가 구축되고 있고, 이 글로벌화가 국가간의 이익을 초월하여 하나의 지구가족으로서 진정한 국제 협력을 도모하고 있다. 이런 이유 때문에 이동통신 산업을 미래 산업이라고 하며, 중요한 기간산업이라고 한다.

한편, 과거의 통신의 개념이 '장소' 위주였다면, 현재의 통신의 개념은 '사람' 위주의 통신이라고 할 수 있고, 과거의 이동통신이 음성 위주였다면, 현재의 이동통신은 음성뿐만 아니라, 음성, 영상, 데이터를 동시에 수용하는 멀티미디어 통신이라고 할 수 있다.

따라서 이동통신은 전파라는 무선 매체를 이용하여 지상국과 사람, 자동차, 열차, 선박, 항공기 등의 이동체간 또는 이동체 상호간의 정보를 언제, 어디서, 누구와도 전달하거나 교환할 수 있도록 하는 것을 궁극적인 목표로 하고 있다.

기존의 공중 통신망은 주로 전화망, 전용 회선망, 패킷 통신망, 회선 교환망 등의 유선 통신망에 의하여 이루어져 왔다. 그러나 2000년대에 들어서 이용자들 간의 이동성이 있는 서비스의 요구가 높아짐에 따라 무선 통신 방식에 의한 공중 통신 서비스 개발의 필요성이 대두되었다.

따라서 이러한 흐름을 수용하여 셀룰러(Cellular) 이동 전화, 개인 휴대 전화(PCS), 무선 호출(Pager), 주파수 공용통신(TRS) 등의 서비스를 제공하였을 뿐만 아니라, 언제, 어디서, 누구와도 통신을 할 수 있다는 3세대 이동통신 시스템인 IMT-2000 시스템의 서비스를 제공하면서 본격적으로 스마트폰이 출시되기도 하였다.

현재는 4세대 이동통신 시스템이 활발히 전개되고 있으며, 고속 이동 중에도 100Mbps의 전송속도를 제공함으로써, 유선 통신에 버금가는 전송속도가 무선통신으로 서비스되고 있다.

한편 사무 자동화 및 가정 자동화를 위해 도입된 근거리 통신망(LAN)에도 무선이 적용되어 WiFi(무선 LAN), 블루투스(Bluetooth) 등의 서비스가 제공되고 있다.

## 9.2 이동통신 시스템의 구성

지난 1970년대, 미국의 Bell Lab에서 처음 개발된 셀룰러 방식의 이동전화 시스템인 AMPS(Advanced Mobile Phone System)는 한정된 주파수 자원을 효율적으로 사용하게 함으로써 이동전화 시장의 등장을 가능하게 하였으며, 80년대 중반이후 등장한 디지털 방식의 이동전화는 아날로그 방식의 한계를 극복함으로써 이동전화 시장을 본격적으로 확산시켰다.

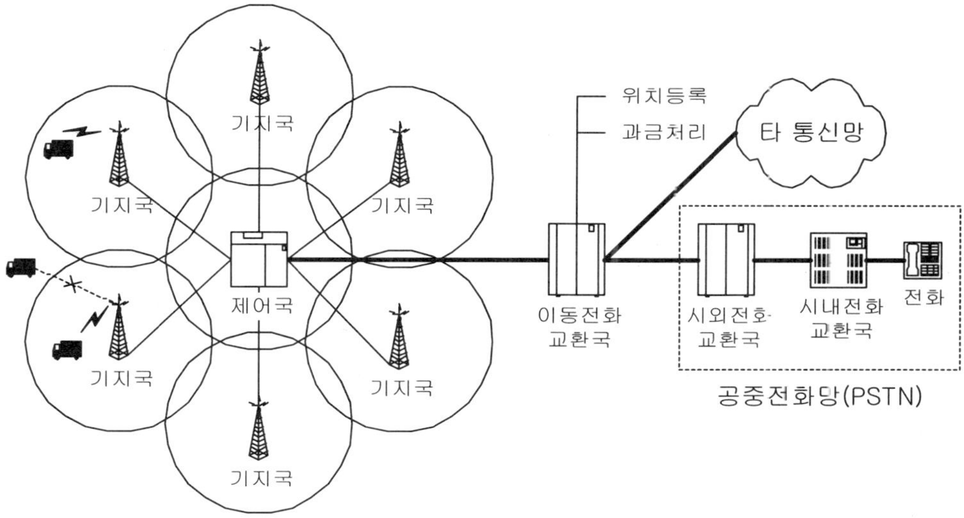


**그림 9.1 셀룰러 이동통신 시스템**

## 9.2.1 셀룰러 이동통신의 정의

셀룰러(Cellular) 이동통신은 한정된 주파수 자원을 공간적으로 재사용(Reuse)하여 무선회선(Radio Frequency)의 사용 효율을 극대화한 이동통신 시스템으로서, 그림 9.1과 같이 전체 서비스 지역을 소규모의 서비스 지역인 셀(Cell)로 나누어 구성하고, 각각의 셀에는 셀 내에서 발생하는 가입자의 통화를 담당하는 무선 기지국을 두며, 이 무선 기지국들을 교환국에서 집중 제어하여 가입자가 셀 간을 이동하여도 양질의 통화를 계속할 수 있도록 하는 이동통신 기술이다.

## 9.2.2 이동통신 시스템의 구성 요소

이동통신 시스템의 구성요소는 서비스의 종류에 따라 약간씩 차이가 있으나, 그림 9.1에서 보는 바와 같이 다음과 같은 구성요소로 구분할 수 있다.

- 이동국 (MS : Mobile Station)
- 기지국 (BTS : Basestation Transceiver System)
- 제어국 (BSC : Base Station Controller)
- 교환국 (MSC : Mobile Switching Center)
- 위치 등록기 (Location Register)
- 운용보전국 (OMC : Operation & Maintenance Center)

### (1) 이동국 (MS : Mobile Station)

이동국은 이동전화 가입자가 이동통신 서비스를 제공받기 위한 단말 기능을 보유하고 있는 시스템으로서, 통상 무선 송수신기, 안테나, 제어장치로 구성되며, 일반적으로 단말기(Terminal)라고 한다.

### (2) 기지국 (BTS : Basestation Transceiver System)

기지국(BTS)은 이동국과 제어국 사이에 위치하여 유무선 채널의 정합기능을 수행하는 시스템으로서, 그 지역에 있는 이동 단말기로부터의 트래픽을 송신하고 수신할 수 있는 송수신기를 포함하고 있다.

따라서 기지국은 이동국과의 무선전송 기능, 호(Call)[92] 처리 기능, 제어국과의 통신처리 기능 등을 수행한다.

### (3) 제어국 (BSC : Base Station Controller)

제어국(BSC)은 기지국과 이동통신 교환기 사이에 위치하여 다수의 기지국을 관리하고 제어하는 시스템으로서, 기지국 운용의 관리, 유무선 링크의 제어, 기지국 내 하드웨어 및 소프트웨어의 서비스 상태 관리, 호 트래픽에 대한 자원의 할당과 구성 관리, 기지국 운용에 관한 정보 수집, 기지국 운용에 관련된 감시 및 고장 관리, 기지국 및 제어국에 필요한 타이밍(Timing) 제공, 핸드오프(Handoff) 관리 등의 기능을 수행한다.

### (4) 교환국 (MSC : Mobile Switching Center)

교환국(MSC)은 이동전화 가입자에게 이동통신 서비스를 제공하기 위한 이동통신 교환 장치로서, 가입자와 가입자간의 회선교환, 호 처리, 핸드오프(Handoff), 페이징(Paging)[93], 로밍(Roaming), 과금 관리 등의 기능을 수행한다.

그리고 교환기는 이동전화 가입자가 통화를 하기 전에 사용 단말기가 유효한 단말기인가를 확인하는 인증 기능과, 공중 전화망의 가입자와 이동전화 단말기간의 연결을 위해 PSTN 교환기와 연결하는 기능도 수행한다.

### (5) 위치 등록기 (Location Register)

위치 등록기(Location Register)는 이동통신망 내에서 이동 가입자의 위치이동에 따라 적절

92) 호(Call)는 사용자가 통화를 목적으로 통신 회선 또는 설비를 점유하는 것을 말한다.
93) 페이징(Paging)은 이동단말에게 착신 호(수신 전화)를 알려주는 기능이다.

한 이동통신 서비스를 제공하기 위하여 가입자 및 방문 가입자에게 현재 위치정보를 비롯한 이동 가입자의 상태, 통계 및 각종 서비스 관련 정보를 관리하는 데이터베이스 시스템으로써, 이를 홈 위치 등록기(HLR : Home Location Register)라고 한다.

위치 등록기는 홈 위치 등록기(HLR) 이외에도 방문자 위치 등록기(VLR : Visitor Location Register)가 있는데, 방문자 위치 등록기(VLR)는 지역별로 교환기가 분산 설치되어 있을 때 특정 가입자가 자기가 가입되어 있는 교환기 지역을 벗어나 타 교환기 지역으로 이동할 때 이동 가입자에 대한 위치정보를 등록/관리한다.

따라서 방문자 위치 등록기(VLR)는 자기 영역 내에 방문한 이동 가입자가 있을 경우 이를 방문자의 홈 위치 등록기(HLR)에 통보하고, 또 방문한 이동 가입자에 대한 데이터를 홈 위치 등록기(HLR)로부터 넘겨받아 데이터베이스에 저장/관리하며, 이를 위치 제어 및 호 처리 등에 활용한다.

### (6) 운용보전국(OMC : Operation & Maintenance Center)

운용보전국(OMC)은 이동통신망에 대한 망 운영의 효율화 및 고품질의 통신 서비스를 제공하기 위한 운용 및 유지보수 기능을 담당한다.

## 9.2.3 셀의 구분

셀(Cell)이란 하나의 기지국이 포괄하는 지역을 가리키는 것으로서, 단위 규모의 송수신 시설(기지국)이 가장 유효하게 이동통신의 통화를 처리할 수 있는 구역으로 정의할 수 있다. 따라서 셀은 서비스를 제공하는 기지국이 발사하는 전파를 모든 위치에서 측정한 결과를 도면으로 표시한 것으로서, 기지국의 신설 및 증설 등을 위해 사용한다.

셀의 모양은 그림 9.2의 (a)와 같이 비정형의 형태를 가지나, 셀룰러 이동 전화망의 설계 및 이론상의 계산을 단순화하기 위해 셀의 모양을 (b)~(e)처럼 가상적인 모형인 정삼각형, 정사각형, 정육각형, 원형 등으로 표시한다.

셀의 모형 중에서 정육각형의 모형이 셀을 설계하는데 개념적으로 아주 적합하기 때문에, 정육각형의 셀 모형은 이동통신의 셀 계획(Cell Planning)에서 인접 기지국간의 채널 간섭의 최소화를 위한 기본적인 툴로 사용되고 있다.

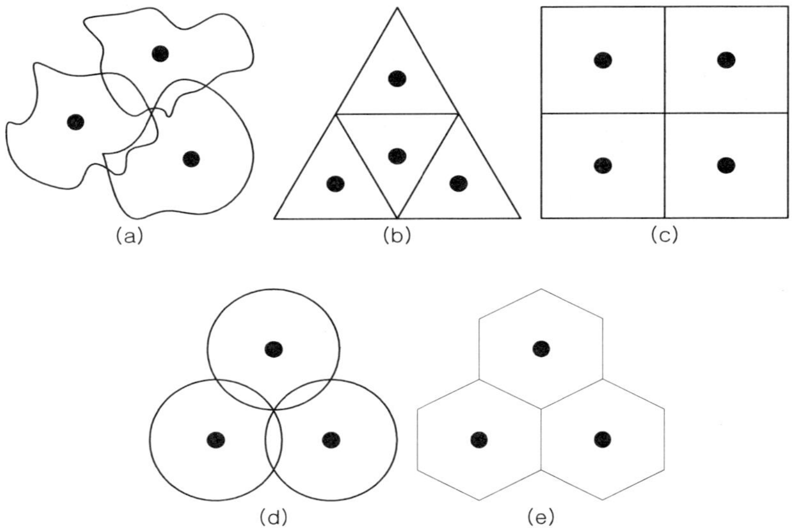


**그림 9.2 셀의 형태**

셀룰러 이동통신에서 셀의 크기는 이동통신 시스템이 사용하는 주파수와 송신기의 송신 출력, 그리고 기지국 안테나의 위치, 안테나의 높이, 안테나의 빔 형태(전방향성 또는 방향성), 안테나의 기울기(Tilt) 등에 관련이 있으며, 각 셀은 셀의 크기에 따라 일반적으로 메가 셀(Mega Cell), 매크로 셀(Macro Cell), 마이크로 셀(Micro Cell), 피코 셀(Pico Cell) 등으로 구분하여 사용하고 있다.

하지만 이러한 셀 분류는 정해진 기준이 있는 것은 아니며, 대략 다음과 같은 기준으로 사용하고 있을 따름이다.

**표 9.1 이동통신에서 셀의 종류**

| 셀 형태 | 메가 셀 | 매크로 셀 | 마이크로 셀 | 피코 셀 |
|---|---|---|---|---|
| 셀 반경 | 100～500Km | 35Km 이하 | 1Km 이하 | 50m 이하 |
| 이동국의 속도 | | 500Km/h이하 | 100Km/h 이하 | 10Km/h 이하 |
| 안테나 높이 | 지상 10m 이상 | 빌딩의 꼭대기<br>지상 20～60m | 빌딩의 벽<br>지상 6m 이내 | 빌딩 내<br>지상 3m 이내 |
| 적용 지역 | 넓은 지역<br>(위성통신) | 부도심,<br>교외지역,<br>준평활지역 | 도심,<br>통화밀집지역<br>음영지역 | 도심,<br>통화밀집지역,<br>실내 또는 지하 |

### (1) 메가 셀(Mega Cell)

저궤도 인공위성(LEO : Low Earth Orbit)을 이용하면 셀 반경이 100~500Km나 되는 매우 넓은 지역을 커버하는 광역서비스를 제공할 수 있는데, 이와 같은 셀을 메가 셀(Mega Cell)이라고 한다. 메가 셀을 이용하면 불필요한 음영지역을 해소할 수 있다.

### (2) 매크로 셀(Macro Cell)

일반적으로 셀 반경이 5Km에서 35Km 내외의 셀 반경을 가지는 셀을 매크로 셀(Macro Cell)이라고 한다. 물론, 방향성 안테나(Directional Antenna)를 사용하면 셀 반경을 좀 더 크게 할 수 있다.

전형적인 매크로 셀은 저밀도에서부터 중밀도 정도의 트래픽 특성을 가지며, 고속으로 이동하는 단말기와 협대역의 서비스를 지원하기 때문에, 이동통신 시스템에서는 가입자의 통화량이 적은 지역에 커버리지(Coverage) 확장을 목적으로 주로 사용되며, 일반적으로 교외지역이나 준 평활지역 또는 부도심지역에 설치한다.

매크로 셀은 기지국과 기지국간의 거리가 멀기 때문에 셀 확장을 위해 기지국이나 중계기를 설치하는 경우, 일반적으로 기지국 상호간의 주파수 간섭을 고려하지 않고 설치하는 것이 보통이다.

그리고 또 매크로 셀은 교외지역인 경우 기지국 안테나와 이동국 안테나 간의 가시거리가 거의 존재하지 않으므로, 회절, 산란 등을 통한 비 가시거리의 전파전파(Radio Propagation) 특성이 주를 이룬다.

이와 같은 셀은 800MHz 대역의 아날로그 셀룰러 이동통신 시스템이나 디지털 이동통신 시스템 등에서 주로 사용되고 있다.

### (3) 마이크로 셀(Micro Cell)

사용 주파수대가 2GHz 내외인 시스템의 전파 도달 거리는 800MHz대의 주파수를 사용하는 시스템보다 더 짧아 1Km 내외가 되며, 직진성은 더 높아진다. 이와 같은 서비스를 제공하는 셀은 반경이 500m~1Km 내외가 되며, 이를 마이크로 셀(Micro Cell)이라고 한다.

전형적인 마이크로 셀은 중밀도에서부터 고밀도 정도의 트래픽 특성을 가지며, 저속으로 이동하는 단말기와 협대역의 서비스를 지원한다. 따라서 이동통신 시스템에서는 대부분 안테나의 높이를 낮춘 도심 지역의 옥외환경에서 이와 같은 셀을 사용한다.

마이크로 셀의 특징은 셀 반경이 작아 이동국이 기지국의 안테나를 볼 수 있을 정도로 가까이 있으므로 가시거리 전파가 주요 전파 경로를 이루게 된다.

따라서 마이크로 셀에서의 전파전파 특성은 매크로 셀과는 달리 도심 지역의 인공 건물에 의한 전파 차단이 많이 일어나 페이딩 현상이 발생하게 되므로, 수신되는 신호는 여러 경로를 통해 전송되는 다중경로 채널 특성을 보인다.

마이크로 셀은 1.9GHz 주파수대를 사용하는 PCS 시스템이나 2GHz 주파수대를 사용하는 IMT-2000 시스템, LTE 시스템 등이 이와 같은 셀을 사용한다.

### (4) 피코 셀 (Pico Cell)

마이크로 셀보다 더 작은 셀을 피코 셀(Pico Cell)이라고 하며, 셀 반경은 50m 정도 된다. 전형적인 피코 셀은 중밀도에서부터 고밀도 정도의 트래픽 특성을 가지며, 저속으로 이동하는 단말기와 광대역의 서비스를 지원한다.

피코 셀은 주로 도심지역의 건물 밀집지역이나 건물 내 또는 건물 지하 등에 매우 높은 트래픽 용량을 가지도록 소형 기지국(Pico BTS)이나 소형 중계기 등을 시설하여 서비스하는 셀이다.

여기에서 소형 기지국은 건물 내에 소형의 기지국을 설치하여 건물 내 통신(In-Building Communication)을 할 수 있도록 한 시스템이고, 소형 중계기는 지상에서 수신한 신호를 지하에 설치한 옴니 안테나나 패치 안테나를 통해 서비스하는 시스템이다.

피코 셀은 구내 이동통신(무선 LAN이나 블루투스(Bluetooth) 또는 Home RF와 같은 시스템)이나 IMT-2000, LTE 등이 이와 같은 셀을 사용한다.

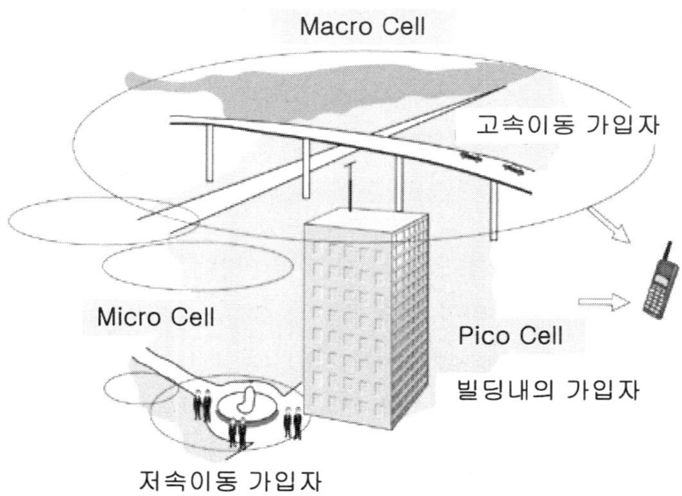


그림 9.3 셀의 계층화

이상과 같은 셀은 한 지역에 하나만 존재할 수도 있고, 도심과 같이 복잡한 곳에서는 그림 9.3과 같이 중첩되어 서비스가 제공될 수도 있다. 이와 같이 셀이 중첩되는 것을 셀의 계층화(Cell Hierarchy)라고 한다.

### 9.2.4 핸드오프 (Handoff / Handover)

사용자가 현재 서비스를 제공받고 있는 기지국(셀)의 영역을 벗어나 인접한 셀로 진입하더라도 통화가 계속적으로 이루어질 수 있도록, 현재의 셀에서 인접 셀의 기지국으로 통화 채널을 인수인계하여 주는 기술을 핸드오프라고 한다.

이는 이동통신에서 로밍(Roaming)과 함께 사용자의 이동성을 보장하는 기술로서, 북미지역에서는 핸드오프(Handoff)라고 하고, 유럽에서는 핸드오버(Handover)다고 한다.

핸드오프는 크게 하드 핸드오프(Hard Handoff)와 소프트 핸드오프(Soft Handoff)로 구분할 수 있다.

하드 핸드오프(Hard Handoff)는 이동 단말이 이동하면서 다른 셀로 넘어갈 때, 기존 셀의 기지국과의 연결을 먼저 끊고 다른 쪽 셀의 기지국과 다시 연결을 하는 방식인데, 이를 절단 후 접속(Break-before-Make)이라고 한다. 이 때 AMPS 시스템의 경우 약 0.15초의 순간적인 단절이 생기는데, 순간적으로 끊고 연결하는 동작이 이루어지기 때문에 사용자는 의식하지 못하게 된다.

이 방식은 아날로그 방식인 AMPS나 TDMA 방식인 GSM 등에서 사용되고 있으며, 그림 9.4(a)에 동작원리를 나타내었다.

소프트 핸드오프(Soft Handoff)는 다른 셀로 넘어갈 때, 기존 셀의 기지국과 다른 쪽 셀의 기지국의 두 신호를 모두 받아 둘 다 연결하고 있으면서 다른 쪽 셀의 신호가 더 커지면 기존 셀의 연결을 끊어버리는 방식으로서, 이를 접속 후 절단(Make-before-Break)이라고 한다.

이 방식은 CDMA 시스템에서 사용하고 있는데, 그림 9.4(b)에 소프트 핸드오프의 원리를 나타내었다.

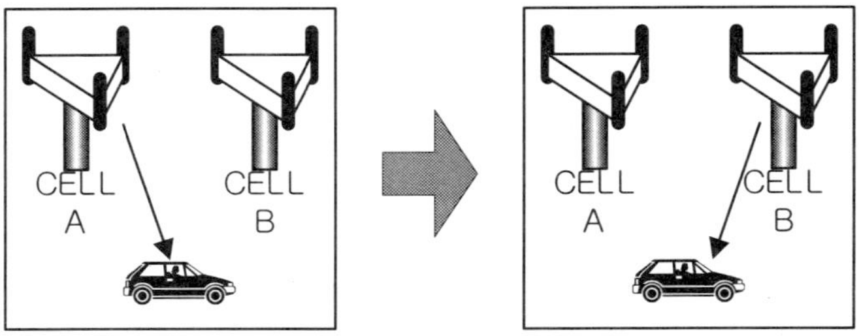


(a) Hard Handoff

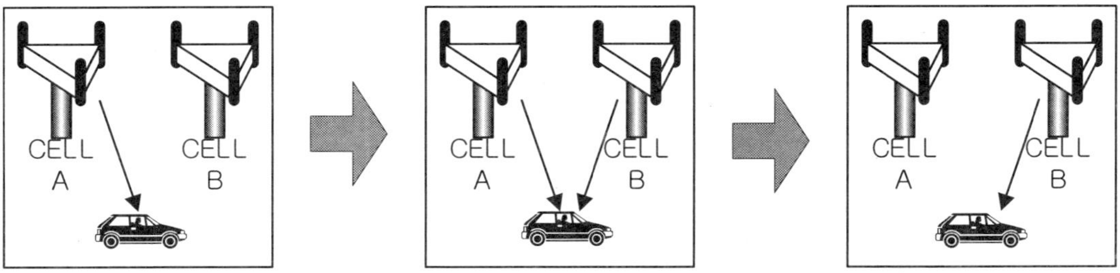


(b) Soft Handoff

**그림 9.4 소프트 핸드오프와 하드 핸드오프**

## 9.2.5 로밍 (Roaming)

사용자가 가입 등록되어 있는 서비스 사업자의 시스템 이외의 시스템에서도 정상적인 서비스를 제공하는 기술을 로밍(Roaming)이라고 한다.

예를 들어, 내가 가지고 있는 핸드폰이 KT인데 내가 현재 위치한 곳이 KT 서비스가 제공되지 않고 동종의 서비스인 SK텔레콤의 서비스가 제공된다고 하자. 만약 로밍 서비스 기능이 제공되지 않는다면, 현재 나는 통화를 할 수 없는 상태가 된다. 하지만 KT와 SK텔레콤이 서로 로밍 서비스를 제공하기로 협정이 되어 있다면, SK텔레콤의 네트워크를 이용해 서비스를 제공받을 수 있다.

이와 같이 사용자의 이동에 따라 이동통신 시스템은 그에 따른 서비스를 가능하게 해 줄 수 있는 능력이 필요하게 되는데, 이와 같은 서비스를 로밍(Roaming) 서비스라고 하며, 이와 같은 서비스를 해외에서 제공받는다고 하면, 국제 로밍(International Roaming) 또는 글로벌 로빙(Global Roaming)이라고 한다.

## 9.2.6 셀룰러 이동통신의 특징 및 설계 요소

### (1) 셀룰러 이동통신의 특징

전체 서비스 지역을 소규모의 서비스 지역인 셀로 나누어 구성하고, 셀 간의 이동시 핸드오프(Handoff) 기능을 수행한다.

사용가능한 무선주파수가 한정되어 있으므로, 주파수 재사용(Frequency Reuse) 방법을 통해 무선회선의 사용 효율을 극대화한다. 즉, 이동통신 시스템의 용량의 한계는 제한된 주파수 자원의 부족에서 기인하기 때문에, 시스템 설계자는 주어진 대역을 가지고 규정된 통화품질을 유지하면서 가입자를 최대로 수용할 수 있는 방안을 강구하여야 한다.

통신매체로써 전파(Radio)를 사용하므로, 단말기의 이동으로 인한 전파전파(Radio Propagation) 특성을 고려하여야 한다.

### (2) 셀룰러 이동통신 시스템의 설계 요소

#### ① 주파수 재사용(Frequency Reuse) 기법

주파수 재사용(Frequency Reuse) 기법은 셀룰러 시스템에서 단위면적 당 사용자 채널의 수를 증가시키기 위해 같은 주파수 또는 일련의 주파수 세트를 재사용하는 방법이다. 즉, 주파수 재사용은 인접 기지국 간에는 서로 다른 주파수의 채널그룹을 할당하여 기지국 간의 간섭을 최소화하고, 일정 거리마다 떨어진 기지국 간에는 주파수를 재사용하여 가입자 용량을 증대시키는 방법이다.

#### ② 동일 채널 간섭 경감 대책

서로 떨어진 지역 간에 주파수재사용 기법을 사용한다고 하더라도, 동일 주파수의 채널을 사용함으로 인해 동일 주파수 전파의 일부가 넘어와 다른 지역에 영향을 미치는 것을 동일 채널 간섭이라고 한다. 동일 채널 간섭은 시스템의 용량을 감소시키므로, 이에 대한 경감 대책이 필요하다.

#### ③ 신호 대 잡음비 경감 대책

신호 전력 대비 잡음 전력의 비를 신호 대 잡음비라고 한다. 통신 시스팀의 성능은 절대적인 신호 전력의 크기가 중요한 것이 아니라, 신호 전력 대비 잡음 전력의 비로서 결정되기 때문에 신호 대 잡음비의 경감 대책은 매우 중요하다. 신호 대 잡음비를 줄이는 것은 인접 채널 또는 기지국에 대한 상호 간섭을 감소시킬 수 있고, 특히 단말기에서는 배터리의 사용 전력을 감소시킬 수 있어 단말기의 사용 시간을 증대시킬 수 있다.

#### ④ 핸드오프 기법

핸드오프(Hand-off) 또는 핸드오버(Hand-over)는 단말기가 현재 서비스를 받고 있는 기지국에서 인접한 다른 기지국으로 이동할 때 통화 채널을 인접 기지국으로 넘겨주는 기능으로서, 이는 셀룰러 시스템을 가능하게 하는 가장 중요한 요소 중의 하나이다.

#### ⑤ 셀 분할

셀룰러 시스템에서 1개의 기지국이 관장하는 셀(Cell) 내에서 사용자가 집중되는 곳에 보다 작은 범위의 여러 개의 셀로 분할하는 것을 셀 분할이라고 한다. 셀 분할은 셀룰러 시스템에서 서비스 품질을 강화할 목적으로 사용된다.

## 9.3 셀룰러 이전의 이동통신 시스템

이동통신은 무선통신으로부터 시작하는 오랜 역사를 가지고 있으며, 최초의 무선통신은 마르코니가 1895년 무선 실험을 성공한 후 10년이 경과된 해에 모스 전신에 의한 선박통신이 그 효시였다고 볼 수 있다.

### 9.3.1 MTS 시스템

최초의 상업용 이동통신은 세계 2차 대전 이후, 1946년 6월 미국 세인트루이스(Saint Louis)의 미주리(Missouri)에서 AT&T가 서비스를 개시한 MTS(Mobile Telephone Service)방식이다.

이 MTS 방식은 한 사람이 말할 때 상대방은 말할 수 없는 반이중(Half Duplex) 방식, 즉 오늘날의 무전기처럼 버튼을 눌러 말하고 버튼을 해제하여 듣는 방식이었고, 중앙에서 교환원이 직접 서비스를 교환을 해주는 수동 접속방식의 자동차 전화 서비스였다.

또한 최초의 MTS 시스템의 채널 수는 6개였는데, 채널간의 상호 간섭이 매우 심하여 3개만 사용하였다. MTS 방식의 주요 사양은 다음과 같다.

- 서비스 주파수 대역 : 150MHz 대
- 채널의 수 : 3개
- 각 채널의 대역폭 : 60KHz

## 9.3.2 IMTS 시스템

MTS 시스템은 그 후 여러 번의 개량을 거듭하였다. 그 결과 1964년에 최초로 셀룰러(Cellular)의 개념을 도입한 IMTS(Improved Mobile Telephone Service) 시스템이 AT&T에 의해 150MHz 대역에서 개발되었고, 1969년에는 150MHz 대역에서 11개의 채널을 사용할 수 있는 IMTS MJ 시스템과 450MHz 대역에서 12개의 채널을 사용할 수 있는 IMTS MK 시스템으로 확장되었다.

IMTS 시스템은 MTS 시스템과는 달리 자동 다이얼 방식을 채택하고, 전이중(Full Duplex) 방식이 가능하도록 하여 MTS에 비해 많은 불편함을 해소하였다. 또한 가능하면 넓은 지역을 서비스할 수 있도록 기지국 송신기의 출력을 50~250[W] 정도의 고출력으로 높였고, 이로 인해 각각의 기지국은 셀의 반경이 80Km 이상 되는 광범위한 지역을 서비스하였다.

하지만 너무 넓은 지역을 서비스함으로 인해 기지국과 이동국의 전력소모가 많았고, 회선 용량이 제한되어 수요가 많은 도심지역에서는 이동전화 설치를 의한 대기자가 많이 발생하였다. 그리고 사용자가 무선기지국에서 멀리 떨어질수록 혼선이 심해 성능이 좋지 않았으며, 스펙트럼의 사용 효율 또한 비효율적이었다.

기지국에 비해 상대적으로 낮은 전력(20[W])을 송출하는 이동국은 셀의 가장자리로 갈 경우 이동국의 송출전력이 기지국에 도달하지 못하므로, IMTS 시스템은 하나의 서비스 지역 내에 여러 곳의 수신소를 두어 이동국의 저출력을 보상하도록 하였다.

몇몇 시스템에서는 자동 로밍 또는 수동 로밍을 제공하였으나, 단지 시스템에 등록되어 있는 사용자만 가능하였다. 그리고 각각의 기지국은 서로 독립적으로 서비스 지역을 관리하였기 때문에 핸드오프(Handoff) 기능이 없어 이동 중 서비스 지역이 바뀌면 호가 절단(통화가 끊어짐)되었다. 따라서 새로운 서비스 지역에서 통화를 계속하기 위해서는 그림 9.5와 같이 새로운 셀에 맞는 통화 채널로 바꾸어 주고, 호를 다시 접속하여 사용하였다.

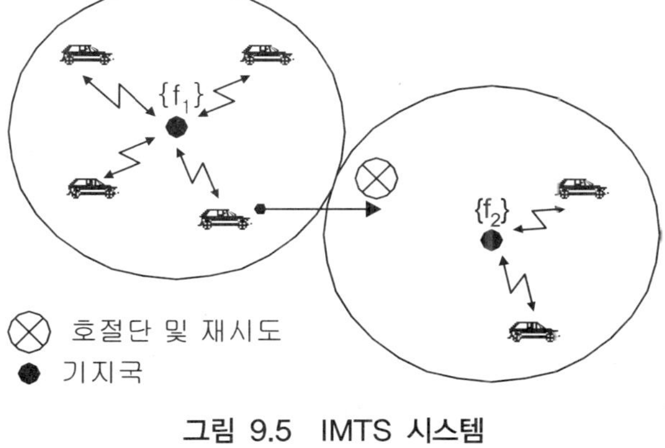


그림 9.5 IMTS 시스템

## 9.4 1세대 이동통신 시스템(아날로그 방식)

초기의 이동전화 시스템인 IMTS 시스템은 고출력의 단일 무선 기지국 단위로 운영되었고, 전파의 음영 지역이 발생하여도 거의 해결 방법이 없었으며, 핸드오프 기능이 없어 이동국이 서비스 지역을 넘어갈 경우 통화가 절단되는 문제점이 있었다.

또 IMTS 시스템은 셀룰러 방식임에도 불구하고 셀룰러 이동통신 시스템이라고 하지 않는데, 그 이유는 핸드오프 기능이 없기 때문이다.

따라서 IMTS의 이러한 용량 및 기능 제한이 보완되고 더 나은 기술로 발전되어 오늘날의 셀룰러 이동통신 시스템을 이끌어내게 되었다.

### 9.4.1 북미지역 이동통신 시스템

800MHz 대역에서 서비스를 제공하고 있는 AMPS(Advanced Mobile Phone System) 시스템은 미국의 아날로그 방식 이동통신 시스템의 표준 시스템으로써, AT&T와 모토롤라(Motorola)에 의해 1978년 개발되어 1982년부터 상업용 서비스를 제공하기 시작하였다.

이후 AMPS 방식은 캐나다, 멕시코 등의 북미지역과, 브라질, 아르헨티나 등의 남미지역, 우리나라[94]를 비롯한 홍콩, 태국, 싱가포르, 타이완 등의 아시아 지역, 그리고 오스트레일리아, 뉴질랜드까지 도입되어 모든 사람들의 상상을 초월하는 급속한 성장을 거듭하였다.

AMPS 시스템은 제한된 주파수 자원을 보다 효율적으로 사용하기 위해, 넓은 지역을 서비스하던 방식에서 서비스 지역을 반경 20Km 정도로 보다 작게 세분화하였고, 이에 따라 AMPS 시스템은 작아진 셀 반경만큼 이동국과 기지국의 송출 출력을 낮추었다.

특히 이동국의 송출 출력을 최대 3[W] 정도로 낮춤으로 인해 단말기의 크기도 한 손으로 잡을 만큼 상당히 작게 만들 수 있었다. 따라서 오늘날 단말기를 핸드폰(Hand-phone)이라고 하는 것도 여기서부터 유래되었다고 할 수 있다.

셀룰러 이동통신 시스템의 기본 개념은 서비스 지역을 다수의 셀로 분할하고, 각 셀에 고유의 주파수를 이용하게 하며, 상호 간섭을 주지 않을 만큼 떨어진 지역에서 동일한 주파수를 재사용하는 것이다.

그런데 이와 같은 개념은 실제로 1946년도에 이미 도입되어 있었다. 그럼 왜 1982년 본격적 셀룰러 이동통신 시스템인 AMPS 시스템이 출현되기까지, 이동통신의 본 고장인 미국에서조차 기술 개발이 늦어졌을까? 그 이유는 다음과 같다.

---

94) 우리나라는 1999년 12월 31일부로 아날로그 이동통신 서비스는 종료되고, 현재는 디지털 방식 이동통신 서비스만 제공되고 있다.

첫 번째로 기술적인 한계성을 들 수 있고, 두 번째로는 AT&T의 이중성을 들 수 있는데, AT&T는 이때까지 미국에서 독점적인 유선망을 확보하고 있었으므로, 이동통신 시스템의 개발을 서두를 이유가 없었기 때문이다. 그리고 마지막으로 이와 같은 AT&T에 태도에 대해서도 미온적으로 FCC가 무선사용에 따른 법적 규제를 가했기 때문이라고 할 수 있다.

## 9.4.2 유럽의 이동통신 시스템

유럽에서는 노르딕 제국(핀란드, 덴마크, 노르웨이, 스웨덴)이 1981년에 제일 먼저 450MHz 대역의 아날로그 이동통신 시스템인 NMT(Nordic Mobile Telephone) 시스템을 개발하여 서비스하였고, 1986년에는 900MHz 대역의 시스템을 상용화하였다. NMT 450/NMT 900 시스템은 노르딕 제국 외에도 벨기에, 오스트리아, 프랑스, 헝가리, 네덜란드, 스페인, 터키, 스위스 등의 국가에서도 적용되어 사용되었다.

한편, 영국에서는 AMPS 방식을 이용하여 주파수대를 변경하고, 채널 간격을 25KHz로 바꾸는 등 몇 가지를 변경한 TACS(Total Access Communication System) 시스템을 1985년에 상용화하였고, 이 시스템은 아일랜드, 스페인, 이탈리아, 오스트리아, 아랍에미리트, 바레인, 쿠웨이트 등의 국가에서도 적용되어 사용하였다.

그리고 독일은 독자적으로 450MHz대의 C-450 시스템을 개발하여 1985년브터 상용화하였고, 프랑스는 430MHz대의 RC-2000을, 이탈리아는 I-450 시스템을 개발하여 서비스하였다.

여러 나라가 서로 지역적으로 붙어 있어 이웃 국가 간의 교류가 빈번한 유럽에서 이와 같이 나라마다 모두 제각기 다른 방식으로 셀룰러 이동통신 시스템이 운영됨으로 인해 불편을 초래하였고, 이것이 촉매제가 되어 1992년 가장 먼저 범 유럽 방식의 디지털 이동통신 시스템인 GSM(Global System for Mobile)이 출현하게 되었다.

## 9.4.3 일본의 이동통신 시스템

1979년 당시로는 기술적으로 구현하기 어려웠던 800MHz대의 주파수를 이용하여 다채널 접속 기능, 마이크로 셀(Micro Cell) 등의 기술을 접목하는 셀룰러 이동통신 시스템을 세계 최초로 상용화하였다.

그러나 이 방식으로도 주파수 부족이 예상되어 새로이 채널 당 6.25KHz를 사용하는 가장 협대역인 아날로그 이동통신 시스템을 1986년에 상용화하였고, 이는 기존 아날로그 방식의 4배의 주파수 이용효율을 얻을 수 있었다. 이로써 일본은 세계 최고 수준의 다양한 신기술을 보유하게 되었다.

### 9.4.4 우리나라의 이동통신 시스템

우리나라의 최초의 이동전화는 1960년 수동 교환 방식의 자동차 전화로부터 시작하여, 1984년 처음으로 북미 방식의 이동통신 시스템인 AMPS 시스템을 도입하여 상업용 서비스를 제공하였다. 하지만 우리나라에서 실제적으로 이동전화 서비스의 대중화를 기한 것은 1988년 하계 올림픽 개최 덕분이며, 이때부터 가입자의 급속한 증가세를 유지하여 1996년 12월에는 처음으로 300만 가입자를 돌파하였다.

그 후 우리나라의 아날로그 방식 이동통신 시스템은 1999년 12월 31일까지 서비스를 제공하였고, 현재에는 디지털 방식 서비스만 제공하고 있다.

### 9.4.5 1세대 이동통신 시스템의 특징

1세대의 이동통신 시스템은 FDMA(Frequency Division Multiple Access) 기술을 적용한 시스템으로서 북미 방식인 AMPS 시스템과 유럽방식인 NMT-450, NMT-900, TACS 시스템 등으로 나눌 수 있다.

그림 9.6에 일반적인 1세대 이동통신 시스템의 망 구성도를 나타내었고, 각국의 아날로그 셀룰러 이동통신 방식을 비교하여 표 9.2에 나타내었다.

1세대 이동통신 시스템은 데이터 통신보다는 음성 통신에 초점을 맞추어 제공된 서비스이다. 하지만, AMPS 망에서 CDPD(Cellular Digital Packet Data)를 이용하면 음성 채널을 이용하여 패킷 데이터를 19.2Kbps까지 전송할 수 있다.

CDPD는 AMPS의 사용되지 않는 음성 채널을 이용해 패킷형 데이터 통신 서비스를 제공하는 무선데이터 통신 프로토콜로서, 사용하지 않는 30KHz의 채널을 이용하여 19.2Kbps의 전송 속도까지 전송할 수 있고, TCP/IP를 기본으로 하는 시스템이다.

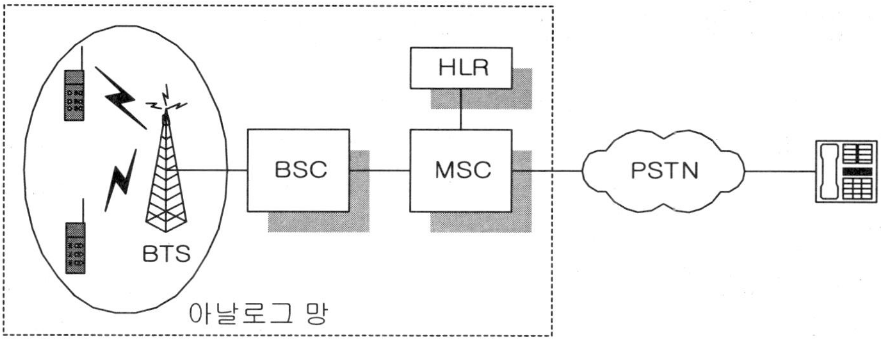


- BTS : Basestation Tranceiver System
- BSC : Base Station Controller
- MSC : Mobile Switching Center
- HLR : Home Location Registor

**그림 9.6 1세대 이동통신 시스템의 망 구성도**

**표 9.2 아날로그 이동통신 시스템의 비교**

| 시스템 | | 북미지역 | 영국 | 스칸디나비아 | 일본 | 독일 |
|---|---|---|---|---|---|---|
| | | AMPS (1982) | TACS (1985) | NMT-450 (1981) | MCS-L1 (1979) | C450 (1985) |
| 송신주파수 (MHz) | 상향 링크 | 825~845 | 890~915 | 453~457.5 | 925~940 | 451.3~455.74 |
| | 하향 링크 | 870~890 | 935~960 | 463~467.5 | 870~885 | 461.3~465.74 |
| 송수신 채널 간격(MHz) | | 45 | 45 | 10 | 55 | 10 |
| 채널 당 대역폭(KHz) | | 30 | 25 | 25 | 25 | 20 |
| 채널 수 | | 666 | 1,000 | 180 | 600 | 222 |
| 셀 반경(Km) | | 2~20 | 2~20 | 1~40 | 2~10 | 2~30 |
| 음성신호 변조방식<br>주파수 편이(KHz) | | FM<br>±12 | FM<br>±9.5 | FM<br>±5 | FM<br>±5 | FM<br>±4 |
| 제어신호 변조방식 | | FSK | FSK | FSK | FSK | FSK |
| 데이터 전송률(Kbps) | | 10 | 8 | 1.2 | 0.3 | 5.28 |
| 송신전력 (W) | 기지국 | 40 | 100 | 50 | 25.5 | 50 |
| | 이동국 | 3 | 4~10 | 15 | 5 | 15 |
| | 휴대국 | 0.6 | 0.6~1.6 | 2 | 1 | - |

## 9.5 2세대 이동통신 시스템(디지털 방식)

셀룰러 이동통신은 지난 80년대 초 아날로그 셀룰러 방식의 서비스가 제공된 이래 이동성, 신속성, 광역성, 편의성 등 수요는 시스템의 용량을 초과할 정도로 급신장하였다. 그리고 아날로그 이동통신 시스템이 성숙기에 접어든 80년대 말에는 이동통신 사용자가 급증하여 서비스 제공 업체들은 주파수 자원 문제에 직면하게 되었다.

이러한 셀룰러 이동통신 서비스의 수용 용량을 해결하기 위해 미국, 유럽, 일본 등 세계 각국에서는 아날로그 방식보다 훨씬 더 고용량 및 고품질의 서비스를 제공할 수 있는 디지털 방식의 차세대 이동통신 시스템을 고려하게 되었다. 이를 위해 무선 채널상의 수용 용량을 높일 수 있는 셀의 소형화(Micro Cell), 디지털화, 음성 신호의 협대역화, 고효율 변복조 방식, 다중접속 등의 기술이 연구되고 개발되었다.

당시 디지털 방식의 이동통신 시스템 규격으로 두 가지 방식이 제안되어 있었는데, 그 중 하나는 시분할 다중접속(TDMA : Time Division Multiple Access) 방식이었고, 나머지 다른 하나는 1989년 미국의 벤처기업인 퀄컴(Qualcomm)사가 제안한 부호분할 다중접속(CDMA : Code Division Multiple Access) 방식이었다.

하지만 당시 퀄컴사가 제안한 CDMA 방식은 정교한 전력제어의 어려움과 통화절차의 복잡성 등의 이유를 들어 TDMA 방식보다 상용화 가능성을 낮게 판정하였다.

따라서 미국, 유럽, 일본 등 세계 각국에서는 디지털 방식의 차세대 이동통신 시스템으로 TDMA 방식의 시스템을 본격적으로 개발하기 시작하였다. 그 중 유럽을 중심으로 하는 GSM 시스템이 1992년 가장 먼저 상용화를 시작하였고, 그 다음 해인 1993년에는 일본과 미국이 각각 JDC(Japan Digital Cellular) 시스템과 IS-54 방식의 TDMA 시스템을 상용화하였다.

한편, 1990년 후반부에 접어들면서 개인 휴대 단말기를 이용해 언제, 어디서나, 누구와도 손쉽게 통화할 수 있는 고도의 개인 휴대통신 서비스로서 PCS(Personal Communications Service)가 도입되기 시작하였고, 이 때문에 PCS를 기존 이동전화 서비스보다 한 단계 진화된 형태의 '미래형 휴대통신'이라고 하였다.

하지만, 기존에 전 세계 각국에서 PCS란 이름으로 서비스가 진행된 것은 기존의 디지털 셀룰러 시스템(DCS : Digital Cellular System)에서 주파수 대역을 달리하고, 약간의 부가 서비스만을 추가하여 서비스하였기 때문에 진정한 의미에서의 PCS라고 하기는 어려웠다.

따라서 PCS 시스템은 2세대 시스템으로 분류할 수 있고, 진정한 의미의 PCS 서비스, 즉 저속으로 이동하는 보행자는 물론이고, 고속의 차량 이용자에게도 고품질의 이동전화 서비스 및 멀티미디어 서비스를 제공하게 된 것은 향후 전개된 IMT-2000시스템에서였다.

### 9.5.1 미국의 디지털 이동통신 시스템

미국 통신 산업협회(TIA : Telecommunications Industry Association)의 디지털 셀룰러 시스템 분과위원회인 TR-45.3 분과위원회는 아날로그 이동통신 시스템과 혼용하여 설치할 수 있는 시분할 다중접속(TDMA) 방식을 디지털 이동통신 시스템의 다중접속 방식으로 결정하였다.

이것은 1989년 12월 잠정 표준(Interim Standard)인 IS-54 규격으로 결정되었는데, 미국 디지털 셀룰러(ADC : American Digital Cellular), 디지털 AMPS(D-AMPS : Digital AMPS) 등으로 불리는 북미 방식의 디지털 셀룰러 시스템이다. IS-54 시스템은 변조 방식으로 $\pi/4$ DQPSK(Differential QPSK)를 채택하였고, 음성 부호화기(Vocoder)로는 모토로라(Motorola) 사가 제안한 VSELP(Vector Sum Excited Linear Prediction) 방식을 선정하였다.

미국은 디지털 시스템의 채택에 있어, 다른 국가들과는 달리 현재 운용중인 아날로그 시스템과 공용할 수 있는 것에 비중을 두고, 아날로그와 디지털을 공동 사용할 수 있는 이중모드(Dual Mode) 단말기 개발에 집중하고 있었다. 따라서 최종 목표는 시스템 용량에 있어서 17배 이상의 수용능력을 갖는 것을 목표로 하지만, 우선은 3~4배 정도에서 아날로그 음성채널당 3개의 디지털 음성채널을 다중화하는 방식을 채택하였고, 이후 반비율(Half Rate) 보코더(Vocoder)가 개발되면 처음의 목표를 달성한다는 단계로 추진하였다. 이런 이유로 인해, 1992년부터 IS-54 규격의 디지털 셀룰러 이동통신이 대도시 중심으로 상용화되고 있었지만, 기존 아날로그 사업자들의 디지털로의 전환은 매우 느리게 전개되고 있었다. 그 이유는 다음과 같은 두 가지로 분석할 수 있다. 첫 번째는 디지털 시스템이 아날로그 시스템에 비해 큰 성능향상이 없다는 점이고, 두 번째는 단말기 자체가 고가이기 때문에 사업자가 시스템을 설치하더라도 가입자 확보가 어렵기 때문이었다.

TDMA 방식이 규격으로 채택된 직후, 퀄컴(Qualcomm)사가 군용에서 주로 쓰이던 대역확산 통신방식의 CDMA(DS-CDMA : Direct Sequence CDMA) 방식을 이동통신에 이용하면, 기존의 아날로그 방식보다 20배의 수용 용량을 증대시킬 수 있다고 제안하였다. 이는 기존의 TDMA 방식의 우수성에 대한 인식을 깨는 일이어서 표준화 작업이 혼란에 빠지기도 하였지만, 결국 많은 논의 끝에 TIA는 CDMA 방식(IS-95)을 자율표준[95]으로 승인하였다.

한편, CDMA의 우수성을 인정한 미국의 일부 사업자들은 궁극적인 이동전화 방식으로 CDMA 방식을 고려하게 되었으며, 진화되어 가는 중간 단계의 방식으로서 TDMA 방식보다는 협대역 AMPS(NAMPS : Narrowband AMPS)[96] 방식을 선택해 사업의 위험 부담을 최소화하도록 하였다.

---

95) 자율표준은 원칙적으로 강제성은 없으나, 사업자들이 원할 경우 선택적으로 사용할 수 있는 표준이다.

96) 이 당시에는 TDMA든 CDMA든 이 두 방식의 실용화에는 상당한 시간 지연이 예상되었다. 따라서 이 기간 동안 가입자 수를 충족할 수 있도록 하기 위해, 기존의 아날로그 FM 방식의 30KHz 대역을 10KHz로 축소한 협대역 AMPS 시스템이 1991년 초 라스베가스(Las-Vegas)에서 시범 서비스가 운영되었다.

다음, 휴지스 네트워크 시스템(Hughes Network System)사는 IS-54 시스템과 호환성을 가지면서 이를 확장한 ETDMA(Extended TDMA) 방식을 제안하고, 1993년부터 현장 시험(Field Test)을 하였다. 이 방식은 반비율(Half Rate) 보코더 기술(2배의 용량 증대 기술), 디지털 음성 삽입(DSI : Digital Speech Interpolation)[97] 기술, 채널 그룹화 기술의 3가지 기본 기술로 용량 향상을 이룩한 방식인데, 이론상으로 기존 아날로그 시스템보다 10배 정도의 수용 용량을 얻을 수 있었다. ETDMA는 음성 활성화율(Voice Activity)을 이용하면 용량을 향상시킬 수 있다는 가능성을 처음 제시한 시스템이다.

미국에서는 이동통신 서비스를 위해 사용할 수 있는 주파수를 주파수 경매 방식을 통해 각 사업자에게 허가하고, 무선 접속방식에 대해서는 통일하지 않는다.

따라서 경매를 통해 주파수를 획득한 사업자는 자신에게 맞는 무선 접속방식을 선택하여 이동통신 서비스를 제공하기 때문에 미국의 이동통신시장은 다른 나라에 비해 일찍이 아날로그 망을 전국에 구축하였음에도 불구하고 사업자마다 다양한 기술표준을 적용하고 있어 AMPS 방식, GSM 방식, CDMA 방식, TDMA 방식 등 다양한 방식이 서비스되었다.

### 9.5.2 유럽의 디지털 이동통신 시스템

통일된 유럽을 추구하고 있는 유럽 각국은 약 6종류의 서로 상이한 아날로그 방식의 이동통신 시스템이 있는 관계로, 상호 사용 주파수 대역 및 기술 방식 등이 달라 NMT 방식의 노르딕 국가들을 제외하고는 상호 접속이 불가능하였다.

이에 유럽 각국은 1982년 CEPT(Conference of European Telecommunications Administrations) 산하에 GSM(Global System for Mobile Communication) 작업반을 구성하여 범 유럽 공동 규격의 이동통신 시스템을 디지털 방식으로 개발하기로 결정하고, 본격적인 기술 검토에 들어갔다.

1982년부터 시작된 GSM 방식의 연구회는 1986년의 회의에서 8개 후보방식이 제안되었고, 각 방식들에 대한 검토를 거쳐 1987년 협대역 TDMA 방식을 규격으로 결정하였다. 그 후, GSM 표준 작업은 1989년 새로 설립된 ETSI(European Telecommunications Standards Institute)로 이관되어 계속 보완되었다.

GSM은 1991년 7월부터 서비스가 개시되도록 계획되어 있었지만, 규격 및 장치 간 정합성 등의 불량으로 지연되었으며, 1992년 중반에 들어서 독일, 포르투갈 및 노르딕 국가에서 상용화를 시작하였다.

GSM은 원래 900MHz의 대역만을 사용하도록 설계되었으나, 이후 PCS 서비스가 도입되면서 1.8GHz 대역에서 사용하는 DCS-1800과 1.9GHz 대역에서 사용하는 PCS-1900으로 발전하였

97) 대화 내용 중의 묵음시간을 활용하는 기술

다. GSM은 유럽에서 최초로 상용화하였으나, 유럽은 물론 아시아를 비롯해 전 세계적으로 가장 많이 사용된 디지털 셀룰러 시스템이다.

### 9.5.3 일본의 디지털 이동통신 시스템

일본은 가입자 급증에 대처하기 위하여 아날로그 시스템에서 변조 대역폭을 25KHz에서 12.5KHz로 줄인 협대역 아날로그 시스템을 이미 실용화하고 있었고, 디지털 시스템은 NTT(Nippon Telephone and Telegram)를 중심으로 연구 개발을 추진하였다.

특히, 시장개방의 표적으로 된 이동통신 분야는 RCR(Research and Development Center for Radio System)이 표준화 작업을 주도하여 독자적인 시스템 개발에 착수하였고, TDMA 방식을 채택한 JDC(Japan Digital Cellular) 시스템을 1991년 4월 디지털 방식 이동통신 시스템의 표준안으로 제정하였다.

디지털 셀룰러 부문에서는 7개의 일본 업체와 3개의 외국 업체가 참여하여 개방형 구조로 기지국과 이동 단말기를 개발하였다. 표준 규격에서 특이한 사항은 일본의 규격이 미국의 TDMA 규격(IS-54)과 매우 흡사하다는 점을 들 수 있는데, 특히 음성 부호화기는 미국의 모터롤러(Motorola)사가 제안한 VSELP(6.7 Kbps)를 사용하였다.

하지만 사용 주파수 대역은 다른 국가들과는 달리 아날로그 시스템과는 다른 별도의 주파수 대역인 800~900MHz 대역을 배분하여 사용하였고, 1.5GHz대의 준 마이크로파대역도 병행하여 사용하였다.

일본은 1992년 10월 동경에서 아날로그 서비스 지역과 중첩하여 디지털 시스템의 시범서비스를 가졌으며, 1993년 4월부터 동경 일원에서 본격 상용서비스를 개시하였다. 단말기는 차량 탑재형, 휴대형 등이 개발되었고, 초기부터 데이터와 팩스 등 데이터 통신 서비스가 가능하도록 구성된 점이 특징이다.

일본에서는 본격적인 개인 휴대 통신 시스템으로 발전해 가는 중간 단계의 시스템으로서 코드리스(Codeless) 폰인 PHS(Personal Handyphone System) 시스템을 1995년 상용화하였다.

PHS는 국내에서 한국통신이 시티폰이라는 이름으로 서비스했던 CT-2 시스템과 유사한 시스템으로서, TDMA 방식을 이용하여 일본 독자적으로 개발한 일본판 PCS이다. 발신전용이면서 보행자용으로 설계되었기 때문에 달리는 차안에서는 통화 품질이 현저히 떨어져 사용할 수 없었다.

하지만 일본에서 PHS는 가입자 측면에서 대단히 성공을 거둔 시스템인데, PHS 시스템의 성공요인으로는 가볍고 예쁜 단말기, 매우 좋은 음질, 높은 데이터 전송율, 새로운 개념의 서비스, 그리고 저렴한 가격 등을 들 수 있다.

그리고 또 일본에서는 대부분의 셀룰러 사업자가 JDC 방식을 채택하여 서비스를 제공하고 있었으나, 일부 이동통신 사업자(DDI, IDO 등)들은 CDMAOne(IS-95 방식) 방식을 채택하여 가입자 확보에 성공함에 따라 CDMA 방식에 대한 저변확대가 이루어졌다.

### 9.5.4 우리나라의 디지털 이동통신 시스템

90년대 초반 뒤늦게 디지털 방식 이동통신 시스템의 개발을 추진한 우리나라는 TDMA 방식과 CDMA 방식간의 어느 방식을 도입할 것인가 하는 많은 논란이 있었다.

먼저 TDMA 방식으로 개발할 경우의 장점은 TDMA라는 기술의 안정성이 높다는 점과 이미 미국, 유럽, 일본 등이 거의 개발 완료 단계에 있기 때문에, 다른 나라에서 진행된 과정을 참조하면서 개발할 수 있어 개발의 용이성이 높다는 점이다. 하지만 미국, 유럽, 일본보다 뒤늦게 개발하는 관계로, 개발하더라도 아날로그 방식에서의 기술 종속이 디지털 방식에까지 이어지는 단점이 있었다.

다음, CDMA 방식으로 개발할 경우의 장점은 TDMA 방식의 경우 아날로그 대비 용량이 3~4배 정도인데 반해, CDMA 방식은 아날로그 대비 20배나 용량을 높일 수 있기 때문에, 가입자 수용 용량을 TDMA보다 높일 수 있다는 것이다. 그리고 전 세계 어느 나라도 개발하지 않은 디지털 방식이므로, 개발할 경우 다른 나라보다 기술우위에 설 수 있다는 장점이 있다. 하지만 후자의 경우 장점이자 단점으로 실패할 확률이 가장 높다는 뜻이 된다.

뒤늦게 디지털 이동통신 사업을 시작한 우리나라는 용량 증대와 기술 우위에 더 많은 배점을 주어 CDMA 방식을 채택하였고, 결국 1996년 1월 1일 세계 최초로 SK 텔레콤이 인천, 부천지역에서 상용 서비스함에 따라 세계의 통신업체들의 주목을 끌게 되었다. 이로서 우리나라는 세계 최초로 CDMA 방식을 상용화시킨 기술력과 CDMA 운용능력을 보유하였으며, 2세대 이동통신 기간 동안 CDMA 방식으로만 이동통신 서비스를 제공함으로써, CDMA 가입자들에게 데이터 서비스, 음성사서함 서비스 등 다양한 부가 서비스를 제공하였다.

우리나라는 최초, DCS 사업자 2개[98], PCS 사업자 3개[99]의 사업자를 선정하였으나, DCS 사업자와 PCS 사업자 각각 1개씩은 합병되어, 1개의 DCS 사업자(SK 텔레콤), 2개의 PCS 사업자(KTF, LG 텔레콤)가 서비스를 하였다.

한편, 정보통신 정책연구원의 보고서의 국내 이동통신 가입자의 현황을 보면, 지난 1999년 9월 최초로 이동전화 가입자 수가 유선전화 가입자 수를 추월하였고, 2000년 6월말을 기준으로 이동전화 가입자 수는 26,570,212명으로 유선전화 가입자 수 21,599,721보다 497만 명이 더 많이 가입하였다.

---

98) 2개의 DCS 사업자로는 SK 텔레콤(011)과 신세기 이동통신(017)이 있었다.
99) 3개의 PCS 사업자로는 KTF(016), 한솔 PCS(018), LG 텔레콤(019)이 있었다.

## 9.5.5 2세대 이동통신 시스템의 특징

2세대 디지털 이동통신 시스템의 기술은 크게 CDMA 방식인 IS-95 시스템과 TDMA 방식인 GSM, D-AMPS(IS-54), JDC 시스템으로 구분할 수 있으며, 미국은 TDMA와 CDMA 방식, 유럽과 일본은 TDMA 방식, 우리나라는 CDMA 방식을 채택하여 서비스하였다.

TDMA 방식은 각 무선 채널을 다중 타임 슬롯으로 다시 세분화할 수 있어 주파수 분할과 더불어 채널을 시분할 함으로써 채널당 가입자 수를 더욱 증가시킬 수 있고, CDMA 방식은 서로 다른 부호를 동일 채널에 사용하여 각 가입자의 신호를 구분하게 함으로써 용량을 증대시킬 수 있다. 1세대 아날로그 시스템에 비해 2세대 디지털 시스템이 가지는 이점은 다음과 같다.

① 채널 당, 즉 기지국 당 셀룰러 가입자의 수의 증가
② 디지털 방식이므로 유선망과의 연계 가능
③ 음성 및 데이터 통신의 통합 및 서비스 확장의 용이
④ 대용량화의 가능성
⑤ RF 전송전력의 저 전력화
⑥ 시스템의 단순화(LSI 가능)

2세대 시스템은 데이터 통신보다는 음성 통신의 고품질화 및 용량 증대가 주요 목적으로 개발되었다. 한편, 2세대 시스템의 데이터 전송속도는 최대 14.4Kbps이기 때문에, 주로 단문메시지(SMS : Short Message Service, 표준은 IS-637) 전송에 활용되었으며, 인터넷을 비롯한 본격적인 무선데이터서비스의 제공에는 무선접속 규격의 한계로 인해 여전히 제한되어 있었다.

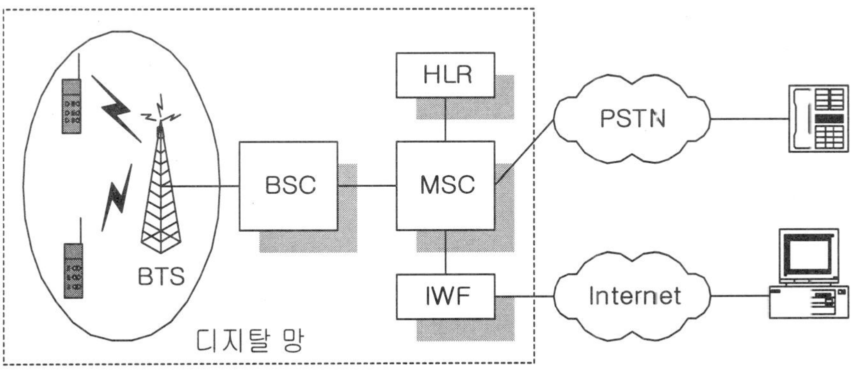


- IWF : Inter-Working Function

**그림 9.7 2세대 이동통신 시스템의 망 구성도**

그림 9.7에 이와 같은 2세대 이동통신 시스템의 일반적인 망 구성도를 나타내었다. 2세대 시스템에서 데이터 서비스를 제공하려면 이동통신 데이터를 인터넷 망에 연결시켜 주는 IWF(Inter-Working Function)를 부가하여야 한다.

그리고 또 표 9.3에는 대표적인 2세대 디지털 이동통신인 GSM, D-AMPS(IS-54), JDC, IS-95에 대한 기술 사양을 서로 비교하여 두었다.

**표 9.3 디지털 이동통신 시스템의 비교**

| 항목 \ 방식 | | GSM (1987) | IS-54 (1989) | JDC (1991) | IS-95 (1993) |
|---|---|---|---|---|---|
| 송신주파수 (MHz) | 상향링크 | 890~915 | 824~849 | 940~956<br>1,429~1,453 | 824~849 |
| | 하향링크 | 935~960 | 869~894 | 810~826<br>1,477~1,501 | 869~894 |
| 접속 방식 | | TDMA | TDMA | TDMA | DS-CDMA |
| 송수신 주파수 간격(MHz) | | 45 | 45 | 130 / 48 | 45 |
| 반송파 당 대역폭 | | 400KHz (200KHz 인터리브) | 60KHz (30KHz 인터리브) | 50KHz (25KHz 인터리브) | 1,25MHz |
| 반송파 당 채널 수 (Half Rate의 경우) | | 8(16) | 3(6) | 3(6) | 다수의 사용자가 공통채널을 공유 |
| 전송 속도(Kbps) | | 270.833 | 48.6 | 42 | 1,228.8 |
| 변조 방식 | | GMSK | $\pi/4$ Shift QPSK | $\pi/4$ Shift QPSK | QPSK/OQPSK |
| 음성 부호화 방식 (보코더 데이터율) | | RPE-LTP (22.8Kbps) | VSELP (13Kbps) | VSELP (11.2Kbps) | QCELP (9.6/4.8/2.4/1.2Kbps) |
| 등화기 | | 필요 (최대 15$\mu s$까지) | 필요 (최대 60$\mu s$까지) | 필요 (옵션) | 불필요 |
| 다이버시티 | | 주파수 호핑 | 다이버시티 | 다이버시티 | 다이버시티 |
| 표준화 기관 | | ETSI | TIA | RCR | TIA |

# 9.6 2.5세대 이동통신 시스템(IS-95B/C, GPRS/EDGE)

2세대에서 3세대로 넘어가는 과도기적 기술로서 2.5세대 기술이 등장하였으며, 이 2.5세대 기술은 국가 간 또는 사업자간 표준의 차이로 다양한 형태로 추진되었다.

그림 9.8에서 보는 바와 같이 북미 방식인 CDMA 방식의 기술을 가진 국가나 사업자는 2.5G로서 IS-95B/C를 거쳐 3G인 CDMA2000으로 진화하였고, 유럽 방식인 GSM 방식의 기술을 가진 국가나 사업자는 2.5G로서 데이터서비스 제공 속도가 획기적으로 향상된 HSCSD, GPRS, EDGE를 거쳐 3G인 W-CDMA로 진화하였다.

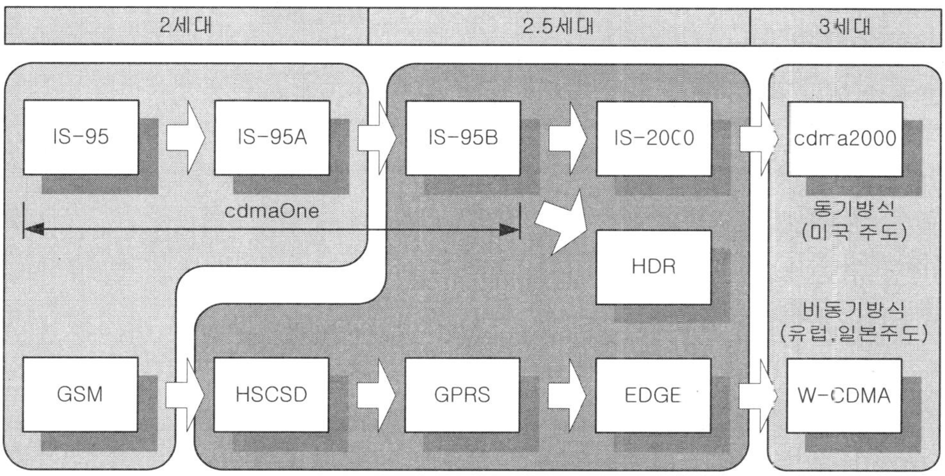


그림 9.8 IMT-2000으로의 진화

## 9.6.1 2.5세대 이동통신 시스템의 망 구성도

2.5세대 이동통신 시스템은 주로 음성보다는 데이터 및 멀티미디어 서비스에 중점을 두어 개발되었으며, 이와 같은 2.5세대 이동통신 시스템의 일반적인 망 구성도를 그림 9.9에 나타내었다.

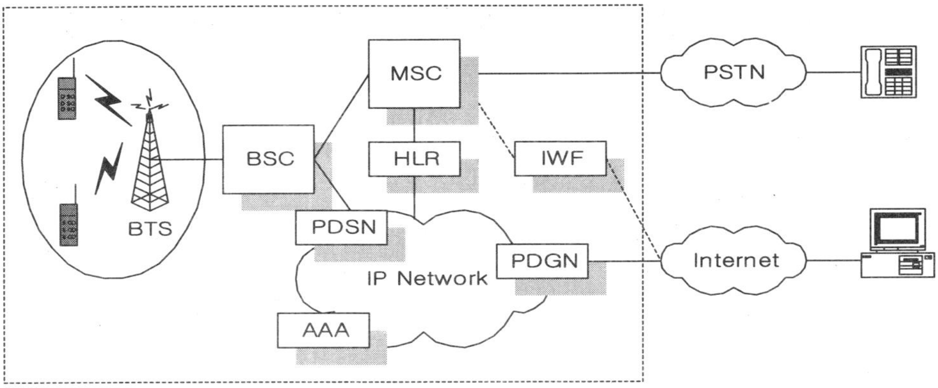


- PDSN : Packet Data Serving Node
- PDGN : Packet Data Gateway Node
- AAA : Authorization, Authentication and Accounting

**그림 9.9 2.5세대 이동통신 시스템의 망 구성도**

## 9.6.2 2.5세대 시스템

2.5세대 기술은 기존의 2세대 기술에서 용량을 증대시키고, 데이터 전송 속도를 향상시킨 기술이다.

### (1) CDMA 방식의 2.5세대 기술

CDMA 방식의 2.5세대 기술로는 국내에 도입된 IS-95B와 2000년 10월부터 서비스를 개시한 IS-2000[100]이 있다.

IS-95B 기술은 기존 시스템(IS-95, IS-95A의 규격을 적용한 시스템)의 용량을 확대하고, 서킷 방식의 데이터 전송속도를 64Kbps까지 높인 기술 방식이다. 아울러 동시에 8개의 통화 채널을 묶어 1개의 데이터 채널로 사용이 가능하여 패킷 방식의 데이터 전송속도는 115.2Kbps까지 전송할 수 있다.

IS-2000은 IS-95B에 패킷 데이터 망을 추가하여 데이터 전송속도를 144Kbps에서 307Kbps까지 지원하도록 한 기술 방식이다.

### (2) GSM 방식의 2.5세대 기술

GSM 방식의 2.5세대 기술로는 HSCSD(High-Speed Circuit-Switched Data), GPRS(General Packet Radio Service), EDGE(Enhanced Data for GSM Environment)가 있다.

100) 원래의 명칭은 IS-95C이었으나 이후 이름을 IS-2000으로 변경하였다.

### ① HSCSD (High-Speed Circuit-Switched Data) 시스템

HSCSD(High-Speed Circuit-Switched Data) 시스템은 GSM 망의 회선교환방식에서 적용되는 무선데이터 전송 기술이다.

기존 GSM의 8개 타임 슬롯(Time Slot)보다 최대 4배 많은 다중 타임 슬롯을 추가하여 데이터 전송속도를 57.6Kbps(4×14.4 Kbps)로 향상시킨 시스템이다. HSCSD는 최대 57.6Kbps의 다운로드 속도와 14.4Kbps의 업로드 속도를 제공하였다.

### ② GPRS (General Packet Radio Service) 시스템

2000년대 초반에 등장한 GPRS(General Packet Radio Service) 시스템은 GSM 망을 기초로 데이터 전송이 보다 용이한 패킷교환방식을 이용한 기술로서, 스웨덴의 에릭슨사가 중심이 되어 개발되었다.

GPRS의 데이터 전송속도는 최대 171.2Kbps이지만, 56~114 Kbps의 전송 속도를 제공하였고, 무선인터넷 접속이 용이하도록 IP(Internet Protocol)와 X.25 프로토콜을 지원하고 있기 때문에, 이동 통신 환경에서 웹 브라우징 등 각종 인터넷 프로토콜(IP) 기반 서비스와 데이터 통신 서비스를 효과적으로 구현하였다.

### ③ EDGE (Enhanced Data rates for GSM Evolution) 시스템

EDGE(Enhanced Data rates for GSM Evolution) 시스템은 GPRS를 향상시킨 기술로 E-GPRS(Enhanced GPRS)라고도 한다.

GSM망과 TDMA/IS-136망을 동시에 이용할 수 있을 뿐 아니라, 효율적인 무선접속 모듈을 통해 최대 473.6Kbps까지 데이터의 전송속도를 높인 기술이다.

EDGE는 GPRS의 무선 구간을 개선하여 전송속도를 최대 4배까지 높인 기술이기 때문에, 코어 네트워크(Core Network)는 GPRS에서 사용하던 것 그대로 사용할 수 있었고, 무선 구간만 업그레이드하였다.

## 9.7 3세대 이동통신 시스템 (IMT-2000)

3세대 이동통신 서비스인 IMT-2000(International Mobile Telecommunication-2000)은 전 세계적인 동일 주파수대역 이용과 국제표준을 기초로 하여, 세계 어디에서나 하나의 단말기로 멀티미디어 서비스를 제공받을 수 있을 뿐만 아니라, 범세계적인 로밍 서비스와 유선망 품질수준의 음성 서비스, 그리고 2Mbps까지의 데이터 전송 서비스를 제공받을 수 있는 진정한 의미의 개인휴대통신(PCS, Personal Communications Service) 기술이라고 할 수 있다.

또한 IMT-2000은 표 9.4에서 비교한 바와 같이 기존의 음성 서비스 위주인 2세대 이동통신(DCS/PCS)의 연장이나 진화가 아닌 새로운 형태의 차세대 유·무선 종합 멀티미디어 서비스로서, ITU-T에서는 IMT-2000을 "2000년경에 시작될 유선망을 활용한 광범위한 통신서비스와 이동전화 가입자에게 특화된 무선 서비스를 제공할 수 있는 종합 유·무선 서비스" 라고 정의하였다.

**표 9.4 2세대 이동통신 시스템과 3세대 이동통신 시스템의 비교**

| 구분 | 2세대 이동통신 | 3세대 이동통신 |
|---|---|---|
| 주파수 대역 | 국가별 상이한 주파수 대역 사용<br>DCS : 800MHz 대역<br>PCS : 1.8GHz, 1.9GHz 대역 | 전 세계 동일 주파수대역 사용<br>1,885－2,025MHz<br>2,110－2,220MHz |
| 서비스 | 음성 / 저속데이터 | 고품질 음성 / 멀티미디어 데이터 |
| 이동성 | 국내 및 제한적 국제로밍 | 세계 표준에 의한 글로벌 로밍 서비스 |
| 무선접속 표준 | TDMA(GSM, IS-54)<br>CDMA(IS-95) | W-CDMA<br>cdma2000 |
| 채널 대역폭 | TDMA(30KHz)<br>CDMA(1.25MHz) | 5MHz～20MHz |
| 데이터 전송속도 | 9.6Kbps～14.4Kbps | 최대 2Mbps |

## 9.7.1 IMT-2000의 등장배경

IMT-2000의 등장배경은 차세대 육상이동통신 시스템(FPLMTS : Future Public Land Mobile Telecommunications System)으로부터 시작된다. 1990년 향후의 공중, 육상 이동통신 시스템의 규격을 하나의 표준으로 만들자는 과제를 국제표준단체인 ITU-R에서 채택하였고, 그 후 FPLMTS(플림스라고 읽는다)의 발음상의 어려움과 사용하려는 주파수 대역이 2,000MHz인 점, 그리고 서비스 도입시기가 2000년이라는 점 등을 고려하여 1995년 이름을 IMT-2000으로 개명하였다.

IMT-2000의 표준은 국제 표준 단체인 ITU-T와 ITU-R을 중심으로 표준화를 추진하였다. ITU-R에서는 IMT-2000의 표준화 작업의 일반적인 사항 및 세부분야, 그리고 위성을 포함한 무선접속규격의 개발 등을 담당하였고, ITU-T에서는 서비스 분야, 네트워크의 기능과 신호방식 분야, 멀티미디어 분야, 네트워크의 운용 및 관리 분야, 과금 분야에 관한 표준화를 담당하였다.

### 9.7.2 IMT-2000의 무선접속기술

IMT-2000의 무선접속기술은 크게 두 가지 방식인 W-CDMA와 CDMA2000으로 나눌 수 있고, 각각 3GPP(Third Generation Partnership Project)와 3GPP2에서 표준안을 작성하여 ITU에 제안하였다.

W-CDMA는 유럽과 일본이 주도하는 GSM 기반의 비동기 방식 시스템으로서, 3GPP에서 표준화를 하여 ITU에 제안한 방식이다. 여기에서 3GPP는 2세대 GSM 네트워크를 기초로 W-CDMA 무선 접속기술과 단말기술 등의 세부규격 작성을 위해 유럽의 ETSI, 우리나라의 TTA, 일본의 ARIB 및 TTC, 미국의 T1이 1998년 결성한 표준화 단체[101]이다.

CDMA2000은 미국이 주도하는 IS-95 기반의 동기방식 시스템이고, 3GPP2에서 표준화를 하여 ITU에 제안한 방식이다. 3GPP2는 2세대 ANSI-41 네트워크를 기초로 CDMA2000 무선 접속기술 및 단말기술 등의 세부규격 작성을 위해 미국의 TIA, 우리나라의 TTA, 일본의 ARIB 및 TTC가 1998년 결성한 표준화 단체[102]이다.

참고로, 여기에서 동기방식과 비동기방식은 엄밀히 말해 기지국간의 동기를 말한다.

동기 방식에서 기지국은 GPS(Global Positioning System)위성으로부터 GPS의 시각과 모든 기지국의 시각을 일치시켜 기준시간을 획득한다. 따라서 각각의 기지국은 도두 동일한 PN 부호(Pseudo Noise Code)[103]를 사용하며, 단지 PN 부호의 시간차를 이용하여 각각의 기지국을 구분한다. 하지만 비동기 방식에서 기지국은 GPS로부터 기준시간을 획득하지 않고 네트워크로부터 기준시간을 획득하여 사용하며, 각각의 기지국마다 서로 다른 PN 부호를 사용하는 방식이다.

101) 현재는 유럽의 ETSI, 우리나라의 TTA, 일본의 ARIB 및 TTC, 미국의 ATIS, 중국의 CCSA, 인도의 TSDSI가 참여하고 있다.

102) 현재는 미국의 TIA, 우리나라의 TTA, 일본의 ARIB 및 TTC, 중국의 CCSA가 참여하고 있다.

103) PN 부호(Pseudo Noise Code)는 랜덤 잡음(andom Noise)과 유사한 특성을 보이면서도 재생이 가능한 코드를 말한다. 즉, 랜덤하면서도 그 속에서 일정한 규칙을 갖는 코드 시퀀스(수열)를 말하며, CDMA 통신 방식에서 스펙트럼의 확산을 위해 사용하는 부호이다.

표 9.5 W-CDMA 시스템과 CDMA2000 시스템의 비교

| 구분 | W-CDMA(비동기식) | CDMA2000(동기식) |
|---|---|---|
| 주도 지역 | 유럽 / 일본 | 북미 |
| 기술표준 단체 | 3GPP | 3GPP2 |
| 구성 단체 | ETSI(유럽), TTA(한국), ARIB/TTC(일본), ATIS(미국), CCSA(중국), TSDSI(인도) | TIA(미국), TTA(한국), ARIB/TTC(일본), CCSA(중국) |
| 기지국간 동기 | 네트워크로부터 기준시간을 획득하는 비동기 방식<br>각각의 기지국마다 상이한 PN 부호를 사용하여 각각의 기지국 구분 | GPS를 이용하여 기준시간을 획득하는 동기방식<br>기지국마다 동일한 PN 부호를 사용하며, PN 부호의 시간차를 이용하여 각각의 기지국 구분 |
| 초기동기 시간 | 상이한 PN 부호를 사용하므로, 상대적으로 길다. | 동일한 PN 부호를 사용하므로, 상대적으로 짧다. |
| 셀 설계의 용이성 | 기지국마다 상이한 PN 부호를 갖기 때문에, 인접기지국과 셀 반경을 고려하지 않고 기지국 구축 상대적으로 용이하다. | 기지국마다 동일한 PN 부호를 사용하므로, 인접 기지국 PN 부호의 Time-offset값을 고려하여 기지국 구축이 상대적으로 어렵다. |
| 시스템 개발업체 | 에릭슨, 노키아, NTT DoCoMo 등 | 퀄컴, 루슨트, 모토로라 등 |
| 국내 서비스 제공 사업자 | SK텔레콤, KT | LG U+ |
| 핵심 네트워크 | GSM-MAP | ANSI-41 |
| 핵심 기술 | GSM | IS-95 |
| RF 방식 | DS(Direct Sequence) 방식 | MC(Multi Carrier) 방식 |
| Chip Rate[104) | 3.84Mcps | 3.6864Mcps |

## 9.7.3 IMT-2000 시스템의 망 구성도

3세대 이동통신 시스템인 IMT-2000 시스템의 망 구성도를 그림 9.10에 나타내었다.

그림 9.10에서 보는 바와 같이 3세대 이동통신 시스템은 ATM 교환기를 이용하여 무선망을 구축하기 때문에 음성, 데이터, 동영상이 혼합된 멀티미디어 서비스를 보다 효율적으로 제공할 수 있다.

104) Chip Rate는 PN 부호의 부호율이다.

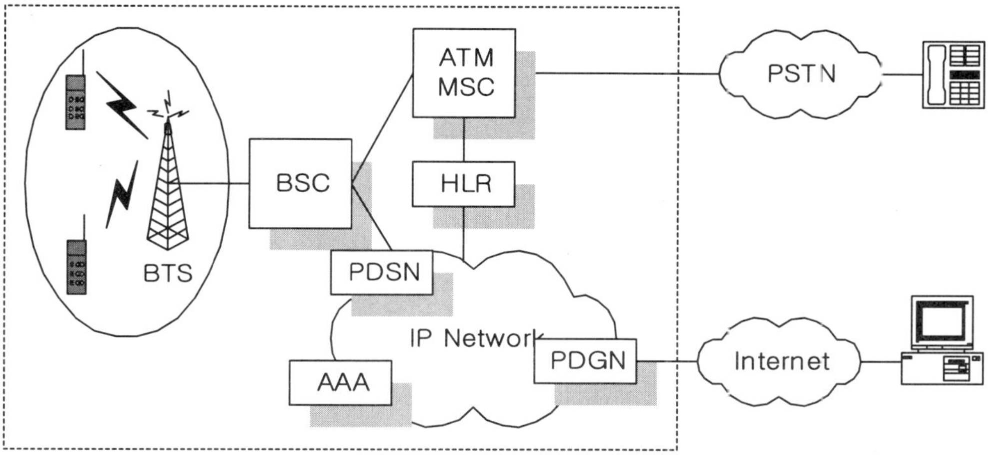

그림 9.10 3세대 이동통신 시스템의 망 구성도

### 9.7.4 IMT-2000 서비스의 특징

IMT-2000 서비스의 특징은 단말의 이동성(Terminal Mobility), 개인의 이동성(Personal Mobility), 이동 멀티미디어 서비스(Mobile Multimedia Service) 등을 들 수 있다.

단말의 이동성(Terminal Mobility)은 2세대 이동통신 시스템의 로밍 서비스(Roaming Service)[105]가 진화된 것으로, 사용자가 사용 중인 단말을 가지고 어느 장소로 이동하던지 관계없이 통신 서비스를 제공받을 수 있는 것을 의미한다. 이는 IMT-2000이 전 세계 동일 표준, 동일 주파수를 사용하기 때문에 가능하며, 이를 통해 글로벌 로밍 서비스(Global Roaming Service)를 제공할 수 있다.

개인의 이동성(Personal Mobility)은 스마트카드 등과 같은 개인 ID(IDentification) 또는 개인에게 할당된 네트워크와는 독립된 번호인 범세계 개인 통신(UPT : Universal Personal Telecommunication) 번호를 사용하여 특정 단말기에 구속되지 않고 어떠한 단말기에서도 통신 서비스를 받을 수 있는 기술이다.

IMT-2000에서는 점점 늘어가는 멀티미디어 사용자의 요구에 부합하고, 음성 및 데이터는 물론 동화상까지 전송이 가능한 이동 멀티미디어 서비스(Mobile Multimedia Service)를 제공하기 위해 고속 이동환경에서는 144Kbps까지, 저속 이동환경에서는 384Kbps까지, 고정 환경 및 실내 환경에서는 2Mbps 정도까지의 데이터 전송 서비스를 제공한다.

따라서 인터넷 접속, 디지털 카메라 및 비디오의 영상 콘텐츠 전송, 대용량 자료 전송 및 S/W 다운로드 등과 같은 서비스를 무선망에서도 유선망 수준의 품질에 버금갈 정도의 이동 멀티미디어 서비스를 제공받을 수 있다.

---

105) 로밍 서비스(Roaming Service)는 자신이 가입한 사업자 이외의 다른 사업자를 통해 이동통신 서비스를 제공받는 기술이다.

### 9.7.5 HSPA (High Speed Packet Access)

하향 링크에 대해 고속 패킷 서비스를 제공하는 HSDPA(High Speed Downlink Packet Access)와 상향 링크에 대해 고속 패킷 서비스를 제공하는 HSUPA(High Speed Uplink Packet Access)를 묶어 HSPA라고 하며, HSPA는 3GPP가 2002년 1분기에 발표한 Release 5 및 2004년 4분기에 발표한 Release 6의 핵심기술이다.

패킷 기반의 데이터 서비스를 제공하는 HSPA는 기지국에 대한 별도의 투자 없이 W-CDMA 시스템을 개량하는 방식으로 서비스를 제공할 수 있었기 때문에 장점이 있었다.

HSPA의 전송속도는 다운로드 최대 14.4Mbps, 업로드 최대 5.8Mbps이기 때문에 기존의 W-CDMA보다 5배 이상 빠른 속도로 통신할 수 있었으며, W-CDMA를 확장한 고속 데이터 패킷 통신 방식이기 때문에 3.5세대 기술이라고 한다.

2007년 4분기에는 기존의 HSPA를 확장한 HSPA+(HSPA Evolution)을 3GPP Release 7으로 발표하였다. HSPA+는 2×2 MIMO(다중 입력 및 다중 출력을 하는 스마트 안테나 기술) 기술 및 64QAM의 변조 기술을 사용하여 5MHz 대역폭에서 다운 링크 최대 42.2Mbps, 업 링크 22Mbps의 전송속도를 제공한다.

따라서 HSPA+를 3.7세대 기술이라고 하며, 3.9세대인 LTE(Long Term Evolution)와 함께 4세대 기술로 분류하기도 한다.

## 9.8 4세대 이동통신 시스템 (LTE/LTE-A/LTE-Pro)

4세대 이동통신 시스템은 근본적으로 3세대 이동통신 시스템보다 향상된 멀티미디어 서비스를 갖는 광대역 이동 통신기술로 정의할 수 있다.

4세대 이동통신 시스템인 LTE(Long Term Evolution) 시스템은 휴대전화 네트워크의 용량과 속도를 증가시키기 위해, 다중 반송파(Multiple Carrier)를 이용하여 디지털 데이터를 인코딩하는 OFDM(Orthogonal Frequency Division Multiplexing) 기술, 무선 통신의 용량을 높이기 위해 MIMO(Multiple-Input Multiple-Output)라고 하는 스마트 안테나 기술 등의 핵심기술을 사용하여 HSDPA보다 5배 이상 빠른 속도로 이동통신 서비스를 제공하는 시스템이다.

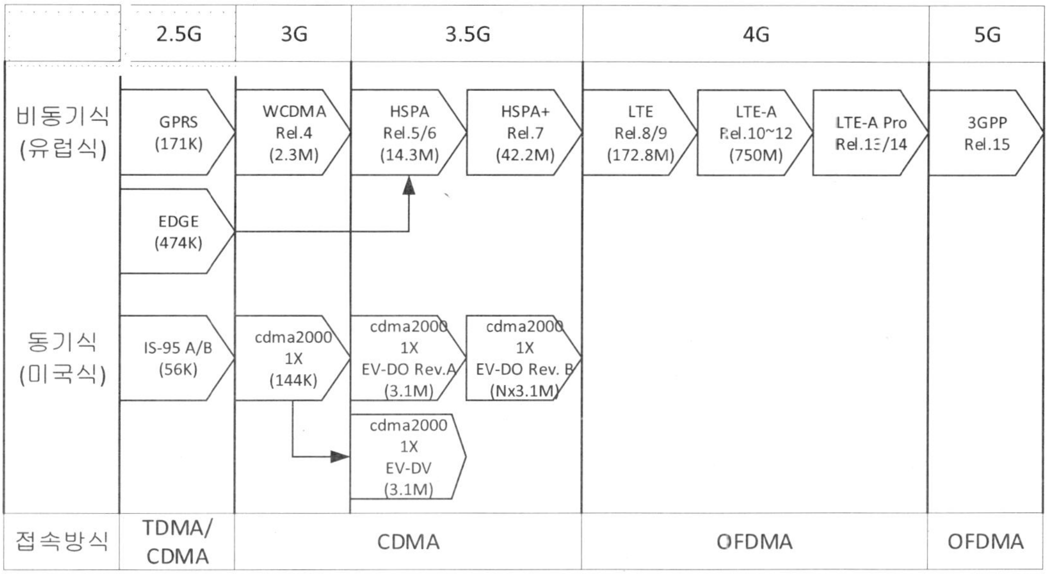


**그림 9.11 이동통신 진화 로드맵**

### 9.8.1 LTE 시스템의 무선 접속 규격

LTE 시스템의 무선 접속규격은 표 9.6과 같이 3GPP가 Release 단위로 규격의 버전을 관리한다. Release 4부터 Release 7까지는 3세대 이동통신 시스템의 규격이며, Release 8부터 Release 14까지는 4세대 이동통신 시스템인 LTE 계열의 규격이다. 그리고 Release 15부터는 5세대 이동통신 시스템의 규격이 시작된다.

LTE 계열의 규격은 Release 번호에 따라 Release 8~Release 9는 LTE 시스템, Release 10~Release 12는 LTE-A(LTE-Advanced) 시스템, Release 13~Release 14는 LTE-A Pro(LTE-Advanced Pro) 시스템으로 분류한다.

LTE-A Pro는 현재까지의 LTE 계열 규격 중 가장 진화된 규격으로 4.5G라고 하며, 500 Mbps~1.2 Gbps의 전송속도를 지원하기 때문에 유선망처럼 기가급 속도가 가능한 기가비트 LTE(Gigabit LTE)라고 할 수 있다.

표 9.6 3GPP 표준

| 버전 | 발표시기 | 중요 시스템 | 세대 구분 |
|---|---|---|---|
| Release 99 | 1999-12-17 | CDMA 방식 도입 | 3G |
| Release 4 | 2001-06-21 | W-CDMA | |
| Release 5 | 2002-09-12 | HSDPA | |
| Release 6 | 2005-09-28 | HSUPA | |
| Release 7 | 2008-03-13 | HSPA+ | |
| Release 8 | 2009-03-12 | LTE | 4G |
| Release 9 | 2010-03-25 | | |
| Release 10 | 2011-06-08 | LTE-A | |
| Release 11 | 2013-03-06 | | |
| Release 12 | 2015-03-13 | | |
| Release 13 | 2016-03-11 | LTE-A Pro | |
| Release 14 | 2017-06-09 | | |
| Release 15 | 2018-09-14 | 5G 시스템 | 5G |

## 9.8.2 LTE (Long Term Evolution) 시스템

LTE는 3세대 이동통신 시스템 중에서 유럽의 WCDMA에서 발전한 이동통신 시스템으로서, LTE의 무선 접속규격은 3GPP가 2008년 12월 확정한 Release 8을 기반으로 하고 있고, ALL-IP를 완전히 구현한 첫 번째 패킷 기반의 이동통신 기술이다.

LTE 시스템은 2009년 12월 14일 텔리아소네라(TeliaSonera) 사업자에 의해 스웨덴 스톡홀름과 노르웨이 오슬로에서 최초로 상용서비스를 시작되었으며, 우리나라는 2011년 7월부터 수도권을 중심으로 LTE 상용 서비스를 시작하였고, 2013년 9월부터 국내의 3개 통신사 모두가 전국 서비스를 실시하고 있다.

GSA(Global Mobile Suppliers Association)가 발표한 "전 세계 LTE 현황 보고서" 에 따르면, 2015년 1월 기준, 124개국의 360개 이동통신사가 LTE 서비스를 하고 있다.

### (1) LTE의 특징

LTE의 주요 장점은 높은 처리량, 낮은 지연 시간, 플러그 앤 플레이, 단순한 아키텍처 등을 들 수 있고, 2세대 및 3세대 네트워크로의 원활한 이동성도 지원하며, 다음과 같은 기술적인 특징도 있다.

① LTE는 ALL-IP를 완전히 구현한 첫 번째 패킷 기반의 이동통신 기술이다.

② ①번 특징 때문에, LTE에서 모든 데이터는 인터넷처럼 패킷 형태로 전송된다. 심지어 음성도 인터넷에서 이용하는 VoIP[106]처럼 서킷망이 아닌 패킷망을 사용하여 제공하며, LTE 네트워크를 이용한다고 하여 이를 VoLTE(Voice over LTE)[107]라고 한다. VoLTE는 LTE에서는 선택 사양이지만, LTE-A에서는 기본 사양이다.

③ 이용 가능한 주파수 대역폭은 1.4, 3, 5, 10, 15, 20MHz 중에서 선택할 수 있으며, 최대로 이용할 수 있는 대역폭은 20MHz이다.

④ 20MHz 대역폭을 사용할 때, LTE의 최대 하향 전송속도는 4×4 MIMO의 경우 326.4 Mbps, 2×2 MIMO의 경우 172.8 Mbps까지 전송할 수 있다. 그리고 10MHz 대역폭을 사용할 때, LTE 표준에서는 하향 100Mbps, 상향 50Mbps이지만, 국내에서는 하향 75Mbps, 상향 37.5Mbps로 사용[108]하고 있으며, 이는 3.5G의 HSPA보다 하향 5배, 상향 7배 정도 빠르다.

⑤ 데이터 변조 방식은 QPSK, 16QAM, 64QAM, 256QAM 중 하나를 선택할 수 있다.

⑥ 같은 플랫폼에서 FDD와 TDD 사용할 수 있다.

⑦ 스마트 안테나 기술인 MIMO는 1×2, 2×2, 4×2, 4×4를 사용할 수 있다.

### (2) MIMO (Multiple-Input Multiple-Output) 기술

MIMO(Multiple-Input Multiple-Output)는 4세대 이동통신인 LTE와 이전 세대 시스템을 구분하는 핵심기술이며, 한정된 주파수 자원을 최대한 효율적으로 활용하여 무선 통신 시스템의 용량을 높이기 위한 스마트 안테나(Smart Antenna) 기술이다. 즉, 주파수와 전력을 증가시키지 않고 기지국과 단말기에서 전파를 주고받는 안테나의 개수를 늘려, 사용하는 안테나 개수만큼 통신 속도와 용량을 높이는 기술이다.

---

106) VoIP(Voice over Internet Protocol)은 인터넷 프로토콜을 이용하여 음성 통화를 제공하는 시스템을 말하며, 대표적인 예로는 스카이프(Skype), 070 전화 등이 있다.

107) 국내에서 LG U+는 VoLTE라고 하지만, SK텔레콤과 KT는 HD보이스라고 한다.

108) 2013년 12월 30일 우리나라의 미래창조과학부에서는 LTE의 평균 전송속도가 하향 30.9Mbps, 상향 17.3Mbps라고 발표하였다.

예를 들어, 기지국에 M개, 단말기에 N개의 안테나를 설치한 경우 M×N MIMO라고 하는데, 이 경우 min(M,N)만큼의 평균 전송 용량이 늘어난다. 따라서 2×2 MIMO는 데이터를 송신(Tx)하는 안테나가 2개, 데이터를 수신(Rx)하는 안테나가 2개 있다는 것을 의미하므로, 데이터 전송속도는 2배가 증가된다.

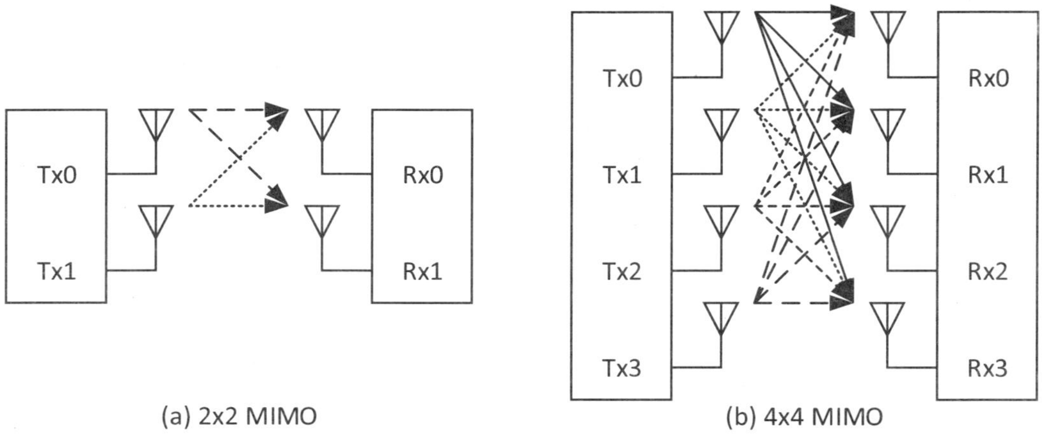


그림 9.12 MIMO의 종류

참고로, 3G 이동통신의 기지국과 단말기는 각각 1개씩[109]의 안테나를 이용하여 데이터를 전송하였다. 하지만, 4G LTE는 단말기와 기지국이 각각 2개씩 안테나를 활용하는 2×2 MIMO 기술을 표준화하면서, 10MHz 대역폭의 LTE 주파수에서 3G 대비 5배 빠른 75Mbps 속도로 전송할 수 있고, 4×4 MIMO는 20MHz 대역폭의 LTE 주파수를 사용하여 최대 150Mbps의 속도로 전송할 수 있다.

안테나의 개수를 늘리는데 있어 기지국은 이론상으로는 무한정 늘릴 수 있지만, 단말기인 휴대전화의 내부에서 안테나는 가장 큰 부품이고, 또 안테나 상호 간의 간섭을 배제하기 위해서도 최소한 5~6㎝ 이상 이격시켜야 하므로, 현실적으로는 휴대전화에 2개~4개까지 내장할 수 있다.

MIMO의 사용 방식에도 SU-MIMO(Single User MIMO)와 MU-MIMO(Multiple User MIMO)가 있으며, SU-MIMO는 기지국의 안테나 리소스와 무선 공간 자원 모두를 한 사용자에게 할당하는 방식이고, MU-MIMO는 다수의 사용자에게 안테나 리소스 또는 무선 공간 자원을 분배하는 방식이다.

109) 이 경우를 MIMO와 대비하여 SISO(Single-Input Single-Output)라고 한다.

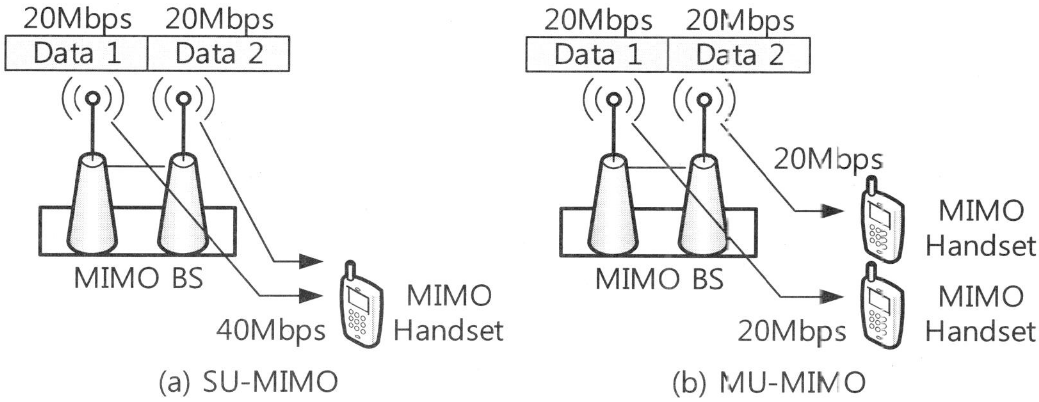


그림 9.13 SU-MIMO와 MU-MIMO

### (3) UE 카테고리(User Equipment Category)

네트워크 사업자별로 정부로부터 할당받아 사용하는 주파수 대역이 모두 다르기 때문에, 주파수 집적기술(CA, Carrier Aggregation) 조합 역시 사업자별로 다를 수밖에 없다.

따라서 기지국에서는 접속된 단말의 최대 전송률을 알아야 그에 해당되는 서비스를 제공할 수 있기 때문에, 단말 입장에서 해당 전송 속도를 지원할 수 있는지를 분류하여 정의한 것이 UE 카테고리(UE Category)이다.

UE 카테고리란 결국 단말에서 지원하는 최대 전송 속도를 표현하는 값으로, 150Mbps의 최대 통신 전송률을 얻기 위해서는 단말에서도 150Mbps를 수신할 수 있어야 한다.

예를 들어, 표 9.7에서 보는 바와 같이, UE 카테고리 3 단말은 최대 100Mbps의 하향 전송 속도까지 가능한데 비해, UE 카테고리 4 단말은 최대 150Mbps의 하향 전송 속도까지 지원할 수 있다.

LTE의 UE 카테고리는 3GPP Release 8 이후의 규격에서 정의되었다. Release 8에서는 LTE를 정의한 카테고리 1~5까지 나왔으며, Release 10에서는 LTE-A를 정의한 카테고리 6~8이 나왔다. 최근, Release 13에서는 차세대 규격인 LTE-A Pro를 정의한 카테고리 17~19가 나왔다.

표 9.7 UE 카테고리

| 시스템 분류 | | LTE | | | | | LTE-A | | |
|---|---|---|---|---|---|---|---|---|---|
| UE 카테고리 | | 1 | 2 | 3 | 4 | 5 | 6 | 7 | 8 |
| 최대전송속도 (Mbps) | DL | 10 | 50 | 100 | 150 | 300 | 300 | 300 | 3,000 |
| | UP | 5 | 25 | 50 | 50 | 75 | 50 | 100 | 1,500 |
| RF 대역폭 | | 20MHz | | | | | 40MHz | | 100MHz |
| DL MIMO | | Optional | 2×2 | 2×2 | 2×2 | 4×4 | 2×2 or 4×4 | 2×2 or 4×4 | 8×8 |
| UP MIMO | | No | No | No | No | No | No | 2×2 | 4×4 |
| 64QAM 지원 | DL | Yes | | | | | | | |
| | UP | No | | | | Yes | No | | Yes |

## 9.8.3 LTE-A (LTE-Advanced) 시스템

사실 LTE가 3G와 비교해 4G로 마케팅 되었지만, 4세대 이동통신 시스템의 요구사항인 "이동시 100Mbps, 정지 시 1Gbps의 전송속도로 언제, 어디서나, 고품질의 멀티미디어 융합서비스를 이용할 수 있는 기술 또는 서비스" 를 완벽하게 만족시키지 못하였다.

이 때문에 LTE 시스템을 3.9G 시스템이라고 하였고, 당시 ITU에서는 4세대 이동통신 규격의 선정 후보로 LTE-A를 언급하였다. 하지만 LTE는 기존 3G 규격에 비해 기술적으로 상당히 발전한 규격이었고, LTE-A와도 차이점이 많이 없었기 때문에, 2010년 12월 ITU에서는 LTE도 4G라고 부를 수 있다고 공표하였다. 이로써 4세대 이동통신에 LTE가 포함될 수 있었다.

3GPP는 LTE의 다음 단계로 LTE-A(LTE Advanced)를 2011년 3월에 Release 10으로 발표하였다.

### (1) 주파수 집적기술 (CA : Carrier Aggregation)

LTE와 LTE-A의 가장 큰 차이점은 주파수 집적기술(CA : Carrier Aggregation)을 활용하느냐이다. 주파수 집적기술, 즉 CA는 LTE 주파수를 최대 5개까지 묶어 20MHz~100MHz의 대역폭을 하나의 주파수처럼 사용할 수 있는 기술로써, 주파수 대역폭을 늘리면, 그에 비례해 전송속도를 높일 수 있다.

예를 들어, 국내에서 10MHz 대역폭을 이용하여 전송할 수 있는 전송속도는 75Mbps이므로, 1.8GHz 주파수의 10MHz 대역폭과 800MHz 주파수의 10MHz 대역폭, 또는 서로 다른 1.8GHz 주파수의 10MHz 대역폭 2개를 묶어 총 20MHz 대역폭으로 LTE를 서비스하면, 주파수를 2배로 늘렸기 때문에 150Mbps의 전송속도로 전송할 수 있다.

2012년 9월 러시아의 이동통신사인 요타는 전용 동글(Dongle)을 사용하여 세계 최초로 100Mbps급 LTE 대역 3개를 묶어 300Mbps급의 서비스를 상용화하는데 성공하였고, 우리나라에서는 SK텔레콤이 2013년 6월 두개의 75Mbps급 LTE 대역을 묶은 150Mbps급의 서비스를 갤럭시 S4 LTE-A를 통해 상용화하였으며, 뒤이어 LG U+는 2013년 7월에, KT는 2013년 9월에 상용화에 성공하였다.

### 9.8.4 LTE-A Pro 시스템

3GPP는 LTE와 LTE-A에 이은 기술 진화 표준으로 LTE-A Pro를 확정하고 4G에서 5G로 이어지는 연속성을 갖춘 네트워크 진화 방안에 대한 방향을 제시했다.

LTE-A Pro는 최대 3Gbps 속도와 2~3ms의 지연속도를 지원하는 서비스로, 3GPP의 Release 13 및 14의 표준 기술을 말하며, 256QAM, 4×4 MIMO, 4/5 밴드 CA 등의 기술을 활용해 데이터 전송 속도와 효율을 높인 차세대 표준이다.

LTE-A Pro는 데이터 전송량 및 속도를 LTE-A보다 평균 2배 향상시킬 수 있다.

표 9.8에서는 국내에서 현재 사용 중이거나 사용 예정인 4세대 이동통신 시스템을 서로 비교하였다.

**표 9.8 국내의 4세대 이동통신 시스템의 비교**

| 구분 | LTE | LTE-A | LTE-A Pro |
|---|---|---|---|
| 최대전송속도(Mbps) | 75~150 | 225~375 | 500~1,200 |
| CA 개수 | - | 2~3 | 3~5 |
| 사용대역폭(MHz) | 10~20 | 30~50 | 50~70 |
| MIMO | 2×2 | 2×2 | 2×2, 4×4 |
| 변조 방식 | 64 QAM | 64 QAM | 256 QAM |
| 접속 방법 | OFDMA / SC-FDMA | OFDMA / SC-FDMA | OFDMA / SC-FDMA |
| 3GPP Release | Release 8 | Release 10 | Release 13 |

## 9.9 주파수 공용통신(TRS : Trunked Radio System)

### 9.9.1 TRS의 개요

각 사용자가 특정한 주파수를 전용하여 사용하던 종래의 무선 통신 방식과는 달리 한정된 무선 주파수 자원인 여러 개의 주파수를 그룹화하여 다수의 이동 가입자가 공동으로 이용하게 하는 방식을 주파수 공용통신(TRS : Trunked Radio System)이라고 한다.

TRS는 최초 항만 이동 전화로 시작한 이래 지금은 기업의 이동통신 수단으로 각광을 받고 있다. 이는 TRS의 고유 기능인 1 대 다수의 통신방식이 기업의 지령통신(Dispatch)으로서 매우 적절할 뿐만 아니라, 기존의 다른 이동통신 수단보다 정보전달이 신속하고 요금이 저렴함으로 인해 기업의 생산성 향상과 경쟁력 확보수단으로 높이 평가되고 있기 때문이다.

주파수 공용통신(TRS)은 운행 중인 차량 및 선박의 현재 위치, 화물의 종류와 화물량 그리고 현 업무 상황 등을 실시간으로 파악할 수 있고, 또 차량/선박과 센터간의 필요한 정보를 상호 교신함으로써 운행 효율을 증진시킬 수 있다.

따라서 TRS를 이용하면 공차율을 감소시킬 수 있기 때문에 물류비를 감소시킬 수 있고, 정보체계에 의한 최적노선을 선택하여 최단거리 운송을 할 수 있기 때문에 수송비를 절감시킬 수 있다. 그리고 또 신뢰성 있는 운송을 통한 기업의 재고비용을 절감할 수 있고, 화물 운송체계를 공개적이면서도 합리적인 정보체계로 전환함으로써 운송원가의 절감 및 대외 경쟁력을 확보할 수 있다.

요즘 TRS 기술은 주파수 수요의 한계극복을 위하여 아날로그 방식에서 디지털 방식으로 전환되고 있는 것이 세계적 추세로 국내에서도 각각의 사업자들이 보다 우수한 서비스를 제공하기 위해 디지털 방식을 채택하고 있다.

디지털 TRS는 아날로그 TRS보다 보안성과 통화품질 면에서 우수하고, 또 음성과 데이터 통신을 하나의 시스템으로 통합하였기 때문에 기업의 업무활동에 더욱 유용하게 적용되고 있다.

### 9.9.2 TRS 시스템의 구성

주파수 공용통신(TRS) 시스템의 구성은 그림 9.14와 같이 이동국, 제어국, 교환국으로 구성된다. 하나의 서비스 구역은 반경 20~50km이고 하나의 제어국(중계국)과 다수의 가입자 군으로 구성되며, 각 가입자군은 중앙의 지령국(본사 사무실내에 있는 고정국)과 다수의 이동국으로 구성된다.

각각의 장치의 기능 및 특징은 표 9.9에 요약 정리하였다.

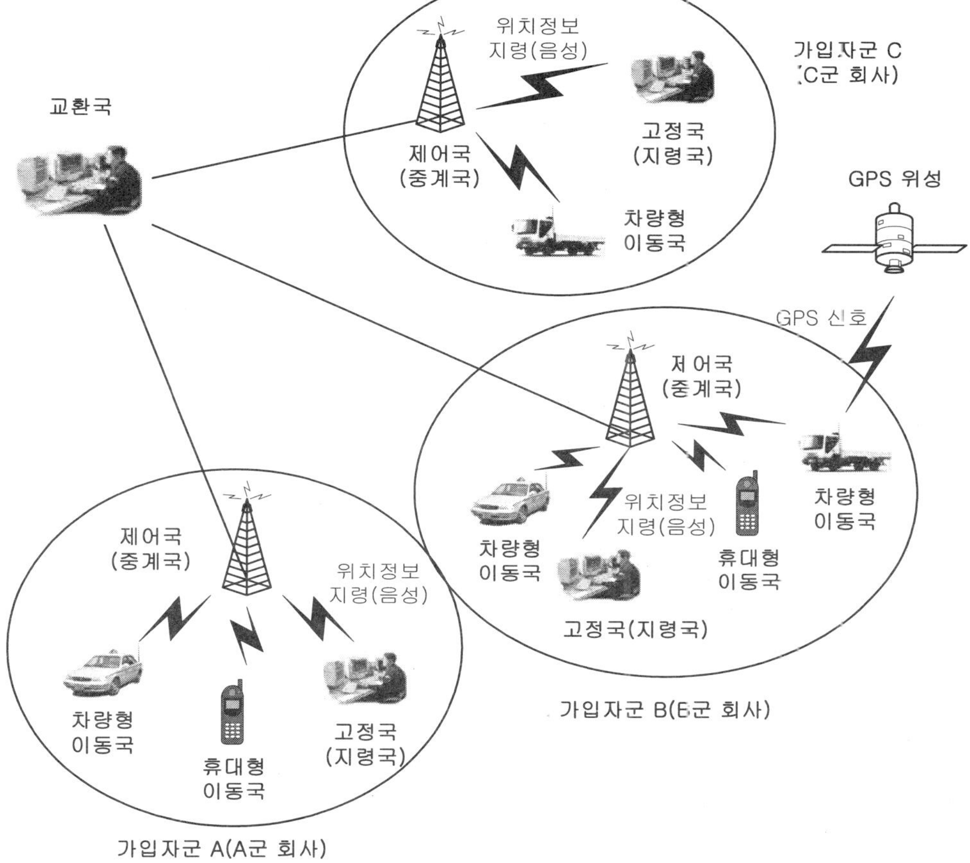


그림 9.14 TRS 망의 구성

TRS의 통신 방법은 동일 가입자군 내의 지령국과 이동국 간 또는 이동국 상호 간에 가능하며, 제어국이 여러 개의 채널 중 사용하지 않는 빈 채널을 탐색해 채널을 지정하기 때문에 혼신과 잡음이 발생되지 않도록 하고 있다.

TRS의 통화 방법은 단일 통화영역에서만 통화서비스가 제공되는 단일영역 그룹호출과 여러 통화영역이 함께 통화로가 연결되어 통화서비스가 제공되는 광역 그룹호출이 있다. 그리고 PSTN 가입자와의 통화도 함께 제공하고 있는데, PSTN 가입자와의 통화와 단일 영역 그룹 호출은 하나의 통화로만 점유하지만, 광역 그룹 호출은 동시에 여러 개의 통화로를 점유하게 된다.

사용 주파수대는 미국, 일본 우리나라 등 대부분의 국가가 300MHz대와 800MHz[110] 대역을 사용하고 있으며, 유럽에서는 300MHz대와 450MHz대에서 주로 사용하고 있다.

표 9.9 TRS 시스템의 각 장치별 기능 및 특징

| 장치 | 기능 및 특징 |
|---|---|
| 교환국 | ① 이동국과 제어국에 대한 관리 및 제어를 한다.<br>② 시스템 파라미터 생성 기능<br>③ 과금 자료 생성 기능<br>④ 이동체 위치 추적 기능<br>⑤ 전화망 접속 기능 |
| 제어국 | ① 1개의 서비스 지역에 1개의 제어국을 설치한다.<br>② 지령국과 이동국간의 통화 중계 기능<br>③ 이동국 상호간의 통화 중계 기능<br>④ 이동국 및 지령국의 호 접속 요구에 따른 통화채널 제어 및 지정 기능<br>⑤ 통화 우선순위 부여 기능<br>⑥ 통화 모니터(monitoring) 기능 |
| 이동국 | ① 이동국과 지령국으로 구성<br>② 1개 또는 복수의 가입자 그룹에 속하여 소속 지령국 및 타 이동국과 통신<br>③ 제어국 및 교환국을 통하여 전화망과의 접속도 가능<br>④ 지령국은 본부에 설치되어 이동국에게 지령을 보내거나, 이동국에 대한 제어 및 관리를 한다. |

## 9.9.3 TRS 서비스

운송업체, 유통업체, 제조·판매업체, 건설업체, 언론사, 병원 등에서 이동 중이거나 외근 중인 소속 직원에 대한 업무 연락이나 지시 전달 수단으로 주로 이용되는 주파수 공용통신 방식(TRS)은 현재 미국, 일본, 유럽 등 세계 전역에 걸쳐 활발히 운용되고 있으며, 운용되는 용도에 따라 크게 공공 시스템과 사설 시스템으로 나눌 수 있다.

공공 시스템은 대부분 각급 정부기관에서 설치한 것으로 경찰, 소방, 의료, 철도 등 각종 공공 기관에 의해 연계 운용되고 있고, 사설 시스템은 민간 사업자가 주파수를 할당받아 시스템을 설치하여 이를 희망하는 이용자에게 서비스를 제공하는 것으로서, 운송업, 제조 판매업, 수리 관계업, 토목건설업, 서비스업 등의 자영업에서 주로 비용절감을 통한 기업 경영의 생산성 향상 수단으로 이용되고 있다.

110) 우리나라에서 300MHz대는 지역망 TRS로 800MHz대는 전국망 TRS로 사용되고 있다.(4.3절 표 4.6 참조) 그리고 최근 서비스가 확장되어 미국에서는 900MHz대, 일본에서는 1.5GHz대의 주파수도 사용하고 있다.

표 9.10 TRS의 이용가능 업종

| 업종 | 이용 사례 및 특징 |
|---|---|
| 유통업 | - 빠른 집하배송으로 매출증대<br>- 매장관리 |
| 제조 판매업 | - 긴급주문 추가변동 등에 신속대응<br>- 제조원가 절감 및 적정 재고관리<br>- POS(Point Of Sale) 방식 도입 |
| A/S 배달 | - 광범위한 기동성구축<br>- 신속한 대응으로 최상의 서비스 제공 |
| 의료, 경비 | - 응급사고 긴급대처<br>- 순찰중인 경비차 상황전달<br>- 도난사고에 긴급대응 |
| 레저 산업 | - 자동차, 여행, 낚시, 등산<br>- 체육문화행사, 행글라이딩, 패러글라이딩 |
| 보험 금융업 | - 보험사고의 신속한 처리<br>- 신용카드 조회 |
| 물류업 | - 차량의 위치파악과 차량 운행정보 파악 그리고 긴급배차<br>- 차량 회차율 증대<br>- 신속한 교통정보 제공 |
| 공공부문 | - 상하수도 도로공사 진행<br>- 신속한 재해복구 진행 및 행정업무 연락 |
| 건설 자재업 | - 작업 공정의 신속한 파악<br>- 신속 정확한 자재 반입 |

우리나라에서는 경찰, 검찰, 한국 전력, 교통 방송 등이 800MHz대의 주파수를 할당받아 자가 업무용 또는 사설 무선 통신 시스템으로 TRS를 운용하고 있으며, 일반 기업체 등의 업무용 TRS 서비스는 KT 파워텔(KT PowerTel)에서 전국 단위의 TRS 서비스를 제공하고 있다.

표 9.10에 주파수 공용통신(TRS) 방식의 이용가능 업종 및 이용사례, 그리고 특징을 도표화하여 나타내었다.

현재 제공되고 있는 서비스의 종류로는 음성에 의한 일제 등신(All Call, 지령국이 모든 이동국을 동시에 호출하여 통화하는 방식), 그룹통신(Group Call, 몇 대의 이동국을 선택적으로 호출하여 통화하는 방식), 개별통신(Individual Call, 1:1로 호출하여 통화하는 방식), 긴급통신(Emergency Call) 등이 있고, 공중 전화망과의 상호접속은 물론 팩시밀리, 데이터 전송 등 비 음성 서비스도 가능하며, 통화 폭주 시에는 예약 통화도 할 수 있다.

표 9.11 TRS 통신 방식과 셀룰러 통신 방식의 비교

| 구분 | 셀룰러 방식 | TRS 방식 |
|---|---|---|
| 통신 방식 | 복신(full duplex) | 복신 및 단신 겸용 |
| 통신대상 | 누구와도 통신가능 | 동일소속 가입자와 통신가능 |
| 기지국 서비스 반경 | 3km-10km | 10km-50km |
| 호출 방식 | 개인 호출만 가능 | 일제, 단체, 개인 호출 |
| 그룹통화 | 불가능 | 가능 |
| 통화 방식 | Dial | Dial, PTT |
| 통화시간 | 제한 없음 | 제한 |
| 로밍(Roaming) | 가능 | 가능 |
| 통화채널전환(Handover) | 가능 | 가능 |
| 주파수 활용 효율 | 30 가입자 / 채널 | 100 가입자 / 채널 |
| 사용 주파수 대역 | 824MHz-849MHz<br>869MHz-894MHz | 806MHz-821MHz<br>851MHz-866MHz |
| 채널용량 | 666 채널 | 399-600 채널 |
| 출력 | 기지국 : 20W<br>이동국 : 3W | 기지국 : 30-80W, 10-35W<br>이동국 : 15W |
| 서비스 지역 | 서비스지역 어디서나 | 특정한 구내 영역 |
| 중계국 | 소구역 다수중계방식 | 대구역 다수 중계방식 |

## 9.9.4 TRS와 이동통신과의 차이점

표 9.11에 셀룰러 이동통식 방식과 주파수 공용통신 방식의 차이점을 상호 비교하여 나타내었다.

그리고 또 다른 TRS의 특징으로는 셀룰러 방식 등 다른 이동 통신 시설에 비해 시설 투자비가 아주 적고, 가입자의 시설 유지비가 거의 들지 않으며, 요금이 저렴하고, 가입자의 소속 직원만 사용하므로 통화 누설이 없어 비밀 유지에 적합한 점을 들 수 있다.

## 9.9.5 TRS의 적용 기술

주파수 공용통신(TRS)에 적용되는 핵심 기술 또는 복합 응용기술로는 GPS를 이용한 위성통신 기술, 지리정보 시스템(GIS : Geographic Information System) 기술, 교통공학 기술, 무선데이터 통신기술, 그리고 무선통신 기술(Trunk 기술, TDMA 기술) 등을 들 수 있다.

## (1) 트렁킹(Trunking) 방식

TRS 시스템은 채널당 가입자 수를 극대화하기 위하여 통화시간을 일반적으로 1~3분 정도로 제한하고 있으며, 통신방식은 PTT(Press-To-Talk)를 이용하는 단신방식[111]과 일반전화와 같이 양방향 통신이 가능한 복신 방식이 있다.

트렁킹 방식은 무선 주파수의 효율을 높이기 위하여 통화 도중 무 음성 시간이 존재할 경우 채널을 회수하여 채널 점유시간을 합리적으로 제어하기 위한 방식으로 전송 트렁킹 방식과 메시지 트렁킹 방식으로 구분된다.

전송 트렁킹(Transmission Trunking) 방식은 가입자가 PTT(Press-To-Talk)를 동작시킬 때마다 시스템이 새로운 채널을 지정하고 PTT를 놓으면 대기 시간 없이 바로 채널을 회수하여 대기군 채널에 편입시키는 방식이다. 그러나 주파수 사용도가 높은 시간대에 송수신 음성 신호의 연속성을 높이기 위하여 1초 이하의 가변 대기 시간을 도입한 준 전송 트렁킹 방식이 사용되기도 한다.

메시지 트렁킹(Message Trunking) 방식은 가입자가 PTT를 누르고 통화를 하다가 PTT를 해제하더라도 다음 통화 시 지금 사용한 통화채널을 시스템이 재지정할 수 있도록 일정의 대기 시간(3초~10초) 동안 해당 주파수 채널을 대기시키고, 만약 이 대기 시간 동안 가입자가 다시 PTT를 누르지 않을 경우 그 채널은 다른 단말기가 사용할 수 있도록 회수하는 방식이다. 이 방식은 짧은 상호교신이 연속적으로 반복되는 통화가 많은 경우 유리하다.

## (2) 무선데이터 통신 기술

무선데이터 통신망은 현재 유선으로 운영 중인 데이터 통신을 이동하면서 무선으로 전송하는 통신망을 말한다.

이 통신망은 휴대폰 시스템과 비슷한 체계를 갖게 되는데, 각 지역마다 셀 단위로 자동중계 장치를 설치해 놓고, 이를 통하여 데이터 통신을 하도록 하는 방식이다.

## (3) GPS(Global Positioning System)를 이용한 위성통신 기술

위성 위치확인 시스템(GPS)은 미국 국방성이 지난 70년대부터 군사용으로 개발한 위성이용 위치측정 시스템으로서, 지상 20,000Km 상공에 전 세계를 커버하는 24개[112]의 위성(NAVSTAR : Navigation System Time and Ranging)을 발사해 지구상 모든 지역에서 경도와 위도의 정확한 위치 좌표를 파악할 수 있도록 한 시스템이다.

GPS 위성은 24개의 위성이 전 세계를 대상으로 위치 정보 측정을 위한 전파를 발사하고

111) 말할 때는 푸시버튼을 눌러 말하고, 버튼을 놓으면 상대편의 음성을 들을 수 있는 방식
112) 6개의 궤도에 궤도 당 4개의 위성을 설치하며 각 위성의 주기는 12시간임

있으며, GPS 수신기는 3~4개의 GPS 위성으로부터 발사되는 전파 간 도달 속도 차이를 계산해 지상 위치의 좌표 값을 계산하게 된다. 4개 위성으로부터 전파를 수신할 경우 경도와 위도 및 고도를 계산해내는 3차원 위치 측정이 가능하다.

따라서 GPS는 국내에서 추진한 종합물류정보망과 지능형 교통체계(ITS : Intelligent Transportation System) 구축에 있어 차량의 위치정보를 제공하는 필수적인 기술로 부각되었다.

또한 GPS 위성에는 하루 10ns 이하의 오차를 허용하는 정확도의 세슘 원자시계가 탑재돼 있어 지상에서 정확한 표준시간 수신이 가능해 이동통신 시스템의 동기 시각 정보를 제공하는 데 활용되고 있다.

### (4) 지리정보시스템(GIS : Geographic Information System) 기술

이동 중인 차량에 GPS 수신보드가 내장된 TRS 단말기를 장착하여 GPS 위성으로부터 받은 차량의 위치정보를 무선데이터 서비스망을 통해 지령센터로 전송, 해당 차량의 위치를 지령센터의 컴퓨터 모니터 상에 표시하여 실시간으로 차량 관리를 할 수 있는 첨단 서비스이다.

## 9.9.6 TRS의 현황

2000년 11월 기준 TRS 가입자의 절반 정도가 아날로그 가입자일 정도로, TRS 시스템의 디지털 방식으로의 전환은 비교적 느린 편이어서 최근에 와서 시스템이 디지털 방식으로 전환되었다.

우리나라의 디지털 TRS의 표준은 TETRA(TErestrial Trunked Radio) 방식을 표준으로 채택하고 있다. TETRA는 ETSI가 제정한 개방형 디지털 TRS의 표준으로 음성 및 데이터의 통신이 가능하며, 특히 데이터 부분에 대한 적용범위가 상당히 넓어 공중망 및 기관망에 대한 적용이 용이하다.

# 9.10 글로벌 위성휴대통신(GMPCS)

글로벌 위성휴대통신(GMPCS : Global Mobile Personal Communications by Satellite)은 지상 35,786Km 상공에 띄우는 정지위성(Geostationary Satellite)과 달리 지상 700~1,400Km 상공에 수십 개의 위성을 띄워 지상에서의 이동전화 기지국과 같은 역할을 하게하고, 위성과 직접교신이 가능한 휴대용 단말기를 사용하여 전 세계 어디에서나 시간과 장소에 구애받지 않고 누구와도 통화를 할 수 있는 위성휴대 통신이다.

1992년 세계 무선 주관청 회의(WARC-92)에서는 향후 위성을 이용한 통신 수요가 증대될 것을 고려하여 1~3GHz대의 주파수를 해사 위성 서비스, 공중 위성 서비스, 육상 이동 위성 서비스로 분류되는 이동 위성 서비스(MSS : Mobile Satellite Service)용으로 대역폭 분배하였는데, 이 주파수 대역에서 저궤도 위성을 이용하여 GMPCS를 할 수 있도록 미국이 강력히 요청함에 따라 1993년 전파 규칙(RR : Radio Regulations)을 개정하였다.

이에 따라 GMPCS는 미국을 중심으로 저궤도 위성을 이용한 여러 가지 위성 휴대 통신과 서비스 대한 구상이 추진되었다. 여기에서 GMPCS라고 하는 명칭은 제1회 세계전기통신정책 포럼(1996년 10월)에서 처음 사용하였다.

저궤도(LEO : Low Earth Orbit) 위성이란 고도 35,786km의 정지 궤도보다 낮은 궤도로 지구를 선회하는 위성을 편의상 총칭하는 말인데, 구체적으로는 저궤도 위성(고도 1,000km 내외)과 중궤도(MEO : Middle Earth Orbit, 고도 1만Km 내외) 위성으로 구분할 수 있다.

현재까지 저궤도 위성 시스템으로 추진한 GMPCS는 모토롤라사의 이리듐(IRIDIUM), 퀄컴사의 글로벌스타(Globalstar), Orbital Communication사의 오브콤(Orbcom), 마이크로소프트사의 텔레데식(Teledesic)이 있고, 중궤도 위성 시스템으로 추진한 GMPCS는 TRW사의 오디세이(Odyssey), INMARSAT의 ICO가 있다.

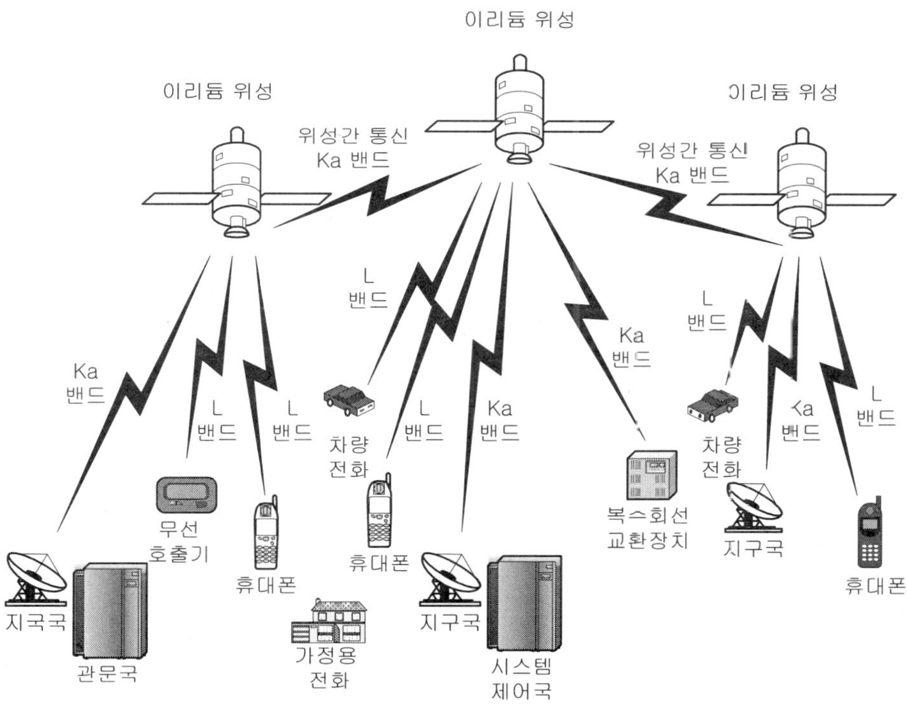


그림 9.15 이리듐 시스템의 구성

이처럼 다양한 GMPCS는 북극과 남극을 통과하는 복수의 궤도에 각각 복수의 위성을 발사하고, 그 중 어느 하나를 이용하여 세계 어느 지역에서나 통신할 수 있도록 한 방식인데, 이리듐 시스템의 예를 들면, 고도 780km의 6개의 궤도에 각각 11개씩, 도합 66개의 위성을 쏘아 올리고, 그림 9.15와 같이 지상과 위성간의 통신, 위성과 위성간의 통신 등을 이용하여 지상 회선을 경유하지 않고 직접 지구 반대편과 통신할 수 있도록 한 것이다.

하지만 GMPCS을 주도했던 이리듐은 1999년 3월 SK텔레콤이 이리듐사업을 포기하고, 8월에는 모토로라가 파산을 선언함에 따라 시장에서 퇴출되었고, 글로벌스타도 큰 폭의 손실을 입고 이리듐에 이어 실패하였으며, ICO는 1999년 5월 텔레데식에 합병되었다.

이처럼 글로벌 위성휴대통신(GMPCS) 사업이 부실해진 이유는 지상계 이동통신의 로밍 기술이 향상되면서 위성을 통한 이동통신의 필요성이 감소하였으며, 고가의 단말기와 높은 요금 등으로 인해 가입자 기반을 확보하는데 실패하였기 때문이다.

참고로 IMT-2000 시스템은 지상망과 위성망으로 구분해 추진하였는데, 그 이유는 IMT-2000에서 전 세계 로밍이라는 대전제를 실현하기 위해 위성망을 지상망의 보조 역할로 사용하기 위함이었다.

표 9.12에 대표적인 GMPCS 시스템을 비교하여 두었다.

**표 9.12 대표적인 GMPCS 시스템의 비교**

| 항목 | Iridium | Globalstar | Odyssey |
|---|---|---|---|
| 추진기업 | Motorola,<br>SK Telecom | Qualcomm,<br>Lora Aerospace Corp. | TRW |
| 위성의 수 | 66 | 48 | 12 |
| 궤도의 고도(Km) | 780 | 1,414 | 10,370 |
| 위성중량(Kg) | 689 | 222 | 1134 |
| 다중접속 방식 | TDMA | CDMA | CDMA |
| 사용주파수(MHz)<br>Up Link/Down Link | 1616-1626.5 /<br>1616-1626.5 | 1610-1626.5 /<br>2483.5-2500 | 1610-1626.5 /<br>2483.5-2500 |
| 서비스 내용 | 음성, 데이터,<br>메시지, 측위 | 음성, 데이터,<br>메시지, 측위 | 음성, 데이터,<br>메시지, 측위 |
| 서비스 개시 연도 | 1998 | 1998 | 1997 |

## 9.11 코드리스 폰 (Codeless Phone)

1989년 영국에서 개발되어 ETSI의 표준으로 채택된 CT-2(Cordless Telephone Generation 2)는 독립된 하나의 이동 단말을 이용해 텔레포인트(Telepoint)[113)]와 접속하여 옥외의 도로 등에서 일반 전화와 통화할 수 있도록 한 디지털 방식의 발신전용 코드리스 폰(Codeless Phone)이다.

CT-2 서비스는 개인 휴대 통신 서비스(PCS)로 발전해 가는 중간 단계로서 전국 어디에서나 CT-2용 텔레포인트를 경유하여 이동 중에 시내, 시외, 국제 전화를 할 수 있는 서비스로써, 이 서비스의 특징은 다음과 같다.

- 가정에서는 무선 전화기로 사용할 수 있고, 외출 시에는 CT-2 서비스용 이동 단말기로 사용할 수 있다.
- 기능이 단순하고, 이용 요금은 일반 전화 수준이다.
- 디지털 방식이므로 통화 품질이 우수하다.
- 출력 전력이 10mW로 소출력 방식이지만, 회선 장애 시에 양호 회선으로 자동 전환된다.

CT-2는 시분할 양방향 통신(TDD : Time Division Duplex) 방식을 최초로 채용하여 디지털 방식으로 개발한 시스템으로서, 1991년 후반부터 영국, 독일, 프랑스, 싱가프르 등에 널리 보급되기 시작하였다.

우리나라에서는 '시티폰(Cityphone)' 이라는 상품명으로 1995년 3월부터 시범 사업을 거쳐, 1996년부터 한국 통신 및 10개의 무선호출 사업자들이 서울 및 대도시를 중심으로 서비스를 제공하였다. 하지만 발신전용이라는 점, 핸드오버가 되지 않는다는 점, 기지국 부근에서만 통화가 가능하다는 점 등의 단점과 이동전화의 보급 및 확산으로 인해 가입자가 급감하고, 수익성이 악화되어 적자폭이 심화되는 등의 사업성 결여로 10개의 무선호출 사업자들은 모두 사업 면허를 반환하였으며, 그 후 한국 통신이 통합 운영하다가 정부가 1999년 11월 26일 사업폐지를 승인함에 따라 2000년 1월 1일부터 서비스가 전면 중단되었다.

CT-2 서비스와 셀룰러 이동전화 서비스와의 두드러진 차이점은 CT-2의 이동 속도는 보행자 중심(Low-Tier)이고 셀룰러 이동전화의 이동 속도는 차량 중심(High-Tier)이라는 점과, CT-2는 일반 전화 교환망(PSTN)을 활용하고, 셀룰러 이동전화는 별도의 통신망을 이용한다는 점이다.

---

113) 텔레포인트(Telepoint)는 역, 광장, 지하상가, 쇼핑센터 등 공공장소와 도로변의 공중전화 박스 등에 설치된 코드리스 폰용 무선 기지국이다.

**표 9.13 코드리스 폰의 비교**

| 구분 | CT-2 | CT-2+ | CT-3 | DECT |
|---|---|---|---|---|
| 주파수대 | 864－868MHz | 864－882MHz | 862－866MHz | 1.88－1.90GHz |
| 채널 수 | 40 | 80 | 64 | 120 |
| 채널 간격 | 100KHz | 100KHz | 60KHz | 1728KHz |
| 전송방식 | FDMA / TDD | TDMA / TDD | TDMA / TDD | TDMA / TDD |
| 특징 | -가정용 무선전화 기능 사용 가능<br>-텔레포인트 접속<br>-발신전용 휴대단말<br>-소용량 PABX | -가정용 무선전화 기능 사용 가능<br>-텔레포인트 접속<br>-발신전용 휴대단말<br>-대용량 PABX | -가정용 무선전화 기능 사용 가능<br>-텔레포인트 접속<br>-발신전용 휴대단말<br>-대용량 PABX<br>-PCS 서비스 제공<br>-핸드오버 가능<br>-자동 로밍 가능 | -가정용 무선전화 기능 사용 가능<br>-텔레포인트 접속<br>-발신전용 휴대단말<br>-소용량 PABX<br>-대용량 PABX<br>-PCS 서비스 제공<br>-핸드오버 가능<br>-자동 로밍 가능 |

한편, CT-2에 핸드오버 기능과 자동 로밍(Automatic Roaming) 기능을 추가한 CT-2+ 시스템과 스웨덴의 에릭슨(Ericsson)사가 개발한 TDMA/TDD 방식의 CT-3[114)]시스템은 유럽 표준으로 채택할 것을 요구하였으나, ETSI는 CT-3과 유사 시스템인 DECT(Digital European Cordless Telephone) 시스템을 표준으로 채택하였다. CT-3은 표 9.13에 나타낸 바와 같이 주요 제원이 DECT와 유사하나 사용 주파수대와 채널 수 등이 CT-3과 다르다.

코드리스 폰은 영국의 CT-2, 스웨덴의 CT-3, ETSI의 DECT, 미국의 UDPC(Universal Digital Portable Communications), 일본의 PHS(Personal Handyphone System)와 같이 각 나라마다 여러 가지 명칭으로 연구·개발하고 또 일부는 상용화하였지만, 이 모두는 전부 같은 개념의 시스템이다. 즉, 시스템의 설계 개념 차이에 따라 채널의 다중화 등은 시스템에 따라 차이(CT-2는 40채널, DECT는 120채널, PHS는 308채널 등)를 보이지만, 어느 시스템이나 음성 부호화 방식은 32Kbps의 ADPCM 변조 방식을 사용하였고, 통신 방식은 시분할 다중 접속(TDMA)에 의한 시분할(TDD) 양방향 통신 방식을 채택하였다.

그림 9.16에 CT-2의 망 구성도를 나타내었다.

114) 참고로 CT-2는 FDMA/TDD 방식임.(표 9.13 참조)

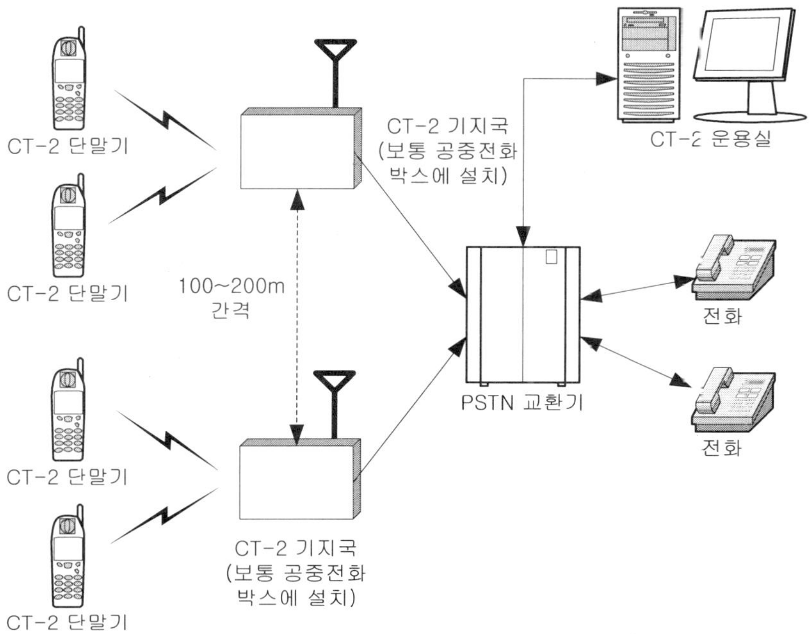


그림 9.16 CT-2의 망 구성도

## 9.12 이동통신 시스템의 발전 방향

통신의 수요가 급증함에 따라 가입자망에서는 통신회선을 효율적으로 분배하기 위한 방법으로 xDSL 기술 및 무선 LAN이 적용되어 있고, 유선망에서는 광케이블을 이용한 대용량화 및 다목적화를 추진하고 있으며, 무선망에서는 1인 1 이동전화 시대를 열어가고 있다.

현재 국내외적으로 제공하고 있는 이동전화 서비스는 기술방식 및 주파수 대역을 기준으로 3G(W-CDMA, cdma2000), 4G(LTE, LTE-A) 등으로 나누지만, 일반적으로 요금과 제공 서비스가 유사하기 때문에 동일 서비스로 간주하고 있다.

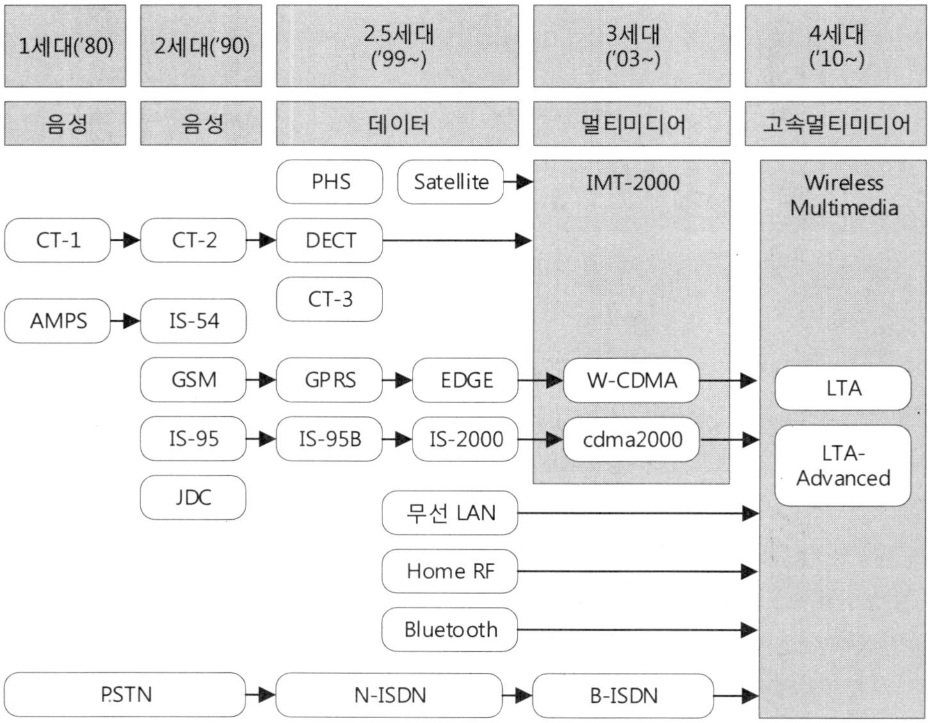


그림 9.17 이동통신 시스템의 발전 방향

표 9.14 이동통신 서비스의 발전 방향

| 구분 | 1G / 2G | 2.5G | 3G | 4G |
|---|---|---|---|---|
| 주요 서비스 | 음성 | 음성 / 데이터 | 음성 / 데이터 / 화상 | 고속 이동 멀티미디어 |
| | 음성뉴스<br>증권정보<br>팩스, SMS | 데이터 통신<br>E-mail | Internet<br>Interactive Message<br>영상전화<br>전자상거래 | 광대역 멀티미디어 |
| 통신방식 | CDMA / TDMA | IS-95B | WCDMA / cdma2000 | LTE / LTE-A |
| 전송모드 | 회선 | 회선/패킷 | 회선/패킷 | 패킷 |
| 전송속도 | 14.4kbps | 57.6kbps | 144 / 384 / 2,048kbps | 75~150Mbps |
| 개시시기 | ~1998 | 1999 | 2002~2005 | 2010 |

앞으로는 데이터 통신 기능 및 이동 멀티미디어 기능을 강화한 이동전화가 그림 9.17과 표 9.14에서 보는 바와 같이 향후 데이터 통신 시대의 주도적인 역할을 할 것으로 기대된다.

그러면 향후 국내외 이동전화 서비스 시장은 어떻게 변화될까? 그 답은 크게 다음과 같은 두 가지 측면으로 고려해 볼 수 있다. 먼저 서비스 측면에서는 무선 인터넷 이용 활성화에 따른 데이터 통신 서비스의 신규 수요 창출에 관한 사항이고, 그 다음은 통신망 측면에서 유무선 대체에 따라 유선가입자가 무선 가입자로 전환되는 대체수요 발생에 관한 사항이다.

### (1) 유무선 통합 서비스

현재 국내외 이동통신 시장은 성숙기에 접어들었으며, 앞으로 통신시장은 무선통신이 주도해 나갈 것이라고 하는 사실은 주지할 수 없는 사실이다.

그리고 무선 통신 서비스 시장은 과거와 같은 가입자의 폭발적인 증가는 기대할 수 없어 보이며, 이제는 무선을 통한 인터넷 서비스의 제공 및 유무선 통합 서비스의 제공 등을 통해 시장규모를 확대해 나갈 것이다.

앞으로 유선통신과 무선통신의 관계는 크게 보완적 성장 시나리오 또는 무선에 의한 유선 대체 시나리오로 발전할 것으로 많은 분석가들이 분석하고 있다.

먼저, 보완적 성장 시나리오는 유선통신과 무선통신이 보완적 성격을 가지면서 동시에 성장하는 것이며, 무선통신이 유선통신을 침해하지 않고 유선이 제공할 수 없는 무선전용의 신규 서비스를 개발하여 무선통신시장을 개척해 나가는 것을 의미한다.

다음, 무선에 의한 유선 대체 시나리오는 무선통신이 유선통신의 통화량을 잠식하면서 성장하는 것인데, 공중망에서는 이미 폭넓게 보급된 이동전화가 시내외 전화와 같은 유선통신을 대체해 나가는 것이고, 사설망에서는 무선 LAN(Wireless LAN), 블루투스(Bluetooth), WLL (Wireless Local Loop) 등과 같은 다양한 무선통신 기술이 유선통신 위주의 사설망 시장을 대체해 나가는 것이다.

하지만 앞으로 데이터 통신 시대가 도래하면서 데이터의 안전성과 신뢰성이 중요해짐에 따라 유선통신의 중요성이 감소될 수 없다고 보기 때문에 분석가들은 유무선 통신의 보완적 성장에 많은 비중을 두고 있다.

현재 외국의 경우, 부가가치가 높은 이동전화 이용의 증대를 위해 시내전화 서비스의 이용을 무료로 제공하는 사업자도 있고, 또 국내에서는 3개의 사업자 모두 유무선 통신망을 모두 확보하고 있기 때문에, 이를 통한 다양한 유무선 통합 서비스를 제공할 것으로 예상된다.

### (2) 통신/정보/방송의 통합 서비스

통신 이외에 다양한 분야의 업체와 다양한 전략적 제휴를 통해 통신/정보/방송을 통합한 서비스를 제공하는 사업자가 등장하고 있으며, 대표적인 사례로 AT&T의 서비스 통합을 들 수 있다.

장거리 전화와 이동 전화 사업자인 AT&T가 기존의 지역전화망과 케이블망을 가진 회사를 인수 합병하여 지역전화, 장거리 전화, 국제 전화, 데이터 통신, 이동통신, 인터넷 접속서비스 등 다양한 유형의 통합된 서비스를 AT&T라는 하나의 상품[115)]으로 이용자들에게 판매하였고, 그 결과 AT&T는 통합 서비스 이용에 따른 요금 할인을 통해 그 동안 잃어버렸던 장거리 통신 서비스 시장의 이용자를 되찾았으며, 또 다양한 서비스를 통한 이용자 정보도 충분히 활용할 수 있게 되는 이점도 가지게 되었다.

따라서 향후 국내외에서는 가입자의 통화량 증대를 위해 유무선 통신을 비롯하여 방송/정보까지도 통합한 통합 서비스를 제공할 것으로 예상된다.

115) 장거리전화, 시내전화, 국제전화 서비스에 이동전화, 오락 및 온라인 서비스를 한데 묶어 패키지의 형태로 제공하는 서비스 번들(Service Bundle)

# 연습문제

9.1 이동통신 시스템의 구성요소를 설명하시오.

9.2 셀룰러 이동통신의 정의는 무엇인가?

9.3 이동통신에서 이용하는 셀의 종류에 대해 설명해 보시오.

9.4 핸드오프에 대해 설명해 보시오.

9.5 로밍에 대해 설명해 보시오.

9.6 셀룰러 이동통신의 특징에 대해 설명해 보시오.

9.7 셀룰러 이동통신 시스템의 설계 요소에 대해 설명해 보시오.

9.8 여러분이 사용하는 핸드폰은 어떤 시스템인가? 인터넷을 통해 여러분의 핸드폰의 사양을 조사해 보시오.

9.9 셀룰러 이전의 이동통신 시스템에 대해 설명해 보시오. 그리고 셀룰러 이전의 이동통신 시스템에 대해 인터넷에서 조사해 보고 서로 비교해 보시오.

9.10 1세대 이동통신 시스템(아날로그 방식)의 종류를 들고 비교하여 설명해 보시오.

9.11 1세대 이동통신 시스템(아날로그 방식)의 특징에 대해 설명해 보시오.

9.12 2세대 이동통신 시스템의 종류를 들고 비교하여 설명해 보시오.

9.13 2세대 이동통신 시스템의 특징에 대해 설명해 보시오.

9.14 2.5세대 이동통신 시스템의 종류를 들고 비교하여 설명해 보시오.

9.15 2.5세대 이동통신 시스템의 특징에 대해 설명해 보시오.

9.16 IMT-2000 시스템에 대해 조사하여 보고 어떤 특징들이 있나 설명해 보시오.

9.17 국내외 IMT-2000 표준화 단체는 어떠한 단체들이 있는가? 국내외 IMT-2000 표준화 단체의 홈페이지를 방문해 보고 각 단체의 역할을 조사해 보시오.

9.18 2세대 이동통신 시스템과 3세대 이동통신 시스템의 비교하여 설명해 보시오.

9.19 W-CDMA 시스템과 cdma2000 시스템의 비교하여 설명해 보시오.

9.20 HSPA(High Speed Packet Access) 시스템에 대해 설명해 보시오.

9.21 LTE 시스템의 무선 접속 규격에 대해 설명해 보시오.

9.22 LTE의 특징에 대해 설명해 보시오.

9.23 MIMO(Multiple-Input Multiple-Output) 기술에 대해 설명해 보시오.

9.24 UE 카테고리에 대해 설명해 보시오.

9.25 주파수 집적기술(CA, Carrier Aggregation) 기술에 대해 설명해 보시오.

9.26 LTE 시스템의 종류를 들고 각각의 특징을 비교하여 보시오.

9.27 TRS 시스템에 대해 설명해 보시오.

9.28 국내외 TRS 시스템의 현황을 조사해 보시오.

9.29 국내에서 이용 중인 TRS 서비스에 대해 조사해 보시오.

9.30 TRS 통신 방식과 셀룰러 통신 방식을 비교하여 설명해 보시오.

9.31 글로벌 위성휴대통신(GMPCS)에 대해 국내외 현황을 조사해 보시오.

9.32 코드리스 폰에 대해 국내외 현황을 조사해 보시오.

9.33 향후 무선통신은 어떠한 방향으로 진행될 것인지에 대해 인터넷을 통해 조사해 보시오.

9.34 무선 LAN의 현황 및 발전방향에 대해 조사해 보시오.

9.35 4세대 이동통신 시스템의 국내외 현황을 조사해 보시오.

9.36 구내 이동통신 시스템의 종류를 열거해 보고 각각에 대해 설명허 보시오.

9.37 5세대 이동통신 시스템의 국내외 현황을 조사해 보시오.

# INDEX

● ㅎ ●

최신

# 정보통신기술

1판 1쇄 2018년 2월 10일

저 자 곽진규 / 이종두
발행인 송광헌
발행처 복두출판사
주 소 서울특별시 영등포구 경인로82길 3-4
센터플러스 807호 (우) 07371
전 화 02-2164-2580
FAX 02-2164-2584
등 록 1993. 11. 22. 제 10-902 호

정가 : 26,000원
ISBN : 979-11-5906-342-8 93560

한국과학기술출판협회 회원사